普通高等教育"十一五"国家级规划教材
信息与通信工程专业核心教材

通信原理教程

(第 5 版)

樊昌信　编著

电子工业出版社
Publishing House of Electronics Industry
北京·BEIJING

内 容 简 介

本书为普通高等教育"十一五"国家级规划教材。

本书在简要介绍模拟通信原理的基础上,以数字通信原理为重点,讲述通信系统的组成、性能指标、工作原理、性能分析和设计方法。本书对于近年来新出现的通信体制和技术给予了充分的重视。

本书适用于普通高等学校工科电子类专业,作为本科3、4年级和研究生1年级的教科书或参考书,也可供从事通信专业工作的工程技术人员作为参考书或进修课程教材。

图书在版编目(CIP)数据

通信原理教程/樊昌信编著. —5 版. —北京:电子工业出版社,2023.5
ISBN 978-7-121-45530-8

Ⅰ. ①通… Ⅱ. ①樊… Ⅲ. ①通信理论-高等学校-教材 Ⅳ. ①TN911

中国国家版本馆 CIP 数据核字(2023)第 077577 号

责任编辑:韩同平
印　　刷:三河市华成印务有限公司
装　　订:三河市华成印务有限公司
出版发行:电子工业出版社
　　　　　北京市海淀区万寿路 173 信箱　邮编:100036
开　　本:787×1092　1/16　印张:20.25　字数:648 千字
版　　次:2004 年 5 月第 1 版
　　　　　2023 年 5 月第 5 版
印　　次:2025 年 2 月第 5 次印刷
定　　价:69.90 元

凡所购买电子工业出版社图书有缺损问题,请向购买书店调换。若书店售缺,请与本社发行部联系,联系及邮购电话:(010)88254888,88258888。

质量投诉请发邮件至 zlts@ phei. com. cn,盗版侵权举报请发邮件至 dbqq@ phei. com. cn。

本书咨询联系方式:(010)88254525,hantp@ phei. com. cn。

第 5 版前言

本书为普通高等教育"十一五"国家级规划教材。

本书第 1 版是在《通信原理(第 1 版)》(国防工业出版社,1980 年)出版 20 多年后编著出版的,因此编著者吸取了编写该书的经验,叙述更加简练,并且为了适应不同要求、不同专业和水平的院校和班级的需求,改编了全书的章节编排方式。

本书第 1 版自 2004 年 5 月出版以来,已经持续出版近 20 年了。

本书能持续出版至今,得益于它被多所院校选作教材,并为广大读者所喜爱。然而,最主要和最重要的原因是我国通信事业在改革开放以来的高速发展和通信网的全面普及。在这种形势下,通信专业大量新生力量的培养和在职人员的再教育迫在眉睫,相应地也需要大量不同水平和特色的各种通信专业教材。

根据我国工业和信息化部发布的 2022 年通信业统计公报,全国电话用户总数达到 18.63 亿户,其中移动电话用户总数 16.83 亿户,超过总人口数,普及率为 1.192 部/人,5G 移动电话用户达到 5.61 亿户,占移动电话用户的 33.3%。据统计,截至 2022 年 6 月,我国网民总数已达 10.51 亿,互联网普及率达 74.4%,网民使用手机上网的比例达 99.6%;我国千兆光网具备覆盖超过 4 亿户家庭的能力。与此相应,我国电信企、事业单位的数量和从业人员的数量也大量增加。在这种形势下,通信专业新生力量的培养和在职人员的再教育是一项重要的任务。这是编著者能编写、并持续修订本书的重要动力。

本书的基本特点为:

1. 由于目前的通信网基本上已经实现了数字化,即在我国公共通信网中传输的信号基本上是数字信号,可能只有在用户环路中传输的信号和个别特殊应用中传输的信号,还是模拟信号。因此,本书将讨论模拟信号传输技术的篇幅压缩到了最低程度,而将绝大部分章节用于讨论数字通信,包括数字信号的变换、编码和传输以及模拟信号的数字化。

2. 在讨论数字通信技术的章节中,对于某些较新的通信技术给予了应有的重视,如网格编码调制(TCM)、正交频分复用调制(OFDM)、多址技术、扩谱技术等。

3. 在叙述中还注意结合卫星通信、移动通信和互联网等当前发展迅速的领域的应用实例进行讲解。

4. 由于在通信技术领域中自国外引进的新名词术语和缩略语很多,为了方便读者阅读其他资料,本书在许多中文名词第一次出现的同时还给出相应的英文名词和缩略语。

5. 为了尽量适应不同学校的教学和在职读者的需要,本书将全部内容分为两篇。第一篇为基本内容,是入门学者必读的。第二篇为选读内容,各章都有相对独立性,可以根据不同院校的教学要求选学其中部分章节,并适合通信工程技术人员作为参考资料选读所需部分。

6. 为了照顾不同教学计划和不同教学时数的需求,对于一些较烦琐的计算和数学证明等内容,采用不同的字号和字体排印。在学习中可以视情况跳过这部分内容,不会影响对后面章节内容的理解。

7. 各章末皆附有思考题和习题。思考题协助读者复习本章内容,可以起到由读者自己对本章内容做小结的作用;而习题则可以促使读者深入领会本章内容,将理论联系实际,提高解决实际问题的能力。

本书第 2~5 版所做的主要修订为:

1. 第 2 版于 2008 年 6 月出版,与第 1 版比较没有体系和章节上的不同,大部分改动是使论述更为准确、严谨和易于阅读,以及对少量错误和不当叙述的更正及内容更新。例如,增加当时广泛应用的因特网的体系结构介绍,以及有较大实用前景的新技术,如 LDPC 码、WiMAX 等。

2. 第 3 版于 2012 年 12 月出版,所做的修订主要有:(1)将第 13 章通信网删去;(2)将第 12 章的内容做了较大更新,删去了大部分信息理论内容,增加了语音、图像和数字数据压缩原理的介绍;(3)附录部分增加了常用三角公式备查;(4)删除了索引;(5)补充了习题。

3. 第 4 版于 2019 年 6 月出版,增加了二维码,把一些较深入或新发展的内容,以及较烦琐的计算和数学证明等,放入二维码中。

4. 第 5 版和第 4 版的区别主要是增加了一章——第 14 章多输入多输出技术。多输入多输出技术简称 MIMO 技术,它应用于具有多副发射天线和多副接收天线的数据链路中。MIMO 与智能天线不同,它除了能够获得分集接收的好处,还能够增大链路的传输容量。今天,MIMO 技术广泛地被不少移动通信标准和 Wi-Fi 标准采用,已经成为通信原理的基本内容之一,因此第 5 版中增加了这部分内容,起到抛砖引玉的作用。

本书主要内容包括:

第一篇共有 7 章。第 1 章介绍通信的概念,特别是数字通信和信道的基本概念,使读者建立初步的认识。第 2 章深入讨论信号的特性和信道对于信号传输的影响。第 3 章简要阐明模拟调制系统的原理。第 4 章详细讨论模拟信号数字化的方法。第 5 章介绍基带数字信号的各种表示方法和基带传输系统设计方法。第 6 章对几种基本的数字调制系统做了较详细和深入的讨论。第 7 章讨论数字通信系统中必不可少的同步,包括载波同步、位同步、群同步和网同步方法。

第二篇共有 7 章。第 8 章从数字信号最佳接收的角度讨论系统的理想性能,并和实际系统性能做比较。第 9 章讲述多路复用、复接和多址接入技术,并介绍主要的国际标准建议和一些实用体制。第 10 章讨论纠错编码和差错控制技术,着重介绍各种性能优良的纠错码原理。第 11 章是在第 6 章的基础上较全面地讨论各种先进的数字调制技术。第 12 章阐述信源压缩编码原理,分别介绍语音信号、图像信号和数字信号压缩的基本原理,并且简要地给出理论上压缩的终极目标,即信道的理论容量。第 13 章简要介绍密码学原理。第 14 章全面介绍多输入多输出技术的基本原理。第 2 篇的各章都具有相对的独立性,在学习时根据需要从中选学,不会因跳过某章而影响理解(只是第 10 章中的维特比译码算法和第 11 章中的 TCM 有一定的联系)。

对于普通高等学校 4 年制本科 3、4 年级学生,授课学时数为 36~90 学时(或 2~5 学分),因专业和学校不同而异,安排成 1 学期或 2 学期的课程,并辅以相应的实验课。学习本课程的先修课程主要有:模拟电子线路、高频电子线路、数字逻辑电路、线性代数、概率论,以及信号与系统。对于学习过"信号与系统"的学生,本书的第 2 章可以作为复习性的介绍或跳过。

本书由樊昌信编写,陆心如和周战琴参加了部分编写工作。本书得到了西安电子科技大学通信工程学院各级领导的大力支持,在此一并致谢。限于编著者水平,书中错误和疏漏在所难免,殷切希望广大读者批评指正。

此外,为了适应一些院校双语教学的需求,于 2010 年 7 月出版了《通信原理(英文版)》,其内容和章节安排完全对应《通信原理教程》一书,并于 2015 年 8 月出版了其第 2 版,2020 年 8 月出版了其第 3 版(与《通信原理教程》第 5 版对应)。

编著者的电子邮件地址:chxfan@ xidian. edu. cn

(来信时请务必注明真实姓名、单位、职务、电话和通信地址、邮编,否则不复。)

编著者

于西安电子科技大学

目　录

第　一　篇

第 一 篇

第 1 章　概　　论

1.1　通信的发展

在有悠久历史的中国,通信的起源至少可以追溯到周朝。众所周知,中国历史上周幽王(公元前781—公元前771年)烽火戏诸侯的故事。这个故事就是古代应用光通信的见证,它证明光通信在中国的应用至少可以追溯到公元前近800年,这在世界上也是领先的。烽火是非常原始的光通信,而且是最简单的二进制数字通信。它利用有或无光信号表示有或无"敌情"。广义地说,通信是传递信息。目前,通信方式主要有两类:利用人力或机械的方式传递信息,例如常规的邮政,称之为运动通信;利用电(包括电流、无线电波或光波)传递信息,即电信。本书的讨论仅限于后者。

近代电通信技术始于1820年安培(A. M. Ampère)发明的电报通信,这是近代数字通信的开始[1]。此后,电报通信技术不断地改进,并得到迅速发展和广泛应用,特别是莫尔斯(Samuel F. B. Morse)于1838年前后将电报通信推向实用[1,2]。贝尔(A. G. Bell)于1876年发明了电话[3],这是模拟通信的开始。由于电话通信是一种实时、交互式通信,比电报更便于使用,所以在20世纪前半叶这种采用模拟技术的电话通信技术和电话通信网,比电报得到了更迅速和广泛的发展。20世纪60年代以后,随着半导体、计算机和激光技术的出现和发展,传输字符和计算机数据的数字通信技术进入了高级发展阶段。由于这种高级数字通信技术在许多方面都优于模拟通信,甚至像语音、图像一类的模拟信号也希望采用数字通信技术来传输。因此,数字通信得到迅猛的发展。与此同时,作为高级光通信技术的光纤通信技术也与其携手同行,两者都成为现代通信网的主要支柱。

上述光通信和数字通信发展的历史过程,都是从其低级形式走向高级形式的发展过程。

通信是因为人与人之间需要传递消息而发明的。在20世纪末,出现了智能网络的概念,并发展出物联网。物联网能把世界上所有物体,通过装在其上的识别装置互联起来。目前已经出现的无人售货商店,在出口结算处,能通过自动识别顾客手中的商品,计算出总价,并通过顾客的手机,自动从顾客的银行卡中收取货款,全部结算过程,都不需要人的介入,直接在物体之间进行。

1.2　消息、信息和信号

通信的目的是传递消息中包含的信息。例如,语音、文字、图形、图像等都是消息(Message)。人们接收消息,关心的是消息中包含的有效内容,即信息(Information)。例如,在传递天气预报时,若天气预报的内容只有4种:晴、阴、云、雨(图1.2.1),则它可以用语音传输,也可以用文字传输(可以用中文,也可以用英文或其他文字),还可以用图形传输,但是接收者所需要知道的只是这四种天气中的哪一种,也就是消息中包含的内容。消息必须转换成电信号(通常简称为信号),才能在通信系统中传输。所以,信号(Signal)是消息的载体。

信息是消息中包含的有意义的内容,或者说有效内容。我们还提到不同形式的消息可以包含相同的信息。类似于运输货物的多少采用"货运量"来衡量一样,传输信息的多少可使用"信息量(Information Content)"来衡量。所以如何度量信息是首先要解决的问题。

消息是多种多样的。因此度量消息中所含的信息量的方法,必须能够用来度量任何消息,而与消息的类型无关。同时,这种度量方法也应该与消息的重要程度无关。例如,"1 kg 黄金失窃"和"1 kg 白银失窃"应该含有相同的信息量,虽然黄金比白银贵重得多。

晴	clear	
云	cloud	
阴	overcast	
雨	rain	

图 1.2.1　天气消息

在一切有意义的通信中,对于接收者而言,同样的消息量中包含的信息量可能不同。例如,发布天气预报"明天降雨量将有 1 mm"不会使接收者认为有什么奇怪;而预报"明天降雨量将有 1 m"则会使接收者大吃一惊。这表明,消息中确有可能包含不同的信息量。消息所表达的事件越不可能发生,越使人感到意外,则信息量就越大。因此,我们可以从事件的不确定程度,即其发生的概率来描述其信息量的大小。确知的消息,例如"明日太阳将从东方升起",没有必要传输,因为接收者对其丝毫不感兴趣。也就是说,这种确知的消息中信息量为 0。

概率论告诉我们,事件的不确定程度可以用其出现的概率来表述。若用概率来描述信息量,则消息所表达的事件出现的概率越小,其中包含的信息量就越大。如果(消息所表达的)事件是必然的,其发生概率等于 1,则消息的信息量等于 0。事件发生概率越小,则其信息量应该越大。如果事件是不可能的,其发生概率等于 0,则消息将含有无限的信息量。另外,如果接收到的消息是由若干个独立事件构成的,则接收到的总信息量应该是这些独立事件的信息量的总和。

依据上面的思路,美国数学家香农(C. E. Shannon)(图 1.2.2)在 1948 年发表的一篇里程碑性的、为通信理论奠基的论文《通信的数学理论(A Mathematical Theory of Communication)》中,创造性地提出,消息中所含的信息量 I 可以按如下方法定义:

(1) 消息中所含的信息量 I 是该消息出现概率 $P(x)$ 的函数,即

$$I = I[P(x)] \tag{1.2-1}$$

(2) 消息出现的概率越小,它所含的信息量越大;反之则信息量越小。当 $P(x) = 1$ 时,$I = 0$。

(3) 假设若干个独立事件的出现概率分别是 $P(x_1), P(x_2), P(x_3),$ …,则由这些独立事件构成的消息所含的信息量等于各独立事件的消息的信息量的总和,即

图 1.2.2　香农

$$I[P(x_1)P(x_2)\cdots] = I[P(x_1)] + I[P(x_2)] + \cdots \tag{1.2-2}$$

容易看出,若 I 与 $P(x)$ 之间的关系为:

$$I = \log_a \frac{1}{P(x)} = -\log_a P(x) \tag{1.2-3}$$

则上述三项要求可以满足。所以,我们将式(1.2-3)作为消息 x 所含信息量 I 的定义。I 的单位和对数的底 a 有关。如果 $a = 2$,则信息量的单位为比特(bit),通常简记为 b;如果 $a = e$,则信息量的单位为奈特(nat);如果 $a = 10$,则信息量的单位为哈特莱(hartley)。通常采用比特作为单位,即有

$$I = -\log_2 P(x) \quad (\text{b}) \tag{1.2-3a}$$

现在,首先讨论等概率出现的离散消息的信息含量。假设需要传输 M 个独立的等概率离散消息之一,则采用一个 M 进制的波形来传送就行了。也就是说,传送 M 个离散消息之一和传送

M 进制波形之一是等价的。当 $M=2$，即二进制时，式(1.2-3a)变为

$$I=\log_2\frac{1}{1/2}=\log_2 2=1 \quad (b) \tag{1.2-4}$$

如上式所示，通常选用以 2 为对数的底是很方便的，因为这时一个二进制波形的信息量恰好等于 1b。在工程上，常常不考虑其是否为等概率的消息，总是认为一个二进制波形(或码元)等于 1b。这就是说，在工程应用中，通常把一个二进制码元称作 1b，这就把原来的信息量的单位变成了信号(二进制码元)的单位了。这一点对于初学者来说一定要注意，在概念上不能混淆。

若仍用上述晴、阴、云、雨 4 种状态预报天气，并且假设这 4 种状态出现的概率相等，即 $P(x)=1/4$，则每种状态的信息量为：

$$I=\log_2\frac{1}{1/4}=2 \quad (b)$$

同理，若用晴、阴、云、雨、雾、雪、霜、霾 8 种状态预报天气，并且假设这 8 种状态出现的概率相等，即 $P(x)=1/8$，则每种状态的信息量为：

$$I=\log_2\frac{1}{1/8}=3 \quad (b)$$

香农用数学方法这样给信息量定义，从而开辟了把数学引入通信工程的一个崭新领域，为提高通信系统的传输效率和可靠性研究开辟了一条康庄大道。香农创立的信息论是通信工程的最重要的理论基础之一。

按照式(1.2-3a)的定义，当 $M>2$ 时，每一码元的信息量为

$$I=\log_2\frac{1}{1/M}=\log_2 M \quad (b) \tag{1.2-5}$$

若 M 是 2 的整次幂，例如 $M=2^k(k=1,2,3,\cdots)$，则式(1.2-5)变成

$$I=\log_2 2^k=k \quad (b) \tag{1.2-6}$$

1.3 数 字 通 信

1.3.1 基本概念

如前所述，通信的目的是传递消息。例如，语音、文字、图形、图像等都是消息。代表消息的电信号，按其代表消息的参量的取值方式不同，可以分为两类。第一类称为模拟信号，或称连续信号，例如话筒送出的语音信号，其电压(和电流)可用取值连续的时间函数表示。第二类称为数字信号，又称离散信号，例如代表文字的编码和计算机数据信号，其电压(和电流)仅可能取有限个离散值。这里需要注意的是，区分模拟信号和数字信号的准绳，是看其取值是连续的还是离散的，而不是看时间。数字信号波形在时间上可以是连续的，而模拟信号波形在时间上可能是离散的，见图 1.3.1。代表数字信号的一个符号的波形称为一个码元，最简单的码元波形如图 1.3.1(c)中所示。

和上述信号的分类方法相对应，通信和通信系统也可以分为数字通信和模拟通信，以及数字通信系统和模拟通信系统。无论是模拟还是数字通信系统，其中总是存在噪声和其他干扰，并由之引起传输信号的失真，影响信号传输的质量。通信系统设计的基本问题之一就是解决这些噪声和干扰的影响。

在模拟通信系统中，传输的是模拟波形，携带信息的是其取值可以连续变化的某个参量，例如模拟波形的幅度。这时，要求在接收端能以高保真度来复现原发送的模拟波形。对于此类系

统传输质量的度量准则主要是输出信号噪声功率(或电压)比,简称信噪比。信噪比代表系统输入波形与输出波形之间的均方(或均方根)误差。因此,在理论上,模拟通信系统中的基本问题是连续波形的参量估值问题。

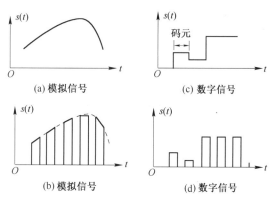

图 1.3.1　模拟信号和数字信号

在数字通信系统中,传输的信息包含在信号的某个离散取值中。因此,要求在接收端能正确判决(或检测)发送的是哪一个离散值。至于接收波形的失真,只要它还不足以影响接收端的正确判决,就没有什么关系。这种通信系统的传输质量的度量准则主要是产生错误判决的概率。因此,研究数字通信系统的理论基础主要是统计判决理论。

1.3.2　数字通信的优点

数字通信的主要优点有:

1. 由于数字信号的可能取值数目有限,所以在失真没有超过给定值的条件下,不影响接收端的正确判决。此外,在有多次转发的线路中,每个中继站都可以对有失真的接收信号加以整形,消除沿途线路中波形误差的积累(见图1.3.2),使经过远距离传输后,在接收端仍能得到高质量的接收信号。

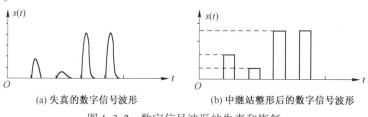

图 1.3.2　数字信号波形的失真和恢复

2. 在数字通信系统中,可以采用纠错编码等差错控制技术,从而大大提高系统的抗干扰性。

3. 在数字通信系统中,可以采用保密性极高的数字加密技术,从而大大提高系统的保密度。

4. 在数字通信系统中,可以综合传输各种模拟和数字输入消息,包括语音、文字、图像、信令等,并且便于存储和处理(包括编码、变换等)。

5. 数字通信设备和模拟通信设备相比,设计和制造更容易,体积更小,质量更轻。

6. 数字信号可以通过信源编码进行压缩,以减小多余度,提高信道利用率。

7. 在模拟调制系统中,例如调频,接收端输出信噪比仅和带宽成正比地增长;而在数字调制系统中,例如脉冲编码调制,输出信噪比随带宽按指数规律增长。

由于数字通信具有上述诸多优点,所以得到日益广泛的应用。目前,电话、电视、计算机数据等信号的远距离传输几乎无例外地采用数字传输技术。仅在有线电话用户环路、无线电广播和电视广播等少数领域,由于历史原因,还使用模拟传输技术,但是即使在这些领域,数字化也在逐步发展和取代过程中。

1.3.3　数字通信系统模型

数字通信系统有多种,例如数字电话系统、高速计算机并行数据处理传输系统、数字电视信号传输系统等。我们可以把它们都归纳为图1.3.3所示的数字通信系统模型。

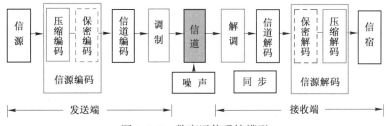

图 1.3.3 数字通信系统模型

图中,信源是指把消息转换成电信号的设备,例如话筒、键盘、磁带等。

信源编码的基本部分是压缩编码。它以减小数字信号的冗余度,提高数字信号的有效性。如果是模拟信源(例如话筒),则它还包括模/数转换功能,把模拟输入信号转变成数字信号。在某些系统中,信源编码还包含加密功能,即在压缩后还进行保密编码。

信道编码的目的是提高信号传输的可靠性。它在经过信源编码的信号中增加一些多余的字符,以求自动发现或纠正传输中发生的错误。这样做必然又增加了信号的冗余,似乎抵消了信源编码的作用。但是,这里增加的字符是符合特定规律的,它能够用于纠错。而在信源编码时减少的冗余是信源本身原有的、多余之物。

调制包含调节或调整的意思。调制的主要目的是使经过编码的信号特性与信道的特性相适应,使信号经过调制后能够顺利通过信道传输。来自信源(和经过编码)的信号所占用的频带称为基本频带,简称基带。这种信号也称为基本频带信号,简称基带信号。例如,由信源产生的文字、语音、图像、数据等信号都是基带信号。基带信号通常都包含较低频率的分量,甚至包括直流分量。而许多信道,例如无线电信道,不能传输低的频率分量或直流分量。所以,通常需要使基带信号对一个载波进行调制,将基带信号的频率范围搬移到足够高的频段,使之能在信道中传输。经过载波调制后的信号称为带通信号。在另外一些情况下,基带信号不需用载波调制,只要对其波形做适当改变,就能与信道的特性相适应。对基带信号的这种处理,有时称为基带调制。所以广义的调制分为基带调制和带通调制。与此对应,信道也可以分为基带信道和带通信道。但是,在大多数场合中,往往将调制仅做狭义的理解,即常将带通调制简称为调制。

总之,基带调制的功能是改变信号的波形,使之适于在基带信道中传输。基带调制后的信号仍然是基带信号,只是信号的波形发生了变化。带通调制后的已调信号是一个带通信号。所以,带通调制常用一个正弦波作为载波,把编码后的信号调制到这个载波上,使这个载波的一个或几个参量(振幅、频率和相位)上载有编码信号的信息,并且使已调信号的频谱和带通信道的特性相适应。此外,调制的目的不只是使信号特性与信道特性相适应,为了把来自多个独立信号源的信号合并在一起经过同一信道传输,也采用调制的方法区分各个信号。

在一条信道中传输多路信号时,多路信号重复使用这条信道,称为多路复用。可以采用的复用方法有多种。方法之一是利用调制来划分各路信号,解决多路信号复用问题。这时多路信号分别采用互相正交的载波进行调制,并使各路已调信号具有正交性。在接收端则利用此正交性来区分各路信号。这是调制的又一功能。

通信系统中的信道有多种,例如双绞线、同轴电缆、无线电波、光缆等。按照信道的传输频带区分,各种信道都可以归入下述两种:基带信道和带通信道。前者可以传输很低(甚至包括直流)的频率分量,而后者则不能。例如双绞线是基带信道,而无线电信道则是带通信道。

数字信号经过信道传输时,信道对其影响有两方面:(1)信道传输特性对数字信号的影响;(2)进入信道的外部加性噪声的影响。信道传输特性包括振幅-频率特性、相位-频率特性、频率偏移、频率扩展和多径时延等。外部加性噪声则包括起伏噪声、脉冲干扰和人为的其他信号干扰等。需要说明的是,这里所说的外部加性噪声包括系统内部各个元器件产生的噪声。由于在线性系统中,叠加原理适用,所以可以认为这些噪声等效于和外来干扰线性叠加,共同叠加在有用信号上,称为加性噪声。

最后,同步通常是数字通信系统中不可缺少的组成部分。发送端和接收端之间需要有共同时间标准,以便接收端准确知道接收的数字信号中每个符号(码元)的起止时刻,从而同步地进行接收。为此,接收端必须有同步电路,从发送信号中提取此码元同步信息。这种同步称为位同步(或称码元同步)。同理,为了知道由若干码元组成的一个码组(或称"字")的起止时刻,接收端还必须提取字同步信息。这些位同步和字同步信息,可能已经包含在经过编码和调制的信号中,或者在发送端加入独立的位同步和字同步信号。若发送端和接收端之间没有同步或失去同步,则接收端将无法正确辨认接收信号中包含的消息。

注意,在图1.3.3的数字通信系统模型中,若将发送端的信源编码和信道编码删除,以及将接收端的信源解码、信道解码和同步部分删除,则它就是一个模拟通信系统模型,如图1.3.4所示。

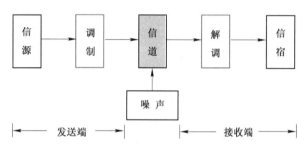

图 1.3.4 模拟通信系统模型

1.3.4 数字通信系统的主要性能指标

衡量一个通信系统性能优劣的基本因素是有效性和可靠性。有效性是指信道传输信息的速度快慢;可靠性则是指信道传输信息的准确程度。

为了提高有效性,需要提高传输速率,但是可靠性随之降低。为了提高可靠性,可以增加冗余的抗干扰编码码元,但是有效性也随之降低。因此,有效性和可靠性是互相矛盾的,也是可以交换的。我们可以用降低有效性的办法提高可靠性,也可以用降低可靠性的办法提高有效性。

数字通信系统的有效性和可靠性可以用下列性能指标衡量:

1. 传输速率

传输速率有以下3种定义:

(1) 码元速率(R_B):单位时间(s)内传输的码元数目,单位是"波特(Baud)"。

(2) 信息速率(R_b):单位时间内传输的信息量,单位是"比特/秒(b/s)"。

信息论指出,当信源可能产生的不同离散消息的数目是N,且第i个可能消息出现的概率是p_i时,每个消息所含有的平均信息量为

$$I = \sum_{i=1}^{N} p_i \log_2(1/p_i) \quad (b) \tag{1.3-1}$$

在实际应用中,通常认为各种可能消息的出现概率相等,即$p_i = 1/N$。这时上式变成

$$I = \log_2 N \quad (b) \tag{1.3-2}$$

对于二进制信号而言,$N=2$,每个码元所含的信息量是

$$I_2 = 1 \quad (b) \tag{1.3-3}$$

这时,码元速率和信息速率在数值上相等。例如,当每秒传输 300 个二进制码元时,我们说码元速率是 300 Baud,信息速率是 300 b/s。

这就是说,在二进制系统中信源的各种可能消息的出现概率相等时,码元速率和信息速率在数值上相等。在实际应用中,通常都默认这两个速率相等,所以常常简单地把一个二进制码元称为一个比特。

对于多(M)进制信号而言,每个码元所含的信息量是

$$I_M = \log_2 M \quad (\text{b}) \tag{1.3-4}$$

这时,信息速率 R_b 和码元速率 R_B 的关系是

$$R_b = R_B \log_2 M \quad (\text{b}) \tag{1.3-5}$$

式中,R_B 的单位是波特。

例如,若令 $M = 8$,则由式(1.3-5)得知,$R_b = 3R_B$,即对于 8 进制码元,信息速率在数值上等于码元速率的 3 倍。

目前在通信干线上,信息速率已达 Tb/s 量级(Tb = 10^{12} b)。

(3) 消息速率(R_M):单位时间内传输的消息数目。例如,传输文字时单位是"字/秒"。在传输消息时可以采用不同的码元基数和不同的码元长度,因此对于不同的系统消息速率与码元速率的关系是不相同的。此外,在传输信息时可能还要传输一些同步码元,这类额外开销也影响消息速率和码元速率的关系。

2. 错误率

错误率是衡量可靠性的主要指标。它有下列三种不同定义:

(1) 误码率(P_e):指错误接收码元数目在传输码元总数中所占的比例。即

$$P_e = 错误接收码元数目/传输码元总数 \tag{1.3-6}$$

(2) 误比特率(P_b):指错误接收比特数在传输总比特数中所占的比例。即

$$P_b = 错误接收比特数/传输总比特数 \tag{1.3-7}$$

现在讨论误码率和误比特率之间的关系。对于二进制信号而言,误码率和误比特率显然相等。而 M 进制信号的每个码元含有 $n = \log_2 M$ 比特,并且一个特定的错误码元可以有($M-1$)种不同的错误样式。其中恰好错 i 比特的错误样式有 C_n^i 个,故这些错误样式的错误比特总数等于 $\sum_{i=1}^{n} i C_n^i$。假设这些错误样式以等概率出现,则当一个码元发生错误时,错误比特数的数学期望(平均)值等于 $\left(\sum_{i=1}^{n} i C_n^i \right) / (M-1)$,所以在 n 个比特中错误比特所占比例的数学期望值为

$$E(n) = E(错误比特数 / 一个码元中的比特数)$$

$$= \left(\sum_{i=1}^{n} i C_n^i \right) / [n(M-1)] = \frac{1}{M-1} \sum_{i=1}^{n} \frac{i}{n} C_n^i = \frac{2^{n-1}}{M-1} = \frac{M}{2(M-1)} \tag{1.3-8}$$

所以,当 M 比较大时,误比特率为

$$P_b = E(n) P_e = \frac{M}{2(M-1)} P_e \approx \frac{1}{2} P_e \tag{1.3-9}$$

在某些通信系统中,例如在后面将要提到的采用格雷(Gray)码的多相制系统中,错误码元中仅发生 1 比特错误的概率最大。这时

$$P_b \approx P_e / \log_2 M \tag{1.3-10}$$

在光纤通信线路上传输的误比特率通常在 10^{-9} 量级。

(3) 误字率(P_w):指错误接收字数在传输总字数中所占的比例。若一个字由 k 比特组成,每比特用一码元传输,则误字率等于

$$P_\mathrm{w} = 1 - (1 - P_\mathrm{e})^k \qquad (1.3\text{-}11)$$

3. 频带利用率

信道频带利用率也是系统重要的性能指标之一。它是指单位频带内所能达到的信息速率，通常与所采用的调制及编码方式有关。

4. 能量利用率

能量利用率也是系统重要的性能指标之一。它是指传输每一比特所需的信号能量。后面将要提到，此能量大小和系统带宽有直接关系，并且在此能量和占用频带之间可以交换。

1.4 信 道

在上节的通信系统模型中已经提到过信道(Channel)。信道连接发送端和接收端的通信设备，并将信号从发送端传送到接收端。按照传输媒体区分，信道可以分为两大类：无线信道和有线信道。无线信道利用电磁波在空间中的传播来传输信号，而有线信道则需利用人造的传输媒体来传输信号。广播电台就是利用无线信道传输节目给收音机的；而传统的固定电话则是用有线信道(电话线)作为传输媒体的。光也是一种电磁波，它可以在空间传播，也可以在导光的媒体中传输。所以上述两大类信道的分类也适用于光信号。导光的媒体有波导(Wave Guide)和光纤(Optical Fiber)等。光纤是目前光通信系统中广泛应用的传输媒体。

信道中的噪声对于信号传输的影响，是一种有源干扰。而信道传输特性不良可以看作一种无源干扰。在本节中将重点介绍信道特性及其对信号传输的影响。

1.4.1 无线信道

在无线信道中信号的传输是利用电磁波(Electromagnetic wave)在空间的传播来实现的(见二维码1.1)。电磁波是英国数学家麦克斯韦(J. C. Maxwell)于1864年根据法拉第(M. Faraday)的实验在理论上做出预言的。后来由德国物理学家赫兹(H. Hertz)在1886—1888年间用实验证明了麦克斯韦的预言[2]。此后，电磁波在空间的传播被广泛地用来作为通信的手段。原则上，任何频率的电磁波都可以产生。但是，电磁波的发射和接收是用天线进行的。为了有效地发射或接收电磁波，要求天线的尺寸不小于电磁波波长的1/10。因此，频率过低，波长过长，则天线难于实现。例如，若电磁波的频率等于1000 Hz，则其波长等于300 km。这时，要求天线的尺寸大于30 km! 所

二维码1.1

以，通常用于通信的电磁波频率都比较高。在实用中，将电磁波的频率划分为若干频段(Frequency Band)，如表1.4.1所示。此外，通常把1~300 GHz的频段称为微波(Microwave)频段，并将微波频段细分为若干个频段，如表1.4.2所示。

表 1.4.1 频段划分

频率范围	名 称	典型应用
3~30 Hz	极低频(ELF)	远程导航、水下通信
30~300 Hz	超低频(SLF)	水下通信
300~3000 Hz	特低频(ULF)	远程通信
3~30 kHz	甚低频(VLF)	远程导航、水下通信、声呐
30~300 kHz	低频(LF)	导航、水下通信、无线电信标
300~3000 kHz	中频(MF)	广播、海事通信、测向、遇险求救、海岸警卫

频率范围	名　　称	典型应用
3～30 MHz	高频(HF)	远程广播、电报、电话、传真、搜寻救生、飞机与船只间通信、船-岸通信、业余无线电
30～300 MHz	甚高频(VHF)	电视、调频广播、陆地交通、空中交通管制、出租汽车、公安、导航、飞机通信
0.3～3 GHz	特高频(UHF)	电视、蜂窝网、微波链路、无线电探空仪、导航、卫星通信、GPS、监视雷达、无线电高度计
3～30 GHz	超高频(SHF)	卫星通信、无线电高度计、微波链路、机载雷达、气象雷达、公用陆地移动通信
30～300 GHz	极高频(EHF)	雷达着陆系统、卫星通信、移动通信、铁路业务
300 GHz～3 THz	亚毫米波(0.1～1 mm)	未划分,实验用
43～430 THz	红外(7～0.7 μm)	光通信系统
430～750 THz	可见光(0.7～0.4 μm)	光通信系统
750～3000 THz	紫外线(0.4～0.1 μm)	光通信系统

说明：kHz = 10^3 Hz,MHz = 10^6 Hz,GHz = 10^9 Hz,THz = 10^{12} Hz,mm = 10^{-3} m,μm = 10^{-6} m

由于电磁波的传播没有国界,所以为了在国际上保持良好的电磁环境,避免不同通信系统间的干扰,由国际电信联盟(ITU)负责定期召开世界无线电通信大会(WRC,The World Radiocommunication Conference),制定有关频率使用的国际协议。各个国家在此国际协议的基础上也分别制定本国的无线电频率使用规则。我国的无线电频率规划和管理工作目前由工业和信息化部无线电管理局负责。

除了在外层空间两个飞船的无线电收发信机之间的电磁波传播为自由空间(Free Space)传播,在无线电收发信机之间的电磁波传播总是受到地面和(或)大气层的影响。根据通信距离、频率和位置的不同,电磁波的传播可以分为视线、地波和天波(或称电离层反射波)传播三种。

频率较低(大约 2 MHz 以下)的电磁波趋于沿弯曲的地球表面传播,有一定的绕射能力。这种传播方式称为地波传播,在低频和甚低频段,地波传播距离可超过数百或数千千米(见图 1.4.1)。各省市的地方广播电台中频广播信号都以这种方式传播。

表 1.4.2　微波频段的划分[4]

频率范围 (GHz)	代表 字母	频率范围 (GHz)	代表 字母
1.0～2.0	L	40.0～60.0	U
2.0～4.0	S	50.0～75.0	V
4.0～8.0	C	60.0～90.0	E
8.0～12.0	X	75.0～110.0	W
12.0～18.0	Ku	90.0～140.0	F
18.0～26.5	K	110.0～170.0	D
26.5～40.0	Ka	140.0～220.0	G
33.0～50.0	Q		

说明：① Ka～G 是毫米波段。② 微波频段的划分和代表字母,一些组织有各自的规定,但区别不大。此表中引用的是 IEEE 的规定。

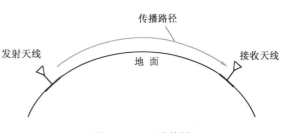

图 1.4.1　地波传播

频率较高(大约在 2～30 MHz 之间)的电磁波能够被电离层反射。电离层位于地面上约 60～400 km 之间。它是因太阳的紫外线和宇宙射线辐射使大气电离的结果。白天的强烈阳光使大气电离产生 D、E、F_1、F_2 层等多个电离层,夜晚 D 层和 F_1 层消失,只剩下 E 层和 F_2 层。D 层最低,距地面约 60~80 km 的高度。它对电磁波主要产生吸收或衰减作用,并且衰减随电磁波的频率增高而减小。所以,只有较高频率的电磁波能够穿过 D 层,并由高层电离层向下反射。E 层距地面大约 100~120 km。它的电离浓度在白天很大,能够反射电磁波。晚上 D 层消失。F 层的高度约为 150~400 km。它在白天分离为 F_1 和 F_2 两层,F_1 层的高度为 200 km,F_2 层的高度为 250~400 km,晚上合并为一层。反射高频电磁波的主要是 F 层。换句话说,高频信号主要依靠 F 层进行远程通信。根据地球半径和 F 层的高度不难估算出,电磁波经过 F 层的一次反射最大可以达到约 4000 km 的距离。但是,经过反射的电磁波到达地面后可以被地面再次反射,并再次由 F 层反射。这样经过多次反射,电磁波可以传播 10 000 km 以上(见图 1.4.2)。利用电离层反射的传播方式称为天波传播。由图 1.4.2 可见,电离层反射波到达地面的区域可能是不连续的,图中用粗线表示的地面是电磁波可以到达的区域,其中在发射天线附近的区域是地波覆盖的范围,而在电磁波不能到达的其他区域称为寂静区(见二维码 1.2)。

远程广播和电报电话通信都可以利用天波传播。

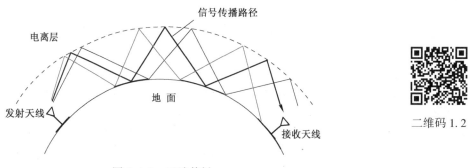

二维码 1.2

图 1.4.2 天波传播

频率高于 30 MHz 的电磁波将穿透电离层,不能被反射回来。此外,它沿地面绕射的能力也很弱。所以,它只能类似光波那样做视线传播。为了能增大其在地面上的传播距离,最简单的办法就是提升天线的高度从而增大视线距离(见图 1.4.3)。地球的半径等于 6370 km,但是考虑到大气的折射因素后地球的等效半径 r 约增大为 4/3 倍,即 8493 km。这样,我们可以计算出天线高度和传播距离的关系。设收发天线的高度相等,均等于 h,并且 h 是使此两天线间保持视线的最低高度,则由图 1.4.3 可见下列公式成立:

$$d^2 + r^2 = (h+r)^2 \qquad (1.4-1)$$

或

$$d = \sqrt{h^2 + 2rh} \approx \sqrt{2rh} \qquad (1.4-2)$$

设 D 为两天线间的距离,则有

$$D^2 = 4d^2 = 8rh$$

或

$$h = \frac{D^2}{8r} \approx \frac{D^2}{50} \quad (\text{m}) \qquad (1.4-3)$$

式中,D 为收发天线间的距离(km),r 按6370 km 计。

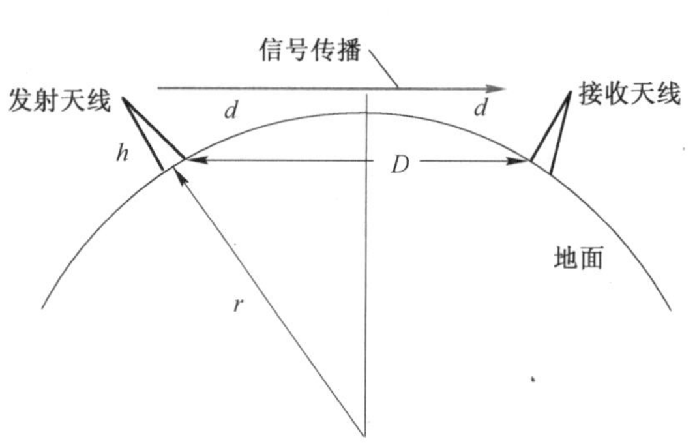

例如,若两个收发天线架设的高度为50 m,则视线距离约等于 50 km。由于视距传输的距离有限,为了达到远程通信的目的,可以采用无线电中继的办法实现。例如,若视距为 50 km,则每间隔 50 km 将信号转发一次,如图 1.4.4 所示。这样经过多次转发,也能实现远程通信。由于视距传输的距离和天线架设高度有关,故利用人造卫星作为转发站(或称基站)将会大大提高视距。

图 1.4.3 视线传播

在距地面 35 800 km 的赤道平面上卫星围绕地球转动一周的时间和地球自转周期相等,从地面上看卫星好像静止不动。利用 3 颗这样的静止卫星作为转发站就能覆盖全球,保证全球通信。这就是目前国际国内远程通信中广泛应用的一种卫星通信。不难想象,利用这样遥

图 1.4.4　无线电中继

远的卫星作为转发站虽然能够增大一次转发的距离,但是也增大了对发射功率的要求和增大了信号传输的延迟时间。此外,发射卫星也是另一项巨大的工程。因此,近些年来开始对平流层通信进行研究。平流层通信是指用位于平流层的高空平台电台(HAPS, High Altitude Platform Stations)代替卫星作为基站的通信[5],其高度距地面 3~22 km。曾研究用充氦飞艇、气球或飞机[6]作为安置转发站的平台。若其高度为 20 km,则可以实现地面覆盖半径约 500 km 的通信区。若在平流层安置250 个充氦飞艇,则可以实现覆盖全球 90% 以上的人口。平流层通信系统和卫星通信系统相比,具有费用低廉、时延小、建设快、容量大等特点。它是很有发展前途的一种未来通信手段[7,8]。

此外,在高空的飞行器之间的电磁波传播,以及太空中人造卫星或宇宙飞船之间的电磁波传播,都符合视线传播的规律,只是其传播不受或少受大气层的影响而已。

电磁波在大气层内传播时,会受到大气的影响。大气(主要是其中的氧气)、水蒸气和降水都会吸收和散射电磁波,使频率在 1 GHz 以上的电磁波有明显的衰减。频率越高,衰减越严重。在某些频率范围,由于分子谐振现象而出现衰减的峰值。在图 1.4.5(a) 中示出了这种衰减特性和频率的关系曲线。由此曲线可见,在频率大约为 23 GHz 处,出现了由于水蒸气吸收产生的第一个谐振点。在频率大约为 62 GHz 处,由于氧气的吸收产生了第二个谐振点。氧气的下一个谐振点发生在 120 GHz。水蒸气的另外两个吸收频率为 180 GHz 和 350 GHz。在大气中通信时应该避免使用上述衰减严重的频率。此外,降水对于 10 GHz 以上的电磁波也有较大的影响,见图 1.4.5(b)[2]。

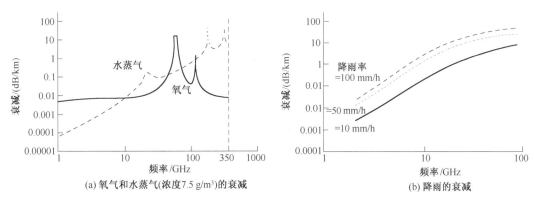

(a) 氧气和水蒸气(浓度7.5 g/m³)的衰减　　　(b) 降雨的衰减

图 1.4.5　大气衰减特性曲线

除了上述三种传播方式,电磁波还可以经过散射方式传播。散射传播分为电离层散射、对流层散射和流星余迹散射三类。电离层散射和上述电离层反射不同。电离层反射类似光的镜面反射,这时电离层对于电磁波可以近似看作镜面。而电离层散射则是由于电离层的不均匀性产生的乱散射电磁波现象,故接收点的散射信号的强度比反射信号的强度要小得多。电离层散射现象发生在 30~60 MHz 间的电磁波上。对流层散射则是由于对流层中的大气不均匀性产生的。对流层是从地面至十余千米间的大气层。在对流层中的大气存在强烈的上下对流现象,使大气中形成不均匀的湍流。电磁波由于对流层中的这种大气不均匀性可以产生散射现象,使电磁波散射到接收点。散射现象具有强的方向性,散射的能量主要集中于前方,故常称其为"前向散

射"。图 1.4.6 示出对流层散射通信的示意图。图中发射天线波束和接收天线波束相交于对流层上空,两波束相交的空间为有效散射区域。利用对流层散射进行通信的频率范围主要为 100~4000MHz;按照对流层的高度估算,可以达到的有效散射传播距离最大约为 600km。流星余迹散射则是由于流星经过大气层时产生的很强的电离余迹使电磁波散射的现象。流星余迹的高度约为 80~120km,余迹长度为 15~40km(见图 1.4.7)。流星余迹散射的频率范围为 30~100MHz,传播距离可达 1000km 以上。一条流星余迹的存留时间在十分之几秒到几分钟之间,但是空中随时都有大量的人们肉眼看不见的流星余迹存在,能够随时保证信号断续传输。所以,流星余迹散射通信只能用低速存储、高速突发的断续方式传输数据。

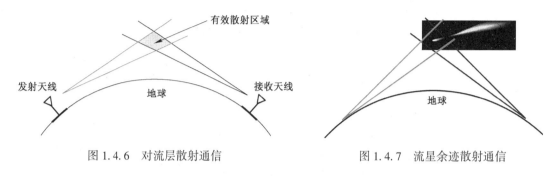

图 1.4.6　对流层散射通信　　　　　图 1.4.7　流星余迹散射通信

目前在民用无线电通信中,应用最广的是蜂窝网和卫星通信。蜂窝网目前主要工作在特高频(UHF)频段,在手机和基站间使用地波传播。而卫星通信则工作在特高频和超高频(SHF)频段,其电磁波传播利用视线传播方式,但是在地面和卫星之间的电磁波传播要穿过电离层。

1.4.2　有线信道

传输电信号的有线信道主要有三类,即明线、对称电缆和同轴电缆。

明线是指平行架设在电线杆上的架空线路。它本身是导电裸线或带绝缘层的导线。其传输损耗低,但是易受天气和环境的影响,对外界噪声干扰较敏感,并且很难沿一条路径架设大量的(成百对)线路,故目前已经逐渐被电缆所代替。对称电缆是由若干对叫作芯线的双导线放在一根保护套内制成的。为了减小各对导线之间的干扰,每一对导线都做成扭绞形状,称为双绞线(见二维码 1.3)。保护套则是由几层金属屏蔽层和绝缘层组成的,它还有增大电缆机械强度的作用。对称电缆的芯线比明线细,直径约为 0.4~1.4mm,故其损耗较明线大,但是性能较稳定。同轴电缆则是由内外两根同心圆柱形导体构成的,在这两根导体间用绝缘体隔离开。外导体自然应是一根空心导管,内导体多为实心导线。在内外导体间可以填充塑料作为电介质,或者用空气作为介质但同时有塑料支架用于连接和固定内外导体。由于外导体通常接地,所以它同时能够很好地起到屏蔽作用(见二维码 1.4)。在实用中多将几根同轴电缆和几根电线放入同一根保护套内,以增强传输能力,其中的几根电线则用来传输控制信号或供给电源。图 1.4.8 所示为一种同轴电缆的截面示意图。在表 1.4.3 中给出了上述三种有线电信道的一般电气特性,其中包括传输模拟电话时的通话容量、工作频率范围和直接传输时可能达到的传输距离。当要求的传输距离大于此距离时,可以采用将接收信号放大转发的办法,适当延长。

二维码 1.3

传输光信号的有线信道是光导纤维,简称光纤。光纤是由华裔科学家高锟(Charles Kuen Kao)发明的。他于 1966 年发表的一篇题为《光频率的介质纤维表面波导》的论文奠定了光纤发展和应用的基础。因此,他被认为是"光纤之父"。

二维码 1.4

表 1.4.3　有线电信道的一般电气特性

信道类型	通话容量（路）	频率范围（kHz）	传输距离（km）
明线	1+3	0.3~27	300
明线	1+3+12	0.3~150	120
对称电缆	24	12~108	35
对称电缆	60	12~252	12~18
小同轴电缆	300	60~1300	8
小同轴电缆	960	60~4100	4
中同轴电缆	1800	300~9000	6
中同轴电缆	2700	300~12 000	4.5
中同轴电缆	10800	300~60 000	1.5

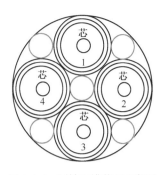

图 1.4.8　同轴电缆截面示意图

最简单的光纤是由折射率不同的两种玻璃介质纤维制成的。其内层称为纤芯,在纤芯外包有另一种折射率的介质,称为包层,如图 1.4.9 所示。由于内外两层的折射率不同,光波会在两层的边界处不断产生反射,从而达到远距离传输。由于折射率在两种介质内是均匀不变的,仅在边界处发生突变,故这种光纤称为阶跃(折射率)型光纤。另一种光纤的纤芯的折射率沿半径方向逐渐减小,光波在光纤中传输的路径是逐渐弯曲的,这种光纤称为梯度(折射率)型光纤。

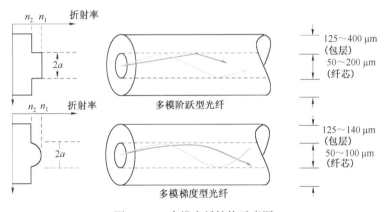

图 1.4.9　多模光纤结构示意图

实用的光纤在包层外还有一层涂覆层,用于保护,并且把多根光纤组成一根光缆(见二维码 1.5)。

按照光纤内光波的传播模式不同,光纤可以分为多模光纤和单模光纤两类。最早制造出的光纤为多模光纤。在图 1.4.9 中示出了多模光纤的典型直径尺寸。它用发光二极管(LED)作为光源。这种光纤的直径较粗,光波在光纤

二维码 1.5

中的传播有多种模式。另外,光源发出的光波也包含许多频率成分。因此,光波在光纤中有不止一条传播路线,不同频率光波的传输时延也不同,这样会造成信号的失真,从而限制了传输带宽。单模光纤的直径较小,其纤芯的典型直径为 8~12 μm,包层的典型直径约为 125 μm。单模光纤用激光器作为光源。激光器产生单一频率的光波,并且光波在光纤中只有一种传播模式。因此,单模光纤的无失真传输频带较宽,比多模光纤的传输容量大得多。但是,由于其直径较小,所以在将两段光纤相接时不易对准。另外,激光器的价格比 LED 贵。所以,这两种光纤各有优缺点,都得到了广泛的应用。在实用中光纤的外面还有一层塑料保护层,并将多根光纤组合起来成为一根光缆。光缆有保护外皮,内部还加有增加机械强度的钢线和辅助功能的电线。

为了使光波在光纤中传输时受到的衰减最小,以便传输尽量远的距离,希望将光波的波长选择在光纤传输损耗最小的波长上。图1.4.10所示为光纤损耗与光波波长的关系。由此图可见,在1.31 μm和1.55 μm波长上出现两个损耗最小的点。这两个波长是目前应用最广的波长。在这两个波长之间1.4 μm附近的损耗高峰是由于光纤材料中水分子的吸收造成的。1998年朗讯科技(Lucent Technologies)公司发明了一项技术可以消除这一高峰,从而大大扩展了可用的波长范围。目前使用单个波长的单模光纤传输系统的传输速率已达10 Gb/s。若在同一根光纤中传输波长不同的多个信号,则总传输速率将提高好多倍。光纤的传输损耗也是很低的,其传输损耗可达0.2 dB/km以下。因此,无中继的直接传输距离可达上百千米。目前,经过海底的跨洋远程光纤传输信道已经得到广泛应用。

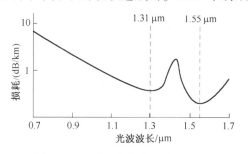

图1.4.10 光纤损耗与波长的关系

目前在长距离传输领域,光纤几乎已经完全取代了明线和各种电缆。

1.4.3 信道模型

为了讨论通信系统的性能,对于信道可以有不同的定义。图1.3.3中的信道是从调制和解调的观点定义的。这时把发送端调制器输出端至接收端解调器输入端之间的部分称为信道。其中可能包括放大器、变频器和天线等装置,在通信网中,由于有多个发送端和接收端,还会有交换设备。在研究各种调制制度的性能时使用这种定义是很方便的。所以,它也被称为调制信道。有时为了便于分析通信系统的总体性能,把调制和解调等过程的电路特性(例如一些滤波器的特性)对信号的影响也折合到调制信道特性中一并考虑。此外,在讨论数字通信系统中的信道编码和解码时,我们把编码器输出端至解码器输入端之间的部分称为编码信道。在研究利用纠错编码对数字信号进行差错控制的效果时,利用编码信道的概念是很方便的。

1. 调制信道模型

最基本的调制信道有一对输入端和一对输出端,其输入端信号电压$e_i(t)$和输出端信号电压$e_o(t)$间的关系可以用下式表示:

$$e_o(t) = f[e_i(t)] + n(t) \qquad (1.4\text{-}4)$$

式中$n(t)$为噪声电压。

除了只有一对输入端和一对输出端的信道,还有更复杂的信道,见二维码1.5A。

二维码1.5A

由于无论有无信号,信道中的噪声$n(t)$始终是存在的,因此,通常称它为加性噪声或加性干扰,意思是说它与信号是相加的关系。当没有信号输入时,信道输出端也有加性干扰输出。$f[e_i(t)]$表示信道输入和输出电压之间的函数关系。为了便于数学分析,通常假设$f[e_i(t)] = k(t)e_i(t)$,即信道的作用相当于对输入信号乘以一个系数$k(t)$。这样,式(1.4-4)可以改写为:

$$e_o(t) = k(t)e_i(t) + n(t) \qquad (1.4\text{-}5)$$

上式就是信道的一般数学模型。$k(t)$是一个很复杂的函数,它反映信道的特性。一般说来,它是时间t的函数,即表示信道的特性是随时间变化的。随时间变化的信道称为"时变"信道。$k(t)$又可以看作对信号的一种干扰,称为乘性干扰。因为它与信号是相乘的关系,所以当没有输入信号时,信道输出端也没有乘性干扰输出。作为一种干扰看待,$k(t)$会使信号产生各种失真,包括线性失真、非线性失真、时间延迟以及衰减等。这些失真都可能随时间做随机变化,所以$k(t)$只能用随机过程表述。这种特性随机变化的信道称为随机参量信道,简称随参信道。另一方面,也有一些信道的特性基本上不随时间变化,或变化极慢极小,因此将这种信道称为恒定参量信道,简称恒参信道。综上所述,调制信道可以分为两类,即随参信道和恒参信道。

2. 编码信道模型

调制信道对信号的影响是由 $k(t)$ 和 $n(t)$ 使信号的模拟波形发生变化。编码信道的影响则不同。因为编码信道的输入信号和输出信号是数字序列,例如在二进制信道中是"0"和"1"的序列,故编码信道对信号的影响是使传输的数字序列发生变化,即序列中的数字发生错误。所以,可以用错误概率来描述编码信道的特性。这种错误概率通常称为转移概率。在二进制系统中,就是"0"转移为"1"的概率和"1"转移为"0"的概率。按照这一原理可以画出一个二进制编码信道的简单模型,如图 1.4.11 所示。图中 $P(0/0)$ 和 $P(1/1)$ 是正确转移概率。$P(1/0)$ 是发送"0"而接收"1"的概率;$P(0/1)$ 是发送"1"而接收"0"的概率。后面这两个概率为错误传输概率。实际编码信道转移概率的数值需要由大量的实验统计数据分析得出。在二进制系统中由于只有"0"和"1"这两种符号,所以由概率论的原理可知:

$$P(0/0) = 1-P(1/0) \qquad P(1/1) = 1-P(0/1)$$

图 1.4.11 中的模型之所以称为"简单的"二进制编码信道模型是因为已经暗中假定此编码信道是无记忆信道,即前后码元错误的发生是互相独立的。也就是说,一个码元的错误和其前后码元是否发生错误无关。类似地,我们可以画出无记忆四进制编码信道模型,如图 1.4.12 所示。最后指出,由图 1.3.3 可知,编码信道的范围包括调制信道在内,编码信道中产生错码以及转移概率的大小主要和调制信道的特性有关。下面将对调制信道的特性及其对信号传输的影响做进一步的讨论。

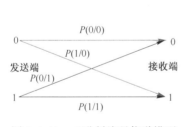

图 1.4.11　二进制编码信道模型

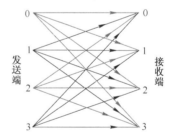

图 1.4.12　四进制编码信道模型

1.4.4　信道特性对信号传输的影响

1. 恒参信道对信号传输的影响

在 1.4.1 节和 1.4.2 节中讨论的无线信道和有线信道中,各种有线信道和部分无线信道,包括卫星链路和某些视距传输链路(这里链路是指一段物理线路,中间没有任何交换设备),可以看作恒参信道,因为它们的特性变化很小、很慢,可以视为其参量恒定。可以把恒参信道当作一个非时变线性网络来分析。只要知道这个网络的传输特性,就可以利用 2.10 节中讨论的信号通过线性系统的分析方法解决信号通过恒参信道时受到的影响。因此,恒参信道的主要传输特性通常可以用其振幅-频率特性和相位-频率特性来描述。在 2.10.2 节中指出,无失真传输要求线性系统传输函数的振幅特性与频率无关,即其振幅-频率特性曲线是一条水平直线;要求其相位特性是一条通过原点的直线,或者等效地要求其传输时延等于常数,与频率无关。实际的信道往往都不能满足这些要求。若信道的振幅-频率特性不理想,则信号发生的失真称为频率失真。

信号的频率失真会使信号的波形产生畸变。在传输数字信号时,波形畸变可能引起相邻码元波形之间发生部分重叠,造成**码间串扰**。信道的频率失真是一种**线性失真**,可以用一个线性网络进行补偿。若此线性网络的频率特性与信道的频率特性之和,在信号频谱占用的频带内,为一条水平直线,则此补偿网络就能够完全抵消信道产生的频率失真(见图1.4.13)。

信道的相位-频率特性不理想将使信号产生**相位失真**。在模拟话音信道(简称模拟话路)中,相位失真对通话的影响不大,因为人耳对于声音波形的相位失真不敏感。但是,相位失真对于数字信号则影响很大,因为它引起数字波形失真所造成的码间串扰(见二维码1.6),使误码率增大。相位失真也是一种线性失真(见二维码1.7),所以也可以用一个线性网络进行补偿。

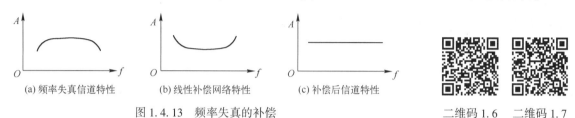

(a) 频率失真信道特性　　　　(b) 线性补偿网络特性　　　　(c) 补偿后信道特性

图1.4.13　频率失真的补偿　　　　　　　　　　　二维码1.6　　二维码1.7

除了振幅-频率特性和相位-频率特性,恒参信道中还可能存在其他一些使信号产生失真的因素,例如非线性失真、频率偏移和相位抖动等。**非线性失真**是指信道输入电压和输出电压的振幅关系不是直线关系,如图1.4.14所示。非线性特性将使信号产生新的谐波分量,造成所谓的谐波失真。这种失真主要是由信道中的元器件特性不理想造成的。**频率偏移**是指信道输入信号的频谱经过信道传输后产生了平移。这主要是由发送端和接收端中用于调制/解调或频率变换的振荡器的频率误差引起的。**相位抖动**也是由这些振荡器的频率不稳定产生的。相位抖动的结果是对信号产生附加调制。上述这些因素产生的信号失真一旦出现,就很难消除。

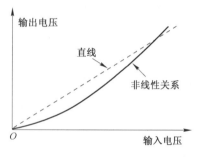

图1.4.14　非线性特性

2. 随参信道对信号传输的影响

许多无线电信道都是随参信道,例如依靠天波和地波传播的无线电信道、某些视距传输信道和各种散射信道。随参信道的特性是**时变**(Time-Variant)的。电离层的高度和离子浓度随时间、日夜、季节和年份而在不断变化。大气层也在随气候和天气变化。此外,在移动通信中,由于移动台在运动,收发两点间的传输路径自然也在变化,使得信道参量在不断变化。各种随参信道具有的共同特性是:(1) 信号的传输衰减随时间而变;(2) 信号的传输时延随时间而变;(3) 信号经过 n 条路径到达接收端,而且每条路径的长度(时延)和衰减都随时间而变,即存在**多径传播**现象。由于多径传播对信号传输质量的影响很大,下面对其做专门的讨论。

设发射信号为 $A\cos\omega_0 t$,它经过 n 条路径传播到达接收端,则接收信号 $R(t)$ 可以表示为:

$$R(t) = \sum_{i=1}^{n} r_i(t)\cos\omega_0\left[t - \tau_i(t)\right] = \sum_{i=1}^{n} r_i(t)\cos\left[\omega_0 t + \varphi_i(t)\right] \qquad (1.4\text{-}6)$$

式中,$r_i(t)$ 为由第 i 条路径到达的接收信号振幅;$\tau_i(t)$ 为由第 i 条路径到达的信号的时延;$\varphi_i(t) = -\omega_0\tau_i(t)$。$r_i(t)$,$\tau_i(t)$,$\varphi_i(t)$ 都是随机变化的。

应用三角公式,式(1.4-6)可以改写成:

$$R(t) = \sum_{i=1}^{n} r_i(t)\cos\varphi_i(t)\cos\omega_0 t - \sum_{i=1}^{n} r_i(t)\sin\varphi_i(t)\sin\omega_0 t \qquad (1.4\text{-}7)$$

根据大量的实验观察表明,在多径传播中,与信号角频率 ω_0 的周期相比,$r_i(t)$ 和 $\varphi_i(t)$ 随时间变化很缓慢。所以,式(1.4-7)中的接收信号 $R(t)$ 可以看成是由互相正交的两个分量组成的,这两个分量的振幅分别是缓慢随机变化的 $r_i(t)\cos\varphi_i(t)$ 和 $r_i(t)\sin\varphi_i(t)$。设

$$X_c(t) = \sum_{i=1}^{n} r_i(t)\cos\varphi_i(t) \tag{1.4-8}$$

$$X_s(t) = \sum_{i=1}^{n} r_i(t)\sin\varphi_i(t) \tag{1.4-9}$$

则 $X_c(t)$ 和 $X_s(t)$ 都是缓慢随机变化的。将上两式代入式(1.4-7),得出

$$R(t) = X_c(t)\cos\omega_0 t - X_s(t)\sin\omega_0 t = V(t)\cos\left[\omega_0 t + \varphi(t)\right] \tag{1.4-10}$$

式中

$$V(t) = \sqrt{X_c^2(t) + X_s^2(t)} \tag{1.4-11}$$

为接收信号 $R(t)$ 的包络。

$$\varphi(t) = \arctan\frac{X_s(t)}{X_c(t)} \tag{1.4-12}$$

为接收信号 $R(t)$ 的相位。

这里的 $V(t)$ 和 $\varphi(t)$ 也是缓慢随机变化的。所以式(1.4-10)表示接收信号是一个振幅和相位做缓慢变化的余弦波,即 $R(t)$ 可以看作一个包络和相位随机缓慢变化的窄带信号,如图1.4.15所示。与振幅恒定、单一频率的发射信号相比,接收信号波形的包络有了起伏,频率也有了扩展。这种信号包络因传播而有了起伏的现象称为衰落。多径传播使包络产生的起伏虽然比信号的周期缓慢,但是其周期仍然可能是在秒的数量级。故通常将由多径效应引起的衰落称为"快衰落"。顺便指出,即使没有多径效应,仅有一条无线电路径传播时,由于路径上季节、日夜、天气等的变化,也会使信号产生衰落现象。这种衰落的起伏周期可能以若干天或若干小时计,故称这种衰落为"慢衰落"。下面我们将对最简单的、仅有两条路径的快衰落现象做进一步的讨论。

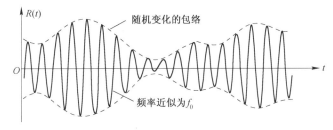

图 1.4.15　窄带信号波形

设多径传播的路径只有两条,并且这两条路径具有相同的衰减,但是时延不同。若发射信号 $f(t)$ 经过两条路径传播后,到达接收端的信号分别为 $af(t-\tau_0)$ 和 $af(t-\tau_0-\tau)$。其中 a 是传播衰减,τ_0 是第一条路径的时延,τ 是两条路径的时延差。

现在来求这个多径信道的传输函数。设发射信号 $f(t)$ 的傅里叶变换(即频谱)为 $F(\omega)$,并将其用下式表示:

$$f(t) \Longleftrightarrow F(\omega) \tag{1.4-13}$$

则有

$$af(t-\tau_0) \Longleftrightarrow aF(\omega)e^{-j\omega\tau_0} \tag{1.4-14}$$

$$af(t-\tau_0-\tau) \Longleftrightarrow aF(\omega)e^{-j\omega(\tau_0+\tau)} \tag{1.4-15}$$

$$af(t-\tau_0) + af(t-\tau_0-\tau) \Longleftrightarrow aF(\omega)e^{-j\omega\tau_0}(1+e^{-j\omega\tau}) \tag{1.4-16}$$

式(1.4-16)的两端就是接收信号的时间函数和频谱函数。将式(1.4-13)和式(1.4-16)的右端相除,就得到此多径信道的传输函数:

$$H(\omega)=\frac{aF(\omega)\mathrm{e}^{-\mathrm{j}\omega\tau_0}(1+\mathrm{e}^{-\mathrm{j}\omega\tau})}{F(\omega)}=a\mathrm{e}^{-\mathrm{j}\omega\tau_0}(1+\mathrm{e}^{-\mathrm{j}\omega\tau}) \qquad (1.4\text{-}17)$$

上式右端中，a 是一个常数衰减因子，$\mathrm{e}^{-\mathrm{j}\omega\tau_0}$ 表示一个确定的传输时延 τ_0，最后一个因子 $(1+\mathrm{e}^{-\mathrm{j}\omega\tau})$ 是和信号频率有关的复因子，其模为：

$$\left|1+\mathrm{e}^{-\mathrm{j}\omega\tau}\right|=\left|1+\cos\omega\tau-\mathrm{j}\sin\omega\tau\right|=\left|\sqrt{(1+\cos\omega\tau)^2+\sin^2\omega\tau}\right|=2\left|\cos\frac{\omega\tau}{2}\right| \qquad (1.4\text{-}18)$$

按照上式画出的曲线如图 1.4.16 所示。它表示此多径信道的传输衰减和信号频率有关。

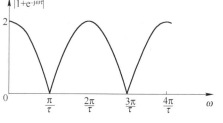

在角频率 $\omega=2n\pi/\tau$ 处（n 为整数）的频率分量最大，而在 $\omega=(2n+1)\pi/\tau$ 处的频率分量为 0。这种曲线的最大值和最小值位置决定于两条路径的相对时延差 τ。而 τ 是随时间变化的，所以接收信号出现衰落现象。由于这种衰落和频率有关，故常称其为频率选择性衰落。实际的多径信道中通常有不止两条路径，并且每

图 1.4.16　多径效应曲线

条路径的信号强度一般也不相同，所以不会出现图 1.4.16 中的 0 点。但是，接收信号的包络肯定会出现随机起伏。多径效应会使数字信号的码间串扰增大。为了减小码间串扰，通常要降低码元传输速率。因为，若码元速率降低，则信号带宽随之减小，多径效应也随之减轻。

综上所述，还可以将经过信道传输后的数字信号分为三类。第一类称为确知信号，即接收端能够准确知道其码元波形的信号，这是理想情况。第二类称为随机相位信号，简称随相信号。这种信号的相位由于传输时延的不确定而带有随机性，使接收码元的相位随机变化。即使是经过恒参信道传输，大多数情况也是如此。第三类称为起伏信号，这时接收信号的包络随机起伏，相位也随机变化。通过多径信道传输的信号都具有这种特性。

1.5　信道中的噪声

我们将信道中不需要的电信号统称为噪声。通信系统中没有传输信号时也有噪声，噪声永远存在于通信系统中。由于这样的噪声是叠加在信号上的，所以有时将其称为加性噪声。噪声对于信号的传输是有害的，它能使模拟信号失真，使数字信号发生错码，并随之限制着信息的传输速率。

按照来源分类，噪声可以分为人为噪声和自然噪声两大类。人为噪声是由人类的活动产生的，例如电钻和电气开关瞬态造成的电火花、汽车点火系统产生的电火花、荧光灯产生的干扰、其他电台和家电用具产生的电磁波辐射等。自然噪声是自然界中存在的各种电磁波辐射，例如闪电、大气噪声，以及来自太阳和银河系等的宇宙噪声。此外还有一种很重要的自然噪声，即热噪声。热噪声来自一切电阻性元器件中电子的热运动。例如，导线、电阻和半导体器件等均会产生热噪声。所以热噪声无处不在，不可避免地存在于一切电子设备中（见二维码 1.8）。

按照性质分类，噪声可以分为脉冲噪声、窄带噪声和起伏噪声三类。脉冲噪声是突发性产生的幅度很大、持续时间很短、间隔时间很长的干扰。由于其持续时间很短，故其频谱较宽，可以从低频一直分布到甚高频，但是频率越高其频谱的强度越小。电火花就是一种典型的脉冲噪声。窄带噪声可以看作一种非所需的连续的已调正弦波，或简单地就是一个振幅恒定的单一频率的正弦波。通常它来自相邻电台或其他电子设备。窄带噪声的频率位置通常是确知的或可以测知的。起伏噪声是普遍存在的随机噪声。热噪声、电子管和晶体管内产生的散弹噪声和宇宙噪声等都

二维码 1.8

属于起伏噪声。

上述各种噪声中,脉冲噪声不是普遍、持续地存在的,对于话音通信的影响也较小,但是对于数字通信可能有较大影响。同样,窄带噪声也只存在于特定频率、特定时间和特定地点,所以它的影响也是有限的。只有起伏噪声无处不在。所以,在讨论噪声对于通信系统的影响时,主要考虑起伏噪声,特别是热噪声的影响。热噪声是由电阻性元器件中自由电子的布朗运动产生的(见图1.5.1和二维码1.9)。在这类元器件中电子由于其热能而不断运动,在运动中和其他粒子碰撞而随机地以折线路径运动,即呈现为布朗运动。在没有外界作用力的条件

图 1.5.1 布朗运动

下,这些电子的布朗运动结果产生的电流平均值等于0,但是会产生一个交流电流分量。这个交流分量称为热噪声。热噪声的频率范围很广,在 $0 \sim 10^{12}$ Hz 内均匀分布。在一个阻值为 R 的电阻两端,在频带宽度为 B 的范围内,产生的热噪声电压有效值为

$$V = \sqrt{4kTRB} \quad \text{V} \qquad (1.5\text{-}1)$$

式中,$k = 1.38 \times 10^{-23}$,为玻尔兹曼常数;T 为热力学温度(°K)。

二维码 1.9

由于在一般通信系统的工作频率范围内热噪声的频谱是均匀分布的,好像白光的频谱在可见光的频谱范围内均匀分布那样,所以热噪声又常称为白噪声。在讨论通信系统性能受噪声的影响时,我们主要分析的就是白噪声的影响。

1.6 小　　结

本章介绍有关通信的基础知识。从给出消息、信息和信号的定义开始,引入数字通信的概念和数字通信系统模型;然后介绍信道和信道中的噪声。这些内容都是后面各章将要引用的共同基础。特别是数字通信系统模型,它的各部分都将分散在各章中做详细讨论。因此,数字通信系统模型可以看作贯穿全书的纲目。虽然将重点放在数字通信上,但是许多内容是直接和模拟通信相关的。明白了数字通信的优点,也就知道了模拟通信的不足之处。

思考题

1.1　消息和信息有何区别?信息和信号有何区别?
1.2　什么是模拟信号?什么是数字信号?
1.3　数字通信有何优点?
1.4　信息量的定义是什么?信息量的单位是什么?
1.5　按照占用频带区分,信号可以分为哪几种?
1.6　信源编码的目的是什么?信道编码的目的是什么?
1.7　何谓调制?调制的目的是什么?
1.8　数字通信系统有哪些性能指标?
1.9　信道有哪些传输特性?
1.10　无线信道和有线信道的种类各有哪些?
1.11　信道模型有哪几种?
1.12　什么是调制信道?什么是编码信道?
1.13　何谓多径效应?
1.14　电磁波有哪几种传播方式?
1.15　适合在光纤中传输的光波波长有哪几个?

1.16 什么是快衰落？什么是慢衰落？

1.17 信道中的噪声有哪几种？

1.18 热噪声是如何产生的？

习题

1.1 在英文字母中 E 的出现概率最大，等于 0.105，试求其信息量。

1.2 某个信息源由 A、B、C 和 D 这 4 个符号组成。设每个符号独立出现，其出现概率分别为 1/4、1/4、3/16、5/16，试求该信息源中每个符号的信息量。

1.3 某个信息源由 A、B、C 和 D 这 4 个符号组成，这些符号分别用二进制码组 00、01、10、11 表示。若每个二进制码元用宽度为 5 ms 的脉冲传输，试分别求出在下列条件下的平均信息速率。

(1) 这 4 个符号等概率出现；

(2) 这 4 个符号的出现概率如习题 1.2 所示。

1.4 试问上题中的码元速率等于多少？

1.5 设一个信息源由 64 个不同符号组成，其中 16 个符号的出现概率均为 1/32，其余 48 个符号出现概率为 1/96。若此信息源每秒发出 1000 个独立符号，试求该信息源的平均信息速率。

1.6 设一个信号源输出四进制等概率信号，其码元宽度为 125 μs。试求其码元速率和信息速率。

1.7 设一个接收机输入电路的等效电阻等于 600 Ω，输入电路的带宽等于 6 MHz，环境温度为 23℃，试求该电路产生的热噪声电压有效值。

1.8 设一条无线链路采用视距传播方式通信，其收发天线的架设高度都等于 80 m，试求其最远通信距离。

第 2 章 信　　号

2.1 信号的类型

在第 1 章中提到过,通信系统中的信号按照取值的特性不同可以分为模拟信号和数字信号。此外,通信系统中的信号还可以有其他的分类方法,主要有:按照信号确定性分为确知信号和随机信号,按照信号强度分为能量信号和功率信号等。对这些信号的性质分别讨论如下。

2.1.1 确知信号和随机信号

确知信号是指其取值在任何时间都是确定的和可预知的信号。通常可以用一个数学公式计算出它在任何时间的取值。例如,一段确定的正弦波就是一个确知信号。确知信号又可以分为周期信号和非周期信号。一个无限长的正弦波就属于周期信号。一个矩形脉冲就属于非周期信号。

随机信号是指其取值不确定、且不能事先确切预知的信号。这种信号在任何时间的取值自然也是不可能用一个数学公式准确计算出来的。然而,在一个长时间内观察,这种信号有一定的统计规律,可以找到它的统计特性。通常,把这种信号看作一个随机过程。

只有经过理想信道传输的接收信号,才可能是确知信号。理想信道是指信道特性是完全确定的,且没有噪声和干扰的信道。经过实际信道传输的信号通常是随机信号。

2.1.2 能量信号和功率信号

为了便于理论分析,特别是便于用数学做定量分析,可以将通信系统中的信号区分为能量信号和功率信号两类。

在通信系统理论中,通常把信号功率定义为电流在单位电阻($1\,\Omega$)上消耗的功率,即归一化功率 P。因此,功率就等于电流或电压的平方:

$$P = V^2/R = I^2 R = V^2 = I^2 \quad (\text{W}) \tag{2.1-1}$$

式中,V 为电压(V);I 为电流(A)。所以,可以认为,信号电流 I 或电压 V 的平方都等于功率。后面我们一般化为用 S 代表信号的电流或电压来计算信号功率。

若信号电压和电流的值随时间变化,则 S 可以改写为时间 t 的函数 $s(t)$。故 $s(t)$ 代表信号的时间波形。这时,信号能量应当是信号瞬时功率的积分:

$$E = \int s^2(t)\,\mathrm{d}t \quad (\text{J}) \tag{2.1-2}$$

式中,E 的单位是焦耳 J(Joule)。

若信号的能量为一正有限值:

$$0 < E = \int_{-\infty}^{\infty} s^2(t)\,\mathrm{d}t < \infty \tag{2.1-3}$$

则称此信号为能量信号。例如,第 1 章中提到的数字信号中的一个码元就是一个能量信号。

将信号的平均功率定义为

$$P = \lim_{T \to \infty} \frac{1}{T} \int_{-T/2}^{T/2} s^2(t) \, dt \qquad (2.1\text{-}4)$$

由上式看出,能量信号的平均功率 P 为 0。因为上式表示有限能量要被趋于无穷大的时间 T 去除,所以平均功率趋近于 0。

在实际的通信系统中,信号都具有有限的功率、有限的持续时间,因而具有有限的能量。但是,若信号的持续时间很长,例如广播信号,则可以近似认为它具有无限长的持续时间。此时,由式(2.1-4)定义的信号平均功率是一个有限的正值,但是其能量为无穷大。我们把这种信号称为功率信号。

综上所述,按照信号强度划分,实际信号可以分成两类:(1) 能量信号,其能量等于一个有限正值,但平均功率为 0;(2) 功率信号,其平均功率等于一个有限正值,但能量为无穷大。

2.2 确知信号的性质

2.2.1 频域性质

确知信号在频域中的性质,即频率特性,由其各个频率分量的分布表示。它是信号的最重要的性质之一,与信号占用的频带宽度以及信号的抗噪声能力有密切关系。信号的频率特性有四种,即频谱、频谱密度、能量谱密度和功率谱密度。本书对前两种仅做复习性介绍,重点讨论后两种。

1. 功率信号的频谱

设一个周期性功率信号 $s(t)$ 的周期为 T_0,则它的频谱 $C(jn\omega_0)$ 可以由下列积分变换求出:

$$C(jn\omega_0) = \frac{1}{T_0} \int_{-T_0/2}^{T_0/2} s(t) e^{-jn\omega_0 t} \, dt \qquad (2.2\text{-}1)$$

式中,$\omega_0 = 2\pi/T_0 = 2\pi f_0$。

上式中频谱 $C(jn\omega_0)$ 是一个复数,代表在频率 nf_0 上信号分量的复振幅。可以写为:

$$C(jn\omega_0) = |C_n| e^{j\theta_n} \qquad (2.2\text{-}2)$$

式中,$|C_n|$ 是频率为 nf_0 的分量的振幅;θ_n 是频率为 nf_0 的分量的相位。

所以,对于周期性功率信号来说,其频谱是离散的。它的频谱就是它包含的各次谐波的振幅和相位。信号 $s(t)$ 可以用它的傅里叶级数表示为:

$$s(t) = \sum_{n=-\infty}^{\infty} C(jn\omega_0) e^{jn\omega_0 t} \qquad (2.2\text{-}3)$$

[例 2.1] 试求周期性矩形波的频谱。

解:设一周期性矩形波的周期为 T,宽度为 τ,幅度为 V,见图 2.2.1(a),用公式表示如下:

$$\left. \begin{aligned} f(t) &= \begin{cases} V & -\tau/2 \leqslant t \leqslant \tau/2 \\ 0 & \tau/2 < t < (T-\tau/2) \end{cases} \\ f(t) &= f(t-T) \quad -\infty < t < \infty \end{aligned} \right\} \qquad (2.2\text{-}4)$$

其频谱可由式(2.2-1)求出:

$$C(jn\omega_0) = \frac{1}{T} \int_{-\tau/2}^{\tau/2} V e^{-jn\omega_0 t} \, dt = \frac{1}{T} \left[-\frac{V}{jn\omega_0} e^{-jn\omega_0 t} \right]_{-\tau/2}^{\tau/2}$$

$$= \frac{V}{T} \cdot \frac{e^{jn\omega_0\tau/2} - e^{-jn\omega_0\tau/2}}{jn\omega_0} = \frac{2V}{n\omega_0 T} \sin n\omega_0 \frac{\tau}{2} \tag{2.2-5}$$

由上式可知,这时的频谱是一个实函数,记为 C_n,示于图 2.2.1(b)中,可见它是一些高度不等的离散线条。每根线条的高度代表该频率分量的振幅。这样,将式(2.2-5)代入式(2.2-3),得到此信号的傅里叶级数表示式为:

$$s(t) = \sum_{n=-\infty}^{\infty} C(jn\omega_0)e^{jn\omega_0 t} = \sum_{n=-\infty}^{\infty} \frac{2V}{n\omega_0 T} \sin n\omega_0 \frac{\tau}{2} e^{jn\omega_0 t} \tag{2.2-6}$$

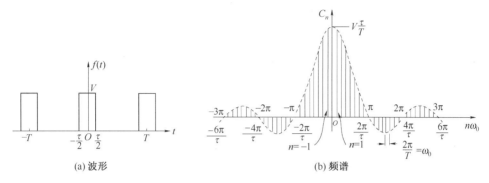

(a) 波形

(b) 频谱

图 2.2.1　周期性矩形波的波形和频谱

[例 2.2]　试求全波整流后的正弦波的频谱。

解:设此信号的表示式为:

$$\left. \begin{array}{ll} f(t) = \sin(\pi t) & 0 < t \leqslant 1 \\ f(t) = f(t-1) & -\infty < t < +\infty \end{array} \right\} \tag{2.2-7}$$

在图 2.2.2 中画出了它的波形。此波形的周期 $T_0 = 1$,基频 $f_0 = 1/T_0 = 1$,$\omega_0 = 2\pi$。将以上数值代入式(2.2-1),同样可求出其频谱为:

$$C(jn\omega_0) = \frac{1}{T_0} \int_{-T_0/2}^{T_0/2} s(t)e^{-jn\omega_0 t} dt = \int_0^1 \sin(\pi t)e^{-j2\pi nt} dt = \frac{-2}{\pi(4n^2-1)} \tag{2.2-8}$$

故此波形的傅里叶级数表示式为:

$$f(t) = \frac{-2}{\pi} \sum_{n=-\infty}^{\infty} \frac{1}{4n^2-1} e^{j2\pi nt} \tag{2.2-9}$$

对于非周期性功率信号,原则上可以看作其周期为无穷大,仍然可以按照以上公式计算,但是实际上式(2.2-1)中的积分是难以计算出的。

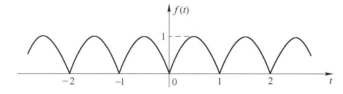

图 2.2.2　整流后的正弦波形

2. 能量信号的频谱密度

设一个能量信号为 $s(t)$,则它的频谱密度 $S(\omega)$ 可以由它的傅里叶变换求出,即:

$$S(\omega) = \int_{-\infty}^{\infty} s(t)e^{-j\omega t} dt \tag{2.2-10}$$

而 $S(\omega)$ 的逆傅里叶变换就是原信号:

$$s(t) = \frac{1}{2\pi} \int_{-\infty}^{\infty} S(\omega) e^{j\omega t} d\omega \qquad (2.2\text{-}11)$$

[例2.3] 试求一个矩形脉冲的频谱密度。

解: 设此矩形脉冲的表示式为:

$$g(t) = \begin{cases} 1 & |t| \le \tau/2 \\ 0 & |t| > \tau/2 \end{cases} \qquad (2.2\text{-}12)$$

则它的频谱密度就是它的傅里叶变换:

$$G(\omega) = \int_{-\tau/2}^{\tau/2} e^{-j\omega t} dt = \frac{1}{j\omega}(e^{j\omega\tau/2} - e^{-j\omega\tau/2}) = \tau \cdot \frac{\sin(\omega\tau/2)}{\omega\tau/2} \qquad (2.2\text{-}13)$$

在图 2.2.3 中画出了 $g(t)$ 的波形和其频谱密度 $G(\omega)$。$g(t)$ 又称为单位门函数。

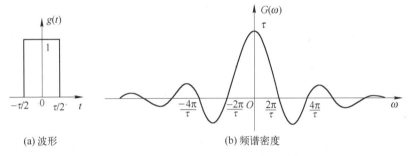

(a) 波形 (b) 频谱密度

图 2.2.3 单位门函数的波形及其频谱密度

如图 2.2.3 所示,此频谱密度曲线的 0 点间隔为 $2\pi/\tau$。为了传输这样的矩形脉冲,在实用中通常将图 2.2.3 中第一个 0 点的位置作为带宽就够了,即认为矩形脉冲的带宽等于其脉冲持续时间的倒数,在这里它等于 $1/\tau\ \mathrm{Hz}$。

[例2.4] 试求抽样函数的波形和频谱密度。

解: 抽样函数的定义是:

$$\mathrm{Sa}(t) = \sin t / t \qquad (2.2\text{-}14)$$

比较式 (2.2-14) 和式 (2.2-13) 可见,抽样函数 $\mathrm{Sa}(t)$ 的形状就是上例中门函数频谱密度 $G(\omega)$ 的形状。式 (2.2-13) 也可以写为:

$$G(\omega) = \tau\mathrm{Sa}(\omega\tau/2) \qquad (2.2\text{-}15)$$

而 $\mathrm{Sa}(t)$ 的频谱密度为:

$$\mathrm{Sa}(\omega) = \int_{-\infty}^{\infty} \frac{\sin t}{t} e^{-j\omega t} dt = \begin{cases} \pi & -1 \le \omega \le +1 \\ 0 & \text{其他} \end{cases} \qquad (2.2\text{-}16)$$

由上式可见,$\mathrm{Sa}(\omega)$ 是一个门函数。

[例2.5] 试求单位冲激函数及其频谱密度。

解: 单位冲激函数常简称为 δ 函数,其定义是:

$$\left. \begin{array}{l} \int_{-\infty}^{\infty} \delta(t) dt = 1 \\ \delta(t) = 0 \quad t \ne 0 \end{array} \right\} \qquad (2.2\text{-}17)$$

通常我们认为这个冲激函数是其自变量的偶函数。在物理意义上,单位冲激函数可以看作一个高度为无穷大、宽度为无穷小、面积为 1 的脉冲。这种脉冲仅有理论上的意义,是不可能物理实现的。但是在数学上 $\delta(t)$ 可以用某些函数的极限来描述它。例如,可以用抽样函数的极限描述。可以证明,抽样函数有如下性质:

$$\int_{-\infty}^{\infty} \frac{k}{\pi} \mathrm{Sa}(kt)\, \mathrm{d}t = 1 \qquad (2.2\text{-}18)$$

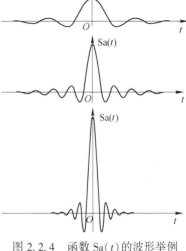

参照图2.2.3(b)可以看出,k越大,上式中的被积因子波形的振幅越大,而波形0点的间隔越小,波形振荡的衰减越快。图2.2.4中画出了几个这样的波形的例子。当$k \to \infty$时,波形的0点间隔趋近于0,被积因子仅在原点存在,但是曲线下的净面积仍等于1。这样,式(2.2-18)中的被积因子就相当于式(2.2-17)中的$\delta(t)$,即有:

$$\delta(t) = \lim_{k \to \infty} \frac{k}{\pi} \mathrm{Sa}(kt) \qquad (2.2\text{-}19)$$

换句话说,抽样函数的极限就是冲激函数。

单位冲激函数$\delta(t)$的频谱密度$\Delta(f)$为:

$$\Delta(f) = \int_{-\infty}^{\infty} \delta(t) e^{-j\omega t}\, \mathrm{d}t = 1 \times \int_{-\infty}^{\infty} \delta(t)\, \mathrm{d}t = 1 \qquad (2.2\text{-}20)$$

上式中,由于只在$t=0$时刻$\delta(t)$的值才不为0,所以可以用

图2.2.4 函数$\mathrm{Sa}(t)$的波形举例

$$e^{-j\omega t}\big|_{t=0} = 1$$

代入式(2.2-20),得到计算结果。上式表明单位冲激函数的频谱密度等于1,即它的各频率分量连续地均匀分布在整个频率轴上。图2.2.5示出单位冲激函数的波形和频谱密度。图中$\delta(t)$用一个箭头表示。

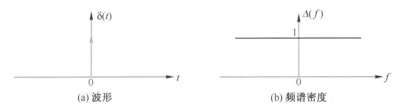

(a) 波形   (b) 频谱密度

图2.2.5 单位冲激函数的波形和频谱密度

单位冲激函数具有如下非常有用的特性,即:

$$f(t_0) = \int_{-\infty}^{\infty} f(t)\delta(t-t_0)\, \mathrm{d}t \qquad (2.2\text{-}21)$$

这时,假定上式中的函数$f(t)$在t_0点处连续。

这个特性的证明很容易。根据单位冲激函数的定义,上式右边积分的被积函数仅在点$t=t_0$处不为0,所以$f(t)$对积分的影响仅由$t=t_0$处的值决定。因此我们可以把式(2.2-21)的右边积分写成:

$$\int_{-\infty}^{\infty} f(t)\delta(t-t_0)\, \mathrm{d}t = f(t_0) \int_{-\infty}^{\infty} \delta(t-t_0)\, \mathrm{d}t = f(t_0)$$

上式中积分的物理意义可以看作δ函数在$t=t_0$时刻对$f(t)$的抽样。

由于单位冲激函数是偶函数,即有$\delta(t) = \delta(-t)$,所以式(2.2-21)可以改写成:

$$f(t_0) = \int_{-\infty}^{\infty} f(t)\delta(t_0-t)\, \mathrm{d}t \qquad (2.2\text{-}22)$$

单位冲激函数也可以看作单位阶跃函数(见图2.2.6),即

$$u(t) = \begin{cases} 0 & t<0 \\ 1 & t \geq 0 \end{cases} \qquad (2.2\text{-}23)$$

的导数,即

$$u'(t) = \delta(t) \qquad (2.2\text{-}24)$$

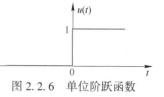

图 2.2.6 单位阶跃函数

能量信号的频谱密度 $S(f)$ 和周期性功率信号的频谱 $C(jn\omega_0)$ 的主要区别有:第一,$S(f)$ 是连续谱,$C(jn\omega_0)$ 是离散谱;第二,$S(f)$ 的单位是幅度/频率(V/Hz),而 $C(jn\omega_0)$ 的单位是幅度(V)。能量信号的能量有限,并连续分布在频率轴上,所以在每个频率点 f 上信号的幅度为无穷小。功率信号的功率有限,但能量无限;周期性功率信号在无限多的离散频率点上有确定的非0振幅。

顺便指出,在本书后面章节和其他书籍中,在针对能量信号讨论问题时,也常把频谱密度简称为频谱,这时在概念上不要把它和周期信号的频谱相混淆。

这里需要特别指出的是,有时我们可以把周期性功率信号当作能量信号看待,计算其频谱密度。从概念上不难想象,周期性功率信号的频谱中,在其各个谐波频率上具有一定的非0功率,故在这些频率上的功率密度为无穷大。但是,我们可以用冲激函数来表示这些频率分量。现在以一个无限长的余弦波为例,说明之。

[例2.6] 试求无限长余弦波的频谱密度。

解:设余弦波的表示式为 $f(t) = \cos\omega_0 t$,则其频谱密度 $F(\omega)$ 按式(2.2-10)计算,可以写为:

$$F(\omega) = \lim_{\tau \to \infty} \int_{-\tau/2}^{\tau/2} \cos\omega_0 t\, e^{-j\omega t}\, dt = \lim_{\tau \to \infty} \frac{\tau}{2} \left\{ \frac{\sin\left[(\omega-\omega_0)\tau/2\right]}{(\omega-\omega_0)\tau/2} + \frac{\sin\left[(\omega+\omega_0)\tau/2\right]}{(\omega+\omega_0)\tau/2} \right\}$$

$$= \lim_{\tau \to \infty} \frac{\tau}{2} \left\{ Sa\left[\frac{\tau(\omega-\omega_0)}{2} \right] + Sa\left[\frac{\tau(\omega+\omega_0)}{2} \right] \right\} \qquad (2.2\text{-}25)$$

参照式(2.2-19),上式可以改写为:

$$F(\omega) = \pi\left[\delta(\omega-\omega_0) + \delta(\omega+\omega_0) \right] \qquad (2.2\text{-}26)$$

在图 2.2.7 中画出了其波形和频谱密度。

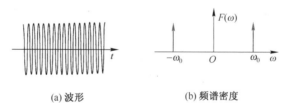

(a) 波形　　　　　　　　　(b) 频谱密度

图 2.2.7 无限长余弦波的波形和频谱密度

此例表明,只要引入冲激函数,我们同样可以对一个周期性功率信号求出其频谱密度。换句话说,引用了冲激函数就能把频谱密度的概念推广到功率信号上。这一点在信号分析中是非常有用的。

3. 能量谱密度

设一个能量信号 $s(t)$ 的能量为 E,则此信号的能量由下式决定:

$$E = \int_{-\infty}^{\infty} s^2(t)\, dt \qquad (2.2\text{-}27)$$

若此信号的傅里叶变换,即频谱密度为 $S(f)$,则由巴塞伐尔(Parseval)定理(见附录A)得知:

$$E = \int_{-\infty}^{\infty} s^2(t)\, dt = \int_{-\infty}^{\infty} |S(f)|^2\, df \qquad (2.2\text{-}28)$$

上式表示 $|S(f)|^2$ 在频率轴 f 上的积分等于信号能量,所以称 $|S(f)|^2$ 为能量谱密度,它表示在频率 f 处宽度为 df 的频带内的信号能量,或者也可以看作单位频带内的信号能量。

式(2.2-28)可以改写为：

$$E = \int_{-\infty}^{\infty} G(f) \, \mathrm{d}f \tag{2.2-29}$$

式中

$$G(f) = |S(f)|^2 \quad (\mathrm{J/Hz}) \tag{2.2-30}$$

为能量谱密度。

由于信号 $s(t)$ 是一个实函数，所以 $|S(f)|$ 是一个偶函数。因此，式(2.2-29)可以写为：

$$E = 2 \int_0^{\infty} G(f) \, \mathrm{d}f \tag{2.2-31}$$

4. 功率谱密度

由于功率信号具有无穷大的能量，式(2.2-27)的积分不存在，所以不能计算功率信号的能量谱密度。但是，可以求出它的功率谱密度。为此，我们首先将信号 $s(t)$ 截短为长度等于 T 的一个截短信号 $s_T(t)$，$-T/2 < t < T/2$。这样，$s_T(t)$ 就成为一个能量信号了。对于这个能量信号，我们可以用傅里叶变换求出其能量谱密度 $|S_T(f)|^2$，并有：

$$E = \int_{-T/2}^{T/2} s_T^2(t) \, \mathrm{d}t = \int_{-\infty}^{\infty} |S_T(f)|^2 \mathrm{d}f \tag{2.2-32}$$

于是，我们可以将：

$$\lim_{T \to \infty} \frac{1}{T} |S_T(f)|^2 \tag{2.2-33}$$

定义为信号的功率谱密度 $P(f)$，即：

$$P(f) = \lim_{T \to \infty} \frac{1}{T} |S_T(f)|^2 \tag{2.2-34}$$

信号功率为：

$$P = \lim_{T \to \infty} \frac{1}{T} \int_{-T/2}^{T/2} |S_T(f)|^2 \mathrm{d}f = \int_{-\infty}^{\infty} P(f) \, \mathrm{d}f \tag{2.2-35}$$

若此功率信号具有周期性，则可以将 T 选作等于信号的周期 T_0，并且用傅里叶级数代替傅里叶变换，求出信号的频谱。这时，式(2.1-4)变成：

$$P = \lim_{T \to \infty} \frac{1}{T} \int_{-T/2}^{T/2} s^2(t) \, \mathrm{d}t = \frac{1}{T_0} \int_{-T_0/2}^{T_0/2} s^2(t) \, \mathrm{d}t \tag{2.2-36}$$

并且由周期函数的巴塞伐尔(Parseval)定理得知：

$$P = \frac{1}{T_0} \int_{-T_0/2}^{T_0/2} s^2(t) \, \mathrm{d}t = \sum_{n=-\infty}^{\infty} |C(jn\omega_0)|^2 \tag{2.2-37}$$

式中，$C(jn\omega_0)$ 是此周期信号的傅里叶级数的系数，即若 $f_0 = \omega_0/2\pi$ 是此信号的基波频率，则 $C(jn\omega_0)$ 是此信号的第 n 次谐波（其频率为 nf_0）的振幅。若我们仍希望用连续的功率谱密度表示此离散谱，则可以利用上述的 δ 函数将式(2.2-37)表示为：

$$P = \sum_{n=-\infty}^{\infty} \int_{-\infty}^{\infty} |C(j\omega)|^2 \delta(f-nf_0) \, \mathrm{d}f \tag{2.2-38}$$

2.2.2 时域性质

确知信号在时域中的性质主要有自相关函数和互相关函数。其定义和基本性质分述如下。

1. 自相关函数

能量信号 $s(t)$ 的自相关函数的定义为：

$$R(\tau) = \int_{-\infty}^{\infty} s(t)s(t+\tau) \, \mathrm{d}t \qquad -\infty < \tau < \infty \tag{2.2-39}$$

功率信号 $s(t)$ 的自相关函数的定义为：

$$R(\tau) = \lim_{T \to \infty} \frac{1}{T} \int_{-T/2}^{T/2} s(t)s(t+\tau)\,\mathrm{d}t \qquad -\infty < \tau < \infty \tag{2.2-40}$$

由以上两式看出,自相关函数反映了一个信号与其延迟 τ 秒后的信号间相关的程度。自相关函数 $R(\tau)$ 和时间 t 无关,只和时间差 τ 有关。

由定义式不难看出,当 $\tau=0$ 时,能量信号的自相关函数 $R(0)$ 等于信号的能量;而功率信号的自相关函数 $R(0)$ 等于信号的平均功率。自相关函数的其他有用性质,将在讨论随机信号的自相关函数时介绍。

2. 互相关函数

两个能量信号 $s_1(t)$ 和 $s_2(t)$ 的互相关函数的定义为:

$$R_{12}(\tau) = \int_{-\infty}^{\infty} s_1(t)s_2(t+\tau)\,\mathrm{d}t \qquad -\infty < \tau < \infty \tag{2.2-41}$$

两个功率信号 $s_1(t)$ 和 $s_2(t)$ 的互相关函数的定义为:

$$R_{12}(\tau) = \lim_{T \to \infty} \frac{1}{T} \int_{-T/2}^{T/2} s_1(t)s_2(t+\tau)\,\mathrm{d}t \qquad -\infty < \tau < \infty \tag{2.2-42}$$

由上两式看出,互相关函数反映了一个信号和超前 τ 秒的另一个信号间相关的程度。互相关函数 $R_{12}(\tau)$ 和时间 t 无关,只和时间差 τ 有关。需要注意的是,互相关函数和两个信号的前后次序有关,即有:

$$R_{21}(\tau) = R_{12}(-\tau) \tag{2.2-43}$$

这一点很容易证明。若令 $x=t+\tau$,则:

$$R_{21}(\tau) = \int_{-\infty}^{\infty} s_2(t)s_1(t+\tau)\,\mathrm{d}t = \int_{-\infty}^{\infty} s_2(x-\tau)s_1(x)\,\mathrm{d}x$$

$$= \int_{-\infty}^{\infty} s_1(x)s_2[x+(-\tau)]\,\mathrm{d}x = R_{12}(-\tau)$$

2.3 随机信号的性质

在数字通信系统中,接收端收到发送端送出的消息之前,总是不可能确切知道所发送的消息是什么,否则通信就没有意义了。也就是说,发送的消息有某种不确定性,或者说是不可确切预知的。在图 1.3.3 的数字通信系统模型中存在噪声。噪声也是随机变化的。此外,信道特性本身也不是恒定的。某些信道,特别是某些无线电信道,其特性随时间具有很大的随机变化。因此,信号通过通信系统传输时,总是受到各种噪声和信道特性的影响而产生随时间变化的失真。总之,接收信号是一种随机信号,具有不可预知性。所以,它也可以被看作一种随机过程。在给定时刻上,随机信号的取值自然就是一个随机变量。

虽然接收信号是随机的,但是并不是完全无规律的。若长时间地观察大量的接收信号,可以发现接收信号具有统计规律。所以,在讨论数字通信的基本问题之前,需要先对随机信号的性质做较全面的讨论。

2.3.1 随机变量的概率分布

1. 随机变量

随机变量是概率论中的一个重要概念。若某种试验 A 的随机结果用 X 表示,则我们称此 X 为一个随机变量,并设它的取值为 x。例如,在一定时间内电话交换台收到的呼叫次数是一个随机变量。

2. 随机变量的分布函数

随机变量 X 取值不超过某个数 x 的概率 $P(X \leqslant x)$ 显然是取值 x 的函数,记为:

$$F_X(x) = P(X \leqslant x) \tag{2.3-1}$$

我们称此函数为随机变量 X 的分布函数。

知道了分布函数 $F_X(x)$,也就知道了随机变量 X 在任何区间 $(a,b]$ 上取值的概率。因为 X 在 $(a,b]$ 上取值的概率为 $P(a<X \leqslant b)$,而

$$P(a<X \leqslant b) + P(X \leqslant a) = P(X \leqslant b)$$

所以

$$P(a<X \leqslant b) = P(X \leqslant b) - P(X \leqslant a)$$

即

$$P(a<X \leqslant b) = F_X(b) - F_X(a) \tag{2.3-2}$$

在这种意义上来说,可以认为分布函数完整地描述了随机变量的统计特性。上面的讨论中,随机变量 X 可以是连续随机变量,也可以是离散随机变量。

对于离散随机变量,若它的可能取值从小到大依次为 $x_1, x_2, \cdots, x_i, \cdots, x_n$,而取这些值的概率分别为 $p_1, p_2, \cdots, p_i, \cdots, p_n$,则 X 取值小于 x_1 是不可能的,即:

$$P(X<x_1) = 0$$

而 X 的取值不超过 x_n 的事件是必然事件,即:

$$P(X \leqslant x_n) = 1$$

又因

$$P(X \leqslant x_i) = P(X=x_1) + P(X=x_2) + \cdots + P(X=x_i)$$

所以

$$F_X(x) = \begin{cases} 0 & x<x_1 \\ \sum_{k=1}^{i} p_k & x_1 \leqslant x<x_{i+1} \\ 1 & x \geqslant x_n \end{cases} \tag{2.3-3}$$

根据分布函数的定义,可以看出它具有下列重要性质:

(1)当 $x \to -\infty$ 时,$F_X(x) \to 0$,并记为:

$$F_X(-\infty) = 0 \tag{2.3-4}$$

因为这是不可能事件。

(2)当 $x \to +\infty$ 时,$F_X(x) \to 1$,并记为:

$$F_X(+\infty) = 1 \tag{2.3-5}$$

因为这是必然事件。

(3)设 $x_1<x_2$,则有:

$$F_X(x_1) \leqslant F_X(x_2) \tag{2.3-6}$$

上式表明,$F_X(x)$ 是单调递增函数。它的图形是一条阶梯形曲线,如图 2.3.1 所示。图中每一个阶跃的突跳值就是该取值所对应的概率。

由连续随机变量的定义及其分布函数的性质可见,连续随机变量的分布函数一般是一个连续的单调递增函数(见图 2.3.2)。

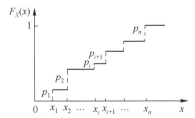

图 2.3.1 离散随机变量的分布函数

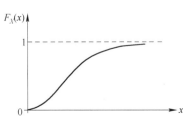

图 2.3.2 连续随机变量的分布函数

2.3.2 随机变量的概率密度

对连续随机变量统计特性的描述还有另外一种方法,即用概率密度来描述。这里先介绍概率密度的含义及其性质,然后讨论如何将概率密度的概念推广到离散随机变量的情况。

设连续随机变量 X 的分布函数 $F_X(x)$ 是连续的,而且除个别点外,处处是可以微分的,则:

$$p_X(x) = \frac{\mathrm{d}F_X(x)}{\mathrm{d}x} \tag{2.3-7}$$

称为随机变量 X 的概率密度。这就是说,概率密度是分布函数的导数。从图形上看,概率密度就是分布函数曲线的斜率。

随机变量 X 在任何区间 $(a, b]$ 上取值的概率可以写成:

$$P(a < X \leqslant b) = \int_a^b p_X(x) \mathrm{d}x \tag{2.3-8}$$

由此可见,只要知道随机变量 X 的概率密度,就能够确定 X 在任何区间上取值的概率。

根据概率密度的定义,可知它具有如下性质:

(1)
$$F_X(x) = \int_{-\infty}^x p_X(y) \mathrm{d}y \tag{2.3-9}$$

这是因为 $F_X(x) = P(X \leqslant x)$,而

$$P(X \leqslant x) = \int_{-\infty}^x p_X(y) \mathrm{d}y$$

所以
$$F_X(x) = \int_{-\infty}^x p_X(y) \mathrm{d}y$$

(2)
$$p_X(x) \geqslant 0 \tag{2.3-10}$$

这是因为分布函数 $F_X(x)$ 是单调递增函数,所以其导数是非负的。

(3)
$$\int_{-\infty}^{\infty} p_X(x) \mathrm{d}x = 1 \tag{2.3-11}$$

这表明任何随机变量的概率密度曲线下的面积恒等于1。

对于离散随机变量,可以将其分布函数表示为:

$$F_X(x) = \sum_{i=1}^n p_i u(x - x_i) \tag{2.3-12}$$

式中,p_i 为 $x = x_i$ 的概率;$u(x)$ 为单位阶跃函数,其定义见式(2.2-23)。

引入上述定义的单位阶跃函数之后,对上式两端求导,就可求得离散随机变量的概率密度,即得到:

$$p_X(x) = \sum_{i=1}^n p_i \delta(x - x_i) \tag{2.3-13}$$

它表示当 $x \neq x_i$ 时,$p_X(x) = 0$;当 $x = x_i$ 时,$p_X(x) = \infty$。

2.4 常见随机变量举例

1. 正态分布随机变量

概率密度为:
$$p_X(x) = \frac{1}{\sqrt{2\pi}\,\sigma} \exp\left[-\frac{(x-a)^2}{2\sigma^2}\right] \tag{2.4-1}$$

的随机变量 X 称为服从正态分布的随机变量,其中 $\sigma > 0$,a 为常数。其概率密度曲线如图 2.4.1 所示。

正态分布又称高斯(Gauss)分布。它是一种最重要而又常见的分布,并具有一些很有用的特性。在后面我们将专门给予讨论。

2. 均匀分布随机变量

若随机变量的概率密度为:

$$p_X(x) = \begin{cases} 1/(b-a) & a \leqslant x \leqslant b \\ 0 & \text{其他} \end{cases} \qquad (2.4\text{-}2)$$

且其中 a, b 均为常数,则称此随机变量服从均匀分布,其概率密度曲线如图 2.4.2 所示。

3. 瑞利(Rayleigh)分布随机变量

概率密度为:

$$p_X(x) = \frac{2x}{a}\exp\left(-\frac{x^2}{a}\right) \qquad x \geqslant 0 \qquad (2.4\text{-}3)$$

的随机变量 X 称为服从瑞利分布的随机变量,其中 $a > 0$,是一个常数。其概率密度曲线如图 2.4.3 所示。

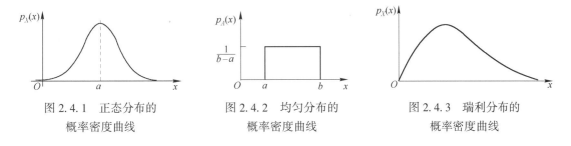

图 2.4.1　正态分布的 概率密度曲线　　图 2.4.2　均匀分布的 概率密度曲线　　图 2.4.3　瑞利分布的 概率密度曲线

2.5　随机变量的数字特征

上面讨论的分布函数和概率密度,能够较全面地描述随机变量的统计规律。然而,在很多场合我们只需要了解随机变量的某些规律,例如随机变量的统计平均值,以及随机变量的取值相对于这个平均值的偏离程度等。这些描述随机变量的各种特性的数值,称为随机变量的数字特征。下面将介绍一些主要特征。

2.5.1　数学期望

对于连续随机变量,其数学期望可以定义为:

$$E(X) = \int_{-\infty}^{\infty} x p_X(x)\,\mathrm{d}x \qquad (2.5\text{-}1)$$

式中, $p_X(x)$ 为随机变量 X 的概率密度。数学期望又称统计平均值。

由数学期望的定义可知,常量的数学期望就是其本身。设 C 为一常量,则有:

$$E(C) = C \qquad (2.5\text{-}2)$$

若有两个随机变量 X 和 Y,它们的数学期望 $E(X)$ 和 $E(Y)$ 存在,则 $E(X+Y)$ 也存在,并且有:

$$E(X+Y) = E(X) + E(Y) \qquad (2.5\text{-}3)$$

类似地,可以把式(2.5-3)推广到多个随机变量的情况。若随机变量 $X_1, X_2, \cdots, X_n$ 的数学期望都存在,则 $E(X_1+X_2+\cdots+X_n)$ 也存在,并且

$$E(X_1+X_2+\cdots+X_n) = E(X_1) + E(X_2) + \cdots + E(X_n) \qquad (2.5\text{-}4)$$

此外,不难看出,常量与随机变量之和的数学期望为:

$$E(C+X)=C+E(X) \tag{2.5-5}$$

若随机变量 X 和 Y 互相独立，且 $E(X)$ 和 $E(Y)$ 存在，则 $E(XY)$ 存在，且

$$E(XY)=E(X)E(Y) \tag{2.5-6}$$

可以由上式推论：常量与随机变量之积的数学期望等于常量和随机变量的数学期望之积，即：

$$E(CX)=CE(X) \tag{2.5-7}$$

2.5.2　方差

数学期望只是随机变量的一个最基本的特征。它还不能满足许多实际问题的需要。例如，一个数字通信系统的内部噪声，它通常只有交流分量，即其数学期望等于 0。但是，这并不说明没有噪声存在。交流噪声的瞬时取值是以 0 值为中心在随机地变化着的。所以，为了了解噪声的大小，还需要知道其瞬时值偏离 0 值的程度。下面将要讨论的方差就是描述一个随机变量偏离其数学期望程度的数字特征。

1. 方差的定义

随机变量 X 的方差是随机变量 X 与其数学期望 $\overline{X}$ 之差的平方的数学期望，记为 $D(X)$ 或 σ_X^2，即：

$$D(X)=\sigma_X^2=E[(X-\overline{X})^2] \tag{2.5-8}$$

式中，σ_X 称为随机变量的标准偏差。标准偏差的平方就是方差。

上式还可以改写成：　$E[(X-\overline{X})^2]=E[X^2-2X\overline{X}+\overline{X}^2]=\overline{X^2}-2\overline{X}^2+\overline{X}^2=\overline{X^2}-\overline{X}^2 \tag{2.5-9}$

即

$$D(X)=\overline{X^2}-\overline{X}^2 \tag{2.5-10}$$

对于离散随机变量而言，上述方差的定义可以写成：

$$D(X)=\sum_i (x_i-\overline{X})^2 p_i \tag{2.5-11}$$

式中，p_i 是随机变量 X 取值为 x_i 的概率。

对于连续随机变量而言，方差的定义则可以写为：

$$D(X)=\int_{-\infty}^{\infty} (x-\overline{X})^2 p_X(x)\,\mathrm{d}x \tag{2.5-12}$$

2. 方差的性质

（1）常量的方差等于 0，即 $D(C)=0$ \tag{2.5-13}

（2）设 $D(X)$ 存在，C 为常量，则：

$$D(X+C)=D(X) \tag{2.5-14}$$

$$D(CX)=C^2 D(X) \tag{2.5-15}$$

（3）设 $D(X)$ 和 $D(Y)$ 都存在，且 X 和 Y 互相独立，则：

$$D(X+Y)=D(X)+D(Y) \tag{2.5-16}$$

对于多个互相独立的随机变量，不难证明：

$$D(X_1+X_2+\cdots+X_n)=D(X_1)+D(X_2)+\cdots+D(X_n) \tag{2.5-17}$$

2.5.3　矩

矩是随机变量更一般的数字特征。上面讨论的数学期望和方差都是矩的特例。随机变量 X 的 k 阶矩的定义为：

$$E\left[\left(X-a \right)^{k} \right] = \int_{-\infty}^{\infty} (x-a)^{k} p_{X}(x) \, \mathrm{d}x \qquad (2.5\text{-}18)$$

该定义式既适用于连续随机变量,也适用于离散随机变量。

- 若 $a=0$,则称其为随机变量 X 的 k 阶原点矩,记为 $m_{k}(X)$,即:

$$m_{k}(X) = \int_{-\infty}^{\infty} x^{k} p_{X}(x) \, \mathrm{d}x \qquad (2.5\text{-}19)$$

- 若 $a=\overline{X}$,则称其为随机变量 X 的 k 阶中心矩,记为 $M_{k}(X)$,即:

$$M_{k}(X) = \int_{-\infty}^{\infty} (x-\overline{X})^{k} p_{X}(x) \, \mathrm{d}x \qquad (2.5\text{-}20)$$

显然,随机变量的一阶原点矩就是它的数学期望,即:

$$m_{1}(X) = E(X) \qquad (2.5\text{-}21)$$

而随机变量的二阶中心矩就是它的方差,即:

$$M_{2}(X) = D(X) = \sigma_{X}^{2} \qquad (2.5\text{-}22)$$

2.6　随　机　过　程

2.6.1　随机过程的基本概念

通信系统中的信号和噪声是具有随机性的,通常称为随机信号。它们都可以被看作随时间 t 变化的随机过程。这种过程是时间 t 的实函数,但是在任一时刻上观察到的值却是一个随机变量。也就是说,随机过程可以看成是由一个事件 A 的全部可能“实现”构成的总体,记为 $X(A, t)$。其中每一个实现 $X(A_{i}, t)$,$i=1,2,\cdots$ 都是一个确定的时间函数。故对于给定时间 t_{k},$X(A_{i}, t_{k})$ 就是一个确定的数值。随机性就体现在哪个 A_{i} 的出现是不确定的。所以,$X(A, t_{k})$ 是一个随机变量。例如,设有 n 台性能完全相同的接收机,它们的工作条件也完全相同。现在,用 n 台仪器同时记录各台接收机的输出噪声波形。记录结果表明,所得的 n 个记录波形并不相同。即使 n 足够大,也找不到两个完全相同的波形(见图 2.6.1),即接收机输出的噪声电压随时间的变化是随机的。这里的一次记录,即图 2.6.1 中的一个波形,就是一个实现 $X(A_{i}, t)$。

图 2.6.1　随机过程波形

无数个记录构成的总体就是一个和事件 A 关联的随机过程 $X(A, t)$。后面为简单起见,将 $X(A, t)$ 简记为 $X(t)$,并将 $X(A_{i}, t)$ 简记为 $X_{i}(t)$。

随机过程的统计特性是由它的概率分布描述的。随机过程的连续分布函数能够用其概率密度函数表示。在大多数情况下,一个随机过程的概率分布很难用实验方法确定。但是,用随机过程的一些数字特征可以部分地描述其统计特性。平均值、方差和自相关函数就是常用于研究通信系统的重要的数字特征。

设 $X(t)$ 表示一个随机过程,则在任意时刻 t_{i} 上 $X(t_{i})$ 是一个随机变量。定义随机过程 $X(t)$ 的统计平均值为:

$$E[X(t_{i})] = \int_{-\infty}^{\infty} x p_{X_{i}}(x) \, \mathrm{d}x = m_{X}(t_{i}) \qquad (2.6\text{-}1)$$

式中,$X(t_{i})$ 是在时刻 t_{i} 观察随机过程得到的随机变量;$p_{X_{i}}(x)$ 是 $X(t_{i})$ 在时刻 t_{i} 的概率密度函数。

定义随机过程 $X(t)$ 的方差为：

$$D[X(t_i)] = E\{X(t_i) - E[X(t_i)]\}^2 \tag{2.6-2}$$

定义随机过程 $X(t)$ 的自相关函数为：

$$R_X(t_1, t_2) = E[X(t_1)X(t_2)] \tag{2.6-3}$$

式中，$X(t_1)$ 和 $X(t_2)$ 分别是在 t_1 和 t_2 时刻观察 $X(t)$ 得到的两个随机变量。自相关函数表示在两个时刻对同一个随机过程抽样的两个随机值的相关程度。

2.6.2　平稳随机过程

若一个随机过程 $X(t)$ 的统计特性与时间起点无关，则称此随机过程是在严格意义上的平稳随机过程，简称严格平稳随机过程。

若一个随机过程 $X(t)$ 的平均值、方差和自相关函数等与时间起点无关，则称其为广义平稳随机过程。按照此定义得知，对于广义平稳随机过程，有：

$$E[X(t)] = m_X = 常数 \tag{2.6-4}$$

$$D[X(t)] = E\{X(t) - E[X(t)]\}^2 = \sigma_X^2 = 常数 \tag{2.6-5}$$

$$R_X(t_1, t_2) = R_X(t_1 - t_2) = R_X(\tau) \tag{2.6-6}$$

式中，$\tau = t_1 - t_2$。

式（2.6-6）表明广义平稳随机过程的自相关函数与时间起点无关，只与 t_1 和 t_2 的间隔 τ 有关。

由于平均值、方差和自相关函数只是统计特性的一部分，所以严格平稳随机过程一定也是广义平稳随机过程。但是，反过来，广义平稳随机过程就不一定是严格平稳随机过程。在通信系统理论中，一般认为随机信号和噪声是广义平稳的。实际上，并不需要一个随机过程在所有时间内都平稳，只要在我们感兴趣的观察时间间隔内平稳，就可以看作平稳随机过程。

2.6.3　各态历经性

按照定义求一个平稳随机过程 $X(t)$ 的平均值和自相关函数，需要对随机过程的所有实现计算统计平均值。实际上，这是做不到的。然而，若一个随机过程具有各态历经性，则它的统计平均值就等于其时间平均值。

顾名思义，各态历经性表示一个平稳随机过程的一个实现能够经历此过程的所有状态。因此，各态历经过程的数学期望，即统计平均值 m_X，可以由其任一实现的时间平均值来代替；其自相关函数 $R_X(\tau)$ 也可以用"时间平均"代替"统计平均"。也就是说，设 $X_i(t)$ 是一个各态历经过程中的任意一个实现，若

$$m_X = \lim_{T \to \infty} \frac{1}{T} \int_{-T/2}^{T/2} X_i(t) \, \mathrm{d}t \tag{2.6-7}$$

以概率 1 成立（通俗地说，若对于该随机过程的所有实现 X_i，上式均成立），则称此随机过程对平均值而言是各态历经的。

类似地，若

$$R_X(\tau) = \lim_{T \to \infty} \frac{1}{T} \int_{-T/2}^{T/2} X_i(t) X_i(t+\tau) \, \mathrm{d}t \tag{2.6-8}$$

以概率 1 成立，则称此随机过程对自相关函数而言是各态历经的。

推广到一般情况，为了求各态历经过程的每个数字特征，无须做无限多次的观察，只需做一次观察，用时间平均值代替统计平均值即可，因而使计算大为简化。

一个随机过程若具有各态历经性，则它必定是严格平稳随机过程。但是，严格平稳随机过程

不一定具有各态历经性。在讨论通信系统时,对于满足广义平稳条件的随机过程,我们只关心其平均值和自相关函数。

一个随机过程是否具有各态历经性是很难测定的。在实际中,人们往往按直觉判断将统计平均和时间平均对换是否合理。在分析绝大多数通信系统的稳态特性时,都假设信号和噪声的平均值和自相关函数是各态历经的。因此,通信系统中的一些电信号的特性,例如直流分量、有效值和归一化平均功率等,都可以用各态历经随机过程的矩来表示:

- 一阶原点矩 $m_X = E[X(t)]$ ——信号的直流分量;
- 一阶原点矩的平方 m_X^2 ——信号直流分量的归一化功率;
- 二阶原点矩 $E[X^2(t)]$ ——信号归一化平均功率;
- 二阶原点矩的平方根 $\sqrt{E[X^2(t)]}$ ——信号电流或电压的均方根值(有效值);
- 二阶中心矩 σ_X^2 ——信号交流分量的归一化平均功率;
- 若信号具有 0 平均值,即 $m_X = m_X^2 = 0$,则 $\sigma_X^2 = E[X^2]$。即方差和均方值相等,或者说方差就表示总归一化功率;
- 标准偏差 σ_X ——是信号交流分量的均方根值;
- 若 $m_X = 0$,则 σ_X 就是信号的均方根值。

2.6.4 平稳随机过程的自相关函数和功率谱密度

自相关函数是平稳随机过程的一个特别重要的函数,它可以用来描述平稳随机过程的数字特征。另外,自相关函数和功率谱密度之间存在傅里叶变换的关系。由于许多随机信号很难直接求出其功率谱密度,但是其自相关函数容易计算,所以往往利用两者之间的傅里叶变换关系,通过自相关函数求该随机过程的功率谱密度。

1. 自相关函数的性质

设 $X(t)$ 为一平稳随机过程,则其自相关函数有如下主要性质:

(1) $$R(0) = E[X^2(t)] = P_X \tag{2.6-9}$$

上式可以直接从自相关函数的定义式(2.6-3)导出。上式表明,$R(0)$ 是平稳随机过程 $X(t)$ 的归一化平均功率 P_X。$R(0)$ 也就是上面的二阶原点矩。

(2) $$R(\tau) = R(-\tau) \tag{2.6-10}$$

上式也可以由自相关函数的定义式导出,它表明平稳随机过程的自相关函数 $R(\tau)$ 是偶函数。

(3) $$|R(\tau)| \leqslant R(0) \tag{2.6-11}$$

由于 $$E[X(t) \pm X(t+\tau)]^2 \geqslant 0$$

即是非负的,所以

$$E[X^2(t) + X^2(t+\tau) \pm 2X(t)X(t+\tau)] \geqslant 0$$

$$E[X^2(t)] + E[X^2(t+\tau)] \pm E[2X(t)X(t+\tau)] \geqslant 0$$

$$2R(0) \pm 2R(\tau) \geqslant 0$$

$$|R(\tau)| \leqslant R(0)$$

上式表示平稳随机过程的归一化平均功率 $R(0)$ 是 $|R(\tau)|$ 的上界。

(4) $$R(\infty) = E^2[X(t)] \tag{2.6-12}$$

这是因为 $$\lim_{\tau \to \infty} R(\tau) = \lim_{\tau \to \infty} E[X(t)X(t+\tau)]$$

$$= E[X(t)]E[X(t+\tau)] = E^2[X(t)] \tag{2.6-13}$$

上式利用了当 $\tau \to \infty$ 时,$X(t)$ 和 $X(t+\tau)$ 统计独立,即没有任何依赖关系;并且还认为 $X(t)$ 不含周期分量。$R(\infty)$ 代表随机过程 $X(t)$ 的直流分量的归一化功率。

（5） $\qquad\qquad\qquad R(0) - R(\infty) = \sigma_X^2$ （2.6-14）

上式中的方差 σ_X^2 是平稳随机过程的交流功率。这一点在式（2.6-3）中已经表明。现在，还可以直接由式（2.6-9）和式（2.6-12）看出，因为 $R(0)$ 是平稳随机过程的总功率，而 $R(\infty)$ 是它的直流分量的功率。

由上述相关函数的性质可知，相关函数可以表述平稳随机过程的几乎所有数字特征，并且这些性质在通信理论中有明显的应用价值。

2. 功率谱密度的性质

现在来讨论平稳随机过程 $X(t)$ 的功率谱密度 $P_X(f)$ 的特性。

由式（2.2-34）可知，一个确知功率信号 $s(t)$ 的功率谱密度 $P(f)$ 可以表示为：

$$P(f) = \lim_{T \to \infty} \frac{|S_T(f)|^2}{T}$$

式中，$S_T(f)$ 是 $s(t)$ 的截短函数 $s_T(t)$（见图2.6.2）的频谱函数。

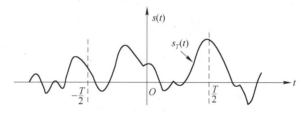

图 2.6.2 截短函数 $s_T(t)$

类似地，任意一个功率型平稳随机过程的每个实现的功率谱密度也可以用式（2.2-34）表示。而平稳随机过程的功率谱密度应当看作每一可能实现的功率谱密度的统计平均值。设一个平稳随机过程 $X(t)$ 的功率谱密度为 $P_X(f)$，$X(t)$ 的某一实现的截短函数为 $X_T(t)$，且 $X_T(t)$ 的傅里叶变换是 $S_T(f)$，则有：

$$P_X(f) = E[P(f)] = \lim_{T \to \infty} \frac{E|S_T(f)|^2}{T}$$ （2.6-15）

上式就是平稳随机过程的功率谱密度的表示式。

由式（2.6-15）可知，$X(t)$ 的平均功率 P_X 可以表示为：

$$P_X = \int_{-\infty}^{\infty} P_X(f)\,\mathrm{d}f = \int_{-\infty}^{\infty} \lim_{T \to \infty} \frac{E[|S_T(f)|^2]}{T}\,\mathrm{d}f$$ （2.6-16）

现在讨论平稳随机过程的自相关函数与其功率谱密度之间的关系。

为了求出自相关函数和功率谱密度之间的关系，现在来考察式（2.6-15）。因为

$$\frac{E[|S_T(f)|^2]}{T} = E\left[\frac{1}{T}\int_{-T/2}^{T/2} s_T(t)\,\mathrm{e}^{-\mathrm{j}\omega t}\,\mathrm{d}t \int_{-T/2}^{T/2} s_T^*(t')\,\mathrm{e}^{\mathrm{j}\omega t'}\,\mathrm{d}t'\right]$$

$$= E\left[\frac{1}{T}\int_{-T/2}^{T/2} s(t)\,\mathrm{e}^{-\mathrm{j}\omega t}\,\mathrm{d}t \int_{-T/2}^{T/2} s(t')\,\mathrm{e}^{\mathrm{j}\omega t'}\,\mathrm{d}t'\right]$$

$$= \frac{1}{T}\int_{-T/2}^{T/2}\int_{-T/2}^{T/2} R(t-t')\,\mathrm{e}^{-\mathrm{j}\omega(t-t')}\,\mathrm{d}t'\,\mathrm{d}t$$ （2.6-17）

式中，$\omega = 2\pi f$；$R(t-t') = E[s(t)s(t')]$ 为信号的自相关函数［见定义式（2.6-3）］。

令 $\tau = t - t'$，$k = t + t'$，则上式可以化简成[9]：

$$\frac{E[\,|\,S_T(f)\,|^{\,2}\,]}{T} = \int_{-T}^{T}\left(1-\frac{|\,\tau\,|}{T}\right)R(\tau)\,\mathrm{e}^{-\mathrm{j}\omega\tau}\mathrm{d}\tau \tag{2.6-18}$$

于是有
$$P_X(f) = \lim_{T\to\infty}\frac{E[\,|\,S_T(f)\,|^{\,2}\,]}{T} = \lim_{T\to\infty}\int_{-T}^{T}\left(1-\frac{|\,\tau\,|}{T}\right)R(\tau)\,\mathrm{e}^{-\mathrm{j}\omega\tau}\mathrm{d}\tau$$

$$= \int_{-\infty}^{\infty}R(\tau)\,\mathrm{e}^{-\mathrm{j}\omega\tau}\mathrm{d}\tau \tag{2.6-19}$$

上式表明,平稳随机过程的功率谱密度 $P_X(f)$ 和自相关函数 $R(\tau)$ 是一对傅里叶变换,即:

$$P_X(f) = \int_{-\infty}^{\infty}R(\tau)\,\mathrm{e}^{-\mathrm{j}\omega\tau}\mathrm{d}\tau \tag{2.6-20}$$

$$R(\tau) = \int_{-\infty}^{\infty}P_X(f)\,\mathrm{e}^{\mathrm{j}\omega\tau}\mathrm{d}f \tag{2.6-21}$$

由于 $P_X(f)$ 和 $R(\tau)$ 有如上关系,所以从 $R(\tau)$ 的性质容易得出 $P_X(f)$ 的性质:

(1) $P_X(f) \geqslant 0$,并且 $P_X(f)$ 是实函数。这是因为 $R(\tau)$ 是一个正定函数,正定函数的傅里叶变换一定是非负的。

(2) $P_X(f) = P_X(-f)$,即 $P_X(f)$ 是偶函数。这是因为 $R(\tau)$ 是 τ 的偶函数。

[例 2.7] 设有一个二进制数字信号 $x(t)$,如图 2.6.3 所示,其振幅为 $+a$ 或 $-a$;在时间 T 内其符号改变的次数 k 服从泊松(Poisson)分布:

$$P(k) = \frac{(\mu T)^{k}\mathrm{e}^{-\mu T}}{k!}, \quad k \geqslant 0 \tag{2.6-22}$$

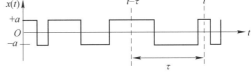

式中,μ 是单位时间内振幅的符号改变的平均次数。试求其自相关函数 $R(\tau)$ 和功率谱密度 $P(f)$。

图 2.6.3 二进制数字信号

解:我们将此二进制数字信号看成一个平稳随机过程,则由式(2.6-3)和式(2.6-6)可以写出自相关函数:

$$R(\tau) = E[\,x(t)x(t-\tau)\,] \tag{2.6-23}$$

由图 2.6.3 可以看出,乘积 $x(t)x(t-\tau)$ 只有两种可能取值:a^2 或 $-a^2$。因此,式(2.6-23)可以化简为:

$$R(\tau) = a^2 \times (a^2 \text{出现的概率}) + (-a^2) \times (-a^2 \text{出现的概率}) \tag{2.6-24}$$

式中的"出现概率"可以按式(2.6-22)计算。

若在 τ 秒内 $x(t)$ 的符号有偶数次变化,则出现 $+a^2$;若在 τ 秒内 $x(t)$ 的符号有奇数次变化,则出现 $-a^2$。因此

$$\begin{aligned}R(\tau) &= E[\,x(t)x(t-\tau)\,]\\ &= a^2[\,P(0)+P(2)+P(4)+\cdots\,] - a^2[\,P(1)+P(3)+P(5)+\cdots\,]\end{aligned} \tag{2.6-25}$$

用 τ 代替式(2.6-22)的泊松分布中的 T,得到:

$$\begin{aligned}R(\tau) &= a^2\mathrm{e}^{-\mu\tau}\left[1-\frac{\mu\tau}{1!}+\frac{(\mu\tau)^2}{2!}-\frac{(\mu\tau)^3}{3!}+\cdots\right]\\ &= a^2\mathrm{e}^{-\mu\tau}\mathrm{e}^{-\mu\tau} = a^2\mathrm{e}^{-2\mu\tau}\end{aligned} \tag{2.6-26}$$

在泊松分布中 τ 为时间间隔,是非负数。所以,当 τ 取负值时,上式可改写成:

$$R(\tau) = a^2\mathrm{e}^{2\mu\tau} \tag{2.6-27}$$

将式(2.6-26)式和式(2.6-27)合并,最后得出:

$$R(\tau) = a^2\mathrm{e}^{-2\mu|\,\tau\,|} \tag{2.6-28}$$

其功率谱密度 $P(f)$ 可以由其自相关函数 $R(\tau)$ 的傅里叶变换求出:

$$P(f) = \int_{-\infty}^{\infty}R(\tau)\,\mathrm{e}^{-\mathrm{j}\omega\tau}\mathrm{d}\tau = \int_{-\infty}^{\infty}a^2\mathrm{e}^{-2\mu|\,\tau\,|}\mathrm{e}^{-\mathrm{j}\omega\tau}\mathrm{d}\tau$$

$$= \int_0^\infty a^2 e^{-2\mu\tau} e^{-j\omega\tau} d\tau + \int_{-\infty}^0 a^2 e^{2\mu\tau} e^{-j\omega\tau} d\tau = \frac{\mu a^2}{\mu^2 + \frac{\omega^2}{4}} \qquad (2.6\text{-}29)$$

由式(2.6-28)和式(2.6-29)得到的自相关函数及功率谱密度曲线如图 2.6.4 所示。

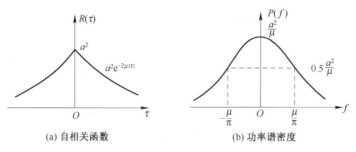

(a) 自相关函数 (b) 功率谱密度

图 2.6.4　随机二进制数字信号的自相关函数及功率谱密度曲线

[例 2.8]　设随机过程的功率谱密度 $P(f)$ 如图 2.6.5(a)所示。试求其自相关函数 $R(\tau)$。

解：由于功率谱密度 $P(f)$ 已知，所以对其求逆傅里叶变换就可以了。

$$R(\tau) = \int_{-\infty}^\infty P(f) e^{j2\pi f\tau} df = 2\int_0^\infty P(f)\cos 2\pi f\tau df = 2\int_{f_1}^{f_2} A\cos 2\pi f\tau df$$

$$= 4A\Delta f \frac{\sin 2\pi\Delta f\tau}{2\pi\Delta f\tau}\cos 2\pi f_0\tau \qquad (2.6\text{-}30)$$

式中，$\Delta f = \dfrac{f_2 - f_1}{2}$；$f_0 = \dfrac{f_2 + f_1}{2}$。

此自相关函数曲线如图 2.6.5(b)所示。

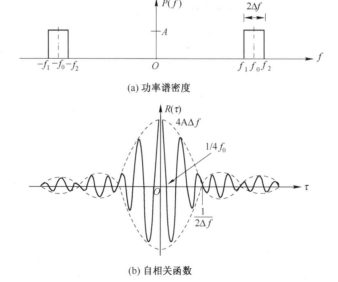

(a) 功率谱密度

(b) 自相关函数

图 2.6.5　矩形功率谱密度及其自相关函数曲线

[例 2.9]　试求白噪声的自相关函数和功率谱密度。

解：白噪声是指具有均匀功率谱密度 $P_n(f)$ 的噪声，即：

$$P_n(f) = n_0/2 \qquad (2.6\text{-}31)$$

式中，n_0 为单边功率谱密度（W/Hz）。

在绝大多数通信系统中的热噪声都具有均匀的功率谱密度。事实上，虽然热噪声的功率均匀分布在大约从直流到 10^6 MHz 的范围内, 并不是均匀分布在 0 至无穷大的全部频率范围内, 但是在通信系统工作频率范围内热噪声是均匀分布的。所以, 可以认为上式是近似正确的。也就是说, 只要通信系统的带宽远小于热噪声带宽, 就可以把热噪声当作白噪声。应当注意, 上式中噪声的功率谱密度 $P_n(f)$ 是双边功率谱密度, 即在数学上将功率谱密度写为分布在 $-\infty \sim +\infty$ 的频率范围内, 所以它等于单边功率谱密度 n_0 的一半。将这种噪声称为白噪声是因为白色光在可见光频率范围内也是均匀分布的。

白噪声的自相关函数可以从它的功率谱密度求得, 因为功率谱密度的逆傅里叶变换就是自相关函数。所以, 由式 (2.6-21) 得到:

$$R_n(\tau) = \int_{-\infty}^{\infty} P_n(f) e^{j\omega\tau} df = \int_{-\infty}^{\infty} \frac{n_0}{2} e^{j\omega\tau} df = \frac{n_0}{2}\delta(\tau) \qquad (2.6\text{-}32)$$

由上式看出, 白噪声的任何两个相邻时刻 (即 $\tau \neq 0$ 时) 的抽样值都是不相关的。

白噪声的平均功率可以用式 (2.6-9) 求出:

$$R_n(0) = \frac{n_0}{2}\delta(0) = \infty \qquad (2.6\text{-}33)$$

上式表明, 白噪声的平均功率为无穷大。这是因为白噪声具有恒定的功率谱密度和无限带宽。

按照式 (2.6-31) 和式 (2.6-32) 画出的功率谱密度和自相关函数曲线如图 2.6.6 所示。

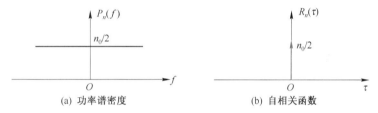

(a) 功率谱密度   (b) 自相关函数

图 2.6.6 白噪声的功率谱密度和自相关函数曲线

实际通信系统的频带宽度是有限的, 因此通信系统中的噪声带宽也是有限的。白噪声通过通信系统后, 其带宽受到了限制, 称其为带限白噪声。现在来看一下带限白噪声的功率谱密度和自相关函数的特性。若白噪声的频带限制在 $(-f_H, f_H)$ 之间, 且在该区间内噪声仍具有白色特性, 即其功率谱密度仍然为一常数:

$$P_n(f) = \begin{cases} n_0/2 & -f_H < f < f_H \\ 0 & \text{其他} \end{cases} \qquad (2.6\text{-}34)$$

则其自相关函数可以由式 (2.6-32) 得出:

$$R_n(\tau) = \int_{-f_H}^{f_H} \frac{n_0}{2} e^{j\omega\tau} df = \frac{n_0}{2} f_H \frac{\sin 2\pi f_H \tau}{2\pi f_H \tau} \qquad (2.6\text{-}35)$$

按照以上两式画出的曲线如图 2.6.7 所示。由图可见, 带限白噪声的自相关函数 $R_n(\tau)$ 只在 τ

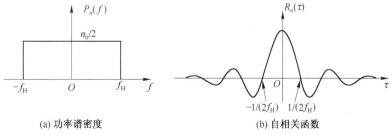

(a) 功率谱密度   (b) 自相关函数

图 2.6.7 带限白噪声的功率谱密度和自相关函数曲线

等于 $1/(2f_H)$ 的整数倍时才等于 0,即此时才不相关。也就是说,在按照抽样定理(见第 4 章)对带限白噪声抽样时,在抽样频率等于 $2f_H$ 的整数倍时,各抽样值是互不相关的随机变量。

2.7 高斯过程

1. 高斯过程的定义

高斯(Gauss)过程又称正态随机过程,它是一种普遍存在和十分重要的平稳随机过程。通信系统中的热噪声通常就是一种高斯过程。

高斯过程 $X(t)$ 的一维概率密度服从正态分布,即它可以表示为:

$$p_X(x,t_1) = \frac{1}{\sqrt{2\pi}\,\sigma}\exp\left[-\frac{(x-a)^2}{2\sigma^2}\right] \tag{2.7-1}$$

式中,$a = E[X(t)]$ 为均值;$\sigma^2 = E[X(t)-a]^2$ 为方差;σ 为标准偏差。

上式表示 $X(t)$ 在 t_1 时刻取值为 x 的概率密度 $p_X(x,t_1)$。由于它是平稳随机过程,所以 $p_X(x,t_1)$ 与时刻 t_1 无关,即 $p_X(x,t_1) = p_X(x)$。图 2.7.1 所示为 $p_X(x)$ 的曲线,即正态分布(或称高斯分布)的概率密度曲线。

高斯过程的严格定义是指一个随机过程 $X(t)$ 的任意 n 维联合概率密度满足下式条件:

$$p_X(x_1,x_2,\cdots,x_n;t_1,t_2,\cdots,t_n)$$
$$= \frac{1}{(2\pi)^{n/2}\sigma_1\sigma_2\cdots\sigma_n|B|^{1/2}}\exp\left[\frac{-1}{2|B|}\sum_{j=1}^{n}\sum_{k=1}^{n}|B|_{jk}\left(\frac{x_j-a_j}{\sigma_j}\right)\left(\frac{x_k-a_k}{\sigma_k}\right)\right] \tag{2.7-2}$$

式中,a_k 为 x_k 的数学期望(统计平均值);σ_k 为 x_k 的标准偏差;$|B|$ 为归一化协方差矩阵的行列式,即:

$$|B| = \begin{vmatrix} 1 & b_{12} & \cdots & b_{1n} \\ b_{21} & 1 & \cdots & b_{2n} \\ \vdots & \vdots & & \vdots \\ b_{n1} & b_{n2} & \cdots & 1 \end{vmatrix} \tag{2.7-3}$$

$|B|_{jk}$ 为行列式 $|B|$ 中元素 b_{jk} 的代数余子式;b_{jk} 为归一化协方差函数,即:

$$b_{jk} = \frac{E[|(x_j-a_j)(x_k-a_k)|]}{\sigma_j\sigma_k} \tag{2.7-4}$$

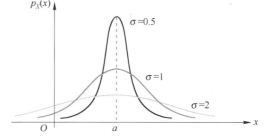

图 2.7.1　正态分布概率密度曲线

概率密度 $p_X(x_1,x_2,\cdots,x_n;t_1,t_2,\cdots,t_n)$ 表示在 t_1 时刻的抽样值为随机变量 x_1,在 t_2 时刻的抽样值为 $x_2,\cdots$,在 t_n 时刻的抽样值为随机变量 x_n 的概率密度。由式(2.7-2)看出,它仅由各个随机变量的数学期望、标准偏差和归一化协方差决定,因此它是一个广义平稳随机过程。若 $x_1,x_2,\cdots,x_n$ 等两两之间互不相关,则由式(2.7-4)可见,当 $j \neq k$ 时,$b_{jk} = 0$。这时,式(2.7-2)简化为:

$$p_X(x_1,x_2,\cdots,x_n;t_1,t_2,\cdots,t_n) = \prod_{k=1}^{n}\frac{1}{\sqrt{2\pi}\,\sigma_k}\exp\left[-\frac{(x_k-a_k)^2}{2\sigma_k^2}\right]$$
$$= p_X(x_1,t_1)p_X(x_2,t_2)\cdots p_X(x_n,t_n) \tag{2.7-5}$$

上式表明,若高斯过程中的随机变量之间两两不相关,则此 n 维联合概率密度等于各个一维概率密度的乘积。满足该条件的这些随机变量称为(互相之间)统计独立的。这里再强调一下:若两个随机变量的互相关函数等于 0,则称为两者互不相关;若两个随机变量的二维联合概率密度等于其一维概率密度之积,则称为两者互相独立。互不相关的两个随机变量不一定互相独立;而互相独立的两个随机变量则一定互不相关。

上面我们证明了高斯过程的随机变量之间既互不相关,又互相独立。下面仅就一维高斯过程的性质做进一步讨论。

2. 正态分布的概率密度的性质

下面我们将 $p_X(x)$ 简记为 $p(x)$。正态分布的概率密度有以下性质:

(1) $p(x)$ 对称于直线 $x=a$,即有:

$$p(a+x)=p(a-x) \tag{2.7-6}$$

(2) $p(x)$ 在区间 $(-\infty,a)$ 内单调上升,在区间 (a,∞) 内单调下降,并且在点 a 处达到其极大值 $1/(\sqrt{2\pi}\sigma)$。当 $x\to-\infty$ 或 $x\to+\infty$ 时,$p(x)\to0$。

$$(3) \qquad \int_{-\infty}^{\infty} p(x)\,\mathrm{d}x = 1 \tag{2.7-7}$$

以及
$$\int_{-\infty}^{a} p(x)\,\mathrm{d}x = \int_{a}^{\infty} p(x)\,\mathrm{d}x = 1/2 \tag{2.7-8}$$

(4) 若式(2.7-1)中的 $a=0,\sigma=1$,则称这种分布为标准正态分布。这时,式(2.7-1)可以写成:

$$p(x)=\frac{1}{\sqrt{2\pi}}\exp(-x^2/2) \tag{2.7-9}$$

3. 正态分布函数

将正态分布的概率密度的积分定义为正态分布函数,它可以表示为:

$$\begin{aligned}
F(x) &= \int_{-\infty}^{x} \frac{1}{\sqrt{2\pi}\sigma}\exp\left[-\frac{(z-a)^2}{2\sigma^2}\right]\mathrm{d}z \\
&= \frac{1}{\sqrt{2\pi}\sigma}\int_{-\infty}^{x}\exp\left[-\frac{(z-a)^2}{2\sigma^2}\right]\mathrm{d}z = \phi\left(\frac{x-a}{\sigma}\right)
\end{aligned} \tag{2.7-10}$$

式中,$\phi(x)$ 称为概率积分函数,其定义为:

$$\phi(x)=\frac{1}{\sqrt{2\pi}}\int_{-\infty}^{x}\exp\left[-z^2/2\right]\mathrm{d}z \tag{2.7-11}$$

此积分不易计算,通常用查表方法对不同的 x 值查出此积分的近似值。

4. 用误差函数表示正态分布

误差函数的定义如下:

$$\mathrm{erf}(x)=\frac{2}{\sqrt{\pi}}\int_{0}^{x}\mathrm{e}^{-z^2}\,\mathrm{d}z \tag{2.7-12}$$

将下式定义为补误差函数:

$$\mathrm{erfc}(x)=1-\mathrm{erf}(x)=1-\frac{2}{\sqrt{\pi}}\int_{0}^{x}\mathrm{e}^{-z^2}\,\mathrm{d}z=\frac{2}{\sqrt{\pi}}\int_{x}^{\infty}\mathrm{e}^{-z^2}\,\mathrm{d}z \tag{2.7-13}$$

不难看出,误差函数和补误差函数之和等于1。

误差函数 $\mathrm{erf}(x)$ 和补误差函数 $\mathrm{erfc}(x)$ 的值较难计算。通常用查表的方法取得其值,但是其近似值可以方便地计算出来(见二维码2.1)。

在后面讨论通信系统的抗噪声性能时,常用到上述误差函数 $\mathrm{erf}(x)$ 和补误

二维码2.1

差函数erfc(x)。在附录B中给出了误差函数的数值表。

2.8　窄带随机过程

2.8.1　窄带随机过程的基本概念

在通信系统中,由于设备和信道受带通特性限制,信号和噪声的频谱常被限制在一个较窄的频带内。换句话说,若信号或噪声的带宽和其"载波"或中心频率相比很窄,则称其为窄带随机过程,如图2.8.1(a)所示。图中,随机过程的频带宽度为Δf,中心频率为f_0。若$\Delta f \ll f_0$,则称此随机过程为窄带随机过程。

观察此随机过程的一个实现的波形,它如同一个包络和相位缓慢变化的正弦波,如图2.8.1(b)所示。因此,窄带随机过程可以用下式表示:

$$X(t) = a_X(t)\cos\left[\omega_0 t + \varphi_X(t)\right] \qquad a_X(t) \geq 0 \qquad (2.8\text{-}1)$$

式中,$a_X(t)$和$\varphi_X(t)$是窄带随机过程$X(t)$的随机包络和随机相位;ω_0是正弦波的角频率。显然,这里$a_X(t)$和$\varphi_X(t)$的变化比载波$\cos\omega_0 t$的变化要慢得多。

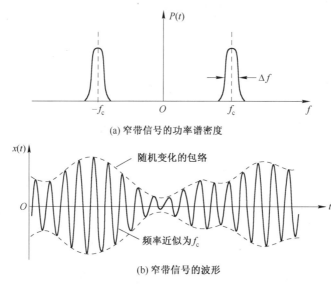

(a) 窄带信号的功率谱密度

(b) 窄带信号的波形

图 2.8.1　窄带随机信号

式(2.8-1)可以改写成:

$$X(t) = X_c(t)\cos\omega_0 t - X_s(t)\sin\omega_0 t \qquad (2.8\text{-}2)$$

式中

$$X_c(t) = a_X(t)\cos\varphi_X(t) \qquad (2.8\text{-}3)$$

$$X_s(t) = a_X(t)\sin\varphi_X(t) \qquad (2.8\text{-}4)$$

式(2.8-3)和式(2.8-4)中的$X_c(t)$和$X_s(t)$分别称为$X(t)$的同相分量和正交分量。

2.8.2　窄带随机过程的性质

由式(2.8-1)和式(2.8-2)可以看到,$X(t)$的统计特性可以由$a_X(t)$和$\varphi_X(t)$,或者$X_c(t)$和$X_s(t)$的统计特性确定。反之,若$X(t)$的统计特性已知,则$a_X(t)$和$\varphi_X(t)$,或者$X_c(t)$和$X_s(t)$的统计特性也随之确定。

这里,我们就讨论一个今后很有用的例子。假设 $X(t)$ 是一个 0 均值平稳窄带高斯过程。现在,从 $X(t)$ 的统计特性来求 $X_c(t)$ 和 $X_s(t)$ 的统计特性,并给出 $a_X(t)$ 和 $\varphi_X(t)$ 的统计特性。

1. $X_c(t)$ 和 $X_s(t)$ 的统计特性

可以证明,若 $X(t)$ 是高斯过程,则 $X_c(t)$ 和 $X_s(t)$ 也是高斯过程(证明见二维码2.2)。一个均值为 0 的窄带平稳高斯过程的同相分量 $X_c(t)$ 和正交分量 $X_s(t)$ 也是均值为 0 的平稳高斯过程,并且其方差相同,且等于 $X(t)$ 的方差。此外,在同一时刻上得到的 X_c 和 X_s 是不相关的和统计独立的。

二维码2.2

2. $a_X(t)$ 和 $\varphi_X(t)$ 的统计特性

现在给出窄带平稳随机过程的包络 $a_X(t)$ 和相位 $\varphi_X(t)$ 的概率密度。它们的推导都较烦琐[10],这里不做介绍。

窄带平稳随机过程的包络 $a_X(t)$ 的概率密度为:

$$p(a_X) = \frac{a_X}{\sigma_X^2}\exp\left(-\frac{a_X^2}{2\sigma_X^2}\right) \qquad a_X \geq 0 \tag{2.8-5}$$

窄带平稳随机过程的相位 $\varphi_X(t)$ 的概率密度为:

$$p(\varphi_X) = \frac{1}{2\pi} \qquad 0 \leq \varphi_X \leq 2\pi \tag{2.8-6}$$

将式(2.8-5)与式(2.4-3)的概率密度对比,不难发现两者相同。故此窄带过程的包络的概率密度服从瑞利分布。而它的相位的概率密度(式(2.8-6))则服从均匀分布。

2.9 正弦波加窄带高斯过程

在通信系统中,由于带宽有限,内部噪声都可以看作窄带高斯噪声。而多数系统中传输的信号是用一个正弦波作为载波的已调信号。因此,系统中存在的信号与噪声之和可以近似地看作正弦波加窄带高斯噪声。由于信道的不稳定性,在经过信道长距离传输后,正弦信号的相位是随机变化的。另外,有些信号本身就是受相位调制的。所以,此正弦信号的相位可以看作一个随时间变化的随机过程。因此,了解这种正弦波加窄带高斯过程的性质就有很大的实际意义。在这里,我们省略了复杂的数学推导,直接给出结论。

设正弦波加噪声的表示式为:

$$r(t) = A\cos(\omega_0 t + \theta) + n(t) \tag{2.9-1}$$

式中,A 为正弦波的确知振幅;ω_0 为正弦波的角频率;θ 为正弦波的随机相位;$n(t)$ 为窄带高斯噪声。则可以证明[10],$r(t)$ 的包络的概率密度为:

$$p_r(x) = \frac{x}{\sigma^2}I_0\left(\frac{Ax}{\sigma^2}\right)\exp\left[-\frac{1}{2\sigma^2}(x^2 + A^2)\right] \qquad x \geq 0 \tag{2.9-2}$$

式中,σ^2 为 $n(t)$ 的方差;$I_0(\cdot)$ 为零阶修正贝塞尔函数,它的数值可以查表得到,并有 $I_0(0) = 0$。

式(2.9-2)中的概率密度 $p_r(x)$ 服从广义瑞利分布,又称莱斯(Rice)分布。可以看出,当 $A = 0$,即没有正弦波时,上式就如预期那样变成瑞利分布的概率密度[式(2.4-3)]。

现在讨论 $r(t)$ 的相位分布。设 $r(t)$ 的相位为 φ,则 φ 中应包括正弦信号的相位 θ 和噪声相位两部分。在正弦信号的相位 θ 给定条件下,$r(t)$ 的相位的条件概率密度为[10]:

$$p_r(\varphi/\theta) = \frac{\exp(-A^2/2\sigma^2)}{2\pi} +$$

$$\frac{A\cos(\theta-\varphi)}{2(2\pi)^{1/2}\sigma}\exp\left[-\frac{A^2}{2\sigma^2}\sin^2(\theta-\varphi)\right]\left\{1+\mathrm{erf}\left[\frac{A\cos(\theta-\varphi)}{2^{1/2}\sigma}\right]\right\} \qquad (2.9\text{-}3)$$

所以有：
$$p_r(\varphi) = \int_0^{2\pi} p_r(\varphi/\theta)p_r(\theta)\,\mathrm{d}\theta \qquad (2.9\text{-}4)$$

式中，$p_r(\theta)$ 是正弦信号相位的概率密度。对于最简单的情况，令 $\theta=0$，则式（2.9-3）可以化简为：

$$p_r(\varphi/0) = \frac{1}{2\pi}\exp\left(-\frac{A^2}{2\sigma^2}\right)\left\{1+G\sqrt{\pi}\left[1+\mathrm{erf}(G)\right]\exp G^2\right\} \quad 0\leqslant\varphi\leqslant 2\pi \qquad (2.9\text{-}5)$$

式中，$G=\dfrac{A\cos\varphi}{\sqrt{2}\sigma}$；$\mathrm{erf}(G)=\dfrac{2}{\sqrt{\pi}}\displaystyle\int_0^G \mathrm{e}^{-t^2}\,\mathrm{d}t$

按照式（2.9-2）和式（2.9-5）画出的莱斯分布曲线如图2.9.1所示。图中给出了不同 A/σ 值条件下此包络和相位的概率密度。由这两组曲线可见，当 $A/\sigma=0$，即只有噪声时，包络变成瑞利分布的，相位变为均匀分布的；当 A/σ 很大，即噪声可以忽略时，包络趋近于正态分布，而相位趋近于一个在原点的冲激函数。

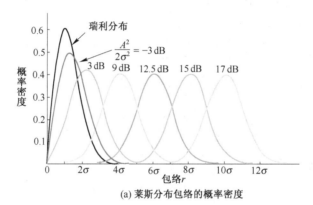

(a) 莱斯分布包络的概率密度

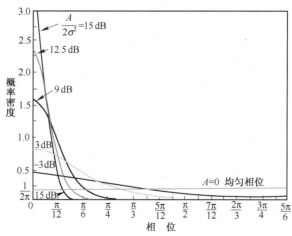

(b) 莱斯分布相位的概率密度

图 2.9.1　莱斯分布曲线

2.10 信号通过线性系统

2.10.1 线性系统的基本概念

本节将要讨论信号通过线性系统时所受到的影响。这里的线性系统是指有一对输入端和一对输出端的线性网络,这个网络是无源的、无记忆的、非时变的(即电路参数不随时间变化)和有因果关系的。此外,它的输出电压和输入电压间有线性关系。所谓线性关系,是指系统的输入和输出信号之间满足叠加原理。即若当输入为 $x_i(t)$ 时,输出为 $y_i(t)$,则当输入为:

$$x(t) = a_1 x_1(t) + a_2 x_2(t)$$

时,输出为:

$$y(t) = a_1 y_1(t) + a_2 y_2(t)$$

式中,a_1 和 a_2 均为任意常数。

我们在这里讨论线性系统,是因为通信系统中的很多组成部分都具有线性特性。并且线性系统也是最基本和最简单的一种网络,是需要首先讨论的。

图 2.10.1 中画出了线性系统的示意图。这里的线性系统用一个方框表示。它可以看作一个黑匣子,有一对输入端和一对输出端。我们并不需要知道黑匣子的内部结构,只用其时间特性 $h(t)$ 或频率特性 $H(f)$ 描述其特性。

图 2.10.1 线性系统示意图

下面将分别讨论确知信号和随机信号通过线性系统,但是以讨论随机信号通过线性系统为主。

2.10.2 确知信号通过线性系统

1. 时域分析法

线性系统在时域中的特性可以用冲激响应 $h(t)$ 来描述。当系统用一个单位冲激函数 $\delta(t)$ 作为输入时,所得到的输出信号波形就称为该系统的冲激响应 $h(t)$。图 2.10.2 给出了其示意图。

若系统的时域特性 $h(t)$ 已知,则当输入信号波形为 $x(t)$ 时,输出信号 $y(t)$ 可以表示为输入信号和冲激响应的卷积(证明见二维码 2.3):

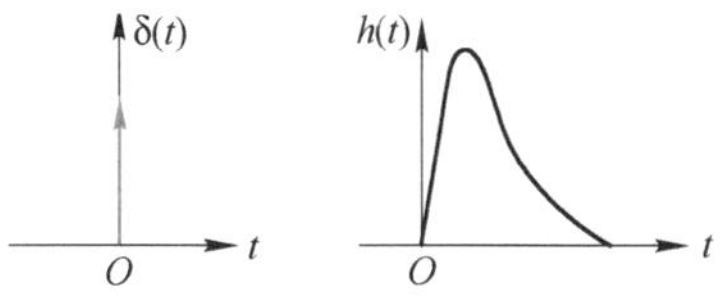

$$y(t) = x(t) * h(t) = \int_{-\infty}^{\infty} x(\tau) h(t-\tau) \mathrm{d}\tau$$
$$= \int_{-\infty}^{\infty} x(t-\tau) h(\tau) \mathrm{d}\tau \quad (2.10\text{-}1)$$

图 2.10.2 线性系统的冲激响应

应当指出,对于物理可实现的系统,首先应当满足因果关系,即在信号输入之前不应有输出。也就是说,在输入冲激脉冲前不应有输出冲激响应,并且冲激响应的能量应该是有限的。这两个条件可以用数学公式表示为:

$$\left.\begin{array}{l} h(t) = 0 \quad t < 0 \\ \int_{-\infty}^{\infty} |h(t)| \mathrm{d}t < \infty \end{array}\right\} \quad (2.10\text{-}2)$$

二维码 2.3

由上述可知,若系统的冲激响应 $h(t)$ 和输入信号 $x(t)$ 已知,则由式(2.10-1)可以求出系统的输出 $y(t)$。

2. 频域分析法

线性系统在频域中的特性可以用传输函数 $H(f)$ 来描述；并且 $H(f)$ 是 $h(t)$ 的傅里叶变换。设系统的输入信号是一个能量信号 $x(t)$，其频谱密度为 $X(f)$，$X(f)$ 是 $x(t)$ 的傅里叶变换，则此系统的输出信号 $y(t)$ 的频谱密度 $Y(f)$ 可以表示为（证明见二维码2.4）：

$$Y(f) = X(f)H(f) \qquad (2.10\text{-}3)$$

由 $Y(f)$ 的逆傅里叶变换可以求出输出信号 $y(t)$：

$$y(t) = \int_{-\infty}^{\infty} Y(f) e^{j\omega t} df \qquad (2.10\text{-}4)$$

二维码2.4

若输入信号是周期性功率信号，则类似地用 $x(t)$ 的傅里叶级数代替傅里叶变换，可以求出输出信号的傅里叶级数表示式。这时有：

$$x(t) = \sum_{n=-\infty}^{\infty} C(jn\omega_0) e^{jn\omega_0 t} \qquad (2.10\text{-}5)$$

式中

$$\omega_0 = 2\pi/T_0 \qquad (2.10\text{-}6)$$

T_0 是信号的周期，$f_0 = \omega_0/2\pi$ 是信号的基频；

$$C(jn\omega_0) = \frac{1}{T_0} \int_{-T_0/2}^{T_0/2} x(t) e^{-jn\omega_0 t} dt \qquad (2.10\text{-}7)$$

$C(jn\omega_0)$ 可以看作 $x(t)$ 中复分量 $e^{-j\omega_0 t}$ 的振幅，它是一个复数，故又称复振幅。$x(t)$ 的每一个频率分量经过线性系统后，都受到传输函数 $H(f)$ 的加权，其输出为：

$$y(t) = \sum_{n=-\infty}^{\infty} C(jn\omega_0) H(n\omega_0) e^{jn\omega_0 t} \qquad (2.10\text{-}8)$$

上式中把 $H(f)$ 改写成了 $H(n\omega_0)$，因为只有在这些谐波频率上才有信号。

若输入信号是非周期性功率信号，则我们可以把它当作随机信号，在下一节讨论随机信号时考虑。

[例2.10] 若有一个 RC 低通滤波器，如图 2.10.3 所示。试求其冲激响应，以及当有按指数衰减的输入时其输出信号表示式。

解： 设输入为能量信号 $x(t)$，输出为能量信号 $y(t)$。它们的频谱密度分别是 $X(f)$ 和 $Y(f)$。

由电路理论可知，此电路的传输函数为：

$$H(f) = \frac{1/j\omega C}{R + (1/j\omega C)} = \frac{1}{1 + j\omega RC} \qquad (2.10\text{-}9)$$

由于 $h(t)$ 和 $H(f)$ 是一对傅里叶变换关系，所以由 $H(f)$ 的逆傅里叶变换可以求出此滤波器的冲激响应 $h(t)$，即：

$$h(t) = \int_{-\infty}^{\infty} H(f) e^{j\omega t} df = \int_{-\infty}^{\infty} \frac{1}{1 + j\omega RC} e^{j\omega t} df = \frac{1}{RC} e^{-t/RC} \qquad (2.10\text{-}10)$$

按上式画出的 RC 低通滤波器的冲激响应曲线如图 2.10.4 所示。

图 2.10.3　RC 低通滤波器　　　图 2.10.4　RC 低通滤波器的冲激响应曲线

由式（2.10-1）可以求出此滤波器输出和输入之间的关系为：

$$y(t) = x(t) * h(t) = \int_{-\infty}^{\infty} x(\tau) h(t-\tau) d\tau = \frac{1}{RC} \int_{-\infty}^{\infty} x(\tau) e^{-(t-\tau)/RC} d\tau \qquad (2.10\text{-}11)$$

现假设输入为：
$$x(t)=\begin{cases}\mathrm{e}^{-at} & t\geqslant 0\\ 0 & t<0\end{cases} \tag{2.10-12}$$

将上式代入式(2.10-11)，得到此滤波器的输出为：

$$y(t)=\frac{1}{RC}\int_0^t \mathrm{e}^{-a\tau}\mathrm{e}^{-(t-\tau)/RC}\mathrm{d}\tau=\frac{\mathrm{e}^{-t/RC}}{RC}\cdot\frac{\mathrm{e}^{\tau(1/RC-a)}}{1/RC-a}\bigg|_0^t$$

$$=\frac{\mathrm{e}^{-at}-\mathrm{e}^{-t/RC}}{1-aRC} \tag{2.10-13}$$

3. 无失真传输的条件

一个信号经过线性系统传输时，一般均经受时间延迟和幅度衰减，这是正常现象。这时，输出信号的波形并没有失真。这个无失真的输出信号可以表示为：

$$y(t)=kx(t-t_\mathrm{d}) \tag{2.10-14}$$

式中，k 为衰减常数；t_d 为传输时延。

设此时的输入信号是一个能量信号，则此时输出信号也必然是能量信号。这时，我们可以对上式两端做傅里叶变换，得到：

$$Y(f)=kX(f)\mathrm{e}^{-j\omega t_\mathrm{d}} \tag{2.10-15}$$

将上式代入式(2.10-3)，得到：

$$Y(f)=X(f)H(f)=kX(f)\mathrm{e}^{-j\omega t_\mathrm{d}} \tag{2.10-16}$$

所以，有
$$H(f)=k\mathrm{e}^{-j\omega t_\mathrm{d}} \tag{2.10-17}$$

式中，t_d 和相位延迟 θ 间的关系为：

$$\theta=2\pi f t_\mathrm{d} \tag{2.10-18}$$

因此，式(2.10-17)可以改写为：

$$H(f)=k\mathrm{e}^{-j\theta} \tag{2.10-19}$$

由上式可以看出，无失真传输要求线性系统传输函数的振幅特性与频率无关，是一条水平直线；要求其相位特性是一条通过原点的直线，如图2.10.5所示。我们常将具有这种传输特性的滤波器称为理想滤波器。信号经过理想滤波器传输后没有失真。

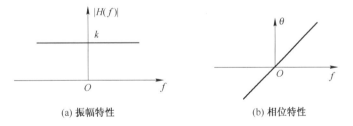

(a) 振幅特性　　　　　　　(b) 相位特性

图 2.10.5　无失真传输条件

由式(2.10-18)有：
$$\frac{\mathrm{d}\theta}{\mathrm{d}f}=2\pi t_\mathrm{d} \quad 或 \quad \frac{\mathrm{d}\theta}{\mathrm{d}\omega}=t_\mathrm{d} \tag{2.10-20}$$

式中，t_d 是相位特性曲线的斜率。按照式(2.10-14)的定义，t_d 表示传输时延，对于无失真传输系统，它应该等于一个常数。在实际应用中，由于相位特性很难测量，所以常用测量 t_d 的方法，代替测量相位，来衡量系统的传输失真。

2.10.3　随机信号通过线性系统

在上面分析确知信号通过线性系统的基础之上，我们现在可以讨论随机信号通过线性系统的问题。

由式(2.10-1)可知,若线性系统是物理可实现的,它必须符合因果关系,则式(2.10-1)可以改写为:

$$y(t) = \int_{-\infty}^{t} x(\tau) h(t-\tau) \mathrm{d}\tau \tag{2.10-21}$$

或

$$y(t) = \int_{0}^{\infty} h(\tau) x(t-\tau) \mathrm{d}\tau \tag{2.10-22}$$

若把线性系统的输入 $x(t)$ 当作随机过程的一个实现,则 $y(t)$ 可以当作输出随机过程的一个实现。因此,只要输入信号有界并且此线性系统是物理可实现的,当输入信号是一个随机过程 $X(t)$ 时,输出随机过程 $Y(t)$ 就可以写为:

$$Y(t) = \int_{0}^{\infty} h(\tau) X(t-\tau) \mathrm{d}\tau \tag{2.10-23}$$

现在,假设输入 $X(t)$ 是平稳随机过程,分析输出随机过程 $Y(t)$ 的统计特性。我们首先求出输出随机过程 $Y(t)$ 的数字特征,然后讨论其概率分布。

1. 输出随机过程 $Y(t)$ 的数学期望 $E[Y(t)]$

根据数学期望的定义,可以得到:

$$E[Y(t)] = E\left[\int_{0}^{\infty} h(\tau) X(t-\tau) \mathrm{d}\tau\right] = \int_{0}^{\infty} h(\tau) E[X(t-\tau)] \mathrm{d}\tau \tag{2.10-24}$$

由于已经假设输入是平稳随机过程,所以

$$E[X(t-\tau)] = E[X(t)] = k, \ k = 常数 \tag{2.10-25}$$

故式(2.10-24)可以写为:

$$E[Y(t)] = k \int_{0}^{\infty} h(\tau) \mathrm{d}\tau \tag{2.10-26}$$

因为 $H(f)$ 是 $h(t)$ 的傅里叶变换,并考虑到其物理可实现性[$h(t)=0$,当 $t<0$ 时],故有:

$$H(f) = \int_{-\infty}^{\infty} h(t) \mathrm{e}^{-\mathrm{j}\omega t} \mathrm{d}t = \int_{0}^{\infty} h(t) \mathrm{e}^{-\mathrm{j}\omega t} \mathrm{d}t \tag{2.10-27}$$

将 $f=0$ 代入上式,即有:

$$H(0) = \int_{0}^{\infty} h(t) \mathrm{d}t \tag{2.10-28}$$

将上式代入式(2.10-26),得出:

$$E[Y(t)] = kH(0) \tag{2.10-29}$$

上式说明,输出随机过程的数学期望等于输入随机过程的数学期望 k 乘以 $H(0)$,并且 $E[Y(t)]$ 与 t 无关。

2. 输出随机过程 $Y(t)$ 的自相关函数 $R_Y(t_1, t_1+\tau)$

根据自相关函数的定义,有:

$$\begin{aligned}
R_Y(t_1, t_1+\tau) &= E[Y(t_1) Y(t_1+\tau)] \\
&= E\left[\int_{0}^{\infty} h(u) X(t_1-u) \mathrm{d}u \int_{0}^{\infty} h(v) X(t_1+\tau-v) \mathrm{d}v\right] \\
&= \int_{0}^{\infty} \int_{0}^{\infty} h(u) h(v) E[X(t_1-u) X(t_1+\tau-v)] \mathrm{d}u\mathrm{d}v
\end{aligned} \tag{2.10-30}$$

由于输入随机过程 $X(t)$ 的平稳性,上式被积因子中的数学期望与 t_1 无关,故有:

$$E[X(t_1-u) X(t_1+\tau-v)] = R_X(\tau+u-v) \tag{2.10-31}$$

于是

$$R_Y(t_1, t_1+\tau) = \int_{0}^{\infty} \int_{0}^{\infty} h(u) h(v) R_X(\tau+u-v) \mathrm{d}u\mathrm{d}v = R_Y(\tau) \tag{2.10-32}$$

由上述分析可知,输出随机过程 $Y(t)$ 的自相关函数只与时间间隔 τ 有关,而与时间起点 t_1 无关。此外,由式(2.10-29)和式(2.10-32)可以看出,此输出随机过程是广义平稳的。

3. 输出随机过程 $Y(t)$ 的功率谱密度 $P_Y(f)$

由式(2.6-19)有：

$$P_Y(f) = \int_{-\infty}^{\infty} R_Y(\tau) e^{-j\omega\tau} d\tau$$

$$= \int_{-\infty}^{\infty} d\tau \int_0^{\infty} du \int_0^{\infty} h(u) h(v) R_X(\tau+u-v) e^{-j\omega\tau} dv \qquad (2.10\text{-}33)$$

令 $\tau' = \tau+u-v$,代入上式可得：

$$P_Y(f) = \int_0^{\infty} h(u) e^{j\omega u} du \int_0^{\infty} h(v) e^{-j\omega v} dv \int_{-\infty}^{\infty} R_X(\tau') e^{-j\omega\tau'} d\tau'$$

$$= H^*(f) H(f) P_X(f) = |H(f)|^2 P_X(f) \qquad (2.10\text{-}34)$$

由上式看出,输出信号的功率谱密度等于输入信号的功率谱密度乘以 $|H(f)|^2$。

[例2.11] 已知一个白噪声的双边功率谱密度为 $n_0/2$。试求它通过一个理想低通滤波器后的功率谱密度、自相关函数和噪声功率。

解:参照式(2.10-17),理想低通滤波器的传输特性可以表示成：

$$H(f) = \begin{cases} k e^{-j\omega t_d} & |f| \leqslant f_H \\ 0 & \text{其他} \end{cases}$$

所以有

$$|H(f)|^2 = k^2 \qquad |f| \leqslant f_H$$

根据式(2.10-34),输出信号的功率谱密度为：

$$P_Y(f) = |H(f)|^2 P_X(f) = k^2 \frac{n_0}{2} \qquad |f| \leqslant f_H$$

此功率谱密度的逆傅里叶变换就是此输出信号的自相关函数：

$$R_Y(\tau) = \int_{-\infty}^{\infty} P_Y(f) e^{j\omega\tau} df = (k^2 n_0/4\pi) \int_{-f_H}^{f_H} e^{j\omega\tau} df = k^2 n_0 f_H \frac{\sin 2\pi f_H \tau}{2\pi f_H \tau}$$

式中,$\omega = 2\pi f$。

而输出噪声功率 P_Y 就是 $R_Y(0)$,即

$$P_Y = R_Y(0) = k^2 n_0 f_H$$

由上式可以看出,输出噪声功率和输入白噪声功率谱密度 n_0、滤波器截止频率 f_H,以及滤波器增益 k 成正比。

4. 输出随机过程 $Y(t)$ 的概率分布

在已知输入随机过程 $X(t)$ 的概率分布情况下,一般说来,总可以由式(2.10-23)求出输出随机过程 $Y(t)$ 的概率分布。一种经常遇到的实际情况是输入随机过程为高斯过程。这时系统输出随机过程也是高斯过程。这是因为式(2.10-23)可以表示成和式的极限：

$$Y(t) = \lim_{\tau_k \to \infty} \sum_{k=0}^{\infty} X(t-\tau_k) h(\tau_k) \Delta\tau_k \qquad (2.10\text{-}35)$$

由于已经假定输入 $X(t)$ 是高斯过程,所以上式右端和式中的每一项 $X(t-\tau_k) h(\tau_k) \Delta\tau_k$ 在任一时刻都是一个正态随机变量。而在任一时刻输出随机变量就是这无穷多个正态随机变量之和。由概率论理论[11]可知,此和也是正态随机变量,并且输出随机过程也是正态随机过程。但是,与输入随机过程相比,输出随机过程的数字特征已经不同了。

于是,我们得到一个十分有用的结论:**高斯随机过程通过线性系统后输出仍为高斯随机过程。**

2.11 小　结

本章集中讨论了各种信号的特性。信号按照其确定性可以分为确知信号和随机信号;按照其强度可以分为能量信号和功率信号。确知信号又可以分为周期信号和非周期信号。能量信号的振幅和持续时间都是有限的,其能量有限,功率为 0。功率信号的持续时间无限,故其能量为无穷大。

确知信号的性质可以从频域和时域两方面研究。

确知信号在频域中的性质有四种,即频谱、频谱密度、能量谱密度和功率谱密度。周期性功率信号的波形可以用傅里叶级数表示,级数的各项构成信号的离散频谱,其单位是 V。能量信号的波形可以用傅里叶变换表示,波形变换得出的函数是信号的频谱密度,其单位是 V/Hz。只要引入冲激函数,我们同样可以对一个功率信号求出其频谱密度。能量谱密度是能量信号的能量在频域中的分布,其单位应该是 J/Hz。功率谱密度则是功率信号的功率在频域中的分布,其单位是 W/Hz。周期信号的功率谱密度是由离散谱线组成的。

确知信号在时域中的特性主要有自相关函数和互相关函数。能量信号的自相关函数 $R(0)$ 等于信号的能量;而功率信号的自相关函数 $R(0)$ 等于信号的平均功率。互相关函数反映两个信号的相关程度,它和时间无关,只和时间差有关。并且互相关函数和两个信号相乘的前后次序有关。

随机信号的统计特性由其概率分布和概率密度表示。正态分布、瑞利分布、莱斯分布和均匀分布等都是分析通信系统性能时经常遇到的典型分布。数字特征则是描述随机信号的另一种简洁的手段。

通信系统中的信号和噪声都可以看作随时间变化的随机过程。若一个随机过程的统计特性与时间起点无关,则称其为严格平稳随机过程。若一个随机过程的数字特征与时间起点无关,则称为广义平稳随机过程。在通信系统理论中讨论的大都是广义平稳随机过程。

若一个随机过程的统计平均值等于其时间平均值,则称此随机过程具有各态历经性。一个随机过程若具有各态历经性,则它必定是严格平稳随机过程。但是,严格平稳随机过程不一定具有各态历经性。描述平稳随机过程的两个重要数字特征是自相关函数和功率谱密度。

在通信系统中有三种常见的平稳随机过程:第一种是以热噪声为代表的高斯过程,第二种是以窄带噪声包络为代表的瑞利分布过程,第三种是以正弦波加窄带高斯过程的包络为代表的莱斯分布过程。

线性系统的特性,在时域中可以用冲激响应描述,在频域中可以用传输函数描述。这两种特性决定了在时域和频域中线性系统输入和输出的关系。而无失真传输要求线性系统传输函数的振幅特性与频率无关,要求其相位特性是一条通过原点的直线。高斯过程通过线性系统后仍为高斯过程。

思考题

2.1　何谓确知信号?何谓随机信号?

2.2　试分别说明能量信号和功率信号的特性。

2.3　试用语言(文字)描述单位冲激函数的定义。

2.4　试画出单位阶跃函数的曲线。

2.5　试述信号的四种频率特性分别适用于何种信号。

2.6　频谱密度 $S(f)$ 和频谱 $C(jn\omega_0)$ 的量纲分别是什么?

2.7 随机变量的分布函数和概率密度有什么关系？

2.8 随机过程的功率谱密度和自相关函数有什么关系？

2.9 随机变量的数字特征主要有哪几个？

2.10 正态分布公式中的常数 a 和 σ^2 有何意义？

2.11 何谓平稳随机过程？广义平稳随机过程和严格平稳随机过程有何区别？

2.12 何谓窄带平稳随机过程？

2.13 一个均值为 0 的窄带平稳高斯过程的功率与它的两个正交分量 $X_c(t)$ 和 $X_s(t)$ 的功率有何关系？

2.14 何谓白噪声？其频谱和自相关函数有何特点？

2.15 什么是高斯噪声？高斯噪声是否都是白噪声？

2.16 自相关函数有哪些性质？

2.17 何谓随机过程的各态历经性？

2.18 试用数学语言表述什么是线性系统。

2.19 冲激响应的定义是什么？冲激响应的傅里叶变换等于什么？

2.20 如何用冲激响应描述线性系统的输出？

2.21 何谓物理可实现系统？它应该具有什么性质？

2.22 如何在频域中描述线性系统输入和输出的关系？

2.23 信号无失真传输的条件是什么？

2.24 为什么常用时间延迟的变化表示线性系统的相位失真？

2.25 随机过程通过线性系统时，系统输出功率谱密度和输入功率谱密度之间有什么关系？

习题

2.1 设一个随机过程 $X(t)$ 可以表示成：
$$X(t) = 2\cos(2\pi t + \theta) \qquad -\infty < t < \infty$$
式中 θ 是一个离散随机变量，它具有如下概率分布：
$$P(\theta = 0) = 0.5, \quad P(\theta = \pi/2) = 0.5$$
试求 $E[X(t)]$ 和 $R_X(0,1)$。

2.2 设一个随机过程 $X(t)$ 可以表示成：
$$X(t) = 2\cos(2\pi t + \theta) \qquad -\infty < t < \infty$$
判断它是功率信号还是能量信号？并求出其功率谱密度或能量谱密度。

2.3 设有一个信号可表示为：
$$x(t) = \begin{cases} 4\exp(-t) & t \geqslant 0 \\ 0 & t < 0 \end{cases}$$
试问它是功率信号还是能量信号？并求出其功率谱密度或能量谱密度。

2.4 设 $X(t) = x_1\cos 2\pi t - x_2\sin 2\pi t$ 是一个随机过程，其中 x_1 和 x_2 是互相统计独立的高斯随机变量，数学期望均为 0，方差均为 σ^2。试求：

(1) $E[X(t)]$，$E[X^2(t)]$； (2) $X(t)$ 的概率分布密度； (3) $R_X(t_1, t_2)$。

2.5 试判断下列函数中哪些满足功率谱密度的条件：

(1) $\delta(f) + \cos^2 2\pi f$； (2) $a + \delta(f-a)$； (3) $\exp(a - f^2)$。

[提示：可以用式 (2.2-34) 验证。]

2.6 试求 $X(t) = A\cos\omega t$ 的自相关函数，并根据自相关函数求出其功率。

2.7 设 $X_1(t)$ 和 $X_2(t)$ 是两个统计独立的平稳随机过程，其自相关函数分别为 $R_{X_1}(\tau)$ 和 $R_{X_2}(\tau)$。试求乘积 $X(t) = X_1(t)X_2(t)$ 的自相关函数。

2.8 设随机过程 $X(t) = m(t)\cos\omega t$，其中 $m(t)$ 是一个广义平稳随机过程，且其自相关函数为：
$$R_m(\tau) = \begin{cases} 1+\tau & -1 < \tau > 0 \\ 1-\tau & 0 \leqslant \tau < 0 \\ 0 & \text{其他} \end{cases}$$

(1) 画出自相关函数 $R_X(\tau)$ 的曲线； （2）求出 $X(t)$ 的功率谱密度 $P_X(f)$ 和功率 P。

2.9　设信号 $x(t)$ 的傅里叶变换为 $X(f) = \dfrac{\sin\pi f}{\pi f}$。试求此信号的自相关函数 $R_X(\tau)$。

2.10　已知噪声 $n(t)$ 的自相关函数为：

$$R_n(\tau) = \frac{k}{2}\mathrm{e}^{-k|\tau|} \qquad k = 常数$$

(1) 求其功率谱密度 $P_n(f)$ 和功率 P； （2）画出 $R_n(\tau)$ 和 $P_n(f)$ 的曲线。

2.11　已知平稳随机过程 $X(t)$ 的自相关函数是以 2 为周期的周期性函数：

$$R(\tau) = 1 - |\tau| \qquad -1 \leqslant \tau < 1$$

试求 $X(t)$ 的功率谱密度 $P_X(f)$ 并画出其曲线。

2.12　已知信号 $x(t)$ 的双边功率谱密度为：

$$P_X(f) = \begin{cases} 10^{-4}f^2 & -10\,\mathrm{kHz} < f < +10\,\mathrm{kHz} \\ 0 & 其他 \end{cases}$$

试求其平均功率。

2.13　设输入信号为： $x(t) = \begin{cases} \mathrm{e}^{-t/\tau} & t \geqslant 0 \\ 0 & t < 0 \end{cases}$

图 P2.1　RC 高通滤波器

将其加到由一个电阻 R 和一个电容 C 组成的高通滤波器（见图 P2.1）上，$RC = \tau$。试求输出信号 $y(t)$ 的能量谱密度。

2.14　将周期信号 $x(t)$ 加至一个线性系统的输入端，得到的输出信号为：

$$y(t) = \tau[\mathrm{d}x(t)/\mathrm{d}t]$$

式中，τ 为常数。试求该线性系统的传输函数 $H(f)$。

2.15　设有一个 RC 低通滤波器如图 2.10.3 所示。当输入一个均值为 0、双边功率谱密度为 $n_0/2$ 的白噪声时，试求输出的功率谱密度和自相关函数。

2.16　设有一个 LC 低通滤波器如图 P2.2 所示。若输入信号是一个均值为 0、双边功率谱密度为 $n_0/2$ 的高斯白噪声，试求：（1）输出噪声的自相关函数；（2）输出噪声的方差。

2.17　若通过图 2.10.3 中滤波器的是高斯白噪声，它的均值为 0、双边功率谱密度为 $n_0/2$。试求输出噪声的概率密度。

2.18　试证明图 P2.3 中周期性信号的傅里叶级数表达式为

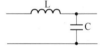

图 P2.2　LC 低通滤波器

$$x(t) = \frac{4}{\pi}\sum_{n=0}^{\infty} \frac{(-1)^n}{2n+1}\cos(2n+1)\pi t$$

2.19　设 X 是 $a=0, \sigma=1$ 的高斯随机变量，试确定随机变量 $Y = cX + d$ 的概率密度函数 $p_Y(y)$，其中 c, d 均为常数。

2.20　设 $X_1(t)$ 和 $X_2(t)$ 是两个统计独立的平稳随机过程，其自相关函数分别为 $R_{X1}(\tau)$ 和 $R_{X2}(\tau)$。试求其和 $X(t) = X_1(t) + X_2(t)$ 的自相关函数。

2.21　一个均值为 a、自相关函数为 $R_X(\tau)$ 的平稳随机过程 $X(t)$ 通过一个线性系统后的输出随机过程为

$$Y(t) = X(t) + X(t-T) \qquad (T 为延迟时间)$$

(1) 画出该线性系统的框图； （2）求 $Y(t)$ 的自相关函数和功率谱密度。

2.22　一个中心频率为 f_c、带宽为 B 的理想带通滤波器如图 P2.4 所示。假设输入是均值为零、功率谱密度为 $n_0/2$ 的高斯白噪声，试求：

(1) 滤波器输出噪声的自相关函数； （2）滤波器输出噪声的平均功率； （3）输出噪声的一维概率密度函数。

2.23　一个 RC 低通滤波器如图 P2.5 所示，假设输入是均值为零、功率谱密度为 $n_0/2$ 的高斯白噪声，试求：

(1) 输出噪声的功率谱密度和自相关函数； （2）输出噪声的一维概率密度函数。

2.24　设有一个随机二进制矩形脉冲波形，它的每个脉冲的持续时间为 T_b，脉冲幅度取 ± 1 的概率相等。现假设任一间隔 T_b 内波形取值与任何别的间隔内取值统计无关，且具有广义平稳性，试证：

(1) 自相关函数 $R(\tau) = \begin{cases} 1 - |\tau|/T_b, & |\tau| \leqslant T_b \\ 0, & |\tau| > T_b \end{cases}$； （2）功率谱密度 $P(\omega) = T_b[\mathrm{Sa}(\pi f T_b)]^2$。

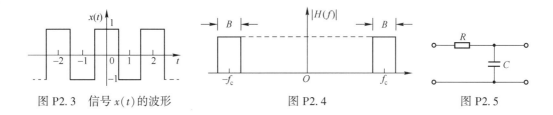

图 P2.3 信号 $x(t)$ 的波形   图 P2.4   图 P2.5

2.25 设平稳随机过程 $X(t)$ 的功率谱密度为 $P_X(f)$,其自相关函数为 $R(\tau)$。试求功率谱密度为 $\frac{1}{2}\big[P_X(\omega+$ $\omega_0)+P_X(\omega-\omega_0)\big]$ 所对应的随机过程的自相关函数(其中,ω_0 为正常数)。

2.26 $X(t)$ 是功率谱密度为 $P_X(f)$ 的平稳随机过程,该过程通过图 P2.6 所示的系统。

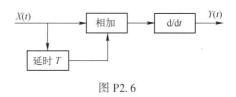

(1) 试问输出随机过程 $Y(t)$ 是否平稳?

(2) 求出 $Y(t)$ 的功率谱密度。

图 P2.6

2.27 设 $X(t)$ 是平稳随机过程,其自相关函数是周期为 2 的在 $(-1,1)$ 上 $R_X(\tau)=(1-|\tau|)$ 的周期性函数。试求 $X(t)$ 的功率谱密度 $P_X(f)$,并用图形表示。

2.28 设 $X_1(t)$ 与 $X_2(t)$ 为零均值且互不相关的平稳随机过程,它们经过线性非时变系统后,输出分别为 $Z_1(t)$ 与 $Z_2(t)$,试证明 $Z_1(t)$ 与 $Z_2(t)$ 也是互不相关的。

第 3 章 模拟调制系统

3.1 概   述

模拟调制是指用来自信源的基带模拟信号去调制某个载波。载波是一个确知的周期性波形。本章讨论的载波波形是余弦波,它的数学表示式为:

$$c(t) = A\cos(\omega_0 t + \varphi_0) \tag{3.1-1}$$

式中,A 为振幅;ω_0 为载波角频率;φ_0 为初始相位。

载波有三个参量,即振幅 A、载波角频率 ω_0 和初始相位 φ_0。调制的结果将使载波的某个参量随信号而变,或者说是用载波的某个参量值代表来自信源的信号的值。在后面的章节中把来自信源的信号称为调制信号 $m(t)$,而把受调制后的载波称为已调信号 $s(t)$。进行调制的部件则称为调制器(见图 3.1.1)。调制有下述两方面的目的。第一,通过调制可以把基带调制信号的频谱搬移到载波频率附近。这就将基带信号变换

图 3.1.1 调制器

为带通信号。选择需要的载波频率(简称载频),就可以将信号的频谱搬移到希望的频段上。这样的频谱搬移或者是为了适应信道传输的要求,或者是为了将多个信号合并起来用作多路传输。第二,通过调制可以提高信号通过信道传输时的抗干扰能力。同时,调制不仅影响抗干扰能力,还和传输效率有关。具体地说就是,不同调制方式产生的已调信号的带宽不同,因此影响传输带宽的利用率。

模拟调制可以分为两大类:线性调制和非线性调制。线性调制的已调信号的频谱结构和调制信号的频谱结构相同。换句话说就是,其已调信号的频谱是调制信号频谱沿频率轴平移的结果。线性调制的已调信号种类包括:调幅信号、单边带信号、双边带(抑制载波)信号、残留边带信号等,它们又统称为幅度调制。非线性调制又称角度调制。其已调信号的频谱结构和调制信号的频谱结构有很大的不同,除了频谱搬移,还增加了许多新的频率成分,所占用的频带宽度也可能大大增加。非线性调制的已调信号种类包括调频信号和调相信号两大类。在二维码 3.1 中给出了调幅和调频信号的波形。

由于数字通信技术的优越性及其应用的迅速发展,模拟调制目前在长距离通信中的应用日渐减少,但是在目前世界各地仍有着广泛的应用,例如,我国各地中波波段(525~1605 kHz)的广播就是采用的模拟振幅调制。

本章将对上述几种幅度和角度调制做扼要介绍。

二维码 3.1

3.2 线 性 调 制

设载波为:

$$c(t) = A\cos\omega_0 t = A\cos 2\pi f_0 t \tag{3.2-1}$$

式中,A 为振幅(V);f_0 为频率(Hz);$\omega_0 = 2\pi f_0$ 为角频率(rad/s)。

在上面载波的定义式中已经假定其初始相位为 0,这样假定并不影响我们讨论的一般性。此外,还假设调制信号为 $m(t)$,已调信号为 $s(t)$。

线性调制器的原理模型如图 3.2.1 所示。图中调制信号 $m(t)$ 和载波在相乘器中相乘,相乘

的结果为：

$$s'(t) = m(t)A\cos\omega_0 t \tag{3.2-2}$$

然后将它通过一个传输函数为 $H(f)$ 的带通滤波器,得出已调信号 $s(t)$。

现在设调制信号 $m(t)$ 为一个能量信号,其频谱密度为 $M(f)$,它们之间是傅里叶变换关系,并用"$\Longleftrightarrow$"表示傅里叶变换,则有：

$$m(t) \Longleftrightarrow M(f) \tag{3.2-3}$$

$$m(t)A\cos\omega_0 t \Longleftrightarrow S'(f) \tag{3.2-4}$$

$$S'(f) = \frac{A}{2}\left[M(f-f_0) + M(f+f_0)\right] \tag{3.2-5}$$

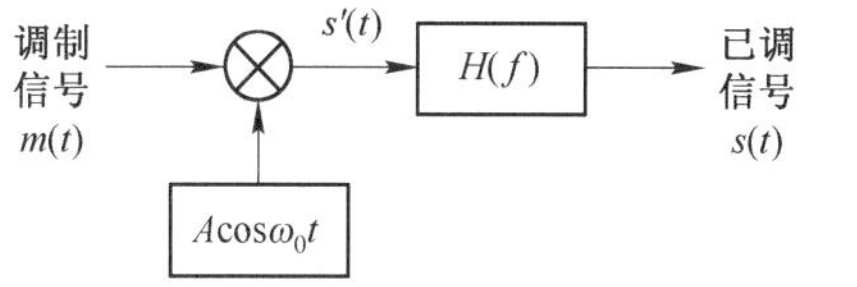

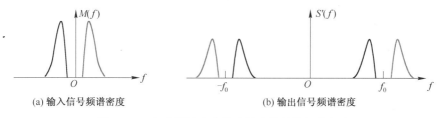

图 3.2.1　线性调制器的原理模型

由式(3.2-2)可见,相乘器的输出信号 $s'(t)$ 是一个幅度与 $m(t)$ 成正比的余弦波,即载波波形的振幅受到了调制。另外由式(3.2-5)看出,相乘器输出信号的频谱密度 $S'(f)$ 是调制信号的频谱密度 $M(f)$ 平移的结果(差一个常数因子),见图 3.2.2。由于调制信号 $m(t)$ 和相乘器输出信号 $s'(t)$ 之间是线性关系,所以称其为线性调制。

图 3.2.2　相乘器输入信号和输出信号的频谱密度

(a) 输入信号频谱密度　　　　(b) 输出信号频谱密度

图 3.2.1 中的带通滤波器的传输函数 $H(f)$ 可以有不同的设计,从而得到不同的调制种类,下面分别予以介绍。

3.2.1　振幅调制(AM)

设调制信号 $m(t)$ 包含直流分量,并设其表示式可以写为 $[1+m'(t)]$,其中 $m'(t)$ 为调制信号中的交流分量,且 $|m'(t)| \leqslant 1$。$|m'(t)|$ 的最大值称为调幅度 m,并有 $m \leqslant 1$。这样,相乘器的输出信号表示式(3.2-2)可以改写为：

$$s'(t) = \left[1+m'(t)\right]A\cos\omega_0 t \tag{3.2-6}$$

由上式可以看出,$s'(t)$ 的包络中包含一个直流分量 A,在 A 的基础上叠加有一个交变分量 $m'(t)A$。由于 $m'(t)$ 的绝对值不大于 1,所以 $s'(t)$ 的包络不小于 0,即包络不可能为负值(见图 3.2.3)。这时,若滤波器的传输函数 $H(f)$ 能使 $s'(t)$ 的频谱密度 $S'(f)$ 无失真地完全通过,则调制器输出端得到的信号 $s(t)$ 就是振幅调制信号,简称调幅(AM)信号。对于不包含直流分量的调制信号,为了得到振幅调制,通常采用其他较简单的调制器电路,而不采用加入直流分量的方法。

调幅信号的频谱密度中含有离散的载波分量,它在图 3.2.3 中用带箭头的直线表示。现在来考察调幅信号中的载波分量功率和边带分量功率之比。若调制信号 $m'(t)$ 是一个余弦波 $\cos\Omega t$,则不难证明(留作习题),在调幅度 m 为最大(等于100%)时,已调信号的两个边带的功率之和等于载波功率的一半。也就是说,调幅信号中的大部分功率被载波占用,而载波本身并不含有基带信号的信息。所以,可以不传输此载波。这样就得到 3.2.2 节将讨论的双边带调制。

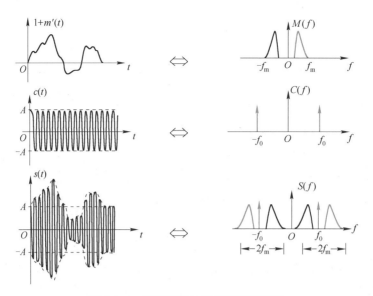

图 3.2.3　调幅信号的波形和频谱密度

由调幅信号的波形不难看出,调幅信号包络的形状和调制信号的波形一样。所以在接收端解调时,用包络检波法就能恢复出原调制信号。包络检波器由一个整流器和一个低通滤波器组成,见图 3.2.4。图中还画出了有关波形。由于低通滤波器可以通过直流分量,所以在其输出端接有一个隔直流电路(用一个电容器表示),以去除整流器输出中的直流成分。

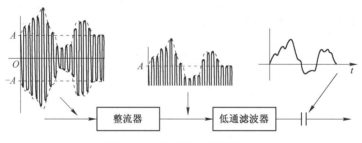

图 3.2.4　包络检波器的组成

现在来讨论用包络检波器解调调幅信号时的性能。设包络检波器输入电压为:

$$y(t) = \{[1+m'(t)]A + n_c(t)\}\cos\omega_0 t - n_s(t)\sin\omega_0 t \tag{3.2-7}$$

式中,$n_c(t)\cos\omega_0 t - n_s(t)\sin\omega_0 t$ 为检波器输入噪声电压(参见式(2.8-2))。

因此,$y(t)$ 的包络为:

$$V_y(t) = \sqrt{\{[1+m'(t)]A + n_c(t)\}^2 + n_s^2(t)} \tag{3.2-8}$$

在大信噪比条件下,上式可以近似写为:

$$V_y(t) \approx [1+m'(t)]A + n_c(t) \tag{3.2-9}$$

所以此调幅信号经过检波后的输出电压(下式中直流分量已被隔除)为:

$$v(t) = m'(t)A + n_c(t) \tag{3.2-10}$$

这时,输出信噪比为:

$$r_o = E[m'^2(t)A^2/n_c^2(t)] \tag{3.2-11}$$

而在检波前的信噪比为:

$$r_i = E\left\{\frac{1}{2}[1+m'(t)]^2 A^2/n^2(t)\right\} \tag{3.2-12}$$

故检波前后的信噪比之比为:

$$\frac{r_o}{r_i} = E\left\{\frac{m'^2(t)A^2/n_c^2(t)}{\dfrac{1}{2}\left[1+m'(t)\right]^2 A^2/n^2(t)}\right\} = E\left[\frac{2m'^2(t)}{\left[1+m'(t)\right]^2}\right]$$

在上式计算时利用了 2.8.2 节中窄带随机过程的性质: $E\left[n_c^2(t)\right] = E\left[n^2(t)\right]$。

由于 $m'(t) \leqslant 1$,显然 r_o/r_i 小于 1,即检波后信噪比下降了。这是因为检波前信号中的大部分功率被载波占用,它没有对检波后的有用信号做贡献。

虽然有比包络检波法性能更好的解调方法可以采用,如第 6 章将要讲到的相干解调法,但是由于包络检波器简单价廉,通常采用它作为调幅信号的检波器。

3.2.2 双边带(DSB)调制

在线性调制器(图 3.2.1)中的调制信号 $m(t)$ 若没有直流分量,则在相乘器的输出信号中将没有载波分量。这时的已调信号频谱密度如图 3.2.5(b)所示。由于此时的频谱密度中包含有两个边带,且这两个边带包含相同的信息,所以将其称为双边带调制,全称为双边带抑制载波调制(DSB-SC)。这两个边带分别称为上边带和下边带(见图 3.2.5),将频谱密度位置高于载频的边带称为上边带,低于载波的称为下边带。

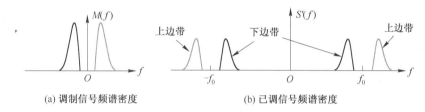

(a) 调制信号频谱密度   (b) 已调信号频谱密度

图 3.2.5 双边带调制信号的频谱

由于发送 DSB 信号时不发送载波,所以可以节省发送载波的功率。但是解调时需要在接收端的电路中加入载波,载波的频率和相位应该和接收信号的完全一样,故接收电路较为复杂。图 3.2.6 所示为这种解调器的原理方框图。

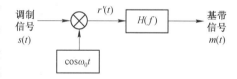

图 3.2.6 双边带信号解调器原理方框图

设接收的 DSB 信号为 $m'(t)\cos\omega_0 t$,并设接收端的本地载波的频率和相位都有一定的误差,即设其表示式为 $\cos\left[(\omega_0+\Delta\omega)t+\varphi\right]$,则两者相乘后的乘积为:

$$r'(t) = m'(t)\cos\omega_0 t\cos\left[(\omega_0+\Delta\omega)t+\varphi\right]$$

$$= \frac{1}{2}m'(t)\left\{\cos(\Delta\omega t+\varphi)+\cos\left[(2\omega_0+\Delta\omega)t+\varphi\right]\right\} \tag{3.2-13}$$

上式中第二项为频率等于 $(2\omega_0+\Delta\omega)$ 的分量,它可以被低通滤波器 $H(f)$ 滤除。故得到解调输出信号为: $\dfrac{1}{2}m'(t)\cos(\Delta\omega t+\varphi)$。

仅当本地载波没有频率和相位误差,即 $\Delta\omega = \varphi = 0$ 时,输出信号才等于 $m'(t)/2$。这时的解调输出信号没有失真,和调制信号相比仅差一个常数因子(1/2)。

双边带抑制载波调制(DSB-SC)信号没有载波,在其用于通信时可以节省发射功率,但是其两个边带携带相同的信息,占用了加倍的频带,并且在接收时需要有本地载波才能正确解调,增加了接收机的复杂性,所以较少直接将其用于通信。

3.2.3 单边带(SSB)调制

由于双边带调制中两个边带包含相同的信息,没有必要一定传输这两个边带。所以,可以利用线性调制器中的滤波器将其中一个边带滤掉,只传输另一个边带。这就是单边带调制。为了能用滤波器将上下边带分开,考虑到滤波器的边缘不能非常陡峭,故要求调制信号的频谱密度中不能有太低的频率分量。在图 3.2.7 中画出了单边带信号的频谱密度示意图。在调制器中采用一个传输特性为 $H_H(f)$ 的高通滤波器可以得到上边带信号;而采用一个传输特性为 $H_L(f)$ 的低通滤波器就可以得到下边带信号。

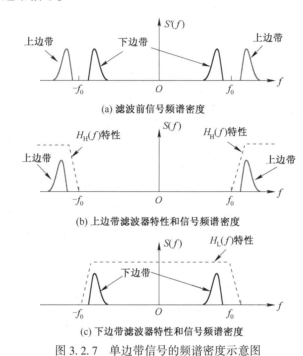

图 3.2.7 单边带信号的频谱密度示意图

单边带信号在解调时也需加入载波,用载波和单边带信号相乘,从而恢复出原基带调制信号。下面对此做简单说明。

在 2.10.2 节中我们曾证明,若两个时间函数相卷积:

$$z(t) = x(t) * y(t)$$

则其傅里叶变换为乘积关系:

$$Z(\omega) = X(\omega)Y(\omega)$$

同样,我们可以证明(留作习题),若两个时间函数相乘:

$$z(t) = x(t)y(t)$$

则其傅里叶变换为卷积关系:

$$Z(\omega) = X(\omega) * Y(\omega)$$

在单边带信号解调时,用载波 $\cos\omega_0 t$ 和接收信号相乘,相当于在频域中载波频谱密度和信号频谱密度相卷积。现以上边带信号的解调为例,在图 3.2.8 中画出此频谱密度的卷积。其中,图 3.2.8(a)为载波频谱密度,图 3.2.8(b)为上边带信号频谱密度,图 3.2.8(c)为卷积结果。用低通滤波器 $H_L(f)$ 滤波就能得出所需解调后的基带信号频谱密度 $M(f)$。

单边带调制能够进一步节省发送功率和占用频带,所以在模拟通信中是一种应用较广泛的传输体制。

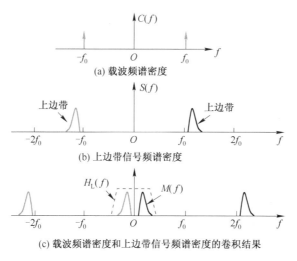

(a) 载波频谱密度

(b) 上边带信号频谱密度

(c) 载波频谱密度和上边带信号频谱密度的卷积结果

图 3.2.8　单边带信号的解调

此外,由于其和振幅调制(AM)信号及 DSB-SC 信号相比,带宽减半,故受信道频率选择性衰落的影响更小。所以单边带信号广泛应用于频谱资源有限的模拟通信系统中,例如,信号密集的短波波段的远距离无线电通信设备和有线电多路载波模拟电话通信系统中。

3.2.4　残留边带(VSB)调制

上述单边带信号虽然在功率和频带利用率方面具有优越性,但是在接收端解调时需要有与发送端同频同相的本地载波,才能将单边带信号的频谱密度搬移到正确的基带位置。另外,在发送端为了滤出单边带信号,要求滤波器的边缘很陡峭,有时这也难以做到。残留边带调制信号的频谱密度介于双边带和单边带信号之间,并且含有载波分量,所以它能克服上述单边带调制的缺点。特别是,它适用于包含直流分量和很低频率分量的基带信号,目前在电视广播系统中得到了广泛的应用。下面将对这种体制做简明介绍。

残留边带调制仍属于线性调制。图 3.2.1 中的线性调制器方框图仍然适用,只是其中的滤波器特性应该做相应的修改。图 3.2.1 中相乘器的输出信号频谱密度表示式为:

$$S'(f) = \frac{A}{2}\big[M(f-f_0) + M(f+f_0) \big]$$

设产生残留边带信号的滤波器的传输特性为 $H(f)$。在经过其滤波后得出的残留边带信号 $s(t)$ 的频谱密度应为:

$$S(f) = \frac{A}{2}\big[M(f-f_0) + M(f+f_0) \big] H(f) \tag{3.2-14}$$

现在来求残留边带信号调制器中滤波器传输特性 $H(f)$ 应满足的条件。若仍用图 3.2.6 中的解调方法,则信号 $s(t)$ 和本地载波 $\cos\omega_0 t$ 相乘后,乘积 $r'(t)$ 的频谱密度将是 $S(f)$ 平移 f_0 的结果,即 $r'(t)$ 的频谱密度为:

$$\frac{1}{2}\big[S(f+f_0) + S(f-f_0) \big] \tag{3.2-15}$$

将式(3.2-14)代入式(3.2-15),得到 $r'(t)$ 的频谱密度为:

$$\frac{A}{4}\big\{ \big[M(f+2f_0) + M(f) \big] H(f+f_0) + \big[M(f-2f_0) + M(f) \big] H(f-f_0) \big\} \tag{3.2-16}$$

上式中 $M(f+2f_0)$ 和 $M(f-2f_0)$ 两项可以由低通滤波器滤除,所以滤波后输出的解调信号为:

$$\frac{A}{4}M(f)\left[H(f{+}f_0){+}H(f{-}f_0)\right] \tag{3.2-17}$$

为了无失真地传输,要求:

$$\left[H(f{+}f_0){+}H(f{-}f_0)\right]=C \tag{3.2-18}$$

式中,$C=$ 常数。

由于 $M(f)$ 为基带调制信号的频谱密度,如图 3.2.3 所示,它的最高频率分量为 f_m,即有:

$$M(f)=0 \qquad |f|>f_m \tag{3.2-19}$$

所以,式(3.2-18)可以写为:

$$\left[H(f{+}f_0){+}H(f{-}f_0)\right]=C \qquad |f|<f_m \tag{3.2-20}$$

上式就是对于产生残留边带信号的滤波器特性的要求条件。在图 3.2.9 中画出了这一要求条件,即只要滤波器的截止特性对于载波频率 f_0 具有互补的对称性就可以了。

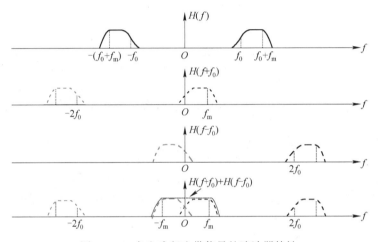

图 3.2.9 产生残留边带信号的滤波器特性

由图 3.2.9 可见,在残留边带信号的频谱密度中,除了保留单边带信号的全部频谱密度,还保留了一些载频分量和另一边带的少部分频谱密度。这样做既可使接收端避免提取发送载频产生的频率误差,也可使发送端调制器的滤波器较易制作。其缺点主要是占用的频带较单边带信号略宽。

图 3.2.9 画出了残留下边带的情况;若残留上边带也可以得到同样的结果。

3.3 非线性调制

3.3.1 基本原理

在对线性调制的讨论中,我们已经熟悉了载波的概念。线性调制是将调制信号附加在载波的振幅上。非线性调制又称角度调制,它是将调制信号附加到载波的相位上。在数学定义上,载波是具有恒定振幅、恒定频率和恒定相位的正(余)弦波,并且它在时间上是无限延伸的,从负无穷大延伸到正无穷大。因此,在频域上它具有单一频率分量。载波在被调制后,或被截短后,其频谱密度不再仅有单一频率分量,而具有许多离散或连续的频率分量,会占据一定的频带宽度。我们说,角度调制使载波的频率和相位随调制信号而变。这里实际上已经引入了"瞬时频率"的概念,因为在严格的数学意义上载波的频率是恒定的。现在就来定义瞬时频率。

设一个载波可以表示为:

$$c(t)=A\cos\varphi(t)=A\cos(\omega_0 t+\varphi_0) \tag{3.3-1}$$

式中,φ_0 为载波的初始相位;$\varphi(t)=\omega_0 t+\varphi_0$ 为载波的瞬时相位;$\omega_0=\mathrm{d}\varphi(t)/\mathrm{d}t$ 为载波的角频率。

载波的角频率 ω_0 原本是一个常量。现在将被角度调制后的 $\mathrm{d}\varphi(t)/\mathrm{d}t$ 定义为瞬时频率 $\omega_i(t)$,即:

$$\omega_i(t)=\frac{\mathrm{d}\varphi(t)}{\mathrm{d}t} \tag{3.3-2}$$

它是时间的函数。

由上式可以写出:
$$\varphi(t)=\int \omega_i(t)\mathrm{d}t+\varphi_0 \tag{3.3-3}$$

由式(3.3-1)可见,$\varphi(t)$ 是载波的瞬时相位。若使它随调制信号 $m(t)$ 以某种方式变化,则称其为角度调制。若使 $\varphi(t)$ 随 $m(t)$ 线性变化,即令:

$$\varphi(t)=\omega_0 t+\varphi_0+k_p m(t) \tag{3.3-4}$$

式中,k_p 是常数,则称其为相位调制,简称调相。这样,已调信号的表示式为:

$$s_p(t)=A\cos[\omega_0 t+\varphi_0+k_p m(t)] \tag{3.3-5}$$

将式(3.3-4)代入式(3.3-2)可以得出此已调载波的瞬时频率为:

$$\omega_i(t)=\omega_0+k_p\frac{\mathrm{d}}{\mathrm{d}t}m(t) \tag{3.3-6}$$

上式表示,在相位调制中,瞬时频率随调制信号的导函数线性变化。

若使瞬时频率直接随调制信号线性变化,则得到频率调制,简称调频。这时有瞬时角频率:

$$\omega_i(t)=\omega_0+k_f m(t) \tag{3.3-7}$$

并由式(3.3-3)得到:
$$\varphi(t)=\int \omega_i(t)\mathrm{d}t+\varphi_0=\omega_0 t+k_f\int m(t)\mathrm{d}t+\varphi_0 \tag{3.3-8}$$

这样得出的已调信号表示式为:

$$s_f(t)=A\cos\left[\omega_0 t+\varphi_0+k_f\int m(t)\mathrm{d}t\right] \tag{3.3-9}$$

由上面的讨论可以看出,在相位调制中,载波相位随调制信号 $m(t)$ 线性变化,而在频率调制中,载波相位随调制信号的积分线性变化。两者并没有本质上的区别。如果将调制信号 $m(t)$ 先积分,再对载波进行相位调制,即得到频率调制信号。类似地,如果将调制信号 $m(t)$ 先微分,再对载波进行频率调制,就得到相位调制信号。无论是频率调制还是相位调制,已调信号的振幅都是恒定的,而且仅从已调信号波形上看无法区分二者。二者的区别仅是已调信号和调制信号的关系不同。在图 3.3.1 中举例示出了角度调制的波形。其中图 3.3.1(a)是已调信号的瞬时频率 ω_i 和时间的关系,它在 ω_0 到 $2\omega_0$ 间做线性变化;图 3.3.1(b)是已调信号的波形。若调制信号 $m(t)$ 的波形也如图 3.3.1(a)那样做线性变化,即 $m(t)$ 做直线变化,则已调信号就是频率调制信号。若 $m(t)$ 随 t^2 变化,则已调信号就是相位调制信号,因为由式(3.3-6)可知,此时已调信号的瞬时频率也做直线变化。因此,在下面讨论角度调制信号的性能时,我们将不区分频率调制信号和相位调制信号,而统一进行研究。

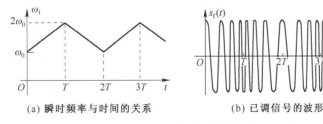

(a) 瞬时频率与时间的关系　　　　(b) 已调信号的波形

图 3.3.1　角度调制的波形

3.3.2 已调信号的频谱和带宽

在 3.2 节中讨论的各种线性调制信号的带宽为基带信号带宽的 1～2 倍。而角度调制信号的带宽却可能比基带调制信号的带宽大很多。下面将以用正弦波调制信号进行频率调制为例来简单分析。

设调制信号 $m(t)$ 是一个余弦波：

$$m(t) = \cos\omega_m t \tag{3.3-10}$$

由式(3.3-7)可知，用此调制信号调频得到的瞬时角频率为：

$$\omega_i(t) = \omega_0 + k_f m(t) = \omega_0 + k_f \cos\omega_m t \tag{3.3-11}$$

上式表示载波角频率的最大偏移 $\Delta\omega$ 为：

$$\Delta\omega = k_f \quad (\text{rad/s}) \tag{3.3-12}$$

不失一般性，令式(3.3-9)中 $\varphi_0 = 0$，则这时的已调信号表示式为：

$$s_f(t) = A\cos\left[\omega_0 t + k_f \int\cos\omega_m t \, dt\right] = A\cos\left[\omega_0 t + (\Delta\omega/\omega_m)\sin\omega_m t\right] \tag{3.3-13}$$

式中，$\Delta\omega/\omega_m = \Delta f/f_m$ 为最大频率偏移和基带信号频率之比，称为调制指数 m_f，即：

$$m_f = \frac{\Delta f}{f_m} = \frac{\Delta\omega}{\omega_m} = \frac{k_f}{\omega_m} \tag{3.3-14}$$

式(3.3-13)是频率调制信号的表示式，它是一个含有正弦函数的余弦函数。可以证明[12]，它可以展开为如下无穷级数：

$$\begin{aligned}
s_f(t) = A\{&J_0(m_f)\cos\omega_0 t + J_1(m_f)\left[\cos(\omega_0+\omega_m)t - \cos(\omega_0-\omega_m)t\right] + \\
&J_2(m_f)\left[\cos(\omega_0+2\omega_m)t + \cos(\omega_0-2\omega_m)t\right] + \\
&J_3(m_f)\left[\cos(\omega_0+3\omega_m)t - \cos(\omega_0-3\omega_m)t\right] + \cdots\}
\end{aligned} \tag{3.3-15}$$

式中，$J_n(m_f)$ 为第一类 n 阶贝塞尔函数，其值可以查表(见附录 F)得到，也可以由图 3.3.2 的曲线得到。

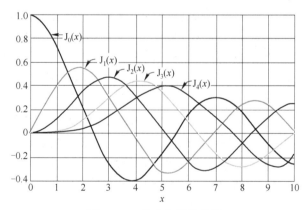

图 3.3.2 贝塞尔函数曲线

由于贝塞尔函数有如下性质：

$$\begin{aligned}
J_n(m_f) &= J_{-n}(m_f) \qquad \text{当 } n \text{ 为偶数时} \\
J_n(m_f) &= -J_{-n}(m_f) \qquad \text{当 } n \text{ 为奇数时}
\end{aligned} \right\} \tag{3.3-16}$$

所以式(3.3-15)可以改写为：

$$s_f(t) = A\sum_{n=-\infty}^{\infty} J_n(m_f)\cos(\omega_0 + n\omega_m)t \tag{3.3-17}$$

由式(3.3-15)和式(3.3-17)得知，此已调信号的频谱中在载频两侧出现角频率为($\omega_0 \pm$

ω_{m}），$(\omega_0 \pm 2\omega_{\mathrm{m}})$，$(\omega_0 \pm 3\omega_{\mathrm{m}})$，…的成对边频，如图 3.3.3 所示。这时，因为调制信号是一个单一频率的余弦波，所以此处的成对边频是振幅为 J_n 的余弦波。若仍用频谱密度表示，则在每对边频处的频谱密度为无限大，而图 3.3.2 各边频的高度表示其频谱密度的相对大小。从图 3.3.2 表面看，似乎已调信号的带宽为无穷大。但是实际上大部分的功率集中在以载频为中心的有限带宽内。例如，当调制指数 $m_{\mathrm{f}} \ll 1$ 时，由图 3.3.2 可见，除 $J_0(m_{\mathrm{f}})$ 和 $J_1(m_{\mathrm{f}})$ 外，其他分量都可以忽略不计。这时已调信号的带宽基本等于振幅调制时的已调信号带宽 $2\omega_{\mathrm{m}}$，并把这种小调制指数的频率调制称为窄带频率调制。当调制指数增大时，已调信号的带宽也随之增大。这时的调制称为宽带频率调制。在宽带调制时，若忽略那些振幅小于未调载波振幅 1% 的边频，则由贝塞尔函数曲线可以看出，$n > m_{\mathrm{f}}$（n 取整数）的那些 $J_n(m_{\mathrm{f}})$ 可以忽略。这样，频率调制时的已调信号带宽 B 可以近似取为：

$$B \approx 2(\Delta\omega + \omega_{\mathrm{m}}) \quad （\mathrm{rad/s}） \tag{3.3-18}$$

或

$$B \approx 2(\Delta f + f_{\mathrm{m}}) \quad （\mathrm{Hz}） \tag{3.3-19}$$

式中，$\Delta f = \Delta\omega / 2\pi$ 为调制频移；f_{m} 为调制信号频率。

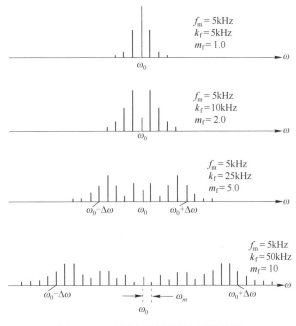

图 3.3.3　频率调制信号的频谱举例

上面讨论的是用单一正弦波调制的情况。在调制信号有许多频率分量时，上式中的 f_{m} 应是调制信号的最高频率分量的频率。

3.3.3　角度调制信号的接收

在 3.3.1 节中提到，角度调制信号的振幅是恒定的。角度调制信号经过随参信道传输后，虽然信号振幅会因快衰落及噪声的叠加而发生起伏，但是因为角度调制信号的振幅并不包含调制信号的信息，所以不会因信号振幅的改变而使信息受到损失。信道中的衰落及噪声对信号角度（频率和相位）的影响与振幅受到的影响相比要小得多，所以角度调制信号的抗干扰能力较强。通常为了消除衰落和噪声对角度调制信号的影响，在接收设备中信号解调前都采用限幅器来削除这种振幅变化。接收信号经过限幅器后，变成振幅恒定的信号，再由鉴频器或鉴相器解调。

角度调制由于具有上述抗干扰性强的优点，所以在许多领域得到应用。例如，目前各国工作在甚高频(VHF)频段的广播,普遍采用了调频。我国规定的调频广播工作频率范围是 87～108 MHz,最大调制频偏为 75 kHz。调频通信电台也在军用通信和专业通信中得到普遍应用。

3.4 小　结

本章简要讨论模拟调制系统。模拟调制分为两大类:线性调制和非线性调制。线性调制的已调信号的频谱结构是调制信号频谱的平移,或者平移后再经过滤波除去不需要的频率分量。线性调制主要包括调幅、单边带、双边带和残留边带等体制。非线性调制又称角度调制。非线性调制的已调信号的频谱结构和调制信号的频谱结构有很大不同。这种已调信号的频谱密度中增加了许多新的频率分量,因而这种信号的频带宽度也可能大大增加。非线性调制主要包括调频和调相两种体制。

在调幅体制中,基带调制信号电压的峰值和被调载波峰值之比称为调幅度。调幅度最大为100%。调幅信号的包络和其基带调制信号的波形一样,所以可以用包络检波法解调调幅信号。调幅信号中的载波分量不携带基带信号的信息,但是却占用了信号中的大部分功率,故传输效率低。若去除调幅信号中的载波,不传输它,就得到双边带信号。双边带信号和调幅信号相比,可以节省大部分发送功率,但是在接收端必须恢复载频。这样就增大了接收设备的复杂性。在双边带信号中,上下两个边带携带相同的基带信息,形成重复传输。所以,可以只传输上边带或下边带。这样就得到单边带信号。单边带信号虽然在功率和频带利用率方面具有优越性,但是在接收端解调时仍需恢复载频。另外,在发送端为了滤出单边带信号,要求滤波器的边缘很陡峭,有时这也难以做到。残留边带调制信号的频谱密度介于双边带和单边带信号的频谱密度之间,并且含有载波分量。所以它能避免上述单边带调制的缺点,特别适用于包含直流分量和很低频率分量的基带信号。

角度调制中的调频和调相在实质上并没有区别,单从已调信号波形来看不能区分两者,只是调制信号和已调信号之间的关系不同而已。一般而言,角度调制信号占用较宽的频带。由于这种信号的振幅并不包含调制信号的信息,因此,尽管接收信号的振幅因传输而随机起伏,但信号中的信息不会受到损失。故它的抗干扰能力较强,特别适合在衰落信道中传输。

思考题

3.1　调制的目的是什么?

3.2　模拟调制可以分为哪几类?

3.3　线性调制有哪几种?

3.4　非线性调制有哪几种?

3.5　振幅调制和双边带调制的区别是什么? 两者的已调信号带宽是否相等?

3.6　双边带语音信号的带宽是否等于单边带语音信号带宽的两倍?

3.7　对产生残留边带信号的滤波器特性有何要求?

3.8　残留边带调制特别适用于哪种基带信号?

3.9　试写出频率调制和相位调制信号的表示式。

3.10　什么是频率调制的调制指数?

3.11　试写出频率调制信号的带宽近似表示式。

3.12　试述角度调制的主要优点。

习题

3.1　设一个载波的表示式为:$c(t) = 5\cos(1000\pi t)$,基带调制信号的表示式为:$m(t) = 1 + \cos(200\pi t)$。试求

出振幅调制时此已调信号的频谱,并画出此频谱图。

3.2 在上题中,已调信号的载波分量和各边带分量的振幅分别等于多少?

3.3 设一个频率调制信号的载频等于 $10\,\text{kHz}$,基带调制信号是频率为 $2\,\text{kHz}$ 的单一正弦波,调制频移等于 $5\,\text{kHz}$。试求其调制指数和已调信号带宽。

3.4 试证明:若用一个基带余弦波去调幅,则调幅信号的两个边带的功率之和最大等于载波功率的一半。

3.5 试证明:若两个时间函数为相乘关系:$z(t)=x(t)y(t)$,则其傅里叶变换为卷积关系:$Z(\omega)=X(\omega)*Y(\omega)$。

3.6 设一个基带调制信号为正弦波,其频率等于 $10\,\text{kHz}$,振幅等于 $1\,\text{V}$。它对频率为 $10\,\text{MHz}$ 的载波进行相位调制,最大调制相移为 $10\,\text{rad}$。试计算此相位调制信号的近似带宽。若现在调制信号的频率变为 $5\,\text{kHz}$,试求其带宽。

3.7 若用上题中的调制信号对该载波进行频率调制,并且最大调制频移为 $1\,\text{MHz}$。试求此频率调制信号的近似带宽。

3.8 设一个角度调制信号的表示式为:
$$s(t)=10\cos(2\times10^{6}\pi t+10\cos2000\pi t)$$
试求:(1)已调信号的最大频移;(2)已调信号的最大相移;(3)已调信号的带宽。

3.9 已知线性调制信号表达式如下:

(1) $\cos\Omega t\cos\omega_0 t$ (2) $(1+0.5\sin\Omega t)\cos\omega_0 t$

式中,$\omega_c=6\Omega$。试分别画出它们的波形图和频谱图。

3.10 根据图 P3.1 所示的调制信号波形,试画出 DSB 及 AM 信号的波形图,比较它们分别通过包络检波器后的波形差别。

3.11 已知调制信号 $m(t)=\cos(2000\pi t)+\cos(4000\pi t)$,载波为 $\cos10^4\pi t$。若进行单边带调制,试确定该单边带信号的表达式,并画出频谱图。

3.12 将调幅波通过残留边带滤波器得出残留边带信号。若此滤波器的传输特性 $H(\omega)$ 如图 P3.2 所示(斜线段为直线)。当调制信号 $m(t)=A[\sin100\pi t+\sin6000\pi t]$ 时,试给出所得残留边带信号的表达式。

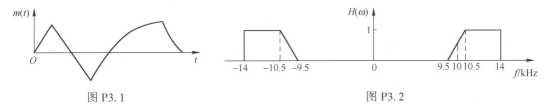

图 P3.1   图 P3.2

3.13 某调制方框图如图 P3.3(a)所示。已知 $m(t)$ 的频谱如图 P3.3(b)所示,载频 $\omega_1\ll\omega_2$,$\omega_1>\omega_H$,且理想低通滤波器的截止频率为 ω_1,试求输出信号 $s(t)$ 的表达式,并说明 $s(t)$ 为何种已调信号。

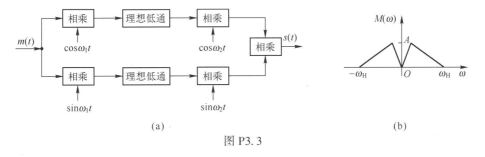

(a)   (b)

图 P3.3

3.14 某调制系统如图 P3.4 所示。为了在输出端同时分别得到 $f_1(t)$ 及 $f_2(t)$,试确定接收端的 $c_1(t)$ 和 $c_2(t)$。

3.15 若对某信号用 DSB 进行传输,设加至接收机的调制信号 $m(t)$ 的功率谱密度为:
$$P_m(f)=\begin{cases}\dfrac{n_m}{2}\cdot\dfrac{|f|}{f_m}, & |f|\leqslant f_m \\ 0, & |f|>f_m\end{cases}$$

试求:(1) 接收机的输入信号功率;

(2) 接收机的输出信号功率;

(3) 若叠加于 DSB 信号的白噪声的双边功率谱密度为 $n_0/2$,设解调器的输出端接有截止频率为 f_m 的理想低通滤波器,那么,输出信噪比为多少?

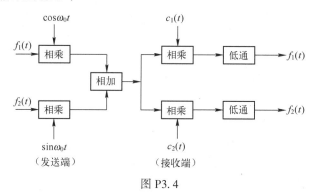

图 P3.4

3.16 某线性调制系统的输出信噪比为 20 dB,输出噪声功率为 10^{-9} W,由发射机输出端到解调器输入端之间总的传输损耗为 100 dB,试求:

(1) DSB-SC 时的发射机输出功率;

(2) SSB-SC 时的发射机输出功率。

3.17 设被接收的调幅信号为:$s_m(t) = A[1 + m(t)]\cos\omega_0 t$,采用包络检波法解调,其中 $m(t)$ 的功率谱密度与题 3.15 相同,若一个双边功率谱密度为 $n_0/2$ 的噪声叠加于已调信号,试求解调器输出的信噪比。

3.18 试证明:若在 VSB 信号中加入大的载波,则可采用包络检波器进行解调。

3.19 已知某单频调频波的振幅是 10 V,瞬时频率为

$$10^6 + 10^4 \cos(2\pi \times 10^3 t) \quad (\text{Hz})$$

试求:(1) 此调频波的表示式;

(2) 此调频波的频率偏移、调频指数和频带宽度;

(3) 若调制信号频率提高到 2×10^3 Hz,则调频波的频偏、调频指数和频带宽度如何变化?

3.20 已知调制信号是 8 MHz 的单频余弦信号,且设信道噪声单边功率谱密度 $n_0 = 5 \times 10^{-15}$ W/Hz,信道损耗为 60 dB。若要求输出信噪比为 40 dB,试求:

(1) 100% 调制时 AM 信号的带宽和发射功率;

(2) 调频指数为 5 时,FM 信号的带宽和发射功率。

第4章 模拟信号的数字化

4.1 引 言

本章讨论模拟信号的数字化。通信系统的信源可以分为两大类:模拟信号和数字信号。例如,原始语音信号和图像信号属于模拟信号;而文字、计算机数据等属于数字信号。如 1.3.3 节所述,若输入是模拟信号,则在数字通信系统的信源编码部分需对输入模拟信号进行模数变换,将模拟信号变为数字信号。模数变换包括三个基本步骤:抽样、量化和编码。这里,最基本和最常用的编码方法是脉冲编码调制 PCM (Pulse Code Modulation),它将量化后的输入信号变成二进制码元。编码方法直接和系统的传输效率有关,为了提高传输效率,常常将这种 PCM 信号做进一步的压缩编码。本章将介绍一些较简单的压缩编码方法,如增量调制。较复杂的压缩编码方法将在第 12 章中介绍。

4.2 模拟信号的抽样

4.2.1 低通模拟信号的抽样

模拟信号通常是在时间上连续的信号。在一系列离散点上,对这种信号抽取样值称为抽样,如图 4.2.1 所示。图中 $s(t)$ 是一个模拟信号,在等时间间隔 T 上,对它进行抽样。在理论上,抽样过程可以看作周期性单位冲激脉冲和此模拟信号相乘。在实际应用中,则是用很窄的周期性脉冲代替冲激脉冲与模拟信号相乘。理论上,抽样结果得到的是一系列周期性的冲激脉冲,其面积和模拟信号的取值成正比。冲激脉冲在图 4.2.1 中用一些箭头表示。抽样所得离散冲激脉冲显然和原始连续模拟信号形状不一样。可以证明,对一个带宽有限的连续模拟信号进行抽样时,若抽样速率足够大,则这些抽样值就能够完全代表原模拟信号。换句话说,由这些抽样值能够准确恢复出原模拟信号波形。因此,不一定要传输模拟信号本身,可以只传输这些离散的抽样值,接收端就能恢复原模拟信号。描述这一抽样速率条件的定理就是著名的抽样定理[13~17]。抽样定理为模拟信号的数字化奠定了理论基础。

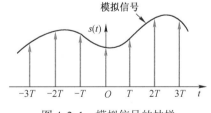

图 4.2.1 模拟信号的抽样

抽样定理指出:若一个连续模拟信号 $s(t)$ 的最高频率小于 f_H,则以间隔时间为 $T \leqslant 1/(2f_H)$ 的周期性冲激脉冲对其抽样时,$s(t)$ 将被这些抽样值所完全确定。由于抽样时间间隔相等,所以此定理又称均匀抽样定理①。

现在我们就来证明这个定理。

设有一个最高频率小于 f_H 的信号 $s(t)$,如图 4.2.2(a)所示。将这个信号和周期性单位冲激脉冲 $\delta_T(t)$ 相乘。$\delta_T(t)$ 波形如图 4.2.2(c)所示,其重复周期为 T,重复频率为 $f_s = 1/T$。乘积就是抽样信号,它是一系列间隔为 T 秒的强度不等的冲激脉冲,如图 4.2.2(e)所示。这些冲激脉冲的强度

---

① 可以证明,抽样间隔不均匀时,也可能准确恢复出原模拟信号。

等于相应时刻上信号的抽样值。现用 $s_k(t) = \sum s(kT)$ 表示此抽样信号序列。故有：

$$s_k(t) = s(t)\delta_T(t) \tag{4.2-1}$$

现在令 $s(t)$、$\delta_T(t)$ 和 $s_k(t)$ 的频谱分别用 $S(f)$、$\Delta_\Omega(f)$ 和 $S_k(f)$ 表示。按照傅里叶变换理论中的频率卷积定理，$s(t)\delta_T(t)$ 的傅里叶变换等于 $S(f)$ 和 $\Delta_\Omega(f)$ 的卷积。因此，$s_k(t)$ 的傅里叶变换 $S_k(f)$ 可以写为：

$$S_k(f) = S(f) * \Delta_\Omega(f) \tag{4.2-2}$$

而 $\Delta_\Omega(f)$ 是周期性单位冲激脉冲的频谱，可得：

$$\Delta_\Omega(f) = \frac{1}{T}\sum_{n=-\infty}^{\infty} \delta(f - nf_s) \tag{4.2-3}$$

式中，$f_s = 1/T$。此频谱如图 4.2.2(d) 所示。

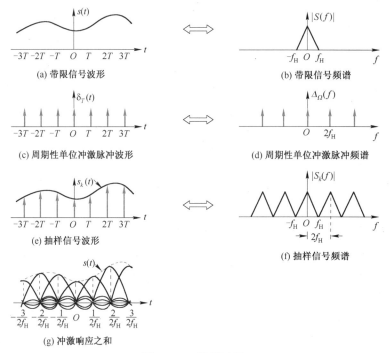

(a) 带限信号波形   (b) 带限信号频谱

(c) 周期性单位冲激脉冲波形   (d) 周期性单位冲激脉冲频谱

(e) 抽样信号波形   (f) 抽样信号频谱

(g) 冲激响应之和

图 4.2.2 抽样过程

将式 (4.2-3) 代入式 (4.2-2)，得到：

$$S_k(f) = \frac{1}{T}\left[S(f) * \sum_{n=-\infty}^{\infty} \delta(f - nf_s)\right] = \frac{1}{T}\sum_{-\infty}^{\infty} S(f - nf_s) \tag{4.2-4}$$

上式表明，由于 $S(f-nf_s)$ 是信号频谱 $S(f)$ 在频率轴上平移了 nf_s 的结果，所以抽样信号的频谱 $S_k(f)$ 是无数频率间隔为 f_s 的原信号频谱 $S(f)$ 相叠加而成的。因为已经假设信号 $s(t)$ 的最高频率小于 f_H，所以若式 (4.2-4) 中的频率间隔 $f_s \geqslant 2f_H$，则 $S_k(f)$ 中包含的每个平移后的原信号频谱 $S(f)$ 之间互不重叠。在图 4.2.2(f) 中画出了当 $f_s = 2f_H$ 时的频谱。这样就能够从 $S_k(f)$ 中分离出信号 $s(t)$ 的频谱 $S(f)$，并能够容易地由 $S(f)$ 得到 $s(t)$。也就是能从抽样信号中恢复原信号，或者说能由抽样信号决定原信号。

这里，恢复原信号的条件是：

$$f_s \geqslant 2f_H \tag{4.2-5}$$

即抽样频率 f_s 应不小于 $2f_H$。这一最低抽样频率 $2f_H$ 称为奈奎斯特(Nyquist)抽样速率。与此相应的最小抽样时间间隔称为奈奎斯特抽样间隔。

若抽样频率低于奈奎斯特抽样速率，则由图 4.2.2(f) 可以看出，相邻周期的频谱间将发生频谱重叠(又称混叠),并因此不能正确分离出原信号频谱 $S(f)$。

由图 4.2.2(f)还可以形象地看出,在频域上,抽样的效果相当于把原信号的频谱分别平移到周期性单位冲激脉冲 $\delta_T(t)$ 的每根谱线上,即以 $\delta_T(t)$ 的每根谱线为中心,把原信号频谱的正负两部分平移到其两侧。

现在我们来研究由抽样信号恢复原信号的方法。从图 4.2.2(f)中可以看出,当 $f_s \geqslant 2f_H$ 时,用一个截止频率为 f_H 的理想低通滤波器就能够从抽样信号中分离出原信号。从时域中看,当用图 4.2.2(e)中的抽样脉冲序列通过此理想低通滤波器时,滤波器的输出就是一系列冲激响应之和,如图 4.2.2(g)所示。这些冲激响应之和就构成了原信号。

理想滤波器是不能实现的。实用滤波器的截止边缘不可能做到如此陡峭。所以,实用的抽样频率 f_s 必须比 $2f_H$ 大许多。例如,典型电话信号的最高频率限制在 3400 Hz,而抽样频率采用 8000 Hz。

4.2.2　带通模拟信号的抽样

4.2.1 节讨论了低通模拟信号的抽样。低通模拟信号的最高频率限制在小于 f_H。现在我们来考虑带通模拟信号的抽样。带通模拟信号的频带限制在 f_L 和 f_H 之间,其频谱低端截止频率 f_L 明显大于 0。这时所需要的抽样频率需要满足:

$$f_s = 2B + \frac{2kB}{n} = 2B\left(1 + \frac{k}{n}\right) \qquad (4.2\text{-}6)$$

式中,B 为信号带宽,n 是小于 f_H/B 的最大整数,$0<k<1$。按照上式画出的 f_s 与 f_L 关系曲线示于图 4.2.3 中。

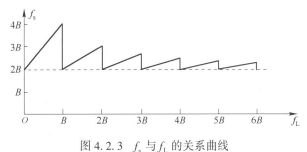

图 4.2.3　f_s 与 f_L 的关系曲线

由图 4.2.3 可知,当 $f_L = 0$ 时,$f_s = 2B$,即为对低通模拟信号的抽样;当 f_L 很大时,f_s 趋近于 $2B$。f_L 很大意味着这个信号是一个窄带信号。许多无线电信号,如在无线电接收机的高频和中频系统中的信号,都是这种窄带信号。所以对于这种信号进行抽样,无论 f_H 是否为 B 的整数倍,在理论上都可以近似地将 f_s 取为 $2B$。此外,顺便指出,对于频带受限的广义平稳随机信号,上述抽样定理也同样适用。(在二维码 4.1 中,我们在频域简明地解释带通抽样定理的正确性。)

二维码 4.1

必须指出,图 4.2.3 中的曲线表示要求的最小抽样频率 f_s,但是这并不意味着用任何大于该值的频率抽样都能保证频谱不混叠。

4.2.3　模拟脉冲调制

在上面讨论抽样定理时,我们用周期性单位冲激脉冲进行抽样,如图 4.2.2 所示。但是实际的抽样脉冲的宽度和高度都是有限的。这样抽样时抽样定理仍然正确。从另一个角度看,可以把周期性单位冲激脉冲看作非正弦载波,而抽样过程可以看作用模拟信号(见图 4.2.4(a))对它进行振幅调制。这种调制称为脉冲振幅调制(PAM,Pulse Amplitude Modulation),如图 4.2.4(b)所示。我们知道,一个周期性脉冲序列有四个参量:脉冲重复周期、脉冲振幅、脉冲宽度及脉冲相位(位置)。其中脉冲重复周期即抽样周期,其值一般由抽样定理决定,故只有其他三个参量可以受调制。因此,可以将PAM信号的振幅变化按比例地变换成脉冲宽度的变化,得到脉冲宽度调制(PWM, Pulse Width Modulation),如图4.2.4(c)所示。或者,变换成脉冲相位(位置)的变化,得到脉冲位置调制(PPM, Pulse Position Modulation),如图4.2.4(d)所示。这些种类的调制,虽然在时间上都是离散的,但仍然是模拟调制,因为其代表信息的参量仍然是可以连续变化的。这些已调信号当然也属于模拟信号,其中PAM信号

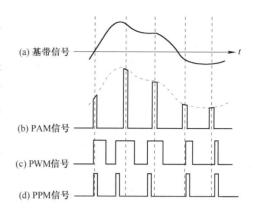

图 4.2.4 模拟脉冲调制

在4.3节中被看作抽样信号,用于数字化,其他两种目前基本上已经不再应用于通信了。为了将模拟信号转换成数字信号,必须采用量化的办法。下一节就将讨论抽样信号的量化。

4.3 抽样信号的量化

4.3.1 量化原理

模拟信号数字化的过程包括三个主要步骤,即抽样、量化和编码。模拟信号抽样后变成在时间上离散的信号,但仍然是模拟信号。这个抽样信号必须经过量化后才能成为数字信号。本小节讨论模拟信号的量化。

设模拟信号的抽样值为 $s(kT)$,其中 T 是抽样周期,k 是整数。此抽样值仍然是一个取值连续的变量,即它可以有无数个可能的连续取值。若我们仅用 N 位二进制数字码元来代表此抽样值的大小,则 N 位二进制码元只能代表 $M = 2^N$ 个不同的抽样值。因此,必须将抽样值的范围划分成 M 个区间,每个区间用一个电平表示。这样,共有 M 个离散电平,称为量化电平。用这 M 个量化电平表示连续抽样值的方法称为量化。在图4.3.1中给出了一个抽样信号的量化过程。图中,$s(kT)$ 表示一个量化器输入模拟信号的抽样值,$s_q(kT)$ 表示此量化器输出信号的量化值,$q_1 \sim q_7$ 是量化后信号的7个可能输出电平,$m_1 \sim m_6$ 为量化区间的端点。这样,有:

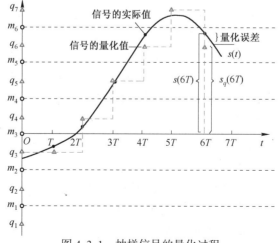

图 4.3.1 抽样信号的量化过程

$$s_q(kT) = q_i, \quad m_{i-1} \leqslant s(kT) < m_i \tag{4.3-1}$$

按照上式做变换,就可以把模拟抽样信号 $s(kT)$ 变换成量化后的离散抽样信号,即量化信号。在图 4.3.1 中,M 个抽样值区间是等间隔划分的,称为均匀量化。M 个抽样值区间也可以不均匀划分,称为非均匀量化。下面将分别讨论这两种量化方法。

4.3.2 均匀量化

在均匀量化时,设模拟抽样信号的取值范围为 $a \sim b$,量化电平数为 M,则在均匀量化时的量化间隔为:

$$\Delta v = (b-a)/M \tag{4.3-2}$$

且量化区间的端点为:
$$m_i = a + i\Delta v \qquad i = 1, 2, \cdots, M \tag{4.3-3}$$

若量化输出电平 q_i 取为量化间隔的中点,则:

$$q_i = (m_i + m_{i-1})/2 \qquad i = 1, 2, \cdots, M \tag{4.3-4}$$

显然,量化输出电平和量化前信号的抽样值不同,即量化输出电平有误差。这个误差通常称为量化噪声,并用信号功率与量化噪声功率之比(简称信号量噪比)衡量此误差对信号影响的大小。对于给定的信号最大幅度,量化电平数越多,量化噪声越小,信号量噪比越高。信号量噪比是量化器的主要指标之一。下面将对均匀量化时的平均信号量噪比做定量分析。

在均匀量化时,量化噪声功率的平均值 N_q 可以用下式表示:

$$N_q = E\left[(s_k - s_q)^2 \right] = \int_a^b (s_k - s_q)^2 f(s_k) \, ds_k = \sum_{i=1}^{M} \int_{m_{i-1}}^{m_i} (s_k - q_i)^2 f(s_k) \, ds_k \tag{4.3-5}$$

式中,s_k 为信号的抽样值,即 $s(kT)$;s_q 为量化信号值,即 $s_q(kT)$;$f(s_k)$ 为信号抽样值 s_k 的概率密度;E 表示求统计平均值;M 为量化电平数;$m_i = a + i\Delta v$;$q_i = a + i\Delta v - \dfrac{\Delta v}{2}$。

s_k 的平均功率可以表示为:

$$S = E(s_k{}^2) = \int_a^b s_k{}^2 f(s_k) \, ds_k \tag{4.3-6}$$

若已知 s_k 的概率密度,则由以上两式可以计算出其平均信号量噪比。

[例 4.1] 设一个均匀量化器的量化电平数为 M,其输入信号抽样值在区间 $[-a, a]$ 内具有均匀的概率密度。试求该量化器的平均信号量噪比。

解:由式(4.3-5)得到:

$$N_q = \sum_{i=1}^{M} \int_{m_{i-1}}^{m_i} (s_k - q_i)^2 f(s_k) \, ds_k = \sum_{i=1}^{M} \int_{m_{i-1}}^{m_i} (s_k - q_i)^2 \left(\frac{1}{2a}\right) ds_k$$

$$= \sum_{i=1}^{M} \int_{-a+(i-1)\Delta v}^{-a+i\Delta v} \left(s_k + a - i\Delta v + \frac{\Delta v}{2}\right)^2 \left(\frac{1}{2a}\right) ds_k$$

$$= \sum_{i=1}^{M} \left(\frac{1}{2a}\right)\left(\frac{\Delta v^2}{12}\right) = \frac{M(\Delta v)^3}{24a}$$

因为 $M\Delta v = 2a$,所以有

$$N_q = (\Delta v)^2/12 \tag{4.3-7}$$

另外,由式(4.3-6)得到信号功率:

$$S = \int_{-a}^{a} s_k{}^2 \left(\frac{1}{2a}\right) ds_k = \frac{M^2}{12}(\Delta v)^2$$

故平均信号量噪比为:
$$S/N_q = M^2 \tag{4.3-8}$$

或写成
$$(S/N_q)_{\mathrm{dB}} = 20\lg M \quad (\mathrm{dB}) \tag{4.3-9}$$

由上式可以看出,量化器的平均输出信号量噪比随量化电平数 M 的增大而增大。

在实际应用中,量化器设计好后,量化电平数 M 和量化间隔 Δv 都是确定的。所以,由式(4.3-7)可知,N_q 也是确定的。但是,信号的强度可能随时间变化,如语音信号。当信号小时,信号量噪比也就很小。所以,这种均匀量化器对于小输入信号很不利。为了克服这个缺点,以改善小信号时的信号量噪比,在实际应用中常采用下面将要讨论的非均匀量化。

4.3.3 非均匀量化

在非均匀量化时,量化间隔是随信号抽样值的不同而变化的。信号抽样值小时,量化间隔 Δv 也小;信号抽样值大时,量化间隔 Δv 也大。实际中,非均匀量化通常是先将信号的抽样值压缩,再进行均匀量化而实现的。

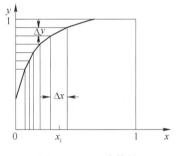

图 4.3.2 压缩特性

这里的压缩是用一个非线性电路将输入电压 x 变换成输出电压 y:

$$y = f(x) \tag{4.3-10}$$

如图 4.3.2 所示,图中纵坐标 y 是均匀刻度的,横坐标 x 是非均匀刻度的。所以输入电压 x 越小,量化间隔就越小。也就是说,小信号的量化误差也小,从而使信号量噪比不致变坏。下面将就这个问题做定量分析。

在图 4.3.2 中,当量化区间划分得很多时,在每个量化区间内压缩特性曲线可以近似看作一段直线。因此,该直线的斜率可以写为:

$$\frac{\Delta y}{\Delta x} = dy/dx = y' \tag{4.3-11}$$

并且有

$$\Delta x = (dx/dy)\Delta y \tag{4.3-12}$$

设此压缩器的输入和输出电压范围都限制在 0~1 之间,且纵坐标 y 在 0~1 之间均匀划分成 N 个量化区间,则每个量化区间的间隔为:

$$\Delta y = 1/N$$

将其代入式(4.3-12),得到:

$$\Delta x = (dx/dy)\Delta y = \frac{1}{N}(dx/dy)$$

故

$$dx/dy = N\Delta x \tag{4.3-13}$$

为了对不同的信号强度保持信号量噪比恒定,当输入电压 x 减小时,应当使量化间隔 Δx 按比例减小,即要求 $\Delta x \propto x$,因此式(4.3-13)可以写成:

$$dx/dy \propto x$$

或

$$dx/dy = kx \tag{4.3-14}$$

式中,k 为比例常数。

式(4.3-14)是一个线性微分方程,其解为:

$$\ln x = ky + c \tag{4.3-15}$$

为了求出常数 c,将边界条件(当 $x=1$ 时,$y=1$)代入上式,得到 $k+c=0$,即求得:

$$c = -k$$

将 c 的值代入式(4.3-15),得到 $\ln x = ky - k$,即:

$$y = 1 + \frac{1}{k}\ln x \tag{4.3-16}$$

由上式看出,为了对不同的信号强度保持信号量噪比恒定,在理论上要求压缩特性为对数特性,即 $f(x)$ 是一个对数函数。至于这个对数函数的具体形式,按照实际情况的不同要求,还要做适当修正。

关于电话信号的对数压缩律,国际电信联盟(ITU)制定了两个建议,即 A 压缩律(简称 A 律)和 μ 压缩律(简称 μ 律),以及相应的近似算法——13 折线和 15 折线。我国(不包括台湾地区)、欧洲各国,以及国际间互连时采用 A 律及相应的 13 折线,北美、日本和韩国等少数国家和地区采用 μ 律及 15 折线。下面将分别讨论这两种压缩律及其近似实现算法。

1. A 压缩律

A 律是指符合下式的对数压缩规律:

$$y=\begin{cases} \dfrac{Ax}{1+\ln A} & 0<x\leqslant \dfrac{1}{A} \\[2mm] \dfrac{1+\ln Ax}{1+\ln A} & \dfrac{1}{A}\leqslant x\leqslant 1 \end{cases} \qquad (4.3\text{-}17)$$

二维码 4.2

式中,x 为压缩器归一化输入电压;y 为压缩器归一化输出电压;A 为常数,决定压缩程度(证明见二维码 4.2)。

若 A 律中的常数 A 不同,则压缩曲线的形状也不同,它将特别影响小电压时的信号量噪比的大小。在实际应用中,选择 $A=87.6$。

2. 13 折线特性——A 律的近似

上面得到的 A 律表示式是一条连续的平滑曲线,用电子线路很难准确实现。现在由于数字电子技术的发展,这种特性很容易用数字电路来近似实现。13 折线特性就是近似于 A 律的特性,其曲线如图 4.3.3 所示。

图中横坐标 x 在 0~1 区间分为不均匀的 8 段。1/2~1 间的线段称为第 8 段;1/4~1/2 间的线段称为第 7 段;1/8~1/4 间的线段称为第 6 段;以此类推,0~1/128 间的线段称为第 1 段。图中纵坐标 y

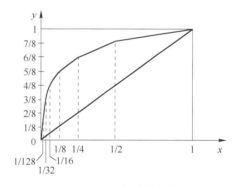

图 4.3.3　13 折线特性曲线

则均匀地划分为 8 段。将这 8 段相应的坐标点 (x,y) 相连,就得到了一条折线。由图 4.3.3 可见,除第 1 段和第 2 段外,其他各段折线的斜率都不相同,见表 4.3.1。

表 4.3.1　各段折线的斜率

折线段号	1	2	3	4	5	6	7	8
斜率	16	16	8	4	2	1	1/2	1/4

在实际应用中,语音信号为交流信号,即压缩器输入电压 x 有正负极性。所以,上述的特性曲线只是实用的压缩器特性曲线的一半。x 的取值应该还有负的一半。也就是说,在坐标系的第 3 象限还有对原点奇对称的另一半曲线,如图 4.3.4 所示。

图 4.3.4 中,在第 1 象限中的第 1 段和第 2 段折线的斜率相同,所以构成一条直线。同样,在第 3 象限中的第 1 段和第 2 段折线的斜率也相同,并且和第 1 象限中的斜率相同。所以,这 4 段折线构成了一条直线。因此,在这正负两个象限中的完整曲线共有 13 段折线,故称 13 折线特性。

现在,我们将考虑此 13 折线特性和理论上要求的对数特性之间有多大误差。此误差的具体计算步骤详见二维码 4.3。

表 4.3.2 中对这两种压缩方法做了比较。从表中看出,13 折线和 $A=87.6$ 时的 A 律十分接近。

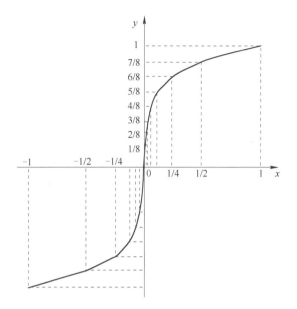

图 4.3.4　对称输入 13 折线特性曲线　　　　二维码 4.3

表 4.3.2　A 律和 13 折线比较

i	8	7	6	5	4	3	2	1	0
$y=1-i/8$	0	1/8	2/8	3/8	4/8	5/8	6/8	7/8	1
A 律 x	0	1/128	1/60.6	1/30.6	1/15.4	1/7.79	1/3.93	1/1.98	1
13 折线 $x=1/2^i$	0	1/128	1/64	1/32	1/16	1/8	1/4	1/2	1
折线段号	1		2		3	4	5	6	7	8
折线斜率	16		16		8	4	2	1	1/2	1/4

说明:表中仅在 $i=8$ 时,折线 x 的值不符合 $x=1/2^i$。

3. μ 律和 15 折线特性

在上面讨论的 A 律中,选 $A=87.6$ 有两个目的:第一是使曲线在原点附近的斜率等于 16;第二是使在 13 折线的转折点上 A 律曲线的横坐标 x 的值接近 $1/2^i (i=1,2,\cdots,7)$。若仅要求满足第二个目的,则可以选用更恰当的 A 值。这样就得到了 μ 律特性:

$$y=\ln(1+\mu x)/\ln(1+\mu) \tag{4.3-18}$$

式中,$\mu=255$。式 (4.3-18) 的推导见二维码 4.4。

μ 律同样不易用电子线路准确实现,所以目前实用中采用特性近似的 15 折线代替 μ 律。这时,和 A 律一样,也把纵坐标 y 在 0~1 之间划分为 8 等份。对应于各转折点的横坐标 x 的值可以按照式 (4.3-18) 计算:

二维码 4.4

$$x=\frac{256^y-1}{255}=\frac{256^{i/8}-1}{255}=\frac{2^i-1}{255} \tag{4.3-19}$$

计算结果列于表 4.3.3 中。将这些转折点用直线相连,就构成了 8 段折线。表中还列出了各段直线的斜率。

表 4.3.3　15 折线的转折点坐标及各段直线斜率

i	0	1	2	3	4	5	6	7	8
$y=i/8$	0	1/8	2/8	3/8	4/8	5/8	6/8	7/8	1
$x=(2^i-1)/255$	0	1/255	3/255	7/255	15/255	31/255	63/255	127/255	1
斜率×255		1/8	1/16	1/32	1/64	1/128	1/256	1/512	1/1024
段号		1	2	3	4	5	6	7	8

由于其第①段和第②段折线的斜率不同,不能合并为一条直线,故当考虑信号的正负电压时,仅正电压第①段和负电压第①段折线的斜率相同,可以连成一条直线。所以,得到的是 15 段折线,称为 15 折线特性。15 折线特性曲线如图 4.3.5 所示。

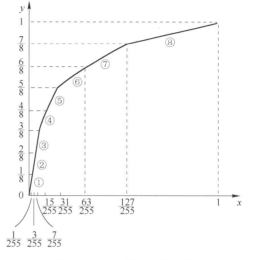

比较 13 折线特性和 15 折线特性的第①段折线斜率可知,15 折线特性第①段折线斜率(255/8)大约是 13 折线特性第①段折线斜率(16)的 2 倍。所以,15 折线特性给出的小信号的信号量噪比约为 13 折线特性的 2 倍。但是,对于大信号而言,15 折线特性给出的信号量噪比要比 13 折线特性的稍差。这可以从对数压缩式(4.3-17)看出,在 A 律中,A 等于 87.6;但是在 μ 律中,A 等于 94.18。A 越大,在大电压段曲线的斜率越小,即信号量噪比越小。

图 4.3.5　15 折线特性曲线

上面已经详细地讨论了 A 律和 μ 律,以及相应的折线法压缩信号的原理。至于恢复原信号大小的扩张原理,完全和压缩的过程相反,这里不再赘述。

现在,以 13 折线为例,将非均匀量化和均匀量化做一比较。若用 13 折线中的(第①段和第②段)最小量化间隔作为均匀量化时的量化间隔,则 13 折线中第①段至第⑧段包含的均匀量化间隔数分别为 16,16,32,64,128,256,512,1024,共有 2048 个均匀量化间隔,而非均匀量化时只有 128 个量化间隔。因此,在保证小信号的量化间隔相等的条件下,均匀量化需要 11 比特编码,而非均匀量化只要 7 比特就够了。

最后指出,上面讨论的均匀量化和非均匀量化,都属于无记忆标量量化。关于有记忆的标量量化,将在后面的章节中讨论。

4.4　脉冲编码调制

4.4.1　脉冲编码调制(PCM)的基本原理

通常把从模拟信号抽样、量化,直到变换成为二进制符号的基本过程,称为脉冲编码调制(PCM,Pulse Code Modulation),简称脉码调制。

脉冲编码调制的过程可以分为 3 个步骤,举例如图 4.4.1 所示。输入模拟信号通常在时间上都是连续的,在取值上也是连续的,如图 4.4.1(a)所示;而数字信号表示一系列离散数值,所以第一步是抽样,即抽取模拟信号的样值,如图 4.4.1(b)所示。通常抽样是按照等时间间隔进行的,虽然在理论上并非必须如此。模拟信号被抽样后,成为抽样信号(Sampled Signal),它在时间上是离散的,但是其取值仍然是连续的,所以是离散模拟信号。在理论上可以严格证明,当抽样频率足够高时,通过抽样信号可以无失真地恢复出原模拟信号。第二步是量化。量化的结果使抽样信号变成量化信号(Quantized Signal),其取值是离散的。在图 4.4.1(c)中,用 4 条虚线把模拟信号 $s(t)$ 的取值范围划分成 5 个区间。当模拟信号被量化时,将抽样时刻的幅值量化为最接近的那条虚线的值。在这个例子中,对抽样值的小数点后面的数做"四舍五入"处理了。这时的量化信号已经离散化为数字信号了,它是多进制的数字脉冲信号。通常在通信中传输的是二进制信号,所以需要把这种多进制的数字信号变成二进制信号,这一变换过程称为编码。这是数字化过程的最后一步,它将量化后的信号变成二进制码元。在图 4.4.1(d)中示出了编码信号波形。在这个例子里,用 3 位二进制数字就可以表示一个抽样值了。(在二维码 4.5 中给出了另一个例子。)

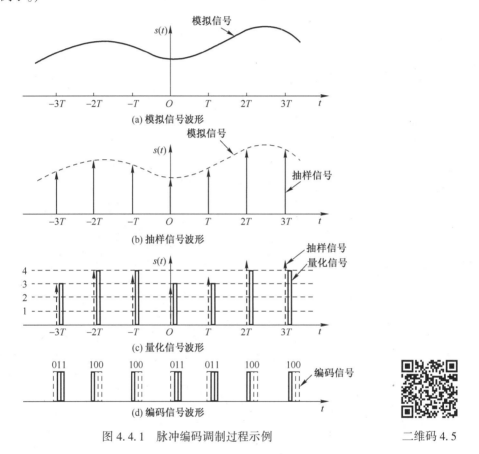

图 4.4.1 脉冲编码调制过程示例

二维码 4.5

脉码调制是将模拟信号变换成二进制信号的基本和常用方法。它不仅用于通信领域,还广泛应用于计算机、遥控遥测、数字仪表、广播电视等许多领域。在这些领域中,有时将其称为"模数(A/D)变换"。在通信技术中,20 世纪 40 年代就已经实现了这种编码技术。由于当时是从信号调制的观点研究这种技术的,所以称为脉码调制。在后来的计算机等领域用于处理数据时,则将其称为 A/D 变换。实质上,脉码调制和 A/D 变换是一回事。

综上所述,PCM 系统的原理方框图如图 4.4.2 所示。图中抽样电路用冲激函数(脉冲)对模拟信号抽样,得到在抽样时刻上的信号抽样值。这个抽样值仍是模拟量。在量化之前,通常用保持电路将其做短暂保存,以便电路有时间对其进行量化。在实际电路中,常把抽样和保持电路做在一起,称为抽样保持电路。图中的量化器把模拟抽样信号变成离散的数字量,然后在编码器中进行二进制编码。这样,每个二进制码组就代表一个量化后的信号抽样值。这个二进制码组,可以用不同类型的电压波形表示,在第 5 章中将做专题讨论。图中解码器的原理和编码过程相反,这里不再赘述。

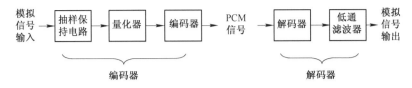

图 4.4.2　PCM 系统的原理方框图

4.4.2　自然二进制码和折叠二进制码

有不同的编码方法可以将量化电压进行编码。常用的编码方法有两种,即自然二进制码(自然码)和折叠二进制码(折叠码)。在图 4.4.1 中给出的是自然二进制码。我们以 4 位二进制码为例,将这两种编码列于表 4.4.1中。在表中,16 个量化值分成两部分。第 0 至第 7 个量化值对应于负极性电压;第 8 至第 15 个量化值对应于正极性电压。显然可见,对于自然二进制码,这两部分之间没有什么联系。但是,对于折叠二进制码则不然,除了其最高位符号相反外,其上下两部分还呈现映像关系,或称折叠关系。这种码在应用时可以用最高位表示电压的极性正负,而用其他位来表示电压的绝对值。也就是说,在用最高位表示极性后,双极性电压可以采用单极性编码的方法处理,从而使编码电路和编码过程大为简化。

折叠码的另一个优点是误码对于小电压的影响较小。例如,若有一个码组为 1000,在传输或处理时发生 1 个符号错误,变成 0000。从表中可见,若它为自然码,则它所代表的电压值将从 8 变成 0,误差为 8;若它为折叠码,则它将从 8 变成 7,误差为 1。但是,若一个码组从 1111 错成0111,则自然码将从 15 变成 7,误差仍为 8;而折叠码则将从 15 错成为 0,误差增大为 15。这表明,折叠码对于小信号有利。由于语音信号小电压出现的概率较大,所以折叠码有利于减小语音信号的平均量化噪声。

了解了 PCM 的编码原理后,不难推论出解码的原理。这里不另做讨论。

无论是自然码还是折叠码,码组中符号的位数都直接和量化值的数目有关。量化间隔越多,量化值也越多,则码组中符号的位数也随之增多,同时,信号量噪比也越大。当然,位数增多后,会使信号的传输量和存储量增大,编码器也较复杂。在电话通信中,通常采用 8 位的非均匀量化PCM 编码就能够保证满意的通信质量。

下面就结合我国采用的 13 折线法的编码,介绍一种电话通信中采用的码位排列方法。

在 13 折线法中采用的折叠码有 8 位。其中第 1 位 c_1 表示量化值的极性正负。后面的 7 位分为段落码和段内码两部分,用于表示量化值的绝对值。其中第 2~4 位($c_2 \sim c_4$)是段落码,共计 3 位,可以表示 8 种斜率的段落;其他 4 位($c_5 \sim c_8$)为段内码,可以表示每一段落内的 16 种量化电平。段内码代表的 16 个量化电平是均匀划分的。所以,这 7 位码共能表示 $2^7 = 128$ 种量化值。在表 4.4.2 和表 4.4.3 中给出了段落码和段内码的编码规则。

在上述编码方法中,虽然段内码是按量化间隔均匀编码的,但是因为各个段落的斜率不等,长度不等,故不同段落的量化间隔是不同的。其中第 1 段和第 2 段最短,斜率最大,其横坐标 x 的归一化动态范围只有 1/128;再将其等分为 16 小段后,每一小段的动态范围只有 $(1/128) \times (1/16) = 1/2048$。这就是最小量化间隔。第 8 段最长,其横坐标 x 的动态范围为 1/2;将其 16 等分后,每段长度为 1/32。若采用均匀量化而仍希望对于小电压保持有同样的动态范围 1/2048,则需要用 11 位的码组才行。现在采用非均匀量化,只需要 7 位码组就够了。

表4.4.1 自然二进制码和折叠二进制码比较				表4.4.2 段落码编码规则		表4.4.3 段内码编码规则	
量化值序号	量化电压极性	自然二进制码	折叠二进制码	段落序号	段落码 $(c_2 c_3 c_4)$	量化间隔	段内码 $(c_5 c_6 c_7 c_8)$
15	正极性	1111	1111			15	1111
14	正极性	1110	1110	8	111	14	1110
13	正极性	1101	1101			13	1101
12	正极性	1100	1100	7	110	12	1100
11	正极性	1011	1011			11	1011
10	正极性	1010	1010	6	101	10	1010
9	正极性	1001	1001			9	1001
8	正极性	1000	1000	5	100	8	1000
7	负极性	0111	0000			7	0111
6	负极性	0110	0001	4	011	6	0110
5	负极性	0101	0010			5	0101
4	负极性	0100	0011	3	010	4	0100
3	负极性	0011	0100			3	0011
2	负极性	0010	0101	2	001	2	0010
1	负极性	0001	0110			1	0001
0	负极性	0000	0111	1	000	0	0000

在4.2.1节中提到过,典型电话信号的抽样频率是8000 Hz。故在采用这类非均匀量化编码器时,典型的数字电话传输比特率为64 kb/s。这个速率已经被国际电信联盟(ITU)制定的建议所采用。

4.4.3 PCM系统的量化噪声

为简单起见,我们这里仅讨论均匀量化时PCM系统的量化噪声。在4.3.2节中,已求出均匀量化器的平均信号量噪比为:

$$S/N_q = M^2$$

对于PCM系统,解码器中具有该信号量噪比的信号还要经过低通滤波,然后输出。由于抽样信号具有均匀的频谱密度,所以,在低通滤波后这个比值不变。当用 N 位二进制码进行编码时,上式可以写为:

$$S/N_q = 2^{2N} \tag{4.4-1}$$

上式表示,PCM系统的输出信号量噪比仅和编码位数 N 有关,且随 N 按指数规律增大。另一方面,对于一个频带限制在 f_H 的低通信号,按照抽样定理,要求抽样速率不低于每秒 $2f_H$ 次。对于PCM系统,这相当于要求传输速率至少为 $2Nf_H$ b/s。故至少要求系统带宽 $B = Nf_H$,即 $N = B/f_H$,将其代入式(4.4-1),得到:

$$S/N_q = 2^{2(B/f_H)} \tag{4.4-2}$$

上式表明,PCM系统的输出信号量噪比随系统的带宽 B 按指数规律增长。

4.5 差分脉冲编码调制

4.5.1 差分脉冲编码调制(DPCM)的原理

如上所述,目前数字电话系统中采用的PCM体制需要用64 kb/s的速率传输1路数字电话信号。当用二进制数字信号传输时,这与1路模拟电话占用3 kHz带宽相比其带宽增大许多倍。为了降低数字电话信号的比特率,办法之一是采用差分脉冲编码调制(DPCM,Differential PCM),

简称差分脉码调制。

在 DPCM 中,每个抽样值不是独立编码的,而是先根据前 1 个抽样值计算出 1 个预测值,再取当前抽样值和预测值之差做编码用。此差值称为预测误差。语音信号等连续变化的信号,其相邻抽样值之间有一定的相关性,这个相关性使信号中含有冗余信息。由于抽样值及其预测值之间有较强的相关性,也就是说,抽样值和其预测值非常接近,使此预测误差的可能取值范围比抽样值的变化范围小。所以,可以少用几位编码比特来对预测误差编码,从而降低其比特率。此预测误差的变化范围较小,它包含的冗余度也小。也就是说,利用减小冗余度的办法,降低了编码比特率。

一般来说,可以利用前面的几个抽样值的线性组合来预测当前的抽样值,称为线性预测。若仅用前面的 1 个抽样值预测当前的抽样值,就是 DPCM。在图 4.5.1 中画出了线性预测原理方框图,其中图 4.5.1(a) 为编码器,图 4.5.1(b) 为解码器。编码器的输入为原始模拟语音信号 $s(t)$,它在时刻 kT 被抽样,抽样信号 $s(kT)$ 在图中简写为 s_k,其中 T 为抽样间隔时间,k 为整数。此抽样信号和预测器输出的预测值 s_k' 相减,得到预测误差 e_k。此预测误差经过量化后得到量化预测误差 r_k。r_k 除了送到编码器编码并输出,还作为更新预测值用,它和原预测值 s_k' 相加,构成预测器新的输入 s_k^*。为了说明这个 s_k^* 的意义,我们暂时假定量化器的量化误差为 0,即 $e_k = r_k$,则由图 4.5.1 可得:

$$s_k^* = r_k + s_k' = e_k + s_k' = (s_k - s_k') + s_k' = s_k \qquad (4.5\text{-}1)$$

即 $s_k^* = s_k$。所以可以把 s_k^* 看作带有量化误差的抽样信号 s_k。

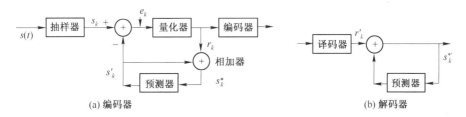

图 4.5.1 线性预测原理方框图

预测器的输出与输入的关系由下列线性方程式决定:

$$s_k' = \sum_{i=1}^{p} a_i s_{k-i}^* \qquad (4.5\text{-}2)$$

式中,p 是预测阶数,a_i 是预测系数,它们都是常数。上式表明,预测值 s_k' 是前面 p 个带有量化误差的抽样信号值的加权和。在 DPCM 中,$p = 1$,$a_1 = 1$,故 $s_k' = s_{k-1}^*$。这时,预测器就简化成为一个延迟电路,其延迟时间为 1 个抽样间隔时间 T。

由图 4.5.1 可见,编码器中预测器和相加器的连接电路和解码器中的完全一样。故当无传输误码,即编码器的输出就是解码器的输入时,这两个相加器的输入信号相同,即 $r_k = r_k'$。所以,此时解码器的输出信号 $s_k^{*\prime}$ 和编码器中相加器的输出信号 s_k^* 相同,即等于带有量化误差的信号抽样值 s_k。

为了改善 DPCM 体制的性能,将自适应技术引入量化和预测过程,得出自适应差分脉码调制(ADPCM,Adaptive DPCM)体制。它能大大提高量化信噪比和动态范围。适用于语音编码的 ADPCM 体制,已经由 ITU-T 制定建议,并得到广泛应用。这里不再赘述[18]。

4.5.2 DPCM 系统的量化噪声和信号量噪比

现在,我们来分析 DPCM 系统的量化误差,即量化噪声。DPCM 系统的量化误差 q_k 定义为编码器输入模拟信号抽样值 s_k 与量化后带有量化误差的抽样值 s_k^* 之差：

$$q_k = s_k - s_k^* = (s_k' + e_k) - (s_k' + r_k) = e_k - r_k \qquad (4.5\text{-}3)$$

设预测误差 e_k 的范围是 $(+\sigma, -\sigma)$，量化器的量化电平数为 M，量化间隔为 Δv，则有：

$$\Delta v = 2\sigma/(M-1), \qquad \sigma = (M-1)\Delta v/2 \qquad (4.5\text{-}4)$$

当 $M=4$ 时，σ、Δv 和 M 之间关系如图 4.5.2 所示。

由于量化误差仅为量化间隔的一半，因此预测误差经过量化后，产生的量化误差 q_k 在 $(-\Delta v/2, +\Delta v/2)$ 内。假设此量化误差 q_k 在 $(-\Delta v/2, +\Delta v/2)$ 内是均匀分布的，则 q_k 的概率密度可以表示为：

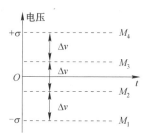

图 4.5.2　σ、Δv 和 M 之间关系

$$f(q_k) = 1/\Delta v \qquad (4.5\text{-}5)$$

故 q_k 的平均功率可以表示为：

$$E(q_k^2) = \int_{-\Delta v/2}^{\Delta v/2} q_k^2 f(q_k)\,\mathrm{d}q_k = \frac{1}{\Delta v}\int_{-\Delta v/2}^{\Delta v/2} q_k^2\,\mathrm{d}q_k = \frac{(\Delta v)^2}{12} \qquad (4.5\text{-}6)$$

若 DPCM 编码器输出的码元速率为 Nf_s，其中 f_s 为抽样频率；$N = \log_2 M$ 是每个抽样值编码的码元数，同时还假设此功率平均分布在 $0 \sim f_s$ 的频率范围内，即其功率谱密度为：

$$P_q(f) = \frac{(\Delta v)^2}{12Nf_s} \qquad 0 < f < f_s \qquad (4.5\text{-}7)$$

则此量化噪声通过截止频率为 f_L 的低通滤波器之后，其功率等于：

$$N_q = P_q(f)f_L = \frac{(\Delta v)^2}{12N}\left(\frac{f_L}{f_s}\right) \qquad (4.5\text{-}8)$$

上面求出了输出量化噪声的功率。为了计算信号量噪比，还需要知道信号功率。由 DPCM 编码的原理可知，当预测误差 e_k 的范围限制在 $(+\sigma, -\sigma)$ 时，同时也限制了信号的变化速度。也就是说，在相邻抽样点之间，信号抽样值的增减不能超过此范围。一旦超过此范围，编码器将发生过载，即产生更大的超过允许范围的误差。若抽样点间隔为 $T = 1/f_s$，则将限制信号的斜率不能超过 σ/T。

现在假设输入信号是一个正弦波：

$$m(t) = A\sin\omega_0 t \qquad (4.5\text{-}9)$$

式中，A 为振幅，ω_0 为角频率。此正弦波的变化速度取决于其斜率：

$$\mathrm{d}m(t)/\mathrm{d}t = A\omega_0\cos\omega_0 t \qquad (4.5\text{-}10)$$

上式给出最大斜率等于 $A\omega_0$。为了不发生过载，信号的最大斜率不应超过 σ/T，即：

$$A\omega_0 \leqslant \sigma/T = \sigma f_s \qquad (4.5\text{-}11)$$

所以最大允许信号振幅为：

$$A_{\max} = \sigma f_s/\omega_0 \qquad (4.5\text{-}12)$$

这时的信号功率为：

$$S = \frac{A_{\max}^2}{2} = \frac{\sigma^2 f_s^2}{2\omega_0^2} = \frac{\sigma^2 f_s^2}{8\pi^2 f_0^2} \qquad (4.5\text{-}13)$$

将式 (4.5-4) 中的 σ 代入上式，得到：

$$S = \frac{\left(\frac{M-1}{2}\right)^2 (\Delta v)^2 f_s^2}{8\pi^2 f_0^2} = \frac{(M-1)^2 (\Delta v)^2 f_s^2}{32\pi^2 f_0^2} \qquad (4.5\text{-}14)$$

最后，由式 (4.5-8) 和式 (4.5-14) 可以求出信号量噪比：

$$\frac{S}{N_q} = \frac{3N(M-1)^2}{8\pi^2} \cdot \frac{f_s^3}{f_0^2 f_L} \qquad (4.5\text{-}15)$$

上式表明,信号量噪比随编码位数 N 和抽样频率 f_s 的增大而增大。

4.6 增 量 调 制

4.6.1 增量调制原理

增量调制(DM,Delta Modulation)可以看成一种最简单的 DPCM。当 DPCM 系统中量化器的量化电平数取为 2,且预测器仍简单地是一个延迟时间为抽样时间间隔 T 的延迟线时,此 DPCM 系统就称为增量调制系统。图 4.6.1 给出其原理方框图。其中,图 4.6.1(a)是编码器,图 4.6.1(b)是解码器。

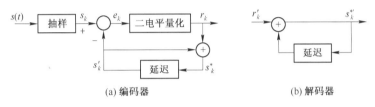

图 4.6.1　增量调制原理方框图

图 4.6.1(a)中预测误差 $e_k = s_k - s_k'$ 被量化成两个电平 $+\Delta$ 和 $-\Delta$。Δ 值称为量化台阶。也就是说,量化器输出信号 r_k 只取两个值:$+\Delta$ 或 $-\Delta$。因此,r_k 可以用一个二进制符号表示。例如,用"1"表示"$+\Delta$",用"0"表示"$-\Delta$"。解码器的延迟电路和编码器中的相同,所以当无传输误码时,$s_k^{*'} = s_k^*$。

在实用中,为了简单起见,通常用一个积分器来代替上述延迟电路和相加器,如图 4.6.2 所示。

图中编码器输入的模拟信号为 $s(t)$,它与预测信号 $s'(t)$ 相减,得到预测误差 $e(t)$。预测误差 $e(t)$ 被周期为 T 的周期性单位冲激脉冲 $\delta_T(t)$ 抽样。若抽样值为负值,则判决输出电压为 $+\Delta V$(用"1"代表);若抽样值为正值,则判决输出电压为 $-\Delta V$(用"0"代表)。这样就得到二进制输出数字信号。在图 4.6.3 中给出了这一过程。

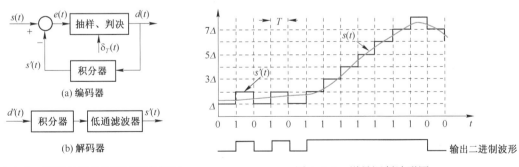

图 4.6.2　实用的增量调制原理方框图

图 4.6.3　增量调制波形图

在解码器中,积分器只要每收到一个"1"码元就使其输出升高 ΔV,每收到一个"0"码元就使其输出降低 ΔV,这样就可以恢复出图 4.6.3 中的阶梯形电压。这个阶梯形电压通过低通滤波器平滑后,就得到十分接近编码器原输入的模拟信号。

4.6.2 增量调制系统中的量化噪声

1. 量化噪声的产生

由上述增量调制原理可知,解码器恢复的信号是经过滤波后的阶梯形电压。它接近于编码器输入的模拟信号的波形,但是存在失真。这种失真称为量化噪声。在增量调制中,量化噪声产生的原因有两种。第一种是由于编解码时用阶梯波形去近似表示模拟信号波形,由阶梯本身的电压突跳产生的,见图4.6.4(a),这是增量调制的基本量化噪声$e_1(t)$,它伴随着信号永远存在,即只要有信号,就有这种噪声。第二种称为过载量化噪声,见图4.6.4(b),它发生在输入信号斜率的绝对值过大时。由于当抽样频率和量化台阶一定时,阶梯波的最大可能斜率是一定的,例如,若信号上升的斜率超过阶梯波的最大可能斜率,则阶梯波的上升赶不上信号的上升,就发生了过载量化噪

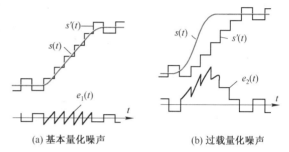

(a) 基本量化噪声　　　　(b) 过载量化噪声

图 4.6.4　增量调制的量化噪声

声$e_2(t)$。当然,图中所示的这两种量化噪声是经过输出低通滤波器前的波形。

设抽样周期为T,抽样频率为$f_s=1/T$,量化台阶为Δ,则一个阶梯台阶的斜率为:

$$k=\Delta/T=\Delta f_s \qquad \text{(V/s)} \tag{4.6-1}$$

它也就是阶梯波的最大可能斜率,或称为解码器的最大跟踪斜率。当增量调制器的输入信号斜率超过这个最大值时,将发生过载量化噪声。所以,为了避免发生过载量化噪声,必须使Δ和f_s的乘积足够大,使信号的斜率不会超过这个值。另外,Δ值直接和基本量化噪声的大小有关,若取Δ值太大,则势必增大基本量化噪声。所以,只有用增大f_s的办法增大乘积Δf_s,才能保证基本量化噪声和过载量化噪声两者都不超过要求。实际中增量调制采用的抽样频率f_s的值比PCM和DPCM的抽样频率的值都大很多。

顺便指出,当增量调制编码器输入电压的峰-峰值为0或小于Δ时,编码器的输出就成为"1"和"0"交替的二进制码元序列。只有当输入的峰值电压大于$\Delta/2$时,输出序列才随信号的变化而变化。故称$\Delta/2$为增量调制编码器的起始编码电平。

2. 信号量噪比

现在我们仅考虑基本量化噪声,并认为过载量化噪声在设计系统时已经解决。这时,图4.6.3中的阶梯波$s'(t)$就是解码积分器输出波形,而$s'(t)$和$s(t)$之差就是低通滤波前的量化噪声$e(t)$。由图4.6.4(a)可知,$e(t)$随时间在区间$(-\Delta,\Delta)$内变化。假设它在此区间内均匀分布,则$e(t)$的概率密度$f(e)$可以表示为:

$$f(e)=1/2\Delta \qquad -\Delta\leqslant e\leqslant\Delta \tag{4.6-2}$$

故$e(t)$的平均功率可以表示为:

$$E[e^2(t)]=\int_{-\Delta}^{\Delta}e^2f(e)\,\mathrm{d}e=\frac{1}{2\Delta}\int_{-\Delta}^{\Delta}e^2\mathrm{d}e=\frac{\Delta^2}{3} \tag{4.6-3}$$

假设这个功率的频谱均匀分布在$0\sim f_s$之间,即其功率谱密度$P(f)$可以近似地表示为:

$$P(f)=\Delta^2/3f_s \qquad 0<f<f_s \tag{4.6-4}$$

此量化噪声通过截止频率为f_L的低通滤波器之后,其功率为:

$$N_q=P(f)f_L=\frac{\Delta^2}{3}\left(\frac{f_L}{f_s}\right) \tag{4.6-5}$$

由上式可以看出,此基本量化噪声功率只与量化台阶 Δ 及 (f_L/f_s) 有关,和输入信号大小无关。

下面我们将讨论信号量噪比。

在讨论 DPCM 系统的信号量噪比时已经得知,为了不发生过载,最大允许信号振幅应该满足式(4.5-12)的要求:

$$A_{\max} = \sigma f_s / \omega_0$$

式中,σ 为允许的误差范围,它相当于增量调制系统中的量化台阶 Δ。所以,对于增量调制系统,保证不过载的临界振幅 $A_{\max}$ 应为

$$A_{\max} = \Delta \cdot f_s / \omega_0 \qquad (4.6\text{-}6)$$

即临界振幅 $A_{\max}$ 与量化台阶 Δ 及抽样频率 f_s 成正比,与信号角频率 ω_0 成反比。这个条件限制了信号的最大功率。由上式不难导出这时的最大信号功率为:

$$S_{\max} = \frac{A_{\max}^2}{2} = \frac{\Delta^2 f_s^2}{2\omega_0^2} = \frac{\Delta^2 f_s^2}{8\pi^2 f_0^2} \qquad (4.6\text{-}7)$$

式中,$f_0 = \omega_0 / 2\pi$。

因此,最大信号量噪比可以由式(4.6.5)和式(4.6.7)求出:

$$\frac{S_{\max}}{N_q} = \frac{\Delta^2 f_s^2}{8\pi^2 f_0^2} \left[\frac{3}{\Delta^2} \left(\frac{f_s}{f_L} \right) \right] = \frac{3}{8\pi^2} \left(\frac{f_s^3}{f_0^2 f_L} \right) \qquad (4.6\text{-}8)$$

上式表明,最大信号量噪比与抽样频率 f_s 的三次方成正比,而与信号频率 f_0 的平方成反比。所以在增量调制系统中,提高抽样频率能显著增大信号量噪比。另外,还可以看出,在 DPCM 系统中,若 $M=2$,$N=1$,则式(4.5-15)将变成与式(4.6-8)相同。这时,每个抽样值仅用一位编码,DPCM 系统变为增量调制系统。所以,增量调制系统可以看成 DPCM 系统的一个最简单的特例。

增量调制系统用于对语音编码时,不仅要求抽样频率达到几十千比特每秒以上,而且语音质量也不如 PCM 系统。为了提高增量调制的质量和降低编码速率,出现了一些改进方案,如"增量总和(Δ-Σ)"调制、压扩式自适应增量调制等,这些改进后的增量调制主要适用于军事通信和中等通话质量的通信系统中。这里不再进行介绍[19]。

4.7 小　　结

本章讨论了模拟信号数字化的原理和方法。模拟信号数字化需要经过三个步骤,即抽样、量化和编码。

抽样的理论基础是抽样定理。此定理指出,对一个频带在 $(0, f_H)$ 内的模拟信号抽样时,最低抽样速率应不小于奈奎斯特抽样速率 $2f_H$。对于带通信号而言,抽样频率应不小于 $2B + 2(f_H - nB)/n$。已抽样的信号仍然是模拟信号,但是在时间上是离散的。离散的模拟信号可以变换成不同的模拟脉冲调制信号,包括 PAM、PWM 和 PPM。

抽样信号的量化有两种方法,一种是均匀量化,另一种是非均匀量化。抽样信号量化后的误差称为量化噪声。非均匀量化可以有效地改善信号量噪比。语音信号的量化,通常采用 ITU 建议的具有对数特性的非均匀量化法,即 A 压缩律和 μ 压缩律。欧洲和我国(不包括台湾地区)采用 A 压缩律,北美、日本和其他一些国家和地区采用 μ 压缩律。为了便于采用数字电路实现量化,通常采用 13 折线法和 15 折线法代替 A 压缩律和 μ 压缩律。

量化后的信号已经是数字信号了。但是,为了适合传输和存储,通常用编码的方法将其变成二进制信号的形式。电话信号常用的编码是 PCM、DPCM 和 ΔM。

PCM 系统的输出信号量噪比随系统的带宽 B 按指数规律增长,而模拟调制仅随 B 按线性规律增长。这是编码信号的优点之一。

思考题

4.1 模拟信号经过抽样后,是否成为取值离散的信号了?

4.2 对于低通模拟信号而言,为了能无失真地恢复,抽样频率和其带宽有什么关系?

4.3 何谓奈奎斯特抽样速率和奈奎斯特抽样间隔?

4.4 发生频谱混叠的原因是什么?

4.5 对于带通信号而言,若抽样频率高于图 4.2.3 所示曲线,是否就能保证不发生频谱混叠?

4.6 PCM 语音通信通常采用的标准抽样频率等于多少?

4.7 信号量化的目的是什么?

4.8 非均匀量化有什么优点?

4.9 在 A 律中,若选用 $A=1$,将得到什么压缩效果?

4.10 在 μ 律中,若选用 $\mu=0$,将得到什么压缩效果?

4.11 我国采用的语音量化标准,是符合 A 律还是 μ 律?

4.12 在 PCM 电话系统中,为什么常用折叠码进行编码?

4.13 何谓信号量噪比?有无办法消除它?

4.14 在 PCM 系统中,信号量噪比和信号(系统)带宽有什么关系?

4.15 DPCM 和增量调制之间有什么关系?

习题

4.1 试证明式(4.2-3)。

4.2 若语音信号的带宽在 300~3400 Hz 之间,试按照奈奎斯特准则计算理论上信号不失真的最小抽样频率。

4.3 若一个信号为 $s(t)=(\sin 314t)/(314t)$,试问最小抽样频率为多少才能保证其无失真地恢复?在用最小抽样频率对其抽样时,试问为保存 3 min 的抽样,需要保存多少个抽样值?

4.4 设被抽样的语音信号的带宽限制在 300~3400 Hz 之间,抽样频率等于 8000 Hz,试画出已抽样语音信号的频谱分布图。在图上需注明各点频率坐标值。

4.5 设有一个均匀量化器,它具有 256 个量化电平,试问其输出信号量噪比等于多少分贝?

4.6 试比较非均匀量化的 A 压缩律和 μ 压缩律的优缺点。

4.7 在 A 压缩律 PCM 语音通信系统中,试写出当归一化输入信号抽样值等于 0.3 时,输出的二进制码组。

4.8 试述 PCM、DPCM 和增量调制三者之间的关系和区别。

4.9 已知低通信号 $m(t)$ 的频谱为:

$$M(f)=\begin{cases}1-|f|/200, & |f|<200 \text{ Hz}\\ 0, & \text{其他}\end{cases}$$

(1)假设以 300 Hz 的速率对 $m(t)$ 进行理想抽样,试画出已抽样信号的频谱草图;

(2)若用 400 Hz 的速率抽样,重做上题。

4.10 已知基带信号 $m(t)=\cos 2\pi t+2\cos 4\pi t$,对其进行理想抽样:

(1)为了在接收端能不失真地从已抽样信号中恢复 $m(t)$,试问抽样间隔应如何选择?

(2)若抽样间隔取为 0.2 s,试画出已抽样信号的频谱图。

4.11 已知信号 $m(t)$ 的最高频率为 f_m,若用图 P4.1 所示的 $q(t)$ 对 $m(t)$ 进行抽样,试确定已抽样信号频谱的表达式,并画出其示意图[注:$m(t)$ 的频谱 $M(\omega)$ 的形状可自行假设]。

4.12 设输入抽样器的信号为门函数,宽度 $\tau=20$ ms,若忽略其频谱第 10 个零点以外的频率分量,试求最小抽样频率。

4.13 设信号 $m(t)=9+A\cos\omega t$,其中 $A\leqslant 10$ V。若 $m(t)$ 被均匀量化为 40 个电平,试确定所需的二进制码组的位数和量化间隔。

4.14 已知模拟信号抽样值的概率密度 $f(x)$ 如图 P4.2 所示。若按 4 电平进行均匀量化,试计算信号量化噪声功率比。

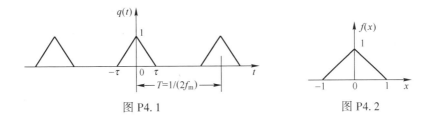

图 P4.1　　　　　　　　　　图 P4.2

4.15　设采用 13 折线 A 律编码,最小量化间隔为 1 个单位,已知抽样脉冲值为+635 单位。

（1）试求此时编码器输出码组,并计算量化误差;

（2）写出对应于该 7 位码(不包括极性码)的均匀量化 11 位码(采用自然二进制码)。

4.16　采用 13 折线 A 律编码电路,设接收端收到的码组为"01010011"、最小量化间隔为 1 个量化单位,并已知段内码采用折叠二进制码。

（1）试问译码器输出为多少量化单位?

（2）试写出对应于该 7 位码(不包括极性码)的均匀量化 11 位码。

4.17　采用 13 折线 A 律编码,设最小的量化间隔为 1 个量化单位,已知抽样脉冲值为−95 量化单位。

（1）试求此时编码器输出码组,并计算量化误差;

（2）试写出对应于该 7 位码(不包括极性码)的均匀量化 11 位码。

4.18　对信号 $m(t)=M\sin 2\pi f_0 t$ 进行简单增量调制,若台阶 Δ 和抽样频率选择得既保证不过载,又保证不致因信号振幅太小而使增量调制器不能正常编码,试证明此时要求 $f_s > \pi f_0$。

4.19　对 10 路带宽均为 300~3400 Hz 的模拟信号进行 PCM 时分复用传输。设抽样速率为 8000 Hz,抽样后进行 8 级量化,并编为自然二进制码,码元波形是宽度为 τ 的矩形脉冲,且占空比为 1。试求传输此时分复用 PCM 信号所需的奈奎斯特基带带宽。

4.20　已知语音信号的最高频率 $f_m=3400$ Hz,用 PCM 系统传输,要求信号量噪比 S_0/N_q 不低于 30 dB。试求此 PCM 系统所需的奈奎斯特基带带宽。

第5章 基带数字信号的表示和传输

5.1 概　　述

在数字通信系统中,如何用二进制符号表示数字信号,有不同的方法。例如,英文字母和汉字都分别有不止一种表示方法(或称编码方法)。另外,无论是数字信源的信号,还是模拟输入信号,经过数字化后形成的数字信号,都不一定适合于信道传输。例如,许多信道不能传输信号的直流分量和频率很低的分量,为了适应这种信道特性,需要将数字信号中的直流分量和频率很低的分量除去。又如,为了在接收端得到每个码元的起止时刻信息,以便对它进行处理,需要使发送的信号中带有码元起止时刻的信息。为此,常常需要对编码后的信号再做适当处理。再如,为了使信号的频谱和信道的传输特性相匹配,也常常对信号做某种变换。为了达到上述某一种目的,可以采用不同的信号波形和不同的信号码型。所以,二进制信号在原理上可以用"0"和"1"代表,但是,在实际传输中,可能采用不同的传输波形和码型来表示"0"和"1"。因此,经过编码的信号在传输前还要进行各种处理。上述这些问题都是本章要讨论的内容。

5.2 字符的编码方法

数字通信系统中输入的文字,如汉字、数字和英文字母等,统称为字符。

汉字的编码方法,在我国传统的电报通信中,采用 4 位十进制数字表示一个汉字。例如,"中"字用"0022"表示,"国"字用"0948"表示。这样,4 位十进制数字最多可以表示 10^4 个汉字。在用这种方法对汉字编码时,需按照《标准电码本》将汉字翻译成数字。随着计算机在我国的使用日益广泛,为了便于在计算机中处理和存储汉字,我国国家标准局于 1981 年制定了《中华人民共和国国家标准信息交换用汉字编码字符集基本集》。目前国内广泛应用于计算机的"区位码"就是这种编码。在区位码中,每个汉字也用 4 个十进制数字表示,例如,"中"字编码为"5448","国"字编码为"2590"。

目前广泛使用的英文字母和符号的编码是用 7 位二进制数字表示一个字符,并且已经制定标准。较早出现的是美国标准信息交换码(ASCII, American Standard Code for Information Interchange)。国际标准化组织(ISO, International Standards Organization)和国际电信联盟(ITU, International Telecommunications Union)也制定了信息处理交换用的 7 位国际 5 号字母表,它和美国的 ASCII 码非常相近。我国国家标准局也颁布了类似的编码标准(GB1988—80)。这三种编码基本相同,只有极少差别,习惯上人们把这三种码统称为 ASCII 码。在附录 C、D 和 E 中分别列出了这三种码。

上述这些表示字符的数字组合称为码组。另外,表示其他信息单元的数字组合,如表示图像中一个像素的数字组合,也称为码组。

5.3 基带数字信号的波形

上面将二进制信号用数字"0"和"1"表示。这些数字在电路中是用电压表示出来的。现在以用矩形电压脉冲表示为例,给出几种基本的表示方法。

1. 单极性波形

单极性波形是一种最简单的基带信号波形。它用 0 电位和正(或负)电位 V 分别表示二进制数字"1"和"0",见图 5.3.1(a)。当然,也可以用 0 电位表示数字"0"和用电位 V 表示数字"1"。在一个码元时间内,信号电压取值不变,只有取 0 或正(负)电压两种可能。单极性波形只适合用导线连接的各点之间做近距离传输,如在印制电路板内和机箱内等。

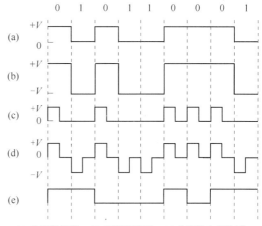

(a) 单极性波形 (b) 双极性波形 (c) 单极性归零波形
(d) 双极性归零波形 (e) 差分波形

图 5.3.1   基带信号的基本波形

2. 双极性波形

双极性波形见图 5.3.1(b)。它的形状和单极性波形非常像,只是其电压取值为 $+V$ 和 $-V$,没有 0 电压状态。双极性波形和单极性波形相比,有一些重要优点。① 单极性波形有直流分量,在许多不能通过直流电流的通信线路中不能传输。而双极性波形,当数字信号中"0"和"1"以等概率出现时,没有直流分量。② 双极性波形节省能源。设单极性波形和双极性波形中的两个电压差值均为 V,则单极性波形的瞬时功率等于 V^2 或 0,而双极性波形的瞬时功率为 $V^2/4$。若信号中"0"和"1"以等概率出现,则单极性波形的平均功率为 $V^2/2$,而双极性波形的平均功率仍为 $V^2/4$。③ 在接收端对每个接收码元做判决时,对于单极性波形,判决门限一般应设定在 $V/2$,即在判决时刻若电平高于 $V/2$ 就判为接收到"1"(或"0"),低于 $V/2$ 则判为接收到"0"(或"1")。由于接收信号电平 V 是不稳定的,所以对设定判决门限造成困难。对于双极性波形而言,其判决门限应设在 0 电平,与接收信号电平波动无关。

在 ITU-T 制定的 V.24 接口标准和美国电工协会(EIA)制定的 RS-232C 接口标准中均采用双极性波形。

3. 单极性归零波形

单极性归零波形见图 5.3.1(c)。所谓归零(RZ,Return-to-zero)是指信号电压在一个码元持续时间内回到 0 值。换句话说,信号脉冲宽度小于码元宽度。通常均使脉冲宽度等于码元宽度的一半,如图 5.3.1(c)所示。这种波形在对信号进行处理的电路中常会遇见。

和归零波形相对应,上面的单极性波形和双极性波形又称为不归零(NRZ,Nonreturn-to-zero)波形。

4. 双极性归零波形

双极性归零波形见图 5.3.1(d)。由图可以看出,这种波形的每个码元的起止时刻能够很容易得知。而且,若"0"和"1"以等概率出现,则它也没有直流分量。

5. 差分波形

差分波形见图 5.3.1(e)。这种波形的特征是,数字"0"和"1"不是用电压值表示,而是用电压的变化表示。由图可见,当"0"出现时,电压即发生跳变;当"1"出现时,电压不发生变化。当然,此规则也可以相反,即令"1"出现时电压发生跳变。这种波形在后面章节中论述相位调制时将详细讨论其优点和应用。

6. 多电平波形

上面给出的几种波形都是二进制信号的基本波形。现在介绍一种表示多进制信号的基本波形,即多电平波形(见图 5.3.2)。图中给出的是一个 4 电平波形。其电压的可能取值为: $-3V$、$-V$、$+V$、$+3V$。由第 1 章的讨论可知,这种信号有 4 种可能的取值,所以每个码元含有 2b 的信息量。故这 4 个电平可以分别表示 00、01、10 和 11。由于多电平波形的每个码元携带的信息量多,所以适用于高速数字通信系统中。

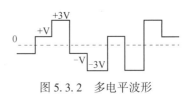

图 5.3.2　多电平波形

5.4　基带数字信号的传输码型

在 5.1 节中提到,为了适合信道传输,编码后的数字信号还要经过一些处理。除了采用 5.3 节中讨论的各种波形,还要进行码型变换,将编码后的消息码变成适合传输的码型。

对于传输码型,有如下一些要求:

① 无直流分量和只有很小的低频分量;

② 含有码元的定时信息;

③ 传输效率高;

④ 最好有一定的检错能力;

⑤ 适用于各种信源,即要求以上性能和信源的统计特性无关。

下面介绍几种常用的传输码型。

1. AMI 码

AMI(Alternative Mark Inverse)码的全称是传号交替反转码。其编码规则是将消息码中的"1"交替变成"+1"和"-1",将消息码中的"0"仍保持为"0"。例如:

消息码:　0　　1　　0　　1　　1　　0　　0　　0　　1

AMI 码:　0　+1　　0　-1　+1　　0　　0　　0　-1

在用电压表示时,上例中的"+1"即代表电压"$+V$","-1"即代表电压"$-V$",而"0"即 0 电压。

由于 AMI 码中的"+1"和"-1"交替出现,所以没有直流分量。它的解码电路很简单:经过一个整流电路,AMI 码就变成了单极性码。此外,它还易于发现错误,因为若接收码中出现连续"+1"或"-1"的情况,就说明发生了错码。但是,AMI 码有一个重要缺点,即当出现一长串连"0"时,将会使接收端无法取得定时信息。

AMI 码实际上已经把信源的二进制码变成了三进制码,即把 1 个二进制码元变成了 1 个三进制码元,所以也可以记为"1B/1T"码。推而广之,把 n 个二进制码元变成 m 个三进制码元,可以记为 nB/mT 码。例如,4B/3T 码,它把 4 个二进制码元变成 3 个三进制码元,从而可以降低对传输速率的要求,提高频带利用率。

2. HDB₃ 码

为了克服上述 AMI 码连"0"时无定时信息的缺点,有不少改进方法,其中 HDB₃ 码最有代表性,并得到广泛应用。

HDB₃(3rd Order High Density Bipolar)码的全称是 3 阶高密度双极性码。其编码规则是:首先将消息码变换成 AMI 码,然后检查 AMI 码中连"0"的情况。当没有发现 4 个以上(包括 4 个)连"0"时,则不做改变,AMI 码就是 HDB₃ 码。当发现 4 个或 4 个以上连"0"的码元串时,就将第 4 个"0"变成与其前 1 个非"0"码元("+1"或"-1")同极性的码元。显然,这样做的结果就破坏了 AMI 码的"极性交替反转"的规则。故将这个码元称为"破坏码元",并用符号"V"表示,即用"$+V$"表示"+1",用"$-V$"表示"-1"。若此"V"使后面的序列破坏了"极性交替反转"的规则,则将出现直流分量。故需要保证相邻 V 的符号也应该极性交替。我们不难发现,当相邻"V"之间有奇数个非"0"码元时,这一点是能够保证的。但是,当相邻"V"之间有偶数个非"0"码元时,就不符合此"极性交替"要求。为了解决这个问题,需将这个连"0"码元串的第 1 个"0"变成"$+B$"或"$-B$"。B 的符号与前一个非"0"码元的符号相反;并且让后面的非"0"码元符号从 V 码元开始再交替变化。例如:

消息码:	1000	0	1000	0	1	1	000	0	1	1
AMI 码:	−1000	0	+1000	0	−1	+1	000	0	−1	+1,
HDB_3 码:	−1000	−V	+1000	+V	−1	+1	−B00	−V	+1	−1

HDB_3 码的编码规则虽然比较复杂,但是它的解码比较简单。从上述编码规则可以看出,每一个破坏码元"V"总是和前一个非"0"码元同极性的(包括 B 在内),故从收到的码元序列中可以很容易地找到此破坏码元"V",因此也就知道了"V"及其前面的 3 个码元必定是连"0"码元,从而可以恢复出 4 个连"0"码元。然后,再将所有的"−1"变成"+1",就得到了原来的消息码。

HDB_3 码除了具有 AMI 码的优点,还可以使连"0"码元串中"0"的数目不多于 3 个,而且与信源的统计特性无关。因此,在接收时,能保证定时信息的提取。HDB_3 码得到了广泛应用,并且是 ITU-T 推荐使用的码型之一。

3. 双相码

双相码(Biphase Code)又称曼彻斯特(Manchester)码。它的编码规则是将每个二进制码元变换成相位不同的一个方波周期。例如,消息码"0"对应相位 π,"1"对应相位 0,如图 5.4.1 所示。双相码的优点是没有直流分量,而且包含丰富的定时信息,编码方法也很简单;缺点是占用的频带宽度加倍了。这种码常用在计算机的磁盘数据读写中。

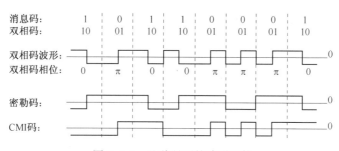

图 5.4.1　几种码型的波形比较

4. 密勒码

密勒(Miller)码的编码规则如下。

消息码"1"用在码元持续时间中点处的电压的突跳表示,即用在中点由正电位变负电位或由负电位变正电位表示,或者说用"01"或"10"表示。消息码"0"的编码则分为两种情况处理:单个消息码"0"不产生电位变化,对于连"0"消息码则在相邻"0"码的边界使电平突变,由正变负或由负变正,或者说用"11"或"00"表示,如图 5.4.1 所示。由图不难看出,当两个消息码"1"之间有一个消息码"0"时,将出现持续时间最长的码元宽度,它等于两倍消息码的长度。这一性质也可以用来检测误码。

比较图 5.4.1 中双相码和密勒码的波形还可以看出,双相码的下降沿正好对应密勒码的突变沿。因此,用双相码的下降沿去触发一个双稳触发器就可以得到密勒码。

密勒码已用于低速基带数据传输及非接触存储卡(RFID)中。

5. CMI 码

CMI(Coded Mark Inversion)码的全称是传号反转码。其编码规则是:消息码"1"交替用正和负电压表示,或者说交替用"11"和"00"表示;消息码"0"用"01"表示,如图 5.4.1 所示。这种码型已被 ITU-T 建议采用。

6. nBmB 码

这是一类分组码,它把消息码流的 n 位二进制码元编为一组,并变换成为 m 位二进制的码组,其中 m>n。后者有 2^m 种不同组合。由于 m>n,所以后者多出(2^m-2)种组合。在 2^m 种组合中,可以选择特定部分为许用码组,其余部分为禁用码组,以获得好的编码特性。

上述双相码、密勒码和 CMI 码等都可以看作 1B2B 码。在光纤通信系统中,常选用 m=n+1,如 5B6B 码等。

除了 nBmB 码,还可以有 nBmT 码等。nBmT 码表示将 n 个二进制码元变成 m 个三进制码元。

5.5 基带数字信号的频率特性

在 5.3 节中讨论基带数字信号的基本波形时,我们都假定信号脉冲是矩形的。实际上,矩形脉冲的带宽为无穷大,故矩形脉冲不实用,也无法物理实现。为了在有限的频带中传输信号,信号中单个脉冲的形状都不应为矩形。

假设信号中单个脉冲的波形为 $g(t)$,下面来分析二进制随机信号序列的频率特性(功率谱密度)。

设一个二进制随机信号序列 $s(t)$ 中消息码"0"和"1"的波形分别为 $g_1(t)$ 和 $g_2(t)$,码元宽度等于 T。图 5.5.1 给出了这种波形的示意图。

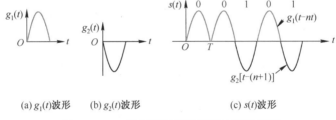

(a) $g_1(t)$ 波形　　(b) $g_2(t)$ 波形　　　　(c) $s(t)$ 波形

图 5.5.1　二进制随机信号序列波形示意图

假设随机信号序列是一个平稳随机过程,其中"0"和"1"出现的概率分别为 P 和($1-P$),而且它们的出现是统计独立的。一般而言,此信号序列 $s(t)$ 可以用下式表示:

$$s(t) = \sum_{n=-\infty}^{\infty} s_n(t) \tag{5.5-1}$$

式中

$$s_n(t) = \begin{cases} g_1(t-nT) & \text{概率为 } P \\ g_2(t-nT) & \text{概率为 } (1-P) \end{cases} \tag{5.5-2}$$

由于随机信号序列是一个功率型的信号,所以其功率谱密度由式(2.6-15)给出:

$$P_s(f) = E[P(f)] = \lim_{T_c \to \infty} \frac{E|S_c(f)|^2}{T_c} \tag{5.5-3}$$

式中,T_c 为截取的一段信号的持续时间,设:

$$T_c = (2N+1)T \tag{5.5-4}$$

式中，N 是一个足够大的整数。这时，截取的信号可以表示成：

$$s_c(t) = \sum_{n=-N}^{N} s_n(t) \tag{5.5-5}$$

并且式(5.5-3)可以写成：

$$P_s(f) = \lim_{N \to \infty} \frac{E|S_c(f)|^2}{(2N+1)T} \tag{5.5-6}$$

二维码 5.1

若求出了截短信号 $s_c(t)$ 的频谱密度 $S_c(f)$，利用式(5.5-6)就能计算出信号的功率谱密度 $P_s(f)$。计算过程见二维码 5.1，计算结果如下：

$$P_s(f) = P_u(f) + P_v(f) = f_c P(1-P)|G_1(f) - G_2(f)|^2 +$$

$$\sum_{m=-\infty}^{\infty} |f_c[PG_1(mf_c) + (1-P)G_2(mf_c)]|^2 \delta(f - mf_c) \tag{5.5-7}$$

应当注意，上式中 $P_s(f)$ 是双边功率谱密度表示式。不难由上式写出其单边功率谱密度表示式：

$$P_s(f) = 2f_c P(1-P)|G_1(f) - G_2(f)|^2 + f_c^2 |PG_1(0) + (1-P)G_2(0)|^2 \delta(f) +$$

$$2f_c^2 \sum_{m=1}^{\infty} |PG_1(mf_c) + (1-P)G_2(mf_c)|^2 \delta(f - mf_c) \quad f \geqslant 0 \tag{5.5-8}$$

功率谱密度计算举例如下。

1. 单极性二进制信号

设一个单极性二进制信号 $g_1(t) = 0, g_2(t) = g(t)$，则根据式(5.5-7)可得到由其构成的随机序列的双边功率谱密度为：

$$P_s(f) = f_c P(1-P)|G(f)|^2 + \sum_{m=-\infty}^{\infty} |f_c(1-P)G(mf_c)|^2 \delta(f - mf_c) \tag{5.5-9}$$

式中，$G(f)$ 是 $g(t)$ 的频谱函数。当 $P = 1/2$，且 $g(t)$ 为矩形脉冲，即

$$g(t) = \begin{cases} 1 & |t| \leqslant T/2 \\ 0 & \text{其他} \end{cases} \tag{5.5-10}$$

时，$g(t)$ 的频谱函数为：

$$G(f) = T\left(\frac{\sin \pi f T}{\pi f T}\right) \tag{5.5-11}$$

则式(5.5-9)变成：

$$P_s(f) = \frac{1}{4} f_c T^2 \left(\frac{\sin \pi f T}{\pi f T}\right)^2 + \frac{1}{4}\delta(f) = \frac{T}{4}\mathrm{Sa}^2(\pi f T) + \frac{1}{4}\delta(f) \tag{5.5-12}$$

式中，$\mathrm{Sa}(x) = \sin x / x$。

2. 双极性二进制信号

设一个双极性二进制信号 $g_1(t) = -g_2(t) = g(t)$，则根据式(5.5-7)可得由其构成的随机序列的双边功率谱密度为：

$$P_s(f) = 4f_c P(1-P)|G(f)|^2 + \sum_{m=-\infty}^{\infty} |f_c(2P-1)G(mf_c)|^2 \delta(f - mf_c) \tag{5.5-13}$$

当 $P = 1/2$ 时，式(5.5-13)可以改写为：

$$P_s(f) = f_c |G(f)|^2 \tag{5.5-14}$$

若 $g(t)$ 为矩形脉冲，如式(5.5-10)所示，则将其 $G(f)$ 代入上式可得：

$$P_s(f) = f_c \left|T\left(\frac{\sin \pi f T}{\pi f T}\right)\right|^2 = T\left(\frac{\sin \pi f T}{\pi f T}\right)^2 = T\mathrm{Sa}^2(\pi f T) \tag{5.5-15}$$

由上面两个例子可以看出:在一般情况下,随机脉冲信号序列的功率谱密度中包含连续谱 $P_u(f)$ 和离散谱 $P_v(f)$ 两个分量。但是对于双极性信号 $g(t) = -g(t)$,且概率 $P = 1/2$ 时,则没有离散谱分量 $\delta(f - mf_c)$。

另外,由式(5.5-7)可以看出,若 $g_1(t) = g_2(t)$,则功率谱密度中没有连续谱分量,只有离散谱分量。也就是说,这时的信号序列是周期性序列。自然这种信号序列不含有信息量,也不会用于通信。

信号中的离散谱分量的波形具有周期性,其中包含码元定时信息,它可以直接用于在接收端建立码元同步。对于没有离散谱分量的信号,在接收端则需要对其进行某种变换,使其谱中含有此离散分量,才能从中提取码元定时信息。

5.6 基带数字信号传输与码间串扰

5.6.1 基带数字信号传输系统模型

图 5.6.1 给出了一个典型的基带数字信号传输系统模型。由基本电路理论得知,信号经过一个纯电阻网络传输后,只受到衰减,其波形保持不变,只有经过一个含电抗的网络传输后才发生波形失真。由于现在我们关心的是信号通过基带传输系统后的失真,以及失真造成的相邻码元互相干扰(即码间串扰),所以我们主要关心传输系统中电抗的影响。一般说来,可以把包含电抗的网络看作一个滤波器。所以,在此图中用滤波器表示系统各部分的特性,而暂时不考虑系统的电阻衰减。

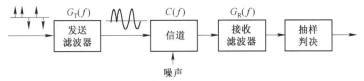

图 5.6.1 典型的基带数字信号传输系统模型

在基带数字信号传输系统发送端,输入信号是由冲激脉冲表示的数字信号。它经过发送滤波器后,变成适合在信道中传输的某种脉冲波形,其带宽自然也限制在信道要求的范围内。信道(如电缆)通常也有分布电容和电感,也可以看作一个滤波器。此外,在信道中还会引入各种噪声。不过我们暂时不考虑噪声对信号接收的影响。在接收端也有一个滤波器,它用于抵消接收信号波形的失真,使信号能正确接收。信号在接收端经过滤波后,在抽样时刻对每个码元进行判决。

设基带数字信号传输系统是一个线性系统,且发送滤波器的传输函数(也称传输特性)为 $G_T(f)$,接收滤波器的传输函数为 $G_R(f)$,信道的传输函数为 $C(f)$。这样,我们可以把基带传输系统中抽样判决点之前的这三个滤波器集中用一个基带总传输函数 $H(f)$ 表示,并且暂时不考虑噪声的影响,于是得出如图 5.6.2 所示的简化基带数字信号传输系统原理方框图。其中

$$H(f) = G_T(f) C(f) G_R(f) \qquad (5.6-1)$$

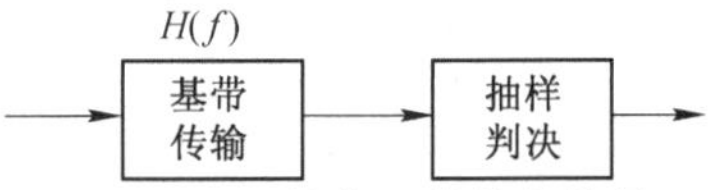

图 5.6.2 简化基带数字信号传输系统原理方框图

5.6.2 码间串扰及奈奎斯特准则

在二进制基带信号传输系统中,判决器将每个接收码元在抽样时刻的抽样值和一个门限电平做比较,从而进行判决。例如,若信号是双极性不归零脉冲,则判决门限应为 0 电平。此时,若抽样值等于正值,则判为"1";若抽样值等于负值,则判为"0"。但是,由于系统传输特性的影响,

可能使相邻码元的脉冲波形互相重叠(见图5.6.3),从而影响正确判决。这种相邻码元间的互相重叠称为<u>码间串扰</u>。码间串扰产生的原因是系统总传输函数$H(f)$不良。码间串扰的特性和噪声的特性不同。噪声是进入信道的独立的外来干扰,它不依赖于信号的存在与否。码间串扰则不然,它随信号的出现而出现,随信号的消失而消失。噪声是叠加在信号上的,一般称之为加性干扰;与此对应,码间串扰则称为乘性干扰。这两种干扰的性质不同,因此克服方法也不同。

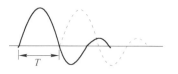

图5.6.3　码间串扰示意图

综上可知,码间串扰是由于系统总传输函数$H(f)$不良引起的。通常,信道的传输函数$C(f)$是由线路媒质确定的,而发送滤波器和接收滤波器的传输函数$G_T(f)$和$G_R(f)$在设计时是有灵活性的。所以,我们下面就来讨论如何设计这两个滤波器,使总传输函数$H(f)$产生的码间串扰尽量小,甚至消失。

首先,我们来观察系统总传输函数$H(f)$具有理想矩形特性的情况,即设:

$$H(f) = \begin{cases} T & |f| \leqslant 1/(2T) \\ 0 & 其他 \end{cases} \qquad (5.6\text{-}2)$$

式中,T为码元持续时间。

这样,当系统输入为单位冲激函数$\delta(t)$时,由3.2.2节得知,抽样前接收信号波形$h(t)$应该等于$H(f)$的逆傅里叶变换:

$$h(t) = \int_{-1/2T}^{1/2T} H(f) \mathrm{e}^{\mathrm{j}2\pi ft} \mathrm{d}f = \frac{\sin(\pi t/T)}{(\pi t/T)} \qquad (5.6\text{-}3)$$

$H(f)$和$h(t)$的曲线如图5.6.4所示。由图5.6.4(b)可见,$h(t)$的0点间隔等于T,只有原点左右第一个0点之间的间隔等于$2T$。因此,当码元间隔等于T时,即当系统输入一串间隔等于T的单位冲激函数$\delta(t)$时,在抽样点上只有$h(t)$的抽样值等于1,其他脉冲$h(t\pm nT)$的抽样值均为0,其中n为正整数,如图5.6.4(c)所示。这样,在理论上,我们可以用持续时间为T的码元进行传输而无码间串扰。这时,系统传输占用的频带宽度,由式(5.6-2)可知,仅等于$1/(2T)$ Hz。也就是说,可以用$W=1/(2T)$ Hz的传输带宽得到$R_B=1/T$ Baud的传输速率,即速率带宽比$R_B/W=2$ Baud/Hz。为了提高系统的传输效率,自然希望在单位带宽内得到高的传输速率。因此速率带宽比R_B/W是衡量系统频带利用率的一个重要指标。上述2 Baud/Hz是最高可能达到的单位带宽速率,并称为<u>奈奎斯特速率</u>。

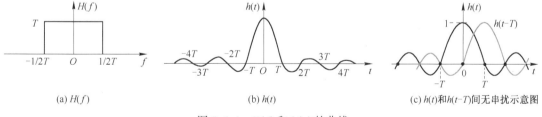

(a) $H(f)$　　　　　　　(b) $h(t)$　　　　　(c) $h(t)$和$h(t-T)$间无串扰示意图

图5.6.4　$H(f)$和$h(t)$的曲线

实际上,上述的理想矩形传输特性是不可行的。首先,由式(5.6-2)给出的理想传输特性是不能物理实现的。其次,如图5.6.4(b)所示波形的"尾巴"起伏振荡较大,拖的时间很长,因而要求抽样时刻非常准确才能没有码间串扰,否则由于一长串码元的许多"尾巴"的残值在一个抽样点上叠加,将影响对抽样值的正确判决。而接收端的抽样时刻都是存在一定误差的。

为了解决上述问题,奈奎斯特(H. Nyquist)在1928年给出了一条解决途径[20]。他证明了为得到无码间串扰的传输特性,系统传输函数不必须为矩形,而容许为具有缓慢下降边沿的任何形状,只要此传输函数是实函数并且在$f=W$处奇对称即可,如图5.6.5(a)所示。这称为<u>奈奎斯特</u>

准则。下面就来进行简单的证明。

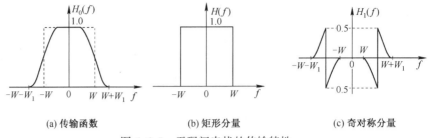

(a) 传输函数　　　　　(b) 矩形分量　　　　　(c) 奇对称分量

图 5.6.5　无码间串扰的传输特性

图 5.6.5 中传输函数 $H_0(f)$ 可以分解成一个矩形分量 $H(f)$ 和一个对于 $\pm W$ 点奇对称的分量 $H_1(f)$,如图 5.6.5(b) 和图 5.6.5(c) 所示。对这两个分量做逆傅里叶变换,得到:

$$h(t) = 2W\sin(2\pi Wt)/(2\pi Wt) \tag{5.6-4}$$

$$h_1(t) = -4\sin(2\pi Wt)\int_0^{W_1} H_1(f+W)\sin(2\pi ft)\,\mathrm{d}f \tag{5.6-5}$$

单位冲激函数 $\delta(t)$ 经过此传输函数 $H_0(f)$ 后,输出波形 $s_0(t)$ 应该是上面两式之和,即:

$$s_0(t) = h(t) + h_1(t) = 2W\frac{\sin(2\pi Wt)}{2\pi Wt}\left[1 - 4\pi t\int_0^{W_1}H_1(f+W)\sin(2\pi ft)\,\mathrm{d}f\right] \tag{5.6-6}$$

在上式中,无论方括弧中的数值等于多少,方括弧前面的因子 $\sin(2\pi Wt)/(2\pi Wt)$ 都保证了在 $t=n/2W$, $n=\pm 1$, $\pm 2,\cdots$ 各点上存在 0 点。奈奎斯特准则于是得证。

需要指出,虽然前面我们假定了传输函数为实函数。但是,可以证明这不是必需条件。

下面我们给出一个在实际数字通信系统中常用的符合奈奎斯特准则的例子,即具有余弦滚降特性的传输函数。

设一个滤波器具有如下传输特性:

$$H_0(f) = \begin{cases} 1 & |f| < W - W_1 \\ \dfrac{1}{2} + \dfrac{1}{2}\cos\left[\dfrac{\pi}{2W_1}(|f| - W + W_1)\right] & W - W_1 < |f| < W + W_1 \\ 0 & W + W_1 < |f| \end{cases} \tag{5.6-7}$$

直接利用式(5.6-6)进行计算,可以求出此滤波器的冲激响应为:

$$s_0(t) = \frac{W}{\pi}\frac{\sin(Wt)}{Wt}\left[\frac{\cos(2\pi W_1 t)}{1 - (4W_1 t)^2}\right] \tag{5.6-8}$$

对于 $W_1/W = 0$、0.5 和 1.0 三种情况,由以上两式计算出的曲线画在图 5.6.6 中。

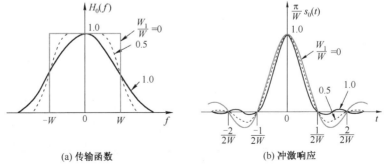

(a) 传输函数　　　　　(b) 冲激响应

图 5.6.6　滚降特性曲线

由于这时滤波器的边沿缓慢下降,通常称之为"滚降",并将 W_1/W 称为滚降系数。当滚降系数 $W_1/W = 1.0$ 时,在图 5.6.6(a) 中 $H_0(f)$ 曲线具有升余弦形,称为升余弦特性。此时其波形

$s_0(t)$ 的旁瓣很小,小于 31.5 dB。因此即使抽样时刻有误差,也不会使码间串扰很大。此外,由图 5.6.6(b)可见,在 $t=\pm(2n+1)\pi/2W$,$n=1,2,\cdots$ 处,多了一批 0 点,这也可以进一步降低码间串扰。

具有滚降特性的滤波特性仍然保持每秒 $2W$ 码元的传输速率,但是它占用的带宽增大了。因此频带利用率有所降低。

综上所述,在设计一个基带传输系统时,往往首先选定信道及其特性 $C(f)$,后续的设计任务就是要设计发送和接收滤波器的特性,使总传输特性满足奈奎斯特准则的要求,以尽量减小码间串扰。

5.6.3 部分响应系统

在 5.6.2 节中,我们看到,理想矩形传输特性可以给出最高的频带利用率 2 Baud/Hz,但是它不能物理实现且输出波形的"尾巴"振荡过大、过长。滚降特性虽然能使输出波形的"尾巴"减小,能够实用,但是其频带利用率却降低了。可见,这两者是互相矛盾的。但是,这个矛盾并不是不能解决的。下面将讨论的部分响应波形就是解决途径之一。部分响应波形能够控制码元某些抽样时刻的码间串扰,消除码元其他抽样时刻的码间串扰,同时又能降低对抽样时刻的精度要求,并且使频带利用率达到理论上的最大值。利用部分响应波形传输的基带系统称为部分响应系统。

在讨论一般部分响应波形之前,我们先来看一个较简单的例子。

设有一个基带传输系统,其传输函数 $H(f)$ 为理想矩形,如式(5.6-2)所示。当在此系统输入端加入两个相距一个码元持续时间 T 的单位冲激时,系统输出波形应该是两个 $\sin x/x$ 波形的叠加,如图 5.6.7(a)所示。令此叠加后的波形为 $g(t)$,它的表示式为:

$$g(t)=\frac{\sin 2\pi W(t+T/2)}{2\pi W(t+T/2)}+\frac{\sin 2\pi W(t-T/2)}{2\pi W(t-T/2)} \tag{5.6-9}$$

式中,$W=1/2T$。

对式(5.6-9)进行傅里叶变换,得到此波形的频谱:

$$G(f)=\begin{cases}2T\cos\pi fT & |f|\leqslant 1/2T\\ 0 & |f|>1/2T\end{cases} \tag{5.6-10}$$

上式中的频谱 $G(f)$ 是余弦形的。在图 5.6.7(b)中画出了其正频谱部分。频谱 $G(f)$ 的带宽 $W=1/2T$,即理想矩形滤波器的带宽。但是,这时它的输出波形却有如下一些特点。

首先,其输出波形的表示式[式(5.6-9)]可以化简为:

$$g(t)=\frac{4}{\pi}\left(\frac{\cos\pi t/T}{1-4t^2/T^2}\right) \tag{5.6-11}$$

由上式可以得出:

$$\begin{cases}g(0)=4/\pi\\ g(\pm T/2)=1\\ g(kT/2)=0 \quad k=\pm 3,\ \pm 5,\cdots\end{cases} \tag{5.6-12}$$

式(5.6-11)表明 $g(t)$ 的值随 t^2 的增大而减小,因此比图 5.6.4(b)中 $h(t)$ 的波形衰减得快,后者只随 t 的增大而减小。

其次,若用 $g(t)$ 作为码元的波形,并以码元间隔 T 传输,则在抽样时刻仅前后相邻码元之间互相干扰,而与其他码元互不干扰,如图 5.6.8 所示。表面观察,由于图中相邻码元间存在干扰,似乎不能以时间间隔 T 传输码元。但是,因为这种干扰是确知的,故有办法仍以 $1/T$ 的码元速率正确传输。下面就来介绍这种办法。

我们先来看一个简单例子。设系统输入的二进制码元序列为 $\{a_k\}$,其中 $a_k=\pm 1$。实际上,由式(5.6-12)可知,a_k 就等于在抽样时刻上的 $g(t)$ 值。当发送码元 a_k 时,接收波形在相应抽样

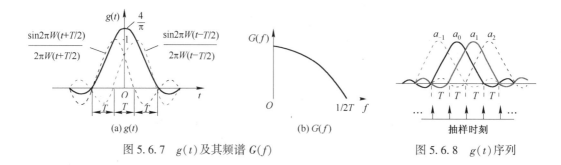

图 5.6.7 $g(t)$ 及其频谱 $G(f)$ 图 5.6.8 $g(t)$ 序列

时刻上的抽样值 C_k 由下式决定:

$$C_k = a_k + a_{k-1} \tag{5.6-13}$$

从而有

$$a_k = C_k - a_{k-1} \tag{5.6-14}$$

上式中 a_{k-1} 是 a_k 的前一个码元波形在 k 时刻的抽样值。利用式(5.6-12)不难看出, C_k 的可能取值只有 +2、0、−2。如果前一码元 a_{k-1} 已经接收判决,即其值已知,则在得到 C_k 后,由式(5.6-14)就可以求出 a_k 的值。这种方法虽然在原理上是可行的,但是一旦发生错判,错误就会传播下去,影响后面的一系列接收码元。上面这个例子虽不能实用,但是却说明利用有码间串扰的波形有可能达到 2 Baud/Hz 的理想频带利用率,并且使码元波形的"尾巴"衰减很快。

下面我们将给出一种比较实用的部分响应系统。这种系统无须接收端已知前一码元的抽样判决值,也不存在错误传播现象。我们仍然使用上面给出的 $g(t)$ 波形,为了便于运算,令发送端的输入码元 a_k 用二进制数字 0 和 1 表示,尽管它仍然是双极性波形。首先将 a_k 按照下式变成 b_k:

$$b_k = a_k \oplus b_{k-1} \tag{5.6-15}$$

式中, $\oplus$ 为模 2 加法, b_k 为二进制数字 0 或 1。然后再把 $\{b_k\}$ 当作发送滤波器的输入来传输。所以按照式(5.6-13)的原理,可以得到:

$$C_k = b_k + b_{k-1} \tag{5.6-16}$$

若对上式做模 2 加法运算,则有:

$$[C_k]_{mod2} = [b_k + b_{k-1}]_{mod2} = b_k \oplus b_{k-1} = a_k \tag{5.6-17}$$

上式表明,对 C_k 直接做模 2 加法运算,就可以得到 a_k,而无须预知 a_{k-1},并且也没有错误传播问题。

通常把式(5.6-15)的变换称为预编码,并把式(5.6-13)和式(5.6-16)称为相关编码。现在举例说明之。

设输入二进制码元序列 $\{a_k\}$ 为 11101001,则编解码过程如表 5.6.1 所示。

表 5.6.1 编解码过程

	初始状态 $b_{k-1}=0$								初始状态 $b_{k-1}=1$							
二进制序列 $\{a_k\}$	1	1	1	0	1	0	0	1	1	1	1	0	1	0	0	1
二进制序列 $\{b_{k-1}\}$	0	1	0	1	1	0	0	0	1	0	1	0	0	1	1	1
二进制序列 $\{b_k\}$	1	0	1	1	0	0	0	1	0	1	0	0	1	1	1	0
序列 $\{C_k\}$	1	1	1	2	1	0	0	1	1	1	1	0	1	2	2	1
二进制序列 $[C_k]_{mod}$	1	1	1	0	1	0	0	1	1	1	1	0	1	0	0	1
双极性输入序列 $\{a_k\}$	+	+	+	−	+	−	−	+	+	+	+	−	+	−	−	+
双极性信号序列 $\{b_k\}$	+	−	+	+	−	−	−	+	−	+	−	−	+	+	+	−
双极性信号序列 $\{b_{k-1}\}$	−	+	−	+	+	−	−	−	+	−	+	−	−	+	+	+
序列 $\{C_k\}$	0	0	0	2	0	−2	−2	0	0	0	0	−2	0	2	2	0

在表 5.6.1 中，分别给出了用二进制数字和用双极性波形表示的编解码过程。前者便于理论分析；后者便于说明电路中的物理过程。在用双极性波形描述时，接收端的判决准则是：若 $C_k = 0$，则判为 $a_k = +1$；若 $C_k = \pm 2$，则判为 $a_k = -1$。

由上例可以看出，无论第一个 b_{k-1}（即初始状态）等于什么，解码结果 $[C_k]_{\text{mod}}$ 总是正确的。这种部分响应系统的原理方框图如图 5.6.9（a）所示。在实际实现时，为了简化系统，可以把发送滤波器和相关编码的次序对调，得到如图 5.6.9（b）所示的方框图。

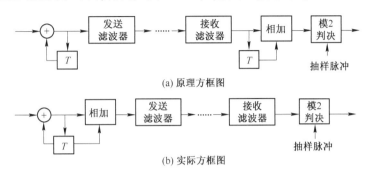

(a) 原理方框图

(b) 实际方框图

图 5.6.9　部分响应系统方框图

上述部分响应系统是最基本的一类，通常称为第 I 类部分响应系统。该系统于 1964 年由林德（Adam Lender）最早提出[21]，当时称为双二进制（Duobinary）信号传输系统。

类似地，可以把上述第 I 类部分响应系统的原理推广到一般情况。参照式（5.6-9），令

$$g(t) = k_1 \frac{\sin 2\pi Wt}{2\pi Wt} + k_2 \frac{\sin 2\pi W(t-T)}{2\pi W(t-T)} + \cdots + k_N \frac{\sin 2\pi W[t-(N-1)T]}{2\pi W[t-(N-1)T]} \qquad (5.6\text{-}18)$$

式中，$k_n (n = 1, 2, \cdots, N)$ 为各个冲激响应波形的加权系数，它们可以取正值、负值或 0 值。

对式（5.6-18）中 $g(t)$ 做傅里叶变换，得到其频谱为：

$$G(f) = \begin{cases} T \sum\limits_{n=1}^{N} k_n e^{-j2\pi(n-1)T} & |f| \leqslant 1/2T \\ 0 & |f| > 1/2T \end{cases} \qquad (5.6\text{-}19)$$

由上式看出，频谱 $G(f)$ 仍然仅存在于 $(-1/2T, 1/2T)$ 范围内。

在式（5.6-18）中，k_n 的取值不同，给出不同的相关编码关系。设系统输入数字序列为 $\{a_k\}$，相应的编码序列为 $\{C_k\}$，则

$$C_k = k_1 a_k + k_2 a_{k-1} + \cdots + k_N a_{k-(N-1)} \qquad (5.6\text{-}20)$$

一般情况下，a_k 和 b_k 可以是 L 进制的数字，k_n 也可以有不同取值，所以上式中 C_k 的可能取值数（即电平数）将决定于 L 和 k_n 的取值。

现在，预编码的规则是：

$$a_k = k_1 b_k \oplus k_2 b_{k-1} \oplus \cdots \oplus k_N b_{k-(N-1)} \qquad (5.6\text{-}21)$$

式中，$\oplus$ 为模 L 加法。

对于 b_k 的相关编码规则是：

$$C_k = k_1 b_k + k_2 b_{k-1} + \cdots + k_N b_{k-(N-1)} \qquad (5.6\text{-}22)$$

最后对 C_k 进行模 L 运算：

$$[C_k]_{\text{mod}L} = [k_1 b_k + k_2 b_{k-1} + \cdots + k_N b_{k-(N-1)}]_{\text{mod}L} = a_k \qquad (5.6\text{-}23)$$

由上式看出，现在也不存在错误传播问题。按照式（5.6-23），解码也很容易，只需对 C_k 做模 L 运算即可。

按照上述原理，目前出现的部分响应波形有五类，如表 5.6.2 所示。为了便于比较，表中还

将矩形频率函数作为 0 类列出。从表中可以看出,各类 $g(t)$ 的频谱在 $1/2T$ 处都等于 0,而且有的 $G(\omega)$ 在 0 频率处也有 0 点,即没有直流分量。这通常是对基带信号的基本要求。在实际应用中,第Ⅳ类部分响应波形应用得最广。

需要注意的是,部分响应相关编码的可能电平数大于输入数字的进制数。例如,若输入数字为二进制的,则相关编码的可能电平数一定大于 2,这样将降低系统的抗噪声性能,在后面章节中还要对此专门讨论。

在 1.5 节中提到过基带调制。其功能是改变信号的波形,使之适合于在基带信道中传输。基带调制后的信号仍然是基带信号,只是信号的波形发生了变化。所以本章中上述有关发送端信号波形处理的内容都属于基带调制的内容。

表 5.6.2　五类部分响应波形和频谱的比较

类别	k_1	k_2	k_3	k_4	k_5	$g(t)$	$\lvert G(f)\rvert,\ \lvert f\rvert\leqslant 1/(2T)$	二进制输入时 C_k 的电平数
0	1							2
Ⅰ	1	1					$2T\cos(2\pi fT/2)$	3
Ⅱ	1	2	1				$4T\cos^2(2\pi fT/2)$	5
Ⅲ	2	1	−1				$2T\cos\dfrac{2\pi fT}{2}\sqrt{5-4\cos 2\pi fT}$	5
Ⅳ	1	0	−1				$2T\sin 2\pi fT$	3
Ⅴ	−1	0	2	0	−1		$4T\sin^2 2\pi fT$	5

5.7　眼　图

在上节中我们讨论过码间串扰对于数字信号传输的影响,它造成的后果与噪声的影响一样,都是影响信号码元的正确接收,产生误码。虽然在设计传输系统时可以采用许多办法克服这两者对于信号正确接收的影响,但是由于系统的一些参数不能准确设计和实现,以及噪声总是或多或少地存在着,特别是信道的特性常常不能准确知道,所以实际的传输系统的性能不会完全符合理想情况,有时会相距甚远。故为了得知实际传输系统的特性,以及调试系统,通常需用实验手段估计系统的性能。

本节中将要介绍的眼图,就是用示波器实际观察接收信号质量的方法。眼图可以显示传输系统性能缺陷对于基带数字信号传输的影响。这时,在示波器的垂直(Y)轴上加入接收信号码元序列电压,在水平(X)轴上加入一个锯齿波,其频率等于信号码元传输速率,即示波器水平时间轴的长度等于信号码元的持续时间。这样,在示波器屏幕上将显示出许多接收信号码元叠加在一起的波形。对于二进制双极性信号,在无噪声和码间串扰(无失真)的理想情况下,示波器屏幕上的显示如同一只睁开的眼睛。在图 5.7.1(a)中给出这种理想情况下的信号波形和眼图。若存在码间串扰(有失真),则信号波形和眼图如图 5.7.1(b)所示。在噪声和码间串扰严重的情况下,多条杂乱的图形甚至会使"眼睛"完全闭合。所以,"眼睛"张开的程度代表干扰的强弱。在图 5.7.1(a)所示的理想情况眼图中,中央的一根垂直线位置是最佳抽样时刻,而中间水平横线表示最佳判决门限电平。

为了说明眼图各部分的含义,将眼图的一个模型画在图 5.7.2 中。其中:

① "眼睛"张开最大的时刻是最佳抽样时刻;

② 中间水平横线表示最佳判决门限电平;

③ 阴影区的垂直高度表示接收信号振幅失真范围;

④ "眼睛"斜边的斜率表示抽样时刻对定时误差的灵敏度,斜率越陡,对定时误差的灵敏度越高,即要求抽样时刻越准确;

⑤ 在无噪声情况下,"眼睛"张开的程度,即在抽样时刻的上下两阴影区间的距离之半,为噪声容限,若在抽样时刻的噪声值超过这个容限,就可能发生错误判决。

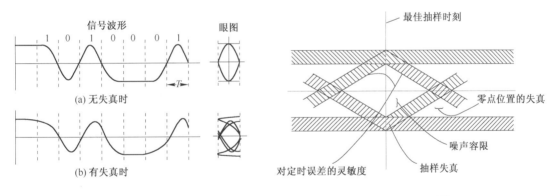

图 5.7.1　信号波形和眼图　　　　　　　　　　图 5.7.2　眼图模型

在图 5.7.3 中给出了示波器上两张眼图的照片。其中图(a)是在无噪声情况下的照片,而图(b)则示出有一定的噪声。这两张照片显示的图形都分别包含两只"眼睛"。

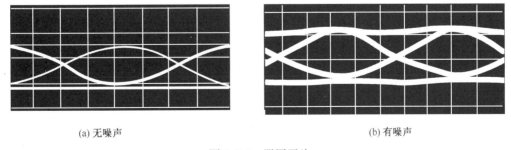

图 5.7.3　眼图照片

5.8 时域均衡器

5.8.1 概述

在 5.6 节中我们讨论了码间串扰。它起源于传输系统的总传输特性 $H(f)$ 不良,即 $H(f)$ 不符合奈奎斯特准则。即使 $H(f)$ 符合奈奎斯特准则,若在实际系统中抽样时刻不准确,则在抽样时刻也有可能存在码间串扰。

码间串扰是一种乘性干扰,它不像加性噪声那样,可以用第 8 章最佳接收理论给出的方法来克服。为了减小码间串扰,通常需要在系统中插入另一种滤波器来补偿。这种滤波器称为均衡器。均衡器的种类很多,大体上可以分为两类,即频域均衡器和时域均衡器。频域均衡器在设计时是从滤波器的频率特性考虑的,利用一个可调 LC 滤波器的频率特性去补偿基带系统的频率特性,使之满足奈奎斯特准则。时域均衡器则是从系统的时域特性出发去解决同一问题。它通常是将一个横向滤波器插入基带传输系统中,以抵消码间串扰。在数字信号传输系统中,目前广泛使用的是这种横向滤波器。下面我们就来重点介绍它。

5.8.2 横向滤波器基本原理

在 5.6.1 节中,我们给出了基带数字信号传输系统模型。在那里将系统的总传输特性表示为:

$$H(f) = G_T(f) C(f) G_R(f)$$

式中,$G_T(f)$ 和 $G_R(f)$ 分别是发送滤波器和接收滤波器的传输特性,$C(f)$ 是信道的传输特性。我们曾经证明,为了消除码间串扰,要求 $H(f)$ 满足奈奎斯特准则。若 $G_T(f)$ 和 $C(f)$ 已知,则可以容易地设计 $G_R(f)$,使系统总传输特性满足奈奎斯特准则。但是,一般情况下,$C(f)$ 是不能准确知道的,例如在交换网络中收发两点之间的信道路径可能改变。另外,即使是同一条信道路径,由于环境的变化,例如温度变化,信道传输特性也会随时间变化。因此,实际传输系统的总传输特性经常不能用这种设计接收滤波器的方法来满足奈奎斯特准则的要求。为了解决这个问题,我们在系统中另外插入一个均衡(滤波)器,其传输特性用 $C_E(f)$ 表示。这样,式(5.6-1)变成:

$$H(f) = G_T(f) C(f) G_R(f) C_E(f) \tag{5.8-1}$$

这时可以设计 $C_E(f)$,使 $H(f)$ 满足奈奎斯特准则,从而消除码间串扰。若插入的这个均衡器的特性是可调的,特别是可以自动调整的话,则它能够适应信道特性的变化,从而能经常保持消除码间串扰。并且由于我们只对抽样时刻的抽样值感兴趣,故有可能使均衡器的设计大为简化。

横向滤波器很容易做成特性可调的,因此它常被用来作为均衡器使用。图 5.8.1 中给出了一种可调横向滤波器的原理方框图。它的主要部分是一个抽头延迟线。相邻抽头间的时延是 T,即一个码元的持续时间。在各个抽头上得到经过不同时延的接收码元,它们经过系数 $\{C_n\}$ 的加权,然后相加产生均衡后的输出信号。在经过系数 $\{C_n\}$ 加权后的这些信号中,中央的那个信号,即经过 C_0 加权的信号,是主要的输出电压。在它两边的各个抽头的输出信号电压很小,是用于克服码间串扰的。这些小的经过不同时延的电压也可以看作经过不同时延的"回波"。这些加权后的抽头电压相加后被送到一个判决电路,去控制各加权系数 $\{C_n\}$ 的调整,以使邻近码元产生的串扰减小或消除。C_n 的调整方法,详见二维码 5.2。

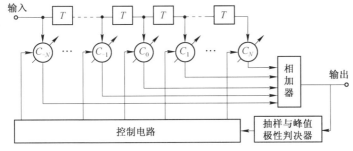

图 5.8.1　可调横向滤波器原理方框图

二维码 5.2

5.9　小　结

本章讨论基带数字信号的特性和基带传输系统。未经调制的信号通称基带信号。基带数字信号在传输前需要经过一些处理才能送入信道进行传输。处理的目的主要是使信号的特性和信道的特性相匹配,以及在接收端容易识别码元的起止时刻。由于多数信道的特性通常不适合传输信号的直流分量和很低的频率分量,所以如何消除信号的直流分量和低频分量是要着重考虑的问题。此外,应该使识别码元起止时刻的能力和码元序列的统计特性无关。

从单个码元的波形考虑时,码元波形可以有不同的表示方法。按电压极性区分,可以有单极性和双极性波形。按持续时间区分,有归零和不归零之分。此外,还可以不用电压值,而用电压变化与否来表示码元的取值。

从码元序列考虑时,可以设计多种传输码型。常见的码型有 AMI 码、HDB$_3$ 码、双相码、密勒码、CMI 码和 nBmB 码。

对于基带数字信号的功率谱密度的分析,不仅能够从中获得信号的带宽信息,还可以从有无离散谱分量得知其中是否包含码元定时信息。对于没有离散谱分量的信号,在接收端则需要对其进行某种变换,使其谱中含有此离散分量,才能从中提取码元定时。

基带传输系统设计中考虑的最重要问题之一就是如何消除或降低码间串扰。在实际中码间串扰的大小通常是用眼图测量的。在理论上,可以证明,基带系统的传输特性若满足奈奎斯特准则的要求就可以消除码间串扰。但是,由于信道特性不稳定且难于预计,实际中为了消除或减小码间串扰必须用均衡器进行补偿。实用的均衡器都是由横向滤波器构成的时域均衡器。

思考题

5.1　何谓 ASCII 码?它用几个比特表示一个字符?试写出 ASCII 码中字符"A"和"a"的码组。

5.2　试述双极性波形的优缺点。

5.3　试述 HDB$_3$ 码的编码规则及其优缺点。

5.4　试述双相码的优缺点。

5.5　随机脉冲信号序列的功率谱中连续谱和离散谱分别有什么特点?离散谱有什么特殊的功用?何种信号中没有离散谱?

5.6　何谓码间串扰?它产生的原因是什么?是否只在相邻的两个码元之间才有码间串扰?

5.7　基带传输系统的传输函数满足什么条件时不会引起码间串扰?

5.8　何谓奈奎斯特准则?何谓奈奎斯特速率?

5.9　何谓"滚降"?为什么在设计时常常采用滚降特性?

5.10　何谓部分响应波形?它有什么优缺点?

5.11　何谓双二进制波形?它和部分响应波形有什么关系?

5.12　在图5.6.9中，可以将图(a)变成图(b)依据的是什么原理？

5.13　试问在第Ⅰ类部分响应系统中信道传输的信号有几种电平？

5.14　哪种部分响应波形中不含直流分量？

5.15　何谓眼图？它有什么功用？在示波器的X轴和Y轴上加入什么电压才能观看眼图？

5.16　克服码间串扰的方法是什么？能否用增大信噪比的方法克服码间串扰？为什么？

5.17　何谓均衡器？为什么常用横向滤波器作为均衡器，而不用由电感和电容组成的滤波器？

习题

5.1　若消息码序列为1101001000001，试写出AMI码和HDB$_3$码的相应序列。

5.2　试画出AMI码接收机的原理方框图。

5.3　设$g_1(t)$和$g_2(t)$是随机二进制序列的码元波形。它们的出现概率分别是P和$(1-P)$。试证明：

若

$$P = 1/[1 - g_1(t)/g_2(t)] = k$$

式中，k为常数，且$0 < k < 1$，则此序列中将无离散谱。

5.4　试证明式(5.6-5)。

[提示：因为$H_1(f)\cos2\pi ft$是实偶函数，所以$H_1(f)$的逆傅里叶变换可以写为：

$$h_1(t) = 2\int_0^\infty H_1(f)\cos2\pi ft\,df$$

然后做变量代换，令$f = f' + W$，代入上式，经化简即可。]

5.5　设一个二进制单极性基带信号序列中的"1"和"0"分别用脉冲$g(t)$[见图P5.1]的有无表示，并且它们的出现概率相等，码元持续时间等于T。试求：

(1) 该序列的功率谱密度表示式，并画出其曲线；

(2) 该序列中有没有频率$f = 1/T$的离散分量？若有，试计算其功率。

5.6　设一个二进制双极性基带信号序列的码元波形$g(t)$为矩形脉冲，如图P5.2所示，其高度等于1，持续时间$\tau = T/3$，T为码元宽度；且正极性脉冲出现的概率为3/4，负极性脉冲出现的概率为1/4。

(1) 试写出该信号序列的功率谱密度表示式，并画出其曲线；

(2) 该序列中是否存在$f = 1/T$的离散分量？若有，试计算其功率。

5.7　设一个基带传输系统接收滤波器的输出码元$h(t)$的波形如图P5.3所示。

(1) 试求该基带传输系统的传输函数$H(f)$；

(2) 若其信道传输函数$C(f) = 1$，且发送滤波器和接收滤波器的传输函数相同，即$G_T(f) = G_R(f)$，试求此时$G_T(f)$和$G_R(f)$的表示式。

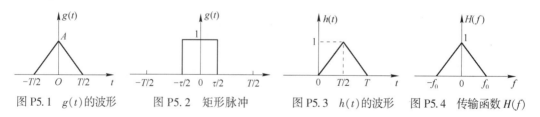

图 P5.1　$g(t)$的波形　　图 P5.2　矩形脉冲　　图 P5.3　$h(t)$的波形　　图 P5.4　传输函数 $H(f)$

5.8　设一个基带传输系统的传输函数$H(f)$如图P5.4所示。

(1) 试求该系统接收滤波器输出码元波形的表示式；

(2) 若其中基带信号的码元传输速率$R_B = 2f_0$，试用奈奎斯特准则衡量该系统能否保证无码间串扰传输。

5.9　设一个二进制基带传输系统的传输函数为：

$$H(f) = \begin{cases} \tau_0(1 + \cos2\pi f\tau_0) & |f| \leq 1/2\tau_0 \\ 0 & 其他 \end{cases}$$

试确定该系统最高的码元传输速率R_B及相应的码元持续时间T。

5.10　若一个基带传输系统的传输函数$H(f)$如式(5.6-7)所示，式中$W = W_1$。

(1) 试证明其单位冲激响应，即接收滤波器输出码元波形为：

$$h(t) = \frac{1}{T} \cdot \frac{\sin \pi t/T}{\pi f/T} \cdot \frac{\cos \pi t/T}{1 - 4t^2/T^2}$$

（2）若用 $1/T$ 波特率的码元在此系统中传输，在抽样时刻上是否存在码间串扰？

5.11 设一个二进制双极性随机信号序列的码元波形为升余弦波。试画出当扫描周期等于码元周期时的眼图。

5.12 设一个横向均衡器的结构如图 P5.5 所示。其 3 个抽头的增益系数分别为 $C_{-1} = -1/3$，$C_0 = 1$，$C_1 = -1/4$。若 $x(t)$ 在各点的抽样值依次为 $x_{-2} = 1/8$，$x_{-1} = 1/3$，$x_0 = 1$，$x_1 = 1/4$，$x_2 = 1/16$，在其他点上其抽样值均为 0。试计算 $x(t)$ 的峰值失真值，并求出均衡器输出 $y(t)$ 的峰值失真值。

5.13 设有一个 3 抽头的均衡器。已知其输入的单个冲激响应抽样值序列为 0.1，0.2，-0.2，1.0，0.4，-0.1，0.1。

（1）试用迫零法设计其 3 个抽头的增益系数 C_n；

（2）计算均衡后在时刻 $k = 0$，±1，±2，±3 的输出值及峰值码间串扰的值。

5.14 设二进制符号序列为 1 0 0 1 0 0 1 1，试以矩形脉冲为例，分别画出相应的单极性波形、双极性波形、单极性归零波形、双极性归零波形、二进制差分波形和四电平波形。

5.15 设二进制随机序列中的"0"和"1"分别由 $g(t)$ 和 $-g(t)$ 组成，它们出现的概率分别为 P 及 $(1-P)$。

（1）求其功率谱密度及功率；

（2）若 $g(t)$ 为如图 P5.6(a) 所示波形，T 为码元宽度，问该序列是否存在离散频率分量 $f_c = 1/T$？

（3）若 $g(t)$ 改为如图 P5.6(b) 所示，重新回答题（2）所问。

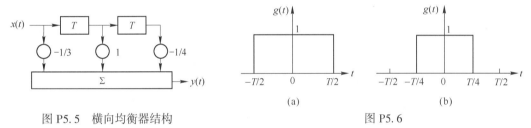

图 P5.5 横向均衡器结构　　　　　　　　　　　　　　　图 P5.6

5.16 设某二进制数字基带信号中，数字信息"1"和"0"分别用 $g(t)$ 和 $-g(t)$ 表示，且"1"和"0"出现的概率相等，$g(t)$ 是升余弦频谱脉冲，即

$$g(t) = \frac{1}{2} \cdot \frac{\cos\left(\dfrac{\pi t}{T}\right)}{1 - 4t^2/T^2} \operatorname{Sa}\left(\frac{\pi t}{T}\right)$$

（1）写出该数字基带信号的连续谱，并画出示意图；

（2）从该数字基带信号中能否直接提取频率 $f_c = 1/T$ 的码元定时分量？

（3）若码元间隔 $T = 10^{-3}$ s，试求该数字基带信号的传码率及频带宽度。

5.17 已知消息码序列为 1011000000000101，试写出相应的 AMI 码及 HDB3 码序列，并分别画出它们的波形图。

5.18 已知消息码序列为 101100101，试写出相应的双相码和 CIM 码序列，并分别画出它们的波形图。

5.19 设某数字基带系统的传输特性 $H(\omega)$ 如图 P5.7 所示。其中 α 为某个常数 $(0 \leq \alpha \leq 1)$：

（1）试检验该系统能否实现无码间串扰的条件？

（2）该系统的最高码元传输速率为多少？这时的系统频带利用率为多少？

5.20 为了传送码元速率 $R_B = 10^3$ Baud 的数字基带信号，试问系统采用图 P5.8 中所画的哪一种传输特性较好？并简要说明其理由。

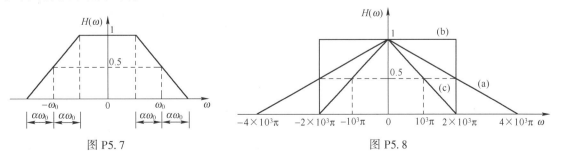

图 P5.7　　　　　　　　　　　　　　　图 P5.8

5.21 一随机二进制码元序列为10110001,码元持续时间为T,其中,"1"码对应的基带波形为升余弦波形,"0"码对应的基带波形与"1"码相反。

（1）当示波器扫描周期 $T_0 = T$ 时,试画出眼图;

（2）当 $T_0 = 2T$ 时,试画出眼图;

（3）比较以上两种眼图的最佳抽样判决时刻、判决门限电平及噪声容限值。

5.22 一相关编码系统如图 P5.9 所示。图中理想低通滤波器的截止频率为 $1/(2T_s)$,通带增益为 T_s。试求该系统的单位冲激响应和频率特性。

5.23 若上题中的输入数据为二进制数,相关电平数有几个? 若输入数据为四进制数,相关电平数又为何值?

5.24 以表 5.6.2 中第Ⅳ类部分响应系统为例,试画出包括预编码在内的第Ⅳ类部分响应系统的方框图。

5.25 设有一个三抽头的时域均衡器,如图 P5.10 所示,输入信号 $x(t)$ 在各抽样点的值依次为 $x_{-2} = 1/8$, $x_{-1} = 1/3, x_0 = 1, x_{+1} = 1/4, x_{+2} = 1/16$,在其他抽样点的值均为零,试求均衡器输入波形 $x(t)$ 的峰值失真及输出波形 $y(t)$ 的峰值失真。

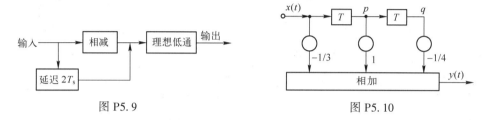

图 P5.9　　　　　　　　　　　图 P5.10

5.26 设计一个三抽头的迫零均衡器。已知输入信号 $x(t)$ 在各抽样点的值依次为 $x_{-2} = 0, x_{-1} = 0.2, x_0 = 1$, $x_{+1} = -0.3, x_{+2} = 0.1$,在其他抽样点的值均为零。

（1）求三个抽头的最佳系数;

（2）比较均衡前后的峰值失真。

第6章 基本的数字调制系统

6.1 概 述

在1.3.3节中提到,广义的调制分为基带调制和带通调制;在大多数场合中,往往将调制仅做狭义的理解,即常将带通调制简称为调制。本章专门讨论基本的带通调制。带通调制通常需要一个正弦波作为载波,把基带数字信号调制到这个载波上,使这个载波的一个或几个参量(振幅、频率和相位)上载有基带数字信号的信息,并且使已调信号的频谱位置适合在给定的带通信道中传输。在无线电信道中,带通调制更是必不可少的。因为若要使信号能够以电磁波的方式通过天线发射出去,信号所占用的频带位置必须足够高,并且信号所占用的频带宽度不能超过天线的通频带。所以,基带信号必须调制一个频率很高的载波,使基带信号搬移到足够高的频率上,才能够从天线发射出去。

常用的正弦形载波通常表示为:

$$s(t) = A\cos(\omega_0 t + \theta) \tag{6.1-1}$$

或

$$s(t) = A\cos(2\pi f_0 t + \theta) \tag{6.1-2}$$

式中,A 为振幅(V);f_0 为频率(Hz);$\omega_0 = 2\pi f_0$,为角频率(rad/s);θ 为初始相位(rad)。

由以上两式可见,正弦形载波共有3个参量,即振幅 A、频率 f_0(或角频率 ω_0)和(初始)相位 θ。这3个参量都可以独立地被调制,即可以按照基带信号变化的规律而变化。此时,这3个参量都是时间的函数,记为 $A(t)$、$f(t)$[或 $\omega(t)$]和 $\theta(t)$。所以,基本的调制制度有3种,即振幅调制、频率调制和相位调制。载波经过调制后称为已调信号。因此,基本的已调信号有调幅信号、调频信号和调相信号3种。在这3种基本的调制制度基础上,为了得到更好更实用的调制效果,不断出现新的更复杂的调制制度。

对于二进制基带数字信号,上述3种调制,分别称为振幅键控(ASK,Amplitude Shift Keying)、频移键控(FSK,Frequency Shift Keying)和相移键控(PSK,Phase Shift Keying)。在图6.1.1中给出了这3种信号波形的示例。

根据已调信号频谱结构的特点,调制可以分为两大类:线性调制和非线性调制。线性调制的已调信号

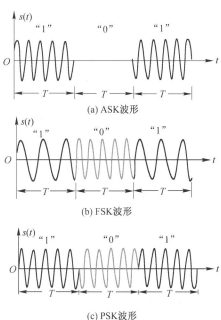

图 6.1.1 三种基本键控方式的波形

频谱结构和原基带信号的频谱结构基本相同,主要是所占用的频率位置搬移了。非线性调制的已调信号频谱结构和原基带信号的频谱结构就完全不同了,已不仅仅是简单的频谱平移,在已调信号频谱中通常会出现许多新的频率分量。上述振幅键控属于线性调制,而频移键控和相移键控则属于非线性调制。

已调信号在接收端需要经过解调,恢复成原来的基带信号。但是,恢复的信号由于噪声和码间串扰的影响,总有一定的失真。失真的后果,对于数字信号来说,就是误码。所以,人们总希望

改进接收方法以降低误码率。接收方法可以分为两大类:相干接收和非相干接收。在接收设备中利用载波相位信息去检测信号的方法称为相干检测或相干解调。反之,若不利用载波相位信息检测信号,则称为非相干检测或非相干解调。对于某一些调制制度,可以有不同的接收方法。不同接收方法可能给出不同的误码率。误码率不仅和接收方法有关,更重要的是和发送端采用的调制制度有关。在本章中将主要讨论这些基本的二进制数字调制和相应的解调方法,以及由其派生出来的一些较简单的调制和解调方法。另外一些较复杂的先进的调制和解调方法将在后面的章节中做介绍。

已调信号除了用上述波形图形象地表示,还可以用矢量图表示。由欧拉(Euler)公式:

$$e^{j\omega t} = \cos\omega t + j\sin\omega t \qquad (6.1\text{-}3)$$

看出,正弦形信号 $\cos\omega t$ 就是指数函数 $e^{j\omega t}$ 的实部。所以,时常把此指数函数称为此正弦形信号的复数形式。在极坐标系中,$e^{j\omega t}$ 可以用一个以角速度 ω 逆时针旋转的单位矢量表示,如图 6.1.2 所示。图中,当 $t=t_1$ 时,$e^{j\omega t_1}$ 的水平分量等于信号 $\cos\omega t_1$。而其垂直分量则等于 $j\sin\omega t_1$,它是与信号正交的分量。在 $t=t_0=0$ 时刻,矢量位于水平位置,此时,$e^{j\omega t_0} = \cos\omega t_0 = 1$。所以这种旋转矢量和信号波形是一一对应的。用这种旋转矢量完全可以代表信号波形。因此,矢量图和波形图在讨论调制和解调中都被广泛采用。

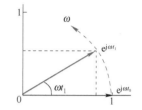

图 6.1.2　正弦波的矢量表示法

6.2　二进制振幅键控(2ASK)

6.2.1　基本原理

二进制振幅键控信号码元可以由式(6.1-1)写出:

$$s(t) = A(t)\cos(\omega_0 t + \theta) \qquad 0 < t \leq T \qquad (6.2\text{-}1)$$

式中,$\omega_0 = 2\pi f_0$ 为载波的角频率;$A(t)$ 是随基带调制信号变化的时变振幅,即

$$A(t) = \begin{cases} A & \text{当发送"1"时} \\ 0 & \text{当发送"0"时} \end{cases} \qquad (6.2\text{-}2)$$

(a) 相乘法　　(b) 开关法

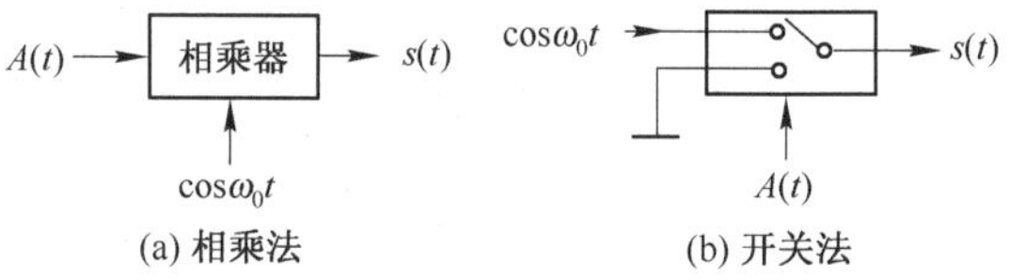

图 6.2.1　2ASK 信号调制器方框图

在式(6.2-2)中给出的基带信号码元 $A(t)$ 的波形是矩形脉冲。这种已调信号的波形如图 6.1.1(a)所示。

产生二进制振幅键控信号的方法,或称调制方法,主要有两种。第一种方法采用相乘电路,如图 6.2.1(a)所示,用基带信号 $A(t)$ 和载波 $\cos\omega_0 t$ 相乘就得到已调信号输出。第二种方法采用开关电路,如图 6.2.1(b)所示,这里的开关由输入基带信号 $A(t)$ 控制,用这种方法可以得到同样的输出波形。由于振幅键控的输出波形是断续的正弦波形,所以有时也称其为通断键控OOK(On-Off Keying)。在相乘法中,输入的基带信号 $A(t)$ 可以是非矩形脉冲,例如升余弦形脉冲;并且 $A(t)$ 必须具有直流分量,即必须具有 $A(t) = [A_0 + A'(t)]$ 形式,其中 $|A'(t)| \leq A_0$。这时,已调信号的包络也是非矩形的。而在开关法中,为了控制开关基带信号必须是矩形脉冲。这就是二者的主要区别。

在接收端,2ASK 信号的解调方法有两种,即包络检波法和相干解调法。前者属于非相干解调。图 6.2.2(a)所示为一种包络检波法解调器的原理方框图,图中的全波整流和低通滤波用于完成包络检波。图 6.2.2(b)所示为一种相干解调器的原理方框图。因为在相干解调法中相乘电路需要有相干载波 $\cos\omega_0 t$,它必须从接收信号中提取,并且和接收信号的载波同频同相,所以这种方法比包络检波法要复杂些。

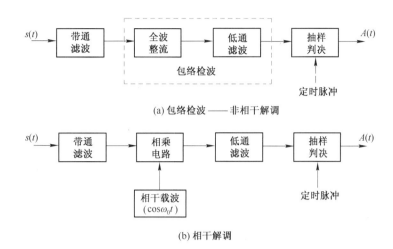

(a) 包络检波——非相干解调

(b) 相干解调

图 6.2.2　2ASK 信号解调的原理方框图

6.2.2　功率谱密度

下面将求 2ASK 随机信号序列的功率谱密度。

设 2ASK 随机信号序列的一般表示式为：

$$s(t) = A(t)\cos\omega_0 t = \left[\sum_{n=-\infty}^{\infty} a_n g(t-nT) \right] \cos\omega_0 t \tag{6.2-3}$$

式中，a_n 为二进制单极性随机振幅；$g(t)$ 为码元波形；T 为码元持续时间。

若令上式中 $s(t)$ 的功率谱密度为 $P_s(f)$，$A(t)$ 的功率谱密度为 $P_A(f)$，则由式（2.6-15）的功率谱密度定义可得：

$$P_s(f) = \frac{1}{4}\left[P_A(f+f_0) + P_A(f-f_0) \right] \tag{6.2-4}$$

因此，求出了 $P_A(f)$，就能很容易地写出 $P_s(f)$ 的表示式。二进制随机基带信号的功率谱密度已经在 5.5 节中给出，如式（5.5-7）所示：

$$P_A(f) = f_c P(1-P) \mid G_1(f) - G_2(f) \mid^2 +$$
$$\sum_{m=-\infty}^{\infty} \mid f_c[PG_1(mf_c) + (1-P)G_2(mf_c)] \mid^2 \delta(f-mf_c)$$

式中，$f_c = 1/T$ 为信号码元速率（Baud）；$G_1(f)$ 和 $G_2(f)$ 是基带信号码元 $g_1(t)$ 和 $g_2(t)$ 的频谱。由于 $g_1(t) = 0$，所以上式变成：

$$P_A(f) = f_c P(1-P) \mid G(f) \mid^2 + f_c^2(1-P)^2 \sum_{n=-\infty}^{\infty} \mid G(nf_c) \mid^2 \delta(f-nf_c) \tag{6.2-5}$$

式中，$G(f) = G_2(f)$。

现在基带信号码元波形是矩形脉冲，故由图 2.2.3 和式（2.2-13）可知，对于所有 $n \neq 0$ 的整数，有 $G(nf_c) = 0$。所以式（6.2-5）变成：

$$P_A(f) = f_c P(1-P) \mid G(f) \mid^2 + f_c^2(1-P)^2 \mid G(0) \mid^2 \delta(f) \tag{6.2-6}$$

将式（6.2-6）代入式（6.2-4），得到 2ASK 信号的功率谱密度：

$$P_s(f) = \frac{1}{4}f_c P(1-P)\left[\mid G(f+f_0) \mid^2 + \mid G(f-f_0) \mid^2 \right] +$$
$$\frac{1}{4}f_c^2(1-P)^2 \mid G(0) \mid^2 \left[\delta(f+f_0) + \delta(f-f_0) \right] \tag{6.2-7}$$

当 $P = 1/2$ 时,上式变为:

$$P_s(f) = \frac{1}{16} f_c \left[\mid G(f+f_0) \mid^2 + \mid G(f-f_0) \mid^2 \right] +$$

$$\frac{1}{16} f_c^2 \mid G(0)^2 \mid \left[\delta(f+f_0) + \delta(f-f_0) \right] \tag{6.2-8}$$

式中,$G(f)$ 为 $g(t)$ 的频谱,由式(2.2-13)可得:

$$G(f) = T \frac{\sin \pi f T}{\pi f T} \tag{6.2-9}$$

所以有 $\mid G(0) \mid = T, \quad \mid G(f+f_0) \mid = T \left| \frac{\sin \pi (f+f_0) T}{\pi (f+f_0) T} \right|, \quad \mid G(f-f_0) \mid = T \left| \frac{\sin \pi (f-f_0) T}{\pi (f-f_0) T} \right|$ (6.2-10)

将上式代入式(6.2-8),得到功率谱密度最终表示式:

$$P_s(f) = \frac{T}{16} \left[\left| \frac{\sin \pi (f+f_0) T}{\pi (f+f_0) T} \right|^2 + \left| \frac{\sin \pi (f-f_0) T}{\pi (f-f_0) T} \right|^2 \right] + \frac{1}{16} \left[\delta(f+f_0) + \delta(f-f_0) \right] \tag{6.2-11}$$

按照式(6.2-6)画出的功率谱密度 $P_A(f)$ 的曲线和按照式(6.2-11)画出的功率谱密度 $P_s(f)$ 的曲线如图 6.2.3 所示。

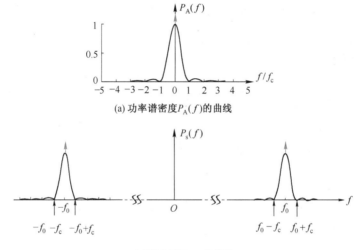

(a) 功率谱密度 $P_A(f)$ 的曲线

(b) 功率谱密度 $P_s(f)$ 的曲线

图 6.2.3   2ASK 信号的功率谱密度曲线

由上述分析和曲线可以看出:第一,2ASK 信号的功率谱密度 $P_s(f)$ 中包含连续谱和离散谱两部分,连续谱部分决定于基带调制信号的谱,而离散谱部分则决定于载频 f_0。第二,2ASK 信号的带宽等于基带调制信号带宽的两倍。

6.2.3 误码率

这一小节将讨论在加性白色高斯噪声信道中 2ASK 信号的误码率。

2ASK 信号的解调方法有两种,见图 6.2.2,即包络检波法和相干解调法。在这两种方法中接收信号都先经过一个带通滤波器,此滤波器的带宽刚好使信号的有用频谱通过并阻止带外的噪声通过。设在一个码元持续时间 T 内,经过带通滤波后的接收信号和噪声电压为:

$$y(t) = s(t) + n(t) \qquad 0 < t \leqslant T \tag{6.2-12}$$

式中

$$s(t) = \begin{cases} A \cos \omega_0 t & \text{发送"1"时} \\ 0 & \text{发送"0"时} \end{cases} \tag{6.2-13}$$

由于 $n(t)$ 是一个窄带高斯过程,所以由式(2.8-2)可以得到:

$$n(t) = n_c(t)\cos\omega_0 t - n_s(t)\sin\omega_0 t \tag{6.2-14}$$

将式(6.2-13)及式(6.2-14)代入式(6.2-12),得到:

$$y(t) = \begin{cases} A\cos\omega_0 t + n_c(t)\cos\omega_0 t - n_s(t)\sin\omega_0 t & \text{发送"1"时} \\ n_c(t)\cos\omega_0 t - n_s(t)\sin\omega_0 t & \text{发送"0"时} \end{cases} \tag{6.2-15}$$

或

$$y(t) = \begin{cases} [A + n_c(t)]\cos\omega_0 t - n_s(t)\sin\omega_0 t & \text{发送"1"时} \\ n_c(t)\cos\omega_0 t - n_s(t)\sin\omega_0 t & \text{发送"0"时} \end{cases} \tag{6.2-16}$$

上式是经过带通滤波后的接收电压。下面将分别讨论上述两种解调方法的误码率。

1. 相干解调法

相干解调法的原理方框图如图6.2.2(b)所示。式(6.2-15)中的接收信号 $y(t)$ 经过相乘和低通滤波之后,在抽样判决处的电压 $x(t)$ 可以表示为:

$$x(t) = \begin{cases} A + n_c(t) & \text{发送"1"时} \\ n_c(t) & \text{发送"0"时} \end{cases} \tag{6.2-17}$$

上式的证明留作习题。式中我们忽略了一个常数因子1/2,这不影响对误码率的分析。在2.8.2节中已经证明,上式中的 $n_c(t)$ 是一个高斯过程。所以,当发送"1"时,$x(t)$ 的概率密度为:

$$p_1(x) = \frac{1}{\sqrt{2\pi}\,\sigma_n}\exp[-(x-A)^2/2\sigma_n^2] \tag{6.2-18}$$

而当发送"0"时,$x(t)$ 的概率密度为:

$$p_0(x) = \frac{1}{\sqrt{2\pi}\,\sigma_n}\exp(-x^2/2\sigma_n^2) \tag{6.2-19}$$

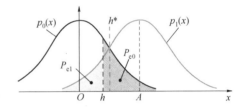

图 6.2.4   2ASK 信号相干解调法的误码率曲线

式(6.2-18)和式(6.2-19)的曲线如图6.2.4所示。若令 h 为设定的判决门限,则将发送的"1"错判为"0"的概率为:

$$P_{e1} = \int_{-\infty}^{h} p_1(x)\,dx = 1 - \frac{1}{2}\left\{1 - \text{erf}\left[(h-A)\big/\sqrt{2\sigma_n^2}\right]\right\} \tag{6.2-20}$$

式中,$\text{erf}(x) = \dfrac{2}{\sqrt{\pi}}\displaystyle\int_0^x e^{-u^2}\,du$。

而将"0"错判为"1"的概率为:

$$P_{e0} = \int_{h}^{\infty} p_0(x)\,dx = \frac{1}{2}\left[1 - \text{erf}\left(h\big/\sqrt{2\sigma_n^2}\right)\right] \tag{6.2-21}$$

若发送"1"和发送"0"的概率相等,即 $P(1) = P(0)$,则相干解调的总误码率为:

$$P_e = \frac{1}{2}P_{e1} + \frac{1}{2}P_{e0} = \frac{1}{4}\left[1 + \text{erf}\left(\frac{h-a}{\sqrt{2}\,\sigma_n}\right)\right] + \frac{1}{4}\left[1 - \text{erf}\left(\frac{h}{\sqrt{2}\,\sigma_n}\right)\right] \tag{6.2-22}$$

上式给出的误码率等于图6.2.4中阴影面积的一半。由上式可以看出误码率和判决门限值 h 有关。从图中可以看出,当 h 位于这两条概率密度曲线的交点时,阴影面积最小,即误码率最小。我们将这个 h 值称为最佳门限值 h^*。设此点的信号和噪声电压之和的取值为 x^*,则有:

$$p_1(x^*) = p_0(x^*) \tag{6.2-23}$$

将式(6.2-18)和式(6.2-19)代入上式,得到:

$$h^* = x^* = A/2 \tag{6.2-24}$$

故归一化最佳门限值：

$$h_0^* = h^*/\sigma_n = \sqrt{r/2} \tag{6.2-25}$$

将 h_0^* 代入式（6.2-22），得到最后结果：

$$P_e = \frac{1}{2}\text{erfc}(\sqrt{r}/2) \tag{6.2-26}$$

当信噪比 $r \gg 1$ 时，利用二维码 2.1 中式（2.7-13b）的关系，上式可以变成：

$$P_e = \frac{1}{\sqrt{\pi r}}e^{-r/4} \tag{6.2-27}$$

式（6.2-26）和式（6.2-27）即为相干解调时的误码率公式。

2. 包络检波法

包络检波法中全波整流器的输出，经过低通滤波后，是其输入电压 $y(t)$ 的包络。由式（6.2-16）可得此包络电压为：

$$V(t) = \begin{cases} \sqrt{[A+n_c(t)]^2 + n_s^2(t)} & \text{发送“1”时} \\ \sqrt{n_c^2(t) + n_s^2(t)} & \text{发送“0”时} \end{cases} \tag{6.2-28}$$

它经过抽样后按照规定的门限电压做判决，从而确定接收码元是“1”还是“0”。假定判决门限值等于 h，并规定当 $V > h$ 时，判为收到“1”；当 $V \leq h$ 时，则判为收到“0”。按照此规则计算其误码率的步骤见二维码 6.1。

包络检波法误码率的计算结果为：

$$P_e = \frac{1}{2}e^{-r/4} \tag{6.2-29}$$

二维码 6.1

比较相干解调法误码率公式（6.2-27）和包络检波法的误码率公式（6.2-29）可见，当大信噪比时，2ASK 信号相干解调法的误码率总是低于包络检波法的误码率。但是，两者相差不大。

[例 6.1]　设有一个 2ASK 信号传输系统，其中码元速率 $R_B = 4.8 \times 10^6$ Baud，接收信号的振幅 $A = 1$ mV，高斯噪声的单边功率谱密度 $n_0 = 2 \times 10^{-15}$ W/Hz。试求：（1）用包络检波法时的最佳误码率；（2）用相干解调法时的最佳误码率。

解：在 2.2.1 节中提到，基带矩形脉冲的带宽可以选为 $1/T$ Hz。这里，2ASK 信号的带宽应该是它的 2 倍，即 $2/T$ Hz。故按照信号速率，接收端带通滤波器的最佳带宽应选择为：

$$B \approx 2/T = 2R_B = 9.6 \times 10^6 (\text{Hz})$$

故此带通滤波器输出噪声的平均功率为：

$$\sigma_n^2 = n_0 B = 1.92 \times 10^{-8}(\text{W})$$

因此其输出信噪比为：$r = \dfrac{A^2}{2\sigma_n^2} = \dfrac{10^{-6}}{2 \times 1.92 \times 10^{-8}} \approx 26 \gg 1$

于是可得，包络检波时的误码率为：

$$P_e = \frac{1}{2}e^{-\frac{r}{4}} = \frac{1}{2}e^{-6.5} = 7.5 \times 10^4$$

相干解调时的误码率为：

$$P_e = \frac{1}{\sqrt{\pi r}}e^{-r/4} = \frac{1}{\sqrt{3.1416 \times 26}} \times e^{-6.5} = 1.66 \times 10^{-4}$$

6.3 二进制频移键控(2FSK)

6.3.1 基本原理

二进制频移键控信号码元的"1"和"0"分别用两个不同频率的正弦波形来传送,而其振幅和初始相位不变。故其表示式为:

$$s(t) = \begin{cases} A\cos(\omega_1 t + \varphi_1) & \text{发送"1"时} \\ A\cos(\omega_0 t + \varphi_0) & \text{发送"0"时} \end{cases} \quad (6.3\text{-}1)$$

式中,假设码元的初始相位分别为 φ_1 和 φ_0;$\omega_1 = 2\pi f_1$ 和 $\omega_0 = 2\pi f_0$ 为两个不同频率码元的角频率;A 为一个常数,表明码元的包络是矩形脉冲。

2FSK 信号的产生方法主要有两种。第一种是用二进制基带矩形脉冲信号去调制一个调频器,使其能够输出两个不同频率的码元,如图 6.3.1(a)所示。第二种方法是用一个受基带脉冲控制的开关电路去选择两个独立频率源的振荡作为输出,如图 6.3.1(b)所示。这两种方法产生的 2FSK 信号的波形基本相同,只有一点差异,即由调频器产生的 2FSK 信号在相邻码元之间的相位是连续的,如图 6.1.1(b)所示;而开关法产生的 2FSK 信号,则分别由两个独立的频率源产生两个不同频率的信号,故相邻码元的相位不一定是连续的。

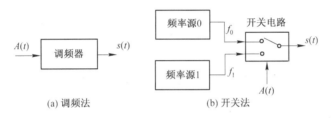

图 6.3.1 2FSK 信号的产生方法

2FSK 信号的接收也分为相干接收和非相干接收两类。图 6.3.2 所示为相干接收法的原理方框图。图中接收信号经过并联的两路带通滤波器滤波、与本地相干载波相乘和低通滤波后,进行抽样判决。判决准则是比较两路信号包络的大小。若上支路的信号包络较大,则判为收到"0";反之,判为收到"1"。这种相干接收方法中的相干载波($\cos\omega_0 t$ 和 $\cos\omega_1 t$)必须从接收信号中提取,并且和信号码元同频同相。这就增加了接收设备的复杂程度。

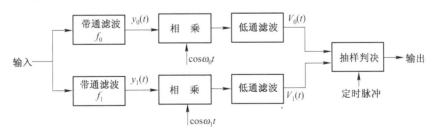

图 6.3.2 2FSK 信号的相干接收法原理方框图

2FSK 信号的非相干接收方法不止一种,它们都不利用信号的相位信息。下面我们将介绍其中两种方法。在图 6.3.3 中给出的是包络检波法原理方框图。其判决准则也是比较两个支路信号的大小,和图 6.3.2 中相干接收法的判决准则相同。在图 6.3.4(a)中给出的是过零点检测法的原理方框图。由于 2FSK 信号的两种码元的频率不同,所以通过计算码元中信号波形的过零点数目的多少,就能区分这两个不同频率的信号码元。在图中接收信号经过带通滤波后,被放大、限幅,得到矩形脉冲序列;再经过微分和整流,变成一系列窄脉冲,它们的位置正好对应原矩形脉冲的过零点,因此,其数量也和过零点的数目相同。把这些窄脉冲变换成较宽的矩形脉冲,以增大其直流分量;然后经过低通滤波,提取出此直流分量。这样,直流分量的大小就和码元频率的高低成正比,从而解调出原发送信号。这个过程各点的波形在图6.3.4(b)中画出。以上这两种方法都是非相干接收法。

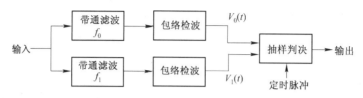

图 6.3.3 2FSK 信号的包络检波法原理方框图

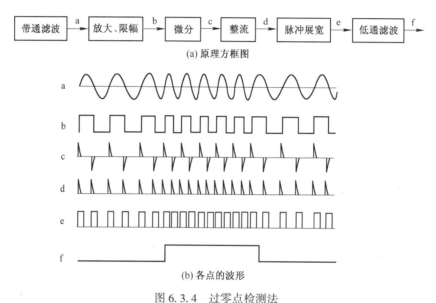

(a) 原理方框图

(b) 各点的波形

图 6.3.4 过零点检测法

2FSK 信号在数字通信中应用较为广泛。国际电信联盟(ITU)建议在传输速率不大于 1200 b/s时采用 2FSK 体制。2FSK 信号可以采用非相干接收方式,接收时不必利用信号的相位信息。故在条件恶劣的信道中,例如短波无线电信道中,接收信号的相位有随机抖动,振幅也有随机起伏,这种信号就特别适用。

6.3.2 功率谱密度

用开关法产生的 2FSK 信号的码元序列可以看作两个不同频率 2ASK 信号的叠加,因此其功率谱密度可以较简单地从 2ASK 信号的功率谱密度推导出。下面我们将按照这一思路进行分析。

设 2FSK 信号表示为:

$$s(t) = A_1(t)\cos\omega_1 t + A_0(t)\cos\omega_0 t \tag{6.3-2}$$

式中

$$A_1(t) = \sum_n a_n, \quad A_0(t) = \sum_n \bar{a}_n$$

$A_1(t)$ 为基带输入随机信号序列,a_n 等于"1"或"0",而 $\bar{a}_n$ 为 a_n 的反码,即:

$$\bar{a}_n = a_n \oplus 1$$

式中,$\oplus$ 表示模2加法。在式(6.3.2)中我们忽略了初始相位,但是这并不影响对功率谱密度的分析。

在 6.2 节中已经知道,一个 2ASK 信号的功率谱密度可以表示为:

$$P_s(f) = \frac{1}{4}\left[P_A(f+f_0) + P_A(f-f_0)\right]$$

所以 2FSK 信号的功率谱密度应该是两个不同频率 2ASK 信号的功率谱密度之和:

$$P_s(f) = \frac{1}{4}\left[P_{A1}(f+f_1) + P_{A1}(f-f_1)\right] + \frac{1}{4}\left[P_{A0}(f+f_0) + P_{A0}(f-f_0)\right] \tag{6.3-3}$$

式中,基带信号的功率谱密度 $P_{A1}(f)$ 和 $P_{A0}(f)$ 可以参照式(6.2-6):

$$P_A(f) = f_c P(1-P)\,|G(f)|^2 + f_c^2(1-P)^2\,|G(0)|^2\delta(f)$$

得出,然后代入式(6.3-3),得到:

$$P_s(f) = \frac{1}{4}f_c P(1-P)\left[\,|G(f+f_1)|^2 + |G(f-f_1)|^2\,\right] + \frac{1}{4}f_c P(1-P)\left[\,|G(f+f_0)|^2 + \right.$$

$$|G(f-f_0)|^2\,\left] + \frac{1}{4}f_c^2(1-P)^2\,|G(0)|^2\left[\delta(f+f_1)+\delta(f-f_1)\right] + \right.$$

$$\frac{1}{4}f_c^2 P^2\,|G(0)|^2\left[\delta(f+f_0)+\delta(f-f_0)\right] \tag{6.3-4}$$

当发送"1"和发送"0"的概率相等时,概率 $P=1/2$,上式可以简化为:

$$P_s(f) = \frac{1}{16}f_c\left[\,|G(f+f_1)|^2 + |G(f-f_1)|^2 + |G(f+f_0)|^2 + |G(f-f_0)|^2\,\right] +$$

$$\frac{1}{16}f_c^2\,|G(0)|^2\left[\delta(f+f_1)+\delta(f-f_1)+\delta(f+f_0)+f(f-f_0)\right] \tag{6.3-5}$$

式中,$G(f)$ 为基带脉冲的频谱。现在基带脉冲是矩形脉冲,将式(6.2-9)及式(6.2-10)代入式(6.3-5),并注意引用关系 $f_c = 1/T$,得到 2FSK 信号功率谱密度的最终表示式:

$$P_s(f) = \frac{T}{16}\left[\,\left|\frac{\sin\pi(f+f_1)T}{\pi(f+f_1)T}\right|^2 + \left|\frac{\sin\pi(f-f_1)T}{\pi(f-f_1)T}\right|^2 + \left|\frac{\sin\pi(f+f_0)T}{\pi(f+f_0)T}\right|^2 + \left|\frac{\sin\pi(f-f_0)T}{\pi(f-f_0)T}\right|^2\,\right] +$$

$$\frac{1}{16}\left[\delta(f+f_1)+\delta(f-f_1)+\delta(f+f_0)+\delta(f-f_0)\right] \tag{6.3-6}$$

由上式可以看出,2FSK 信号的功率谱密度也包含连续谱和离散谱两部分:上式中前 4 项是连续谱部分,后 4 项是离散谱部分。在图 6.3.5 中近似地画出了此双边功率谱密度曲线的正频率部分。由图可见,当 2FSK 信号的两个频率的间距较小时,曲线只有单峰,较大时出现双峰,在大于 $2f_c$ 时双峰完全分离。2FSK 信号的带宽约为:

$$\Delta f = |f_1 - f_0| + 2f_c \tag{6.3-7}$$

它是传输频谱第一个零点内的功率所需的带宽。图中 f_s 为 2FSK 信号频谱的中心频率,我们称之为 2FSK 信号的视在载频。

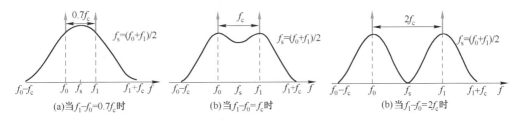

图 6.3.5　2FSK 信号的功率谱密度曲线的正频率部分

6.3.3 最小频率间隔

现在我们来考虑 2FSK 信号两种码元的最小容许频率间隔。由图 6.3.5(c) 看到,若 f_0 和 f_1 的间隔为 $2f_c = 2/T$,显然可以用滤波器来分离它们。但是,它是否是最小容许频率间隔呢?

在原理上,若两个信号互相正交,就可以把它完全分离。由式(6.3-1),为了满足正交条件,要求:

$$\int_0^T \left[\cos(\omega_1 t + \varphi_1) \cos(\omega_0 t + \varphi_0) \right] \mathrm{d}t = 0 \tag{6.3-8}$$

即要求:
$$\frac{1}{2}\int_0^T \left\{ \cos\left[(\omega_1 + \omega_0)t + \varphi_1 + \varphi_0 \right] + \cos\left[(\omega_1 - \omega_0)t + \varphi_1 - \varphi_0 \right] \right\} \mathrm{d}t = 0 \tag{6.3-9}$$

上式的积分结果为:
$$\frac{\sin\left[(\omega_1 + \omega_0)T + \varphi_1 + \varphi_0 \right]}{\omega_1 + \omega_0} + \frac{\sin\left[(\omega_1 - \omega_0)T + \varphi_1 - \varphi_0 \right]}{\omega_1 - \omega_0} -$$
$$\frac{\sin(\varphi_1 + \varphi_0)}{(\omega_1 + \omega_0)} - \frac{\sin(\varphi_1 - \varphi_0)}{(\omega_1 - \omega_0)} = 0 \tag{6.3-10}$$

假设 $\omega_1 + \omega_0 \gg 1$,上式等号左端第 1 项和第 3 项近似等于 0,则它可以简化为:
$$\cos(\varphi_1 - \varphi_0)\sin(\omega_1 - \omega_0)T + \sin(\varphi_1 - \varphi_0)\left[\cos(\omega_1 - \omega_0)T - 1 \right] = 0 \tag{6.3-11}$$

由于 φ_1 和 φ_0 是任意常数,故必须同时有:
$$\sin(\omega_1 - \omega_0)T = 0 \tag{6.3-12}$$
$$\cos(\omega_1 - \omega_0)T = 1 \tag{6.3-13}$$

式(6.3-11)才等于 0。

式(6.3-12)要求 $(\omega_1 - \omega_0)T = n\pi$,式(6.3-13)要求 $(\omega_1 - \omega_0)T = 2m\pi$,其中 n 和 m 均为整数。为了同时满足这两个要求,应当令:
$$(\omega_1 - \omega_0)T = 2m\pi \tag{6.3-14}$$

即要求:
$$f_1 - f_0 = m/T \tag{6.3-15}$$

所以,当取 $m = 1$ 时,得到最小频率间隔等于 $1/T$。

上面的讨论中,假设初始相位 φ_1 和 φ_0 是任意的,它在接收端无法预知,所以只能采用非相干解调法接收。

对于相干接收,则要求初始相位是确定的,在接收端是预知的,这时可以令 $\varphi_1 - \varphi_0 = 0$。于是,式(6.3-11)简化为:
$$\sin(\omega_1 - \omega_0)T = 0 \tag{6.3-16}$$

因此,仅要求满足:
$$f_1 - f_0 = n/2T \tag{6.3-17}$$

即对于相干接收,2FSK 信号的最小频率间隔等于 $1/2T$。

6.3.4 误码率

无论用何种方法接收 2FSK 信号,在接收端信号首先要经过一个带通滤波器滤波。现在假设此滤波器输出电压波形可以表示为:

$$y(t) = \begin{cases} A\cos\omega_1 t + n(t) & \text{发送"1"时} \\ A\cos\omega_0 t + n(t) & \text{发送"0"时} \end{cases} \tag{6.3-18}$$

式中,假定发送信号码元的初始相位为 0,$n(t)$ 为窄带高斯噪声。$y(t)$ 作为图 6.3.2 和图 6.3.3 中方框图的输入电压。

误码率和接收方法有直接关系。不同的接收方法给出不同的误码率。下面我们仅就相干解调法和包络检波法讨论其误码率。

1. 相干解调法的误码率

接收 2FSK 信号的相干解调法原理方框图如图 6.3.2 所示。当发送码元"1"时,参照式 (6.2-16) 可以写出通过两个带通滤波器后的两个接收电压分别为:

$$y_1(t) = [A + n_{1c}(t)]\cos\omega_1 t - n_{1s}(t)\sin\omega_1 t \tag{6.3-19}$$

$$y_0(t) = n_{0c}(t)\cos\omega_0 t - n_{0s}(t)\sin\omega_0 t \tag{6.3-20}$$

它们分别和本地载波相乘后,经过低通滤波,得到抽样判决器的两个输入电压分别为:

$$V_1(t) = A + n_{1c}(t) \tag{6.3-21}$$

$$V_0(t) = n_{0c}(t) \tag{6.3-22}$$

在上两式中,我们忽略了一个常数因子 1/2。由 2.8.2 节的讨论可知,当噪声是窄带高斯过程时,式中噪声的余弦分量 $n_{1c}(t)$ 和 $n_{0c}(t)$ 都是高斯过程,故在抽样时刻其抽样值 V_1 和 V_0 都是正态随机变量。而且,V_1 的均值为 A,方差为 σ_n^2;V_0 的均值为 0,方差也为 σ_n^2。在判决时,一旦 $V_1 < V_0$,则将发生误码。故误码率可以表示为:

$$P_{e1} = P(V_1 < V_0) = P[(A + n_{1c}) < n_{0c}] = P(A + n_{1c} - n_{0c} < 0) \tag{6.3-23}$$

在上式中令:$A + n_{1c} - n_{0c} = z$,则 z 也是正态随机变量,其均值等于 A,方差为:

$$\sigma_z^2 = \overline{(z - \bar{z})^2} = \overline{(n_{1c} - n_{0c})^2} = 2\sigma_n^2 \tag{6.3-24}$$

上式计算中已经认为 $\overline{(2n_{1c}n_{0c})} = 0$,即假定两路噪声 n_1 和 n_0 不相关。

设 z 的概率密度为 $f(z)$,则由式 (6.3-23) 得到:

$$P_{e1} = P(z < 0) = \int_{-\infty}^0 f(z)\mathrm{d}z = \frac{1}{\sqrt{2\pi}\,\sigma_z}\int_{-\infty}^0 \mathrm{e}^{-(z-A)^2/2\sigma_z^2}\mathrm{d}z = \frac{1}{2}\mathrm{erfc}\left(\sqrt{\frac{r}{2}}\right) \tag{6.3-25}$$

式中,$r = A^2/2\sigma_n^2$

当发送"0"时,错误概率 P_{e0} 的计算和上面完全一样,故 P_{e0} 和 P_{e1} 相等。所以总误码率为:

$$P_e = \frac{1}{2}\mathrm{erfc}\left(\sqrt{\frac{r}{2}}\right) \tag{6.3-26}$$

当信噪比很大时,利用二维码 2.1 中的式 (2.7-13b),上式可以近似地表示为:

$$P_e = \frac{1}{\sqrt{2\pi r}}\mathrm{e}^{-r/2} \tag{6.3-27}$$

2. 包络检波法的误码率

接收 2FSK 信号的包络检波法原理方框图如图 6.3.3 所示。当发送码元"1"时,参照式 (6.2-28),我们可以写出抽样判决器的两个输入电压分别为:

$$V_1(t) = \sqrt{[A + n_{c1}(t)]^2 + n_{s1}^2(t)} \tag{6.3-28}$$

$$V_0(t) = \sqrt{n_{c0}^2(t) + n_{s0}^2(t)} \tag{6.3-29}$$

式中,$V_1(t)$ 为对应于频率为 f_1 的码元通路的信号包络;$V_0(t)$ 为对应于频率为 f_0 的码元通路的信号包络。

在 2.8 节和 2.9 节的讨论中,已经证明上面的 $V_1(t)$ 服从广义瑞利分布,而 $V_0(t)$ 服从瑞利分布。在抽样时刻,若 $V_1(t)$ 的抽样值 V_1 小于 $V_0(t)$ 的抽样值 V_0,则将发生错误判决。这时误码率为:

$$P_{e1} = P(V_1 < V_0) = \int_0^\infty f_1(V_1)\left[\int_{V_0 = V_1}^\infty f_0(V_0)\mathrm{d}V_0\right]\mathrm{d}V_1$$

$$= \int_0^\infty \frac{V_1}{\sigma_n^2}\mathrm{I}_0\left(\frac{AV_1}{\sigma_n^2}\right)\exp\left[(-2V_1^2 - A^2)/2\sigma_n^2\right]\mathrm{d}V_1 \tag{6.3-30}$$

式中 I_0 为零阶贝塞尔函数。令 $t=\sqrt{2}\,V_1/\sigma_n$，$z=A/\sqrt{2}\sigma_n$，并代入上式，经过化简，得到：

$$P_{e1}=\frac{1}{2}e^{-z^2/2}\int_0^\infty tI_0(zt)e^{-(t^2+z^2)/2}dt \qquad (6.3\text{-}31)$$

根据 Q 函数的性质：

$$Q(z,0)=\int_0^\infty tI_0(zt)e^{-(t^2+z^2)/2}dt=1$$

式（6.3-31）可以写成：

$$P_{e1}=\frac{1}{2}e^{-z^2/2}=\frac{1}{2}e^{-r/2} \qquad (6.3\text{-}32)$$

式中，$r=z^2=A^2/2\sigma_n^2$，为信号噪声功率比（简称信噪比）。

当发送"0"时，错误发生的情况和上面完全一样。故此时的误码率也为：

$$P_{e0}=\frac{1}{2}e^{-r/2} \qquad (6.3\text{-}33)$$

因此，2FSK 信号包络检波时的总误码率为：

$$P_e=\frac{1}{2}e^{-r/2} \qquad (6.3\text{-}34)$$

将上式和 2FSK 相干解调法的误码率公式（6.3-27）比较可见，在大信噪比条件下两者相差不是很大。但是，相干解调法需要产生同频同相的本地载波，故比包络检波法复杂得多。另外，在信道特性不稳定的情况下，例如无线电信道，接收信号的相位在不断地变化，很难实现相干接收。故 2FSK 信号的接收多采用包络检波法。

现在将 2FSK 信号的误码率与 2ASK 信号的误码率做一比较。对于包络检波法而言，2ASK 信号在最佳门限下的误码率可以近似地由下式（见式（6.2-46））计算：

$$P_e=\frac{1}{2}e^{-r/4} \qquad (6.3\text{-}35)$$

而 2FSK 信号在采用包络检波法时的误码率可以由式（6.3-34）计算：

$$P_e=\frac{1}{2}e^{-r/2}$$

比较以上两式可知，为了得到相同的误码率，2ASK 信号所需的功率比 2FSK 信号要大 3 dB。

对于相干解调法而言，2ASK 信号的误码率可以用式（6.2-26）计算，即：

$$P_e=\frac{1}{2}\text{erfc}(\sqrt{r}/2)$$

而 2FSK 信号的误码率则可以用式（6.3-26）计算：

$$P_e=\frac{1}{2}\text{erfc}\left(\sqrt{\frac{r}{2}}\right)$$

比较以上两式可见，为了得到相同的误码率，两者所需信号功率也同样差 3 dB。

[例 6.2] 设有一个 2FSK 传输系统，其传输带宽等于 2400 Hz。2FSK 信号的频率分别为 $f_0=980$ Hz，$f_1=1580$ Hz，码元速率 $R_B=300$ Baud，接收端的输入信噪比等于 6 dB。试求：

（1）此 2FSK 信号的带宽；（2）用包络检波法时的误码率；（3）用相干解调法时的误码率。

解：（1）由式（6.3-7）计算出信号带宽：

$$\Delta f=|f_1-f_0|+2f_c=1580-980+2\times300=1200(\text{Hz})$$

（2）包络检波法的误码率可以由式（6.3-34）求出：

$$P_e=\frac{1}{2}e^{-r/2}$$

由上式得知，误码率 P_e 决定于信噪比 r。现在已知输入信噪比等于 6dB，但是在经过带通滤波器后,噪声受到进一步限制,信噪比将增大。为了使信号频谱的第一个 0 点内的能量通过,带通滤波器的带宽应为:$B = 2R_B = 600$ Hz。

所以,带通滤波器输入端和输出端的带宽比等于 2400/600 = 4。故噪声功率也降低到 1/4,即信噪比提高到 4 倍。接收端的输入信噪比原来为 6dB,即 4 倍,故现在的信噪比为 $r = 4 \times 4 = 16$。

将此信噪比代入式(6.3-34),得到

$$P_e = \frac{1}{2}e^{-r/2} = \frac{1}{2}e^{-8} = 1.7 \times 10^{-4}$$

(3) 相干解调法的误码率可以按照式(6.3-26)计算:

$$P_e = \frac{1}{2}\text{erfc}\left(\sqrt{\frac{r}{2}}\right) = \frac{1}{2}\left[1 - \text{erf}\left(\sqrt{\frac{r}{2}}\right)\right] = \frac{1}{2}\left[1 - \text{erf}(\sqrt{8})\right]$$

$$= \frac{1}{2}\left[1 - \text{erf}(2.8284)\right] = \frac{1}{2}\left[1 - 0.99993\right] = 3.5 \times 10^{-5}$$

式中,erf 函数的值是用附录 B 的误差函数值表查出的。若利用近似式(6.3-27)计算,得出:

$$P_e = \frac{1}{\sqrt{2\pi r}}e^{-r/2} = \frac{1}{\sqrt{32\pi}}e^{-8} = 3.39 \times 10^{-5}$$

比较以上两个结果可见,两种计算方法的结果基本一样。

6.4 二进制相移键控(2PSK)

6.4.1 基本原理

二进制相移键控,简记为 2PSK 或 BPSK。2PSK 信号码元的“0”和“1”分别用两个不同的初始相位 0 和 π 来表示,而其振幅和频率保持不变。故 2PSK 信号的表示式可由式(6.1-1)写出:

$$s(t) = A\cos(\omega_0 t + \theta) \tag{6.4-1}$$

式中,当发送“0”时,$\theta = 0$;当发送“1”时,$\theta = \pi$。

或者写成:
$$s(t) = \begin{cases} A\cos(\omega_0 t) & \text{发送“0”时} \\ A\cos(\omega_0 t + \pi) & \text{发送“1”时} \end{cases} \tag{6.4-1b}$$

由于上面两个码元的相位相反,故其波形的形状相同,但极性相反。因此,2PSK 信号又可以表示成:

$$s(t) = \begin{cases} A\cos\omega_0 t & \text{发送“0”时} \\ -A\cos\omega_0 t & \text{发送“1”时} \end{cases} \tag{6.4-2}$$

以由“101”组成的码元序列为例,按照式(6.4-2)画出的波形示于图 6.4.1 中。

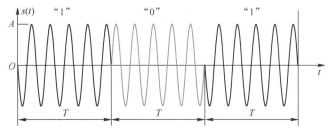

图 6.4.1 2PSK 信号码元序列“101”的波形

2PSK 信号的产生方法主要有两种。第一种叫相乘法,是用二进制基带不归零双极性矩形脉冲信号与载波相乘,得到相位相反的两种码元,如图 6.4.2(a)所示。第二种方法叫选择法,是用此基带信号控制一个开关电路,以选择输入信号,开关电路的输入信号是相位相差 π 的同频载波,如图 6.4.2(b)所示。这两种方法的复杂程度差不多,并且都可以用数字信号处理器实现。

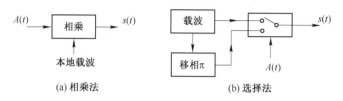

(a) 相乘法   (b) 选择法

图 6.4.2   2PSK 信号的产生方法

2PSK 信号的解调方法是相干接收法。由于 PSK 信号本身就是利用相位传递信息的,所以在接收端必须利用信号的相位信息来解调信号。在图 6.4.3 中给出了一种 2PSK 信号相干接收原理方框图。图中经过带通滤波的信号在相乘器中与本地载波相乘,然后通过低通滤波滤除高频分量,再进行抽样判决。这种接收方法有两个难点。第一,难于确定本地载波的相位。因为通常在接收端从接收信号中提取载波的方法是用倍频-分频法,即将接收信号做全波整流,滤出信号载波的倍频分量,再进行分频,恢复出载频。但是,在分频时存在相位不确定性,即分频得到的载波相位有两种可能性,它依赖于分频器的初始相位等一些随机因素。这样就有可能把相位 0 和 π 颠倒,从而把信号码元"1"和"0"颠倒,做出错误判决。另外,信道存在不稳定性,使接收信号的相位产生随机起伏,若接收端产生的本地载波的参考相位不能及时跟踪其变化,也会造成同样的相位颠倒。第二,在随机信号码元序列中有可能出现信号波形长时间地为连续的正(余)弦波形,致使在接收端无法辨认码元的起止时刻。这样抽样判决时刻也就随之不能正确决定。因此,2PSK 信号虽然是最基本的 PSK 调制制度,我们不能不了解,但是它却难以实用。为了克服上述缺点,可以采用 6.5 节中将要讨论的差分相移键控(DPSK)体制。

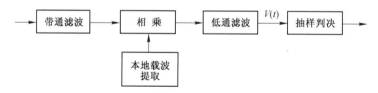

图 6.4.3   2PSK 信号相干接收原理方框图

6.4.2   功率谱密度

由 2PSK 信号码元的表示式(6.4-2)可见,它可以被看作一个特殊的 2ASK 信号,其振幅分别取 A 和 $-A$。因此,2PSK 信号码元随机序列仍可以用 2ASK 信号的表示式(6.2-3)描述,只是其中的振幅 a_n 为:

$$a_n = \begin{cases} A & \text{概率为 } P \\ -A & \text{概率为 } (1-P) \end{cases} \qquad (6.4\text{-}3)$$

为了简化公式书写,不失一般性,在下面分析中我们令 $A=1$。这样,我们可以直接引用关于 2ASK 信号功率谱密度计算的式(6.2-4)及式(5.5-8)。

在 2ASK 信号的情况下,式(5.5-8)中 $G_1(f)$ 和 $G_2(f)$ 是两种基带信号码元 $g_1(t)$ 和 $g_2(t)$ 的频

谱,并且其中一个等于 0。对于 2PSK 信号,$g_1(t) = -g_2(t)$,而且它们都是矩形脉冲,其频谱 $G_1(f) = -G_2(f)$。因此,式(5.5-8)变成:

$$P_A(f) = 4f_c P(1-P) |G_1(f)|^2 + |f_c[PG_1(0) + (1-P)G_2(0)]|^2 \delta(f) \quad (6.4-4)$$

当基带信号"1"和"0"出现概率相等时,$P = 1/2$,上式变为:

$$P_A(f) = f_c |G_1(f)|^2 \quad (6.4-5)$$

将上式代入式(6.2-4),得到:

$$P_s(f) = \frac{1}{4} f_c \left[|G_1(f+f_0)|^2 + |G_1(f-f_0)|^2 \right] \quad (6.4-6)$$

由式(6.4-6)可以看出,当基带信号"1"和"0"出现概率相等时,其功率谱密度中没有离散频率分量。因此,不能直接从接收信号中用滤波方法提取载波频率。

将式(6.2-9)代入式(6.4-6),得到当基带信号"1"和"0"出现概率相等时 2PSK 信号功率谱密度的最终表示式:

$$P_s(f) = \frac{T}{4} \left[\left| \frac{\sin\pi(f+f_0)T}{\pi(f+f_0)T} \right|^2 + \left| \frac{\sin\pi(f-f_0)T}{\pi(f-f_0)T} \right|^2 \right] \quad (6.4-7)$$

将上式和 2ASK 信号的功率谱密度表示式(6.2-11)相比较可见,2PSK 信号功率谱密度和 2ASK 信号功率谱密度中的连续谱部分的形状相同,因此这两种信号的带宽相同。另外,通过比较这两式可知,2PSK 和 2ASK 信号功率谱密度的区别仅在于 2PSK 信号的功率谱密度中没有离散分量 $\delta(f+f_0)$ 和 $\delta(f-f_0)$,而此离散分量就是 2ASK 信号的载波分量,如图 6.4.4 所示。

所以,2PSK 信号可以看成是抑制载波的双边带振幅键控信号。这一点也可以从波形图看出,如图 6.4.5 所示,图(a)为 2ASK 信号波形,其振幅是 $2A$;图(b)是 2PSK 信号波形,其振幅等于 A;图(c)是振幅为 A 的载波。2PSK 信号的第一个码元的相位和载波相位相同,故它们叠加后构成振幅为 $2A$ 的第一个 2ASK 码元。2PSK 信号的第二个码元的相位和载波相位相反,故它们叠加后构成的第二个 2ASK 码元的振幅为 0。以此类推。所以,2ASK 信号可以看成是 2PSK 信号与载波的叠加,而 2PSK 信号可以看成是抑制载波后的 2ASK 信号。

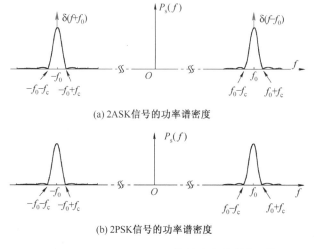

图 6.4.4　2ASK 和 2PSK 信号功率谱密度比较

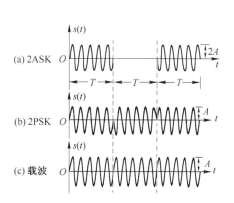

图 6.4.5　2ASK 信号和 2PSK 信号波形关系

6.4.3　误码率

2PSK 信号相干接收原理方框图见图 6.4.3。其抽样判决器的输入电压,可以参照 2FSK 信号相干接收时的式(6.3-21)和式(6.3-22)写出：

$$V(t) = \begin{cases} A + n_c(t) & \text{发送"0"时} \\ -A + n_c(t) & \text{发送"1"时} \end{cases} \tag{6.4-8}$$

这时的信号电压输入为 A 或 $-A$，故判决门限应该设定为 0 电平。当发送"0"时，只有在 $V(t)$ 由于噪声的叠加变为小于 0 时，才发生错误判决。所以，将"0"错判为"1"的概率为：

$$P_{e0} = P(V < 0/\text{发送"0"时}) \tag{6.4-9}$$

同理，将"1"错判为"0"的概率为：

$$P_{e1} = P(V > 0/\text{发送"1"时}) \tag{6.4-10}$$

由于 $n_c(t)$ 是均值为 0 的高斯噪声，所以可以画出上述两个错判概率 P_{e0} 和 P_{e1} 如图 6.4.6 所示。图中两块阴影面积分别是 P_{e0} 和 P_{e1}。由于 $P_{e0} = P_{e1}$，所以总误码率为：

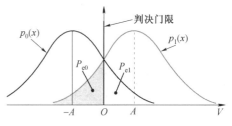

图 6.4.6 2PSK 信号误码率

$$P_e = \frac{1}{2}P_{e0} + \frac{1}{2}P_{e1} = P_{e0} = P_{e1} \tag{6.4-11}$$

当发送"0"时，由式(6.4-8)可见，抽样值 V 是均值为 A、方差为 σ_n^2 的正态随机变量。故图中左边阴影的面积为：

$$P_{e0} = \int_{-\infty}^{0} \frac{1}{\sqrt{2\pi}\,\sigma_n} e^{-(x-A)^2/2\sigma_n^2} dx = \frac{1}{2}\text{erfc}(\sqrt{r}) \tag{6.4-12}$$

式中，$r = A^2/2\sigma_n^2$。因此，总误码率为：

$$P_e = \frac{1}{2}\text{erfc}(\sqrt{r}) \tag{6.4-13}$$

当信噪比大时，由二维码 2.1 中的式(2.7-13b)可知，上式近似等于：

$$P_e \approx \frac{1}{2r\sqrt{\pi}} e^{-r} \tag{6.4-14}$$

将式(6.4-13)与式(6.3-26)及式(6.2-26)比较可知，同在相干解调条件下，为了得到相同的误码率，2FSK 信号的功率需要比 2PSK 信号的功率大 3 dB，而 2ASK 信号则需大 6 dB。

6.5 二进制差分相移键控(2DPSK)

6.5.1 基本原理

如 6.4.3 节所述，2PSK 信号和 2ASK 及 2FSK 信号相比，具有最好的误码率性能。但是，6.4.1 节中提到，在 2PSK 信号传输系统中存在相位不确定性，并将造成接收码元"0"和"1"的颠倒，产生误码。这个问题将直接影响 2PSK 信号的长距离传输。为了克服此缺点，并保存 2PSK 信号的优点，将 2PSK 体制改进为二进制差分相移键控(2DPSK)体制。差分相移键控又称相对相移键控。与之对应，PSK 又可以称为绝对相移键控。本节将详细讨论 2DPSK 的原理和性能。

2DPSK 是利用相邻码元载波相位的相对值表示基带信号"0"和"1"的。现在用 θ 表示载波的初始相位。设 $\Delta\theta$ 为当前码元和前一码元的相位之差：

$$\begin{cases} \Delta\theta=0 & \text{发送"0"时} \\ \Delta\theta=\pi & \text{发送"1"时} \end{cases} \qquad\qquad (6.5\text{-}1)$$

则信号码元可以表示为：

$$s(t)=\cos(\omega_0 t+\theta+\Delta\theta) \qquad 0<t\leqslant T \qquad\qquad (6.5\text{-}2)$$

式中, $\omega_0=2\pi f_0$ 为载波的角频率; θ 为前一码元的相位。

下面以基带信号 1 1 1 0 0 1 1 0 1 为例,说明 2DPSK 信号的相位关系:

基带信号	1 1 1 0 0 1 1 0 1	1 1 1 0 0 1 1 0
$\Delta\theta$	π π π 0 0 π π 0 π	π π π 0 0 π π 0
初始相位 θ	0	π
2DPSK 码元相位($\theta+\Delta\theta$)	π 0 π π π 0 π π 0	0 π 0 0 0 π 0 0

由此例可知,对于相同的基带输入码元序列,由于初始相位不同,码元的相位可以不同。也就是说,码元的相位并不直接代表基带信号,相邻码元的相位差才代表基带信号。如 6.1 节所述,我们可以用矢量图来表示信号码元。对于 2DPSK 信号码元,其矢量图如图 6.5.1 所示。按照式(6.5-1)的定义,2DPSK 信号码元的矢量图如图 6.5.1(a)所示。该图中以横坐标轴作为参考相位,即前一码元的相位,当前码元的相位可能为 0 或 π。但是,按照这种定义,在某个长的码元序列中,信号波形的相位可能仍没有突跳点。这样,2DPSK 信号虽然解决了载波相位不确定性问题,但是码元的定时问题仍没有解决。

为了解决码元定时问题,可以采用图 6.5.1(b)所示的相移方式。这时,当前码元的相位相对于前一码元的相位改变 $\pm\pi/2$。因此,在相邻码元之间必定有相位突跳。在接收端检测此相位突跳就能确定码元的起止时刻。ITU-T 规定中称图 6.5.1(a)为 A 方式,图 6.5.1(b)为 B 方式。由于后者的优点,它目前被广泛采用。

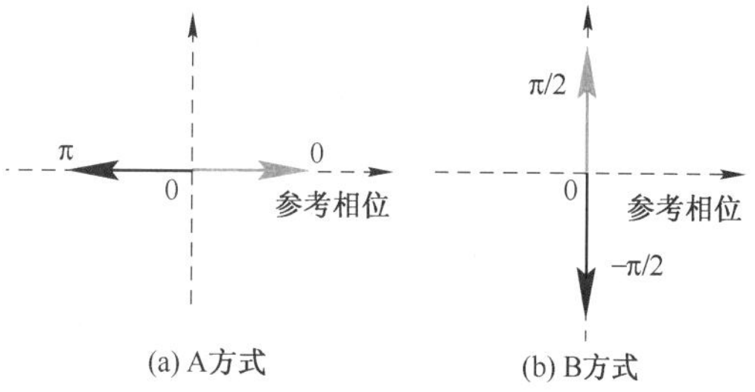

(a) A方式　　(b) B方式

图 6.5.1　2DPSK 信号的矢量图

从接收端来看。若收到一个信号序列,其码元相位为: π 0 π π π 0 π π 0,则此序列所代表的基带信号有多种可能。若发送端采用的是 2DPSK 体制,且其初始相位为 0,则此信号序列代表的基带信号是 1 1 1 0 0 1 1 0 1。但是,若发送端采用的是 2PSK 体制,符合式(6.4-2)的规定,即相位 π 代表"1"和相位 0 代表"0",则它代表的基带信号是: 1 0 1 1 1 0 1 1 0。这表明仅从接收信号看,它既可能是 2PSK 信号,也可能是 2DPSK 信号。只有接收端预先知道发送信号体制,才有可能正确接收。从这种现象中受到启发,可以得到如下所述的在发送端产生 2DPSK 信号的一种间接方法。

仍以上例为例,若待发送的基带信号序列是 1 1 1 0 0 1 1 0 1,我们可以先把它变成序列 1 0 1 1 1 0 1 1 0,再用后者对载波进行 2PSK 调制,所得结果和用原基带信号序列直接进行 2DPSK 调制是一样的。这个过程如下:

基带序列		1 1 1 0 0 1 1 0 1	(绝对码)
变换后序列	(0)	1 0 1 1 1 0 1 1 0	(相对码)
2PSK 调制后的相位	(0)	π 0 π π π 0 π π 0	

我们将基带序列称为绝对码,变换后的序列称为相对码。由上面的过程不难看出,基带序列的变换规律是绝对码中的码元"1"使相对码元改变;绝对码元"0"使相对码元不变。这种变换是很容易实现的,例如,用一个双稳态触发器,它仅当输入"1"时状态才反转(见图 6.5.2)。

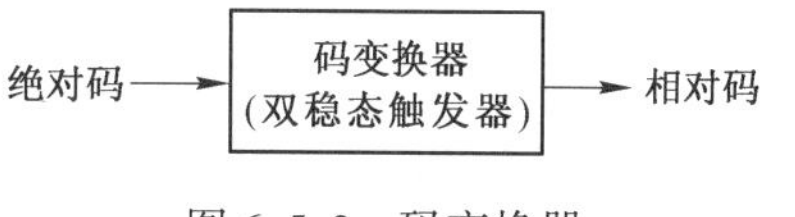

图 6.5.2　码变换器

由于采用这种间接方法进行差分相移键控实现起来很简单，所以常被实际采用。在图6.5.3中给出了其原理方框图。

2DPSK信号的解调，主要有两种方法。第一种方法是直接比较相邻码元的相位，从而判决接收码元是"0"还是"1"。为此，需要将前一码元延迟1码元时间，然后将当前码元的相位和前一码元的相位做比较。在图6.5.4中给出这种解调方法的原理方框图。这种方法称为相位比较法。此方法对于延迟单元的延时精度要求很高，较

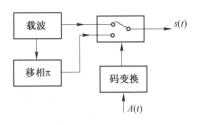

图6.5.3　间接法2DPSK信号调制器原理方框图

难做到，所以应用较少。第二种方法是先把接收信号当作绝对相移信号进行相干解调，解调后的码序列是相对码序列；然后再将此相对码序列做逆码变换，还原成绝对码，即原基带信号码元序列。图6.5.5给出了其原理方框图。这种相干解调法又称极性比较法。逆码变换可以采用图6.5.6(a)的原理方框图实现，它包括一个微分整流电路和一个脉冲展宽电路。脉冲展宽电路将微分整流电路输出的每个窄脉冲扩展为一个不归零的宽脉冲。其波形图如图6.5.6(b)所示。

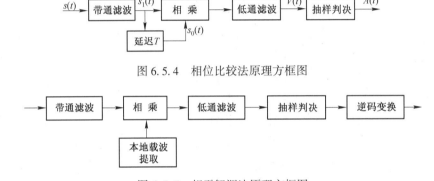

图6.5.4　相位比较法原理方框图

图6.5.5　相干解调法原理方框图

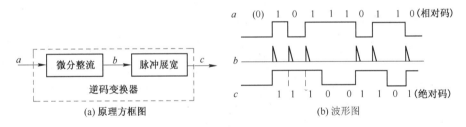

图6.5.6　逆码变换原理方框图和波形图

6.5.2　功率谱密度

在上一小节中提到过，接收信号是2DPSK还是2PSK体制的，单从接收端看是区分不开的。因此，2DPSK信号的功率谱密度和2PSK信号的功率谱密度是完全一样的。在此不另做分析。

6.5.3　误码率

在6.5.1节中给出了2DPSK信号的两种解调方法。第1种方法是相位比较法，第2种方法是相干解调法，又称极性比较法。下面分别讨论这两种方法的误码率。

1. 相位比较法的误码率

2DPSK信号的相位比较法解调和2PSK信号的相干解调相比，主要区别在于，相干解调的本

地载波中不含有信道噪声,而相位比较法中相比较的两路信号(即前后相邻码元)都含有噪声。在图 6.5.4 中,设连续接收两个码元 "00",则相乘器的两路输入码元 $s_0(t)$ 和 $s_1(t)$ 可以表示为:

$$s_0(t) = [A + n_{0c}(t)]\cos\omega_0 t - n_{0s}(t)\sin\omega_0 t \tag{6.5-3}$$

$$s_1(t) = [A + n_{1c}(t)]\cos\omega_0 t - n_{1s}(t)\sin\omega_0 t \tag{6.5-4}$$

式中,A 为接收到的 2DPSK 信号振幅;$s_0(t)$ 为前一接收码元经延迟后的波形;$s_1(t)$ 为当前接收码元波形;$n_{0c}\cos\omega_0 t - n_{0s}(t)\sin\omega_0 t$ 为叠加在前一码元上的窄带高斯噪声;$n_{1c}\cos\omega_0 t - n_{1s}(t)\sin\omega_0 t$ 为叠加在后一码元上的窄带高斯噪声。

这两个码元的接收信号,在经过相乘和低通滤波后,得到:

$$V(t) = \frac{1}{2}\{[A + n_{0c}(t)][A + n_{1c}(t)] + n_{0s}(t)n_{1s}(t)\} \tag{6.5-5}$$

$V(t)$ 经过抽样后按照下列规则判决:若 $V > 0$,则判为 "0",即接收正确;若 $V < 0$,则判为 "1",即接收错误。所以,在当前发送码元为 "0" 时,错误接收概率为:

$$P_{e0} = P(V < 0) = P\{[(A + n_{0c})(A + n_{1c}) + n_{0s}n_{1s}] < 0\} \tag{6.5-6}$$

利用恒等式:

$$a_1 a_2 + b_1 b_2 = \frac{1}{4}\{[(a_1 + a_2)^2 + (b_1 + b_2)^2] - [(a_1 - a_2)^2 + (b_1 - b_2)^2]\} \tag{6.5-7}$$

式(6.5-6)可以改写为:

$$P_{e0} = P\{[(2A + n_{0c} + n_{1c})^2 + (n_{0s} + n_{1s})^2 - (n_{0c} - n_{1c})^2 - (n_{0s} - n_{1s})^2] < 0\} \tag{6.5-8}$$

或者写为:

$$P_{e0} = P(R_1 < R_2) \tag{6.5-9}$$

式中

$$R_1 = \sqrt{(2A + n_{0c} + n_{1c})^2 + (n_{0s} + n_{1s})^2} \tag{6.5-10}$$

$$R_2 = \sqrt{(n_{0c} - n_{1c})^2 + (n_{0s} - n_{1s})^2} \tag{6.5-11}$$

上式中,n_{0c},n_{1c},n_{0s},n_{1s} 是互相独立的正态随机变量。将以上两式与式(6.3-28)和式(6.3-29)对比可知,R_1 相当于正弦波加窄带高斯噪声的包络,R_2 相当于窄带高斯噪声的包络,故 R_1 服从广义瑞利分布,R_2 服从瑞利分布,区别仅在于现在的正弦波振幅是 $2A$,噪声功率为 $2\sigma_n^2$,所以它们的概率密度分别为:

$$f(R_1) = \frac{R_1}{2\sigma_n^2} I_0\left(\frac{AR_1}{\sigma_n^2}\right) e^{-(R_1^2 + 4A^2)/4\sigma_n^2} \tag{6.5-12}$$

$$f(R_2) = \frac{R_2}{2\sigma_n^2} e^{-R_2^2/4\sigma_n^2} \tag{6.5-13}$$

将以上两式代入式(6.5-9),得到:

$$P_{e0} = \int_0^\infty f(R_1)\left[\int_{R_2 = R_1}^\infty f(R_2)\,\mathrm{d}R_2\right]\mathrm{d}R_1 = \int_0^\infty \frac{R_1}{2\sigma_n^2} I_0\left(\frac{AR_1}{\sigma_n^2}\right) e^{-(2R_1^2 + 4A^2)/4\sigma_n^2}\mathrm{d}R_1 \tag{6.5-14}$$

上式和式(6.3-30)在形式上完全一样,故按照同样的方法可以计算出积分结果:

$$P_{e0} = \frac{1}{2}e^{-r} \tag{6.5-15}$$

式中,$r = A^2/2\sigma_n^2$。

同理,若当前发送码元为 "1",则发生错误的概率也如上式一样,即:

$$P_{e1} = \frac{1}{2}e^{-r} \tag{6.5-16}$$

故当发送"0"和"1"的概率相等时,总误码率为:

$$P_e = \frac{1}{2}e^{-r} \tag{6.5-17}$$

2. 极性比较法的误码率

极性比较法解调的原理方框图如图 6.5.5 所示。由图可见,其解调过程的前半部分和 2PSK 信号相干解调法完全一样,故在逆码变换器输入端的误码率可以按照式(6.4-13)和式(6.4-14)计算。现在只需考虑由逆码变换器引入的误码率。

逆码变换器的功能是将相对码变成绝对码。只有当逆码变换器的两个相邻输入码元中,有一个且仅有一个码元出错时,其输出码元才会出错。设逆码变换器输入信号的误码率是 P_e,则两个码元中前面码元出错且后面码元不错的概率是 $P_e(1-P_e)$,后面码元出错而前面码元不错的概率也是 $P_e(1-P_e)$。所以,输出码元发生错码的误码率等于:

$$P_e' = 2(1-P_e)P_e \tag{6.5-18}$$

当 P_e 很小时,式(6.5-18)可以近似地表示为:

$$P_e'/P_e \approx 2 \tag{6.5-19}$$

当 P_e 很大,即 $P_e \approx 1/2$ 时,式(6.5-18)可以近似地表示为:

$$P_e'/P_e \approx 1 \tag{6.5-20}$$

所以,P_e' 和 P_e 之比在 2 与 1 之间变化,且 P_e' 总是大于 P_e。也就是说,逆码变换器总是使误码率增大。

将 2PSK 信号相干解调时的误码率公式(6.4-13)代入式(6.5-18),得到:

$$P_e' = \mathrm{erfc}\sqrt{r}\left(1-\frac{1}{2}\mathrm{erfc}\sqrt{r}\right) \tag{6.5-21}$$

或

$$P_e' = \frac{1}{2}\left[1-(\mathrm{erf}\sqrt{r})^2\right] \tag{6.5-22}$$

当 P_e 很小时,由式(6.5-19)有:

$$P_e' = 2P_e = \mathrm{erfc}\sqrt{r} = 1-\mathrm{erf}\sqrt{r} \tag{6.5-23}$$

[例 6.3]　假设要求以 1Mb/s 的速率用 2DPSK 体制的信号传输数据,误码率不超过 10^{-4},且在接收设备输入端的白色高斯噪声的单边功率谱密度 $n_0 = 1 \times 10^{-12}$ W/Hz。试求:(1)采用相位比较法时所需接收信号功率;(2)采用极性比较法时所需接收信号功率。

解:由于采用了二进制数字信号,故码元速率在数值上和信息速率相等。由给定的 1 Mb/s 信息速率可得码元速率为 1 MB。2DPSK 信号占用的带宽和 2ASK 信号的带宽一样,所以类似于例 6.2 中的计算,这里接收带通滤波器的带宽为:

$$B \approx 2/T = 2 \times 10^6 (\mathrm{Hz})$$

带通滤波器输出噪声功率为:

$$\sigma_n^2 = n_0 B = 2 \times 1 \times 10^{-12} \times 10^6 = 2 \times 10^{-6} (\mathrm{W})$$

(1)采用相位比较法时,按照要求:　　$P_e = \frac{1}{2}e^{-r} \leq 10^{-4}$

从而得到要求的信噪比:　　$r = A^2/2\sigma_n^2 \geq \ln 5000 = 8.52$

及要求的信号功率:　　$P_s = A^2/2 \geq 8.52 \times \sigma_n^2 = 8.52 \times 2 \times 10^{-6} = 1.7 \times 10^{-5} (\mathrm{W}) = -17.7 (\mathrm{dBm})$

(2)采用极性比较法时,按照同样要求,用式(6.5-23)计算:

$$P_e' = 1-\mathrm{erf}\sqrt{r} \leq 10^{-4}$$

即
$$\text{erf}\sqrt{r} \geq 1 - 10^{-4} = 0.9999$$

因此,由误差函数表(见附录 B)查出: $\sqrt{r} \geq 2.75, r \geq 7.56$

故要求的信号功率为:
$$P_s = A^2/2 \geq 7.56\sigma_n^2 = 7.56 \times 2 \times 10^{-6} = 15.1 \times 10^{-6}(\text{W}) = -18.2 \text{ (dBm)}$$

由上面例子的计算可知,极性比较法的性能比相位比较法的性能略好。由于极性比较法的相干载波没有噪声,而相位比较法的两路相乘信号均有噪声,所以后者的性能自然略差。在信噪比等于 10^{-4} 的条件下,两者相差约 0.5 dB。

6.6　二进制数字键控传输系统性能比较

对于数字传输系统而言,最重要的性能指标就是误码率。在白色高斯噪声信道中,误码率决定于键控体制和接收端的信噪比 $r = A^2/2\sigma_n^2$。在表 6.6.1 中列出了本章中讨论的各种二进制键控体制的误码率公式。由这些公式可见,相干解调的误码率都和 $\text{erfc}\sqrt{r}$ 有关,而非相干解调的误码率都和 $\exp(-r)$ 有关。在相同信噪比条件下相干解调时,2ASK、2FSK 和 2PSK 之间的信噪比要求相差 3 dB,在非相干解调时也有类似关系。按照这些公式画出的误码率曲线如图 6.6.1 所示。由图可见,对于同样的键控方式,相干解调的误码率小于非相干解调的误码率,并且 PSK 的误码率性能最佳。

表 6.6.1　各种二进制键控体制的误码率公式

键 控 体 制	误码率公式	
非相干 2ASK	$P_e = \dfrac{1}{2}e^{-r/4}$	式(6.2-46)
相干 2ASK	$P_e = \dfrac{1}{2}\text{erfc}\dfrac{\sqrt{r}}{2}$	式(6.2-26)
非相干 2FSK	$P_e = \dfrac{1}{2}e^{-r/2}$	式(6.3-34)
相干 2FSK	$P_e = \dfrac{1}{2}\text{erfc}\sqrt{\dfrac{r}{2}}$	式(6.3-26)
非相干 2DPSK	$P_e = \dfrac{1}{2}e^{-r}$	式(6.5-15)
相干 2DPSK	$P_e = \text{erfc}\sqrt{r}\left(1 - \dfrac{1}{2}\text{erfc}\sqrt{r}\right)$	式(6.5-25)
相干 2PSK	$P_e = \dfrac{1}{2}\text{erfc}\sqrt{r}$	式(6.4-13)

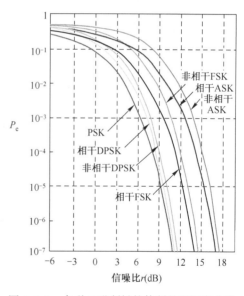

图 6.6.1　各种二进制键控体制的误码率曲线

除了误码率,在比较传输系统的性能优劣时,还应该考虑其他一些因素。例如,在 1.6 节中提到的频带利用率。在本章讨论过的各种键控体制中,2FSK 信号占用的频带最宽,其他几种信号占用的带宽相同。在性能稳定性及可靠性方面,由于信道的不稳定性首先表现在信道的衰减随时间变化,即信道中存在衰落现象。在几种键控体制中 ASK 信号受其影响最直接,因而在有衰落的信道中其性能最差。信道的衰落还包含传输函数的相位变化,因此也对 PSK 信号有影响。所以,FSK 信号在这种信道中的坚韧性(robustness)最好,得到广泛应用。另外,从设备复杂度方面考虑,一般说来,相干解调因为要提取相干载波,故设备相对比较复杂一些,从而使设备成本也略高,这是为相干解调的较低误码率所付出的代价。

6.7 多进制数字键控

在前面几节中我们较详细地讨论了基本的二进制键控体制。这是学习和研究数字键控的基础。在此基础上现在来简要讨论多进制键控体制。多进制键控实质上是二进制键控体制的推广。在二进制键控体制中每个码元传输 1 b 的信息量,而在多进制键控体制中每个码元能携带更多的信息量,从而能够提高传输效率。但是,由后面分析可知,这时为了得到相同的误码率,需要有更高的信噪比,即需要更大的信号功率,或者需要更宽的频带宽度。这就是为了传输更多信息量所要付出的代价。由 6.6 节中的讨论得知,各种键控体制的误码率都决定于信噪比 r,它是信号码元功率和噪声功率之比:

$$r = A^2 / 2\sigma_n^2 \tag{6.7-1}$$

它还可以改写为码元能量 E 和噪声单边功率谱密度 σ_0^2 之比:

$$r = E / \sigma_0^2 \tag{6.7-2}$$

在本节中仍令 r 表示信噪比,但是现在一个码元中包含 k 比特的信息。对于 M 进制而言:

$$k = \log_2 M \tag{6.7-3}$$

因此,码元能量 E 平均分配到每比特的能量 $E_b = E/k$。故有:

$$\frac{E_b}{\sigma_0^2} = \frac{E}{k\sigma_0^2} = \frac{r}{k} = r_b \tag{6.7-4}$$

式中,r_b 是每比特的能量和噪声单边功率谱密度之比。在 M 进制中,由于每个码元包含的比特数 k 和进制数 M 有关,故在研究不同 M 值下的误码率时,适合用 r_b 为单位来比较。

和二进制类似,基本的多进制键控也有 ASK、FSK、PSK 和 DPSK 等几种。本书中用 M 表示进制数,所以多进制可以写为 M 进制。相应的键控方式可以记为 $MASK$、$MFSK$、$MPSK$ 和 $MDPSK$。下面分别对其进行介绍。

6.7.1 多进制振幅键控($MASK$)

在 5.3 节中介绍过多电平波形,它是一种基带多进制信号。若用这种多电平信号去键控载波振幅,就得到多进制振幅键控($MASK$)信号。在图 6.7.1 中给出了这种基带信号和相应的 $MASK$ 信号波形的示例。图中的信号是四进制信号,即 $M = 4$,每个码元含有 2 b 的信息。多进制振幅键控又称多电平调制,它是 2ASK 体制的推广。和 2ASK 相比,这种体制的优点在于信息传输速率高。在 5.6.2 节中讨论的奈奎斯特准则曾指出,在二进制条件下,对于基带信号,信道频带利用率最高可达 2 b/(s·Hz),即每赫兹带宽每秒 2 b。按照这一准则,由于 2ASK 信号的带宽是基带信号的两倍,故其频带利用率最高为 1 b/(s·Hz)。由于 $MASK$ 信号的带宽和 2ASK 信号的带宽相同,故在多进制条件下,$MASK$ 信号的频带利用率可以超过 1 b/(s·Hz)。下面我们将简单地用波形分解来证明 $MASK$ 信号的带宽和 2ASK 信号的带宽相同。

在图 6.7.2 中给出将一个 4ASK 信号波形分解为 3 个 2ASK 信号波形的叠加。其中每个 2ASK 信号的码元速率是相同的,都等于原来的 4ASK 信号的码元速率。因此这 3 个 2ASK 信号具有相同的带宽,并且这 3 个 2ASK 信号波形线性叠加后的频谱是其 3 个频谱的线性叠加,仍然占用原来的带宽。所以,这个 4ASK 信号的带宽等于分解后的任一 2ASK 信号的带宽。

在图 6.7.1(a)中的基带信号是多进制单极性不归零脉冲,它有直流分量。若改用多进制双极性不归零脉冲作为基带调制信号,如图 6.7.1(c)所示,则在不同码元出现概率相等的条件下,得到的是抑制载波的 $MASK$ 信号,如图 6.7.1(d)所示。和前者相比,它可以节省载波功率。

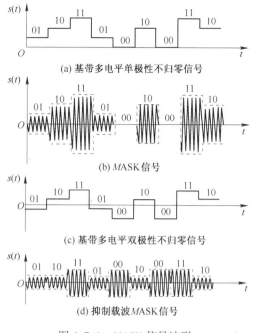

(a) 基带多电平单极性不归零信号

(b) MASK 信号

(c) 基带多电平双极性不归零信号

(d) 抑制载波MASK信号

图 6.7.1 MASK 信号波形

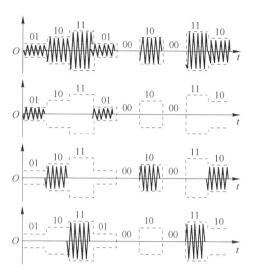

图 6.7.2 MASK 信号波形的分解

MASK 信号由于是用信号振幅传递信息的,受信道衰落的影响大,故在长距离传输中应用较少。其抗噪声性能的分析方法和 2ASK 信号的基本一样,故这里对其抗噪声性能不另做详细讨论,仅给出抑制载波 MASK 信号误码率的计算结果如下。

若 M 个振幅的出现概率相等,并采用相干解调法和最佳判决门限电平,则其总误码率(码元错误率)为[10]:

$$P_e = \left(1 - \frac{1}{M}\right) \text{erfc} \left(\frac{3r}{M^2-1}\right)^{1/2} \qquad (6.7\text{-}5)$$

式中,M 为进制数,或振幅数;r 为信噪比。

当 $M = 2$ 时,上式变成:

$$P_e = \frac{1}{2} \text{erfc}(\sqrt{r})$$

它就是式(6.4-13)给出的 2PSK 相干解调的误码率公式。

按照式(6.7-5)画出的曲线如图 6.7.3 所示。

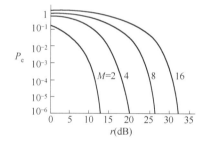

图 6.7.3 抑制载波 MASK 的误码率曲线

6.7.2 多进制频移键控(MFSK)

多进制频移键控(MFSK)体制同样是 2FSK 体制的简单推广。例如在四进制频移键控(4FSK)中采用 4 个不同的频率分别表示四进制的码元,每个码元含有 2 b 的信息,如图 6.7.4 所示。这时仍和 2FSK 时的条件相同,即要求每个载频之间的距离足够大,使不同频率的码元频谱能够用滤波器分离开,或者说使不同频率的码元相互正交。由于 MFSK 的码元采用 M 个不同频率的载波,所以它占用较宽的带宽。设 f_1 为其最低载频,f_M 为其最高载频,则 MFSK 信号的带宽近似等于 $f_M - f_1 + \Delta f$,其中 Δf 是单个码元的带宽,它决定于信号传输速率。

关于 MFSK 体制的误码率,其分析方法和 2FSK 体制的相同。下面将根据不同的解调方法,对于 MFSK 信号的误码率(码元错误率)分别做简要讨论。

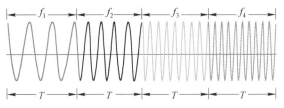

图 6.7.4　4FSK 信号波形

1. 非相干解调时的误码率

MFSK 信号非相干解调的原理方框图类似于图 6.3.3。这时将有 M 路带通滤波器用于分离 M 个不同频率的码元,如图 6.7.5 所示。当某个码元输入时,M 个带通滤波器的输出中仅有一个是信号加噪声,其他各路只有噪声。现在假设 M 路带通滤波器中的噪声是互相独立的窄带正态分布噪声,由 2.8 节的分析可知其包络服从瑞利分布,故这 $(M-1)$ 路噪声的包络都不超过某个门限电平 h 的概率为:

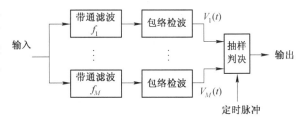

图 6.7.5　MFSK 非相干解调原理方框图

$$[1-P(h)]^{M-1} \qquad (6.7-6)$$

其中 $P(h)$ 是一路滤波器的输出噪声包络超过此门限 h 的概率,由瑞利分布公式得:

$$P(h) = \int_h^\infty \frac{N}{\sigma_n^2} e^{-N^2/2\sigma_n^2} dN = e^{-h^2/2\sigma_n^2} \qquad (6.7-7)$$

式中,N 为滤波器输出噪声的包络;σ_n^2 为滤波器输出噪声的功率。

假设这 $(M-1)$ 路噪声都不超过此门限电平 h 就不会发生错误判决,则式(6.7-6)的概率就是不发生错判的概率。因此,有任意一路或一路以上噪声输出的包络超过此门限就将发生错误判决,错判的概率为:

$$P_e(h) = 1-[1-P(h)]^{M-1} \qquad (6.7-8)$$

显然,它和门限值 h 有关。下面就来讨论 h 值如何确定。

有信号码元输出的那路带通滤波器,其输出电压是信号和噪声之和。因此,由 2.9 节可知,其包络服从广义瑞利分布:

$$p(x) = \frac{x}{\sigma_n^2} I_0\left(\frac{Ax}{\sigma_n^2}\right) \exp\left[-\frac{1}{2\sigma_n^2}(x^2+A^2)\right] \qquad x \geq 0 \qquad (6.7-9)$$

式中,x 为输出信号和噪声之和的包络;A 为输出信号码元振幅;σ_n^2 为输出噪声功率。这里的 x 就是上面的门限值 h。也就是说,若其他路中任何一路的输出电压的值超过了有信号这路的输出电压的值就将发生错判。因此,发生错误判决的概率是:

$$P_e = \int_0^\infty p(h) P_e(h) dh \qquad (6.7-10)$$

将式(6.7-7)、式(6.7-8)和式(6.7-9)代入上式,计算结果为[24]:

$$P_e = \sum_{n=1}^{M-1} (-1)^{n-1} C_n^{M-1} \frac{1}{n+1} e^{-nA^2/2(n+1)\sigma_n^2} \qquad (6.7-11)$$

式中,C_n^{M-1} 为二项式展开系数。

式(6.7-11)是一个正负交替的多项式,可以证明它的第 1 项是它的上界,即有:

$$P_e \leq \frac{M-1}{2} e^{-A^2/4\sigma_n^2} \qquad (6.7-12)$$

式中,A 为信号振幅;σ_n^2 为噪声功率。

由式(6.7-1)和式(6.7-2),式(6.7-12)可以改写为:

$$P_e \leqslant \frac{M-1}{2}e^{\frac{-E}{2\sigma_0^2}} = \frac{M-1}{2}e^{-r/2} \tag{6.7-13}$$

式中,E 为码元能量;σ_0^2 为噪声单边功率谱密度;$r = E/\sigma_0^2$ 为信噪比。

利用式(6.7-4)的关系,$r = kr_b$,代入式(6.7-13)得出:

$$P_e \leqslant \frac{M-1}{2}\exp(-kr_b/2) \tag{6.7-14}$$

在式(6.7-14)中用 M 代替 $(M-1)/2$,其右端的值将增大,但是此不等式仍然成立,所以有:

$$P_e < M\exp(-kr_b/2) = \exp\left[-k\left(\frac{r_b}{2} - \ln 2\right)\right] \tag{6.7-15}$$

式中,利用了关系:

$$M = 2^k = e^{\ln 2^k} \tag{6.7-16}$$

由式(6.7-15)可以看出,当 $k \to \infty$ 时,P_e 按指数规律趋近于 0,但要保证:$\frac{r_b}{2} - \ln 2 > 0$,即:

$$r_b > 2\ln 2 \tag{6.7-17}$$

式(6.7-17)的条件要求信噪比 $r_b > 1.39$。在满足这个条件下,只要 k 足够大,就能得到任意小的误码率。对于 MFSK 体制而言,就是以占用更宽的带宽来换取误码率的降低。但是,随着 k 的增大,设备的复杂程度也按指数规律增大。所以 k 的增大是受到实际应用条件限制的。

上面求出的是误码率,即码元错误率 P_e。现在来看 MFSK 信号的码元错误率 P_e 和比特错误率 P_b 之间的关系。假定当一个 M 进制码元发生错误时,将随机地错成其他 $(M-1)$ 个码元之一。由于 M 进制信号共有 M 种不同的码元,每个码元中含有 k 个比特,$M = 2^k$。所以,在任一给定比特的位置上,出现 "1" 和 "0" 的码元各占一半,即出现信息 "1" 的码元有 $M/2$ 种,出现信息 "0" 的码元有 $M/2$ 种。在图 6.7.6 中给出一个例子。图中,$M = 8$,$k = 3$,在任一列中均有 4 个 "0" 和 4 个 "1"。所以若一个码元错成另一个码元时,在给定的比特位置上发生错误的概率只有 4/7。一般而言,在一个给定的码元中,任一比特位置上的信息和其他 $(2^{k-1}-1)$ 种码元在同一位置上的信息相同,和其他 2^{k-1} 种码元在同一位置上的信息则不同。所以,比特错误率 P_b 和码元错误率 P_e 之间的关系为:

$$P_b = \frac{2^{k-1}}{2^k - 1}P_e = \frac{P_e}{2[1-(1/2^k)]} \tag{6.7-18}$$

当 k 很大时

$$P_b \approx P_e/2 \tag{6.7-19}$$

$M=8$	
0	000
1	001
2	010
3	011
4	100
5	101
6	110
7	111

按式(6.7-11)画出的误码率曲线见图 6.7.7(a)。图中横坐标是 r_b,即每比特的能量和噪声功率谱密度之比。由图可见,对于给定的误码率,需要的 r_b 随 M 的增大而下降,即所需信号功率随 M 的增大而

图 6.7.6 $M=8$ 时的码元

下降。但是由于 M 的增大,MFSK 信号占据的带宽也随之增加,这相当于用频带换取了功率。在后面的章节中还要专门讨论这方面的问题。

2. 相干解调时的误码率

MFSK 信号在相干解调时的设备复杂,所以应用较少。其误码率的分析计算原理和 2FSK 的相似,这里不另做讨论,仅将计算结果给出[25]:

$$P_e = 1 - \frac{1}{\sqrt{2\pi}}\int_{-\infty}^{\infty} e^{-A^2/2}\left[\frac{1}{\sqrt{2\pi}}\int_{-\infty}^{A+\sqrt{2r}} e^{-u^2/2}du\right]^{M-1}dA \tag{6.7-20}$$

按照上式画出的误码率曲线见图 6.7.7(b)。由图可见,当信息传输速率和误码率给定时,增大 M 值可以降低对信噪比 r_b 的要求。

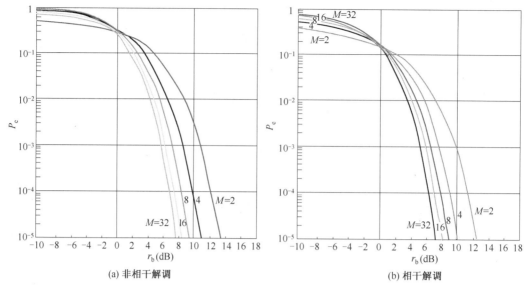

图 6.7.7 MFSK 误码率曲线

上式较难进行数值计算,为了估计相干解调时 MFSK 信号的误码率,可以采用下式给出的误码率上界公式[26]:

$$P_e \leq (M-1)\,\mathrm{erfc}(\sqrt{r}) \tag{6.7-21}$$

比较相干和非相干解调的两个误码率曲线可见,当 $k>7$ 时,两者的区别可以忽略。这时相干和非相干解调误码率的上界都可以用式(6.7-12)表示。

6.7.3 多进制相移键控(MPSK)

1. 基本原理

在 6.4.1 节 2PSK 信号的表示式(6.4-1)中载波的相位 θ 可以等于 0 或 π。将其推广到多进制时,θ 可以取多个可能值。所以,参照式(6.4-1),MPSK 信号码元可以表示为:

$$s_k(t) = A\cos(\omega_0 t + \theta_k) \tag{6.7-22}$$

式中,θ_k 为受调制的相位,其值决定于基带码元的取值;A 为信号振幅,为常数;$k=1,2,\cdots,M$。

不失一般性,我们可以令式(6.7-22)中的 $A=1$,然后将其展开写成:

$$s_k(t) = \cos(\omega_0 t + \theta_k) = a_k\cos\omega_0 t - b_k\sin\omega_0 t \tag{6.7-23}$$

式中,$a_k = \cos\theta_k$;$b_k = \sin\theta_k$。

式(6.7-23)表明,MPSK 信号码元 $s_k(t)$ 可以看作由正弦和余弦两个正交分量合成的信号,它们的振幅分别是 a_k 和 b_k,而 a_k 和 b_k 分别有 M 个不同取值。也就是说,MPSK 信号码元可以看作两个 MASK 信号码元之和。因此,其带宽和后者的带宽相同。

在 MPSK 体制中,M 多取 2^n,即 4、8、16 等值。在本节下面的讨论中主要以 $M=4$ 为例做进一步的分析。4 相相移键控(4PSK)常称为正交相移键控(QPSK, Quadriphase-shift Keying)。它的每个码元含有 2 b 的信息,现用 ab 代表这两个比特。故 ab 有 4 种组合,即 00、01、10 和 11。它们和相位 θ_k 之间的关系通常都按格雷(Gray)码的规律变化,如表 6.7.1 所示。表中给出了 A 和 B 两种编码方式,其矢量图如图 6.7.8 所示。

由表 6.7.1 和图 6.7.8 可以看出,采用格雷码的好处在于相邻相位所代表的两个比特只有一位不同。因噪声和其他干扰产生相位误差时,最大可能是发生相邻相位的错误,故这样的相邻相位错误总是仅造成一个比特的误码。在表 6.7.1 中只给出了 2 位格雷码的编码规则。4 位格雷码的编码规则见表 6.7.2。由此表可见,在 2 位格雷码的基础上,若要产生 3 位格雷码,只需

表 6.7.1　QPSK 编码规则

a	b	θ_k	
		A 方式	B 方式
0	0	0°	225°
1	0	90°	315°
1	1	180°	45°
0	1	270°	135°

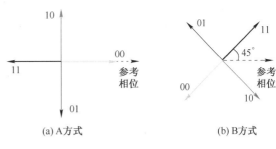

图 6.7.8　QPSK 信号的矢量图

将序号为 0~3 的 2 位格雷码按相反的次序(即成镜像)排列,写出序号为 4~7 的码组,并在序号为 0~3 的格雷码组前加一个"0",在序号为 4~7 的码组前加一个"1",即得出 3 位的格雷码。若要产生 4 位的格雷码,则可以在 3 位格雷码的基础上,仿照上述方法,将序号为 0~7 的格雷码按相反次序,写出序号为 8~15 的码组,并在序号为 0~7 的格雷码组前加一个"0",在序号为 8~15 的码组前加一个"1"。以此类推,可以产生更多位的格雷码。由于格雷码的这种产生规律,格雷码又称反射码。格雷码的相邻码组仅有 1 比特不同。在表中还给出了二进制码作为比较。

2. 产生方法

QPSK 信号的产生,类似 2PSK 信号的产生,也有两种方法。

第一种是用相乘电路,如图 6.7.9 所示。图中输入基带信号 $A(t)$ 是二进制不归零双极性码元,它被"串/并变换"电路变成成对的两路码元 a 和 b。它们分别用来和两路正交载波相乘。相乘结果用虚线矢量示于图 6.7.10 中。图中矢量 $a(1)$ 代表 a 路的信号码元"1",$a(0)$ 代表 a 路信号码元"0";类似地,$b(1)$ 代表 b 路信号码元"1",$b(0)$ 代表 b 路信号码元"0"。这两路信号在相加电路中相加后得到输出矢量 $s(t)$,每个矢量代表 2b,如图中实线矢量所示。这样产生的 QPSK 信号符合表 6.7.1 中的 B 方式编码规则。

应当注意的是,上述二进制码元"0"和"1"在相乘电路中与不归零双极性矩形脉冲振幅的关系如下:

二进制码元"1"→ 双极性脉冲"+1";

二进制码元"0"→ 双极性脉冲"−1"。

符合上述关系才能得到表 6.7.1 中的 B 方式编码规则。

表 6.7.2　格雷码编码规则

序号	格雷码	二进制码
0	0000	0000
1	0010	0001
2	0011	0010
3	0001	0011
4	0101	0100
5	0111	0101
6	0110	0110
7	0100	0111
8	1100	1000
9	1110	1001
10	1111	1010
11	1101	1011
12	1001	1100
13	1011	1101
14	1010	1110
15	1000	1111

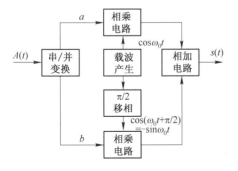

图 6.7.9　第一种 QPSK 信号产生方法

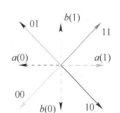

图 6.7.10　QPSK 矢量图

第二种产生方法是选择法,如图 6.7.11 所示。这时输入基带信号经过串/并变换后用于控制一个相位选择电路,按照当时的输入双比特 ab,决定选择哪个相位的载波输出。候选的 4 个

相位 θ_1、θ_2、θ_3 和 θ_4 仍然可以是图 6.7.10 中的 4 个实线矢量,也可以是按 A 方式规定的 4 个相位。

3. 解调方法

QPSK 信号的解调原理方框图见图 6.7.12。由于 QPSK 信号可以看作两个正交 2PSK 信号的叠加,如图 6.7.10 所示,所以用相干解调方法,即用两路正交的相干载波,可以很容易地分离出这两路正交的 2PSK 信号。解调后的两路基带信号码元 a 和 b,经过并/串变换后,成为串行数据输出。

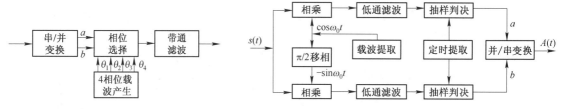

图 6.7.11 第二种 QPSK 信号产生方法　　图 6.7.12 QPSK 信号解调原理方框图

4. 误码率

在 QPSK 体制中,由其矢量图(见图 6.7.13)可以看出,因噪声的影响使接收端解调时发生错误判决,这是由于信号矢量的相位发生偏离造成的。例如,设发送矢量的相位为 45°,它代表基带信号码元 "11",若因噪声的影响使接收矢量的相位变成 135°,则将错判为 "01"。当各个发送矢量以等概率出现时,合理的判决门限应该设定在和相邻矢量等距离的位置。在图 6.7.13 中对于矢量 "11" 来说,判决门限应该设在 0° 和 90°。当发送 "11" 时,接收信号矢量的相位若超出这一范围(图中阴影区),则将发生错判。设 $f(\theta)$ 为接收矢量(包括信号和噪声)相位的概率密度,则发生错误的概率为:

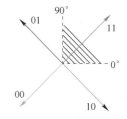

图 6.7.13 QPSK 的噪声容限

$$P_e = 1 - \int_0^{\pi/2} f(\theta)\,d\theta \quad (6.7\text{-}24)$$

我们省略计算 $f(\theta)$ 和 P_e 的烦琐过程,直接给出计算结果:

$$P_e = 1 - \left[1 - \frac{1}{2}\mathrm{erfc}\sqrt{r/2}\right]^2 \quad (6.7\text{-}25)$$

上式计算出的是 QPSK 信号的误码率。若考虑其误比特率,则由图 6.7.12 可见,正交的两路相干解调方法和 2PSK 中采用的解调方法一样。所以其误比特率的计算公式也和 2PSK 的误码率公式一样。

对于任意 M 进制 PSK 信号,当信噪比 r 足够大时,误码率可以近似地表示为:

$$P_e \approx e^{-r\sin^2(\pi/M)} \quad (6.7\text{-}26)$$

图 6.7.14 所示为 MPSK 信号的误码率曲线。

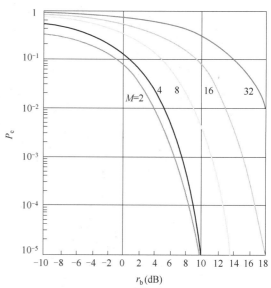

图 6.7.14 MPSK 信号的误码率曲线

6.7.4 多进制差分相移键控(*M*DPSK)

1. 基本原理

在上一小节中,我们讨论了多进制相移键控(*M*PSK)。它也可以称为多进制绝对相移键控。类似于2DPSK体制,在多进制键控体制中也有多进制差分相移键控(*M*DPSK)。在较详细地讨论了*M*PSK之后,就很容易理解*M*DPSK的原理和实现方法。上一小节中讨论*M*PSK信号用的式(6.7-20)、式(6.7-21)、表6.7.1和矢量图6.7.8对于分析*M*DPSK信号仍然适用,只是需要把其中的参考相位当作前一码元的相位,把相移 θ 当作相对于前一码元相位的相移。这里我们仍以四进制DPSK信号为例做进一步的讨论。四进制DPSK通常记为QDPSK。参照表6.7.1中A方式对于QPSK信号的编码规则,可以写出现在的QDPSK信号编码规则,如表6.7.3所示。表中 $\Delta\theta_k$ 是相对于前一相邻码元的相位变化。

2. 产生方法

QDPSK信号的产生方法和QPSK信号的产生方法类似,只是需要将输入基带信号先经过码变换器,把绝对码变成相对码,再去调制(或选择)载波。在图6.7.15中给出用第一种方法产生QDPSK信号的原理方框图。图中 ab 为经过串/并变换后的一对码元,它需要再经过码变换器变换成相对码 cd 后,才与载波相乘。cd 与载波的相乘实际是完成绝对相移键控。这部分电路和产生QPSK信号的图6.7.9完全一样,只是为了改用A方式编码,而采用两个 $\pi/4$ 移相器代替一个 $\pi/2$ 移相器。码变换器的功能是使由 cd 产生的绝对相移符合由 ab 产生的相对相移的规则。由于当前的一对码元 ab 产生的相移是附加在前一时刻已调载波相位之上的,而前一时刻载波相位有4种可能取值。所以,码变换器的变换关系如表6.7.4所示。

表 6.7.3 QDPSK 信号编码规则

a	b	$\Delta\theta_k$ A方式
0	0	0°
1	0	90°
1	1	180°
0	1	270°

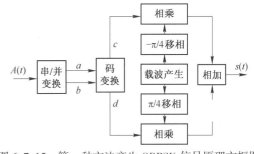

图 6.7.15 第一种方法产生 QDPSK 信号原理方框图

表 6.7.4 QDPSK 码变换器的变换关系

当前输入的一对码元及要求的相对相移			前一时刻经过码变换后的一对码元及所产生的相位			当前时刻应当给出的变换后的一对码元和相位			当前输入的一对码元及要求的相对相移			前一时刻经过码变换后的一对码元及所产生的相位			当前时刻应当给出的变换后的一对码元和相位		
a_k	b_k	$\Delta\theta_k$	c_{k-1}	d_{k-1}	θ_{k-1}	c_k	d_k	θ_k	a_k	b_k	$\Delta\theta_k$	c_{k-1}	d_{k-1}	θ_{k-1}	c_k	d_k	θ_k
0	0	0°	0	0	0°	0	0	0°	1	1	180°	0	0	0°	1	1	180°
			1	0	90°	1	0	90°				1	0	90°	0	1	270°
			1	1	180°	1	1	180°				1	1	180°	0	0	0°
			0	1	270°	0	1	270°				0	1	270°	1	0	90°
1	**0**	**90°**	0	0	0°	1	0	90°	0	1	270°	0	0	0°	0	1	270°
			1	0	90°	1	1	180°				1	0	90°	0	0	0°
			1	**1**	**180°**	**0**	**1**	**270°**				1	1	180°	1	0	90°
			0	1	270°	0	0	0°				0	1	270°	1	1	180°

例如,在表6.7.4中,若当前时刻输入的一对码元$a_k b_k$为"10",则按照A方式编码规则应该产生相对相移$\Delta\theta_k = 90°$。另一方面,前一时刻的载波相位有4种可能取值,即$0°,90°,180°,270°$,它们分别对应前一时刻变换后的一对码元$c_{k-1} d_{k-1}$的4种取值。所以,现在的相移$\Delta\theta_k = 90°$应该视前一时刻的状态,加到对应的前一时刻载波相位上。设前一时刻的载波相位$\theta_{k-1} = 180°$,则现在应该在$180°$基础上增加到$270°$,故要求的$c_k d_k$为"01"。也就是说,这时的码变换器应该将输入的一对码元"10"变换为"01"。应当注意,在上面叙述中我们用"0"和"1"代表二进制码元。但是,在电路中用于相乘的信号应该是不归零二进制双极性矩形脉冲。设此脉冲的幅度为"+1"和"−1",则对应关系是:

$$二进制码元 "0" \rightarrow "+1"$$
$$二进制码元 "1" \rightarrow "-1"$$

符合上述关系才能得到A方式的编码。

产生QDPSK信号的第二种方法类似于产生QPSK信号的第二种方法,只是在串/并变换后也需要增加一步"码变换",这里不再详述。

3. 解调方法

QDPSK信号的解调方法和QPSK信号的解调方法类似,也有两类,即极性比较法和相位比较法。下面将分别予以讨论。

A方式的QDPSK信号极性比较法解调原理方框图如图6.7.16所示。由图可见QDPSK信号的极性比较法解调原理和QPSK信号的一样,只是多一步逆码变换,将相对码变成绝对码。因此,这里将重点讨论与逆码变换有关的原理。

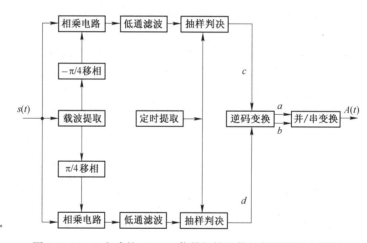

图6.7.16 A方式的QDPSK信号极性比较法解调原理方框图

设第k个接收码元可以表示为:
$$s_k(t) = \cos(\omega_0 t + \theta_k) \qquad kT < t \leqslant (k+1)T \tag{6.7-27}$$
式中,$k =$整数。

图6.7-16中上下两个相乘电路的相干载波分别可以写为:

上支路: $\cos\left(\omega_0 t - \dfrac{\pi}{4}\right)$; 下支路: $\cos\left(\omega_0 t + \dfrac{\pi}{4}\right)$

于是输入信号$s(t)$和相干载波在相乘电路中相乘的结果为:

上支路: $\cos(\omega_0 t + \theta_k)\cos\left(\omega_0 t - \dfrac{\pi}{4}\right) = \dfrac{1}{2}\cos\left[2\omega_0 t + \left(\theta_k - \dfrac{\pi}{4}\right)\right] + \dfrac{1}{2}\cos\left(\theta_k + \dfrac{\pi}{4}\right)$

下支路：
$$\cos\left(\omega_0 t+\theta_k\right)\cos\left(\omega_0 t+\frac{\pi}{4}\right)=\frac{1}{2}\cos\left[2\omega_0 t+\left(\theta_k+\frac{\pi}{4}\right)\right]+\frac{1}{2}\cos\left(\theta_k-\frac{\pi}{4}\right)$$

经过低通滤波后,滤除了两倍载频的高频分量,得到抽样判决前的电压:

上支路：$\dfrac{1}{2}\cos\left(\theta_k+\dfrac{\pi}{4}\right)$；　下支路：$\dfrac{1}{2}\cos\left(\theta_k-\dfrac{\pi}{4}\right)$

按照 θ_k 的取值不同,此电压可能为正,也可能为负,故是双极性电压。在编码时曾经规定:

二进制码元"0" $\rightarrow$ "+1"

二进制码元"1" $\rightarrow$ "−1"

现在进行判决时,也把正电压判为二进制码元"0",负电压判为"1",即:

"+" $\rightarrow$ 二进制码元"0"

"−" $\rightarrow$ 二进制码元"1"

因此得出判决规则如表 6.7.5 所示。

表 6.7.5　判决规则

信号码元相位 θ_k	上支路输出	下支路输出	判决器输出	
			c	d
0°	+	+	0	0
90°	−	+	1	0
180°	−	−	1	1
270°	+	−	0	1

　　两路判决输出将送入逆码变换器恢复出绝对码。设逆码变换器的当前输入码元为 c_k 和 d_k,当前输出码元为 a_k 和 b_k,前一输入码元为 c_{k-1} 和 d_{k-1}。为了正确地进行逆码变换,这些码元之间的关系应该符合表 6.7.4 中的规则。为此,把表 6.7.4 中的各行按 c_{k-1} 和 d_{k-1} 的组合为序重新排列,构成表 6.7.6。从这个表中可以找出,由逆码变换器的当前输入 $c_k d_k$ 和前一时刻的输入 $c_{k-1}d_{k-1}$,得到逆码变换器当前输出 $a_k b_k$ 的规律。表 6.7.6 中的码元关系可以分为两类:

　　(1) 当 $c_{k-1}\oplus d_{k-1}=0$ 时:
$$a_k=c_k\oplus c_{k-1} \quad b_k=d_k\oplus d_{k-1} \quad (6.7\text{-}28)$$

　　(2) 当 $c_{k-1}\oplus d_{k-1}=1$ 时:
$$a_k=d_k\oplus d_{k-1} \quad b_k=c_k\oplus c_{k-1} \quad (6.7\text{-}29)$$

　　以上两式表明,根据前一时刻码元 c_{k-1} 和 d_{k-1} 之间的关系不同,逆码变换的规则也不同,并且可以从中画出逆码变换器的原理方框图,见图 6.7.17。图中将 c_k 和 c_{k-1} 以及 d_k 和 d_{k-1} 分别做模 2 加法运算,运算结果送到交叉直通电路。另一方面,将延迟一个码元后的 c_{k-1} 和 d_{k-1} 也做模 2 加法运算,并用运算结果去控制交叉直通电路:若 $c_{k-1}\oplus d_{k-1}=0$,则将 $c_k\oplus c_{k-1}$ 的结果直接作为 a_k 输出;若 $c_{k-1}\oplus d_{k-1}=1$,则将 $c_k\oplus c_{k-1}$ 的结果作为 b_k 输出。对于 $d_k\oplus d_{k-1}$ 的结果也按照式(6.7-28)和式(6.7-29)做类似处理。这样就能得到正确的并行绝对码输出 a_k 和 b_k。它们经过并/串变换后就变成串行码输出。

　　上面讨论了 A 方式的 QDPSK 信号极性比

表 6.7.6　QDPSK 逆码变换关系

前一时刻输入的一对码元		当前时刻输入的一对码元		当前时刻应当给出的逆变换后的一对码元	
c_{k-1}	d_{k-1}	c_k	d_k	a_k	b_k
0	0	0	0	0	0
		0	1	0	1
		1	1	1	1
		1	0	1	0
0	**1**	0	0	1	0
		0	1	0	0
		1	**1**	**0**	**1**
		1	0	1	1
1	1	0	0	1	1
		0	1	1	0
		1	1	0	0
		1	0	0	1
1	0	0	0	0	1
		0	1	1	1
		1	1	1	0
		1	0	0	0

较法解调原理。下面再简要介绍相位比较法解调的原理。A 方式 QDPSK 信号相位比较法解调的原理方框图如图 6.7.18 所示。由图可见,它和 2DPSK 信号相位比较法解调的原理基本一样,只是由于现在的接收信号包含正交的两路已调载波,故需用两个支路差分相干解调。

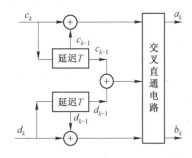

图 6.7.17 逆码变换器原理方框图

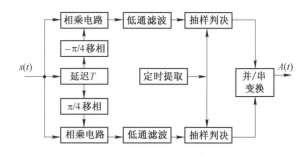

图 6.7.18 A 方式 QDPSK 信号相位比较法解调原理方框图

4. 误码率

对于 MDPSK 信号,在大信噪比条件下,误码率计算公式为[10]:

$$P_e \approx e^{-2r\sin^2(\pi/2M)} \qquad (6.7\text{-}30)$$

当 $M=4$ 时,上式变成:

$$P_e \approx e^{-2r\sin^2(\pi/8)} \qquad (6.7\text{-}31)$$

在图 6.7.19 中给出了 MDPSK 信号的误码率曲线。

6.7.5 振幅/相位联合键控(APK)

前面讨论的多进制键控体制在提高传输速率和(或)频带利用率方面具有一定的优点。但是随

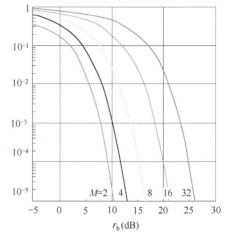

图 6.7.19 MDPSK 信号的误码率曲线

着 M 的增大,噪声容限逐渐减小,使误码率难于保证。为了克服这个缺点,出现了振幅/相位联合键控(APK)体制。APK 信号的振幅和相位作为两个独立的参量同时受到调制。故这种信号序列的第 k 个码元可以表示为:

$$s_k(t) = A_k\cos(\omega_0 t + \theta_k) \qquad kT < t \le (k+1)T \qquad (6.7\text{-}32)$$

式中, k 为整数; A_k 和 θ_k 分别可以取多个离散值。

式(6.7-32)可以展开为:

$$s_k(t) = A_k\cos\theta_k\cos\omega_0 t - A_k\sin\theta_k\sin\omega_0 t \qquad (6.7\text{-}33)$$

令

$$X_k = A_k\cos\theta_k \qquad (6.7\text{-}34)$$

$$Y_k = -A_k\sin\theta_k \qquad (6.7\text{-}35)$$

则 X_k 和 Y_k 也是可以取多个离散值的变量。

将式(6.7-34)及式(6.7-35)代入式(6.7-33),得到:

$$s_k(t) = X_k\cos\omega_0 t + Y_k\sin\omega_0 t \qquad (6.7\text{-}36)$$

从上式看出, $s_k(t)$ 可以看作两个正交的振幅键控信号之和。

在式(6.7-32)中,若 θ_k 的值仅可以取 0°和 90°, A_k 的值仅可以取 +A 和 -A,则此 APK 信号就蜕变成为 6.7.3 节中讨论的 QPSK 信号。所以,QPSK 信号就是一种最简单的 APK 信号,它是一个四进制信号,在矢量图上可以用 4 个点表示,如图 6.7.20(a)所示。由于 APK 信号是由两个正交载波合成的,如式(6.7-36)所示,所以又称为正交调幅(QAM)信号。因此 QPSK 信号也可以称为 4QAM 信号。有代表性的 QAM 信号是 16 进制的,记为 16QAM,它的矢量图见图 6.7.20(b)。图中用黑点表示每个码元的振幅 A_k 和相位 θ_k 的位置,并且示出它是由两个正交矢量合成的。类似地,有 64QAM 和 256QAM 等 APK 信号,如图 6.7.20(c)和(d)所示,它们总称为 MQAM 调制。由于从其矢量图看像是星座,故 MQAM 又称星座调制。

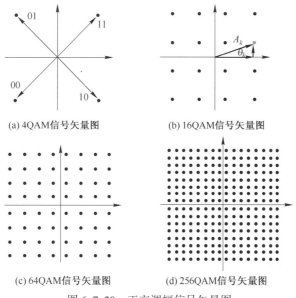

(a) 4QAM信号矢量图　　　　　　(b) 16QAM信号矢量图

(c) 64QAM信号矢量图　　　　　　(d) 256QAM信号矢量图

图 6.7.20　正交调幅信号矢量图

下面就以 16QAM 信号为例做进一步的分析。16QAM 信号的产生方法主要有两种。第一种方法是正交调幅法,即用两路独立的正交 4ASK 信号叠加,形成 16QAM 信号,如图 6.7.21(a)所示。第二种方法是复合相移法,它用两路独立的 QPSK 信号叠加,形成 16QAM 信号,如图 6.7.21(b)所示。图中虚线大圆上的 4 个大黑点表示第一个 QPSK 信号矢量的位置,在这 4 个位置上可以叠加上第二个 QPSK 矢量,后者的位置用虚线小圆上的 4 个小黑点表示。

最后,我们将 16QAM 信号与 16PSK 信号的误码率做一比较。在图 6.7.22 中,按最大振幅相等,画出这两种信号的星座图。设其最大振幅为 A_M,则 16PSK 信号的相邻矢量端点的距离为:

$$d_1 \approx A_M(\pi/8) = 0.393A_M \tag{6.7-37}$$

而 16QAM 信号的相邻点的距离为:

$$d_2 = \sqrt{2}A_M/3 = 0.471A_M \tag{6.7-38}$$

此距离直接代表噪声容限的大小。所以,d_2 和 d_1 的比值就代表这两种体制的噪声容限之比。按上两式计算,d_2 超过 d_1 约 1.57 dB。这是在最大功率(振幅)相等的条件下比较的,没有考虑这两种体制的平均功率差别。16PSK 信号的平均功率(振幅)就等于其最大功率(振幅)。16QAM 信号在等概率出现条件下,可以计算出(计算留作为习题)其最大功率和平均功率之比为 1.8,即 2.55 dB。因此,在平均功率相等条件下,16QAM 比 16PSK 信号的噪声容限大 4.12 dB。

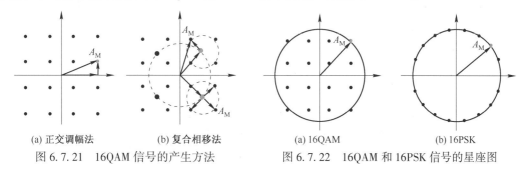

(a) 正交调幅法　　　　(b) 复合相移法　　　　　(a) 16QAM　　　　　(b) 16PSK

图 6.7.21　16QAM 信号的产生方法　　　图 6.7.22　16QAM 和 16PSK 信号的星座图

6.7.6　多进制数字键控实用系统举例

由于多进制数字键控体制的频带利用率高,它在多年前就开始用于频带有限的通信系统中,以求在有限的频带内提高信息传输速率。其中典型的例子就是在电话网中传输数据用的调制解调器（MODEM）。图 6.7.23 所示为早期用于电话网中的几种实用键控系统的频谱和星座图。

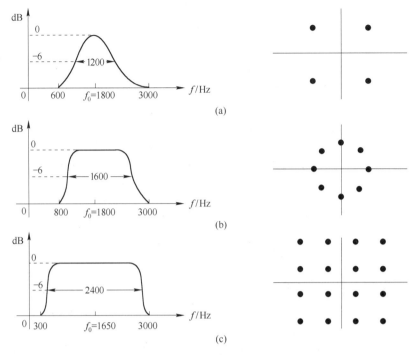

图 6.7.23　几种实用键控系统的频谱和星座图

图 6.7.23(a)的传输速率是 2400 b/s,采用 QPSK 和升余弦频谱。频谱图的纵坐标用分贝做单位。-6 dB 点相当于振幅下降了 1/2,即滤波器的截止频率点。由图可见,此时滤波器的带宽为 1200 Hz,中心频率为 1800 Hz。图 6.7.23(b)的传输速率是 4800 b/s,采用 8PSK 体制,滤波器的带宽为 1600 Hz,滚降系数为 50%。图 6.7.23(c)的传输速率是 9600 b/s,采用 16QAM,滤波器带宽为 2400 Hz,中心频率为 1650 Hz,滚降系数为 10%。这时滤波器低端的截止频率为 300 Hz,比前两种体制的要低一些。但是以上三种体制所占用的频带都在电话网的一个话路带宽(300~3400 Hz)内。在图 6.7.24 中给出了一种改进的 9600 b/s 速率的 16QAM 方案,其中星座各点的振幅分别等于 ±1、±3 和 ±5。将其和图 6.7.23(c)相比较,不难看出,其星座中各信号点的最小相位差比后者大,因此容许较大的相位抖动。目前最新的调制解调器的传输速率更高,所用的星座图也更复杂,但仍然占据一个话路的带宽。

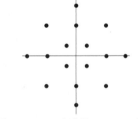

图 6.7.24　改进的 16QAM 方案

6.8　小　　结

本章讨论了基本的数字带通调制系统的原理和性能。这里,调制的目的是将基带信号的频谱搬移到适合传输的频带上,并提高信号的抗干扰能力。频谱搬移需要借助一个正弦波作为载波,基带信号则调制到载波上。载波的三个参量都可以被独立地调制,所以最基本的调制制度有三种。对于数字基带信号而言,这三种最基本的调制就是二进制振幅键控(2ASK)、频移键控(2FSK)和相移键控(2PSK)。由于 2PSK 体制中存在相位不确定性,又发展出了二进制差分相移键控(2DPSK)。

误码率是衡量数字调制体制性能优劣的主要指标。在理论分析中,通常以高斯白噪声信道作为计算误码率的信道模型。在各种调制体制中,以 2PSK 信号的抗高斯白噪声性能最好,即误码率最小。但是由于 2PSK 信号存在相位不确定性,在实用中常以性能略差一些的 2DPSK 代替它。另一方面,在衰落信道中,由于接收信号的振幅和相位受信道传输特性的影响很大,2FSK 信号就显出具有较强的抗衰落能力。故在衰落信道中,常采用 2FSK 调制体制。

各种键控信号的解调方法可以分为两大类,即相干解调和非相干解调。相干解调的误码率比非相干解调低。但是,相干解调需要在接收端从信号中提取出相干载波,故设备相对较复杂。另外,在衰落信道中,若接收信号存在相位起伏,不利于提取相干载波,就不宜采用相干解调。

为了提高传输效率,可以采用多进制数字键控,包括 MASK、MFSK、MPSK、MDPSK 和 APK。多进制键控的一个码元中包含更多的信息量。但是,为了得到相同的误比特率,多进制信号需要占用更宽的频带或使用更大的功率作为代价。

思考题

6.1 何谓带通调制?带通调制的目的是什么?

6.2 何谓线性调制?何谓非线性调制?

6.3 在用矢量图表示一个正弦波时,试问矢量的旋转方向规定是顺时针方向,还是逆时针方向?

6.4 在用矢量图表示一个正弦波时,若某个正弦波的矢量位于第一象限,试问比它滞后 90° 的另一个正弦波位于哪个象限?

6.5 何谓相干接收?何谓非相干接收?

6.6 试问 2ASK 信号的产生和解调分别有几种方法?

6.7 试问 2ASK 信号的带宽和其基带信号的带宽有什么关系?

6.8 试问 2FSK 信号属于线性调制还是非线性调制?

6.9 试问 2FSK 信号相邻码元的相位是否连续与其产生方法有何关系?

6.10 试问 2FSK 信号的带宽和其基带键控信号带宽之间有什么关系?

6.11 试问常用的 2FSK 信号解调方法是相干解调还是非相干解调?为什么?

6.12 试问 2PSK 信号相邻码元间的波形是否连续和什么因素有关?

6.13 试问 2PSK 信号是否必须用相干解调法接收?

6.14 试问 2PSK 信号是否适用于远距离传输?为什么?

6.15 试述 2DPSK 信号的优缺点。

6.16 试问 2DPSK 信号相邻码元波形是否连续和什么因素有关?

6.17 试问 2DPSK 信号有几种解调方法?试比较其优缺点。

6.18 试问 2PSK 信号和 2ASK 信号之间有什么关系?

6.19 试问为什么相干接收的误码率比非相干接收的误码率低?

6.20 试按误码率高低次序排列各种二进制键控和解调方式。

6.21 试问 QPSK 信号和 2ASK 信号之间有什么关系?

6.22 试问是否任何 APK 信号都是 QAM 信号?

6.23 试问 16QAM 信号有几种产生方法?

习题

6.1 设有两个余弦波 $3\cos\omega t$ 和 $\cos(\omega t+30°)$,试画出它们的矢量图以及它们之和的矢量图。

6.2 试画出图 6.2.2(a)中各点的波形。

6.3 试画出图 6.2.2(b)中各点的波形。

6.4 试证明式(6.2-36)。

6.5 设有一个 2PSK 信号,其码元传输速率为 1000 Baud,载波波形为 $A\cos(4\pi×10^6 t)$。

(1) 试问每个码元中包含多少个载波周期?

（2）若发送"0"和"1"的概率分别是 0.6 和 0.4,试求出此信号的功率谱密度表示式。

6.6 设有一个 4DPSK 信号,其信息传输速率为 2400 b/s,载波频率为 1800 Hz,试问每个码元中包含多少个载波周期?

6.7 设有一个 2DPSK 传输系统对信号采用 A 方式编码,其码元传输速率为 2400 Baud,载波频率为 1800 Hz。若输入码元序列为 011010,试画出此 2DPSK 信号序列的波形图。

6.8 设一个 2FSK 传输系统的两个载频分别等于 10 MHz 和 10.4 MHz,码元传输速率为 2×10^6 Baud,接收端解调器输入信号的峰值振幅 $A = 40$ μV,加性高斯白噪声的单边功率谱密度 $n_0 = 6 \times 10^{-18}$ W/Hz。试求:

（1）采用非相干解调（包络检波）的误码率;

（2）采用相干解调的误码率。

6.9 设在一个 2DPSK 传输系统中,输入信号码元序列为 0111001101000,试写出其变成相对码后的码元序列,以及采用 A 方式编码时发送载波的相对相位和绝对相位序列。

6.10 试证明用倍频–分频法提取 2PSK 信号的载波时,在经过整流后的信号频谱中包含有离散的载频分量。

6.11 试画出用正交调幅法产生 16QAM 信号的方框图。

6.12 试证明在等概率出现条件下 16QAM 信号的最大功率和平均功率之比为 1.8,即 2.55 dB。

6.13 试比较多进制信号和二进制信号的优缺点。

6.14 设发送的二进制信息为 1 0 1 1 0 0 1,试分别画出 OOK、2FSK、2PSK 及 2DPSK 信号的波形示意图,并注意观察其时间波形各有什么特点。

6.15 设某 2FSK 传输系统的码元速率为 1000Baud,已调信号的载频分别为 1000 Hz 和 2000 Hz。发送数字信息为 0 1 1 0 1 0。

（1）试画出此系统调制器原理方框图,并画出 2FSK 信号的时间波形;

（2）试讨论此 2FSK 信号应选择怎样的解调器进行解调?

（3）试画出此 2FSK 信号的功率谱密度示意图。

6.16 设二进制信息为 0 1 0 1,采用 2FSK 系统传输。码元速率为 1000Baud,已调信号的载频分别为 3000 Hz（对应"1"码）和 1000 Hz（对应"0"码）。

（1）若采用包络检波方式进行解调,试画出各点的时间波形;

（2）若采用相干方式进行解调,试画出各点的时间波形;

（3）求 2FSK 信号的第一零点带宽。

6.17 设某 2PSK 传输系统的码元速率为 1200Baud,载波频率为 2400 Hz。发送数字信息为 0 1 0 0 1 1 0。

（1）画出 2PSK 信号调制器原理方框图,并画出 2PSK 信号的时间波形;

（2）若采用相干解调方式进行解调,试画出各点的时间波形。

6.18 设发送的绝对码序列为 0 1 1 0 1 1 0,采用 2DPSK 方式传输。已知码元传输速率为 2400Baud,载波频率为 2400 Hz。

（1）试画出一种 2DPSK 信号调制器原理方框图;

（2）若采用相干解调–逆码变换方式进行解调,试画出各点的时间波形。

（3）若采用差分相干方式进行解调,试画出各点的时间波形。

6.19 设发送的绝对码序列为 0 1 1 0 1 0,采用 2DPSK 方式传输。已知码元传输速率为 1200Baud,载波频率为 1800 Hz。定义相位差 $\Delta\theta$ 为后一码元起始相位和前一码元结束相位之差。

（1）若 $\Delta\theta = 0°$ 代表"0",$\Delta\theta = 180°$ 代表"1",试画出这时的 2DPSK 信号波形;

（2）若 $\Delta\theta = 270°$ 代表"0",$\Delta\theta = 90°$ 代表"1",则这时的 2DPSK 信号波形又如何?

6.20 在 2ASK 系统中,已知码元传输速率 $R_B = 2 \times 10^6$Baud,信道加性高斯白噪声的单边功率谱密度 $n_0 = 6 \times 10^{-18}$ W/Hz,接收端解调器输入信号的峰值振幅 $a = 40$ μV。试求:

（1）非相干接收时,系统的误码率;

（2）相干接收时,系统的误码率。

6.21 在 OOK 系统中,已知发送端发送的信号振幅为 5 V,接收端带通滤波器输出噪声功率 $\sigma_n^2 = 3 \times 10^{-12}$ W,若要求系统误码率 $P_e = 10^{-4}$。试求:

（1）非相干接收时，从发送端到解调器输入端信号的衰减量；

（2）相干接收时，从发送端到解调器输入端信号的衰减量。

6.22 对 OOK 信号进行相干接收，已知发送"1"符号的概率为 P，发送"0"符号的概率为 $1-P$，接收端解调器输入信号振幅为 a，窄带高斯噪声方差为 σ_n^2。

（1）若 $P=1/2$，信噪比 $r=10$，求最佳门限值 h^* 和误码率 P_e；

（2）若 $P<1/2$，试分析此时的最佳门限值比 $P=1/2$ 时的大还是小？

6.23 在二进制相位调制系统中，已知解调器输入信噪比 $r=10$ dB。试分别求出相干解调 2PSK、相干解调-逆码变换 2DPSK 和差分相干解调 2DPSK 信号的系统误码率。

6.24 在二进制数字调制系统中，已知码元传输速率 $R_B=1000$ Baud，接收机输入高斯白噪声的双边功率谱密度 $\frac{n_0}{2}=10^{-10}$ W/Hz，若要求解调器输出误码率 $P_e \leqslant 10^{-5}$，试求相干解调 OOK、非相干解调 2FSK、差分相干解调 2DPSK，以及相干解调 2PSK 等系统所要求的输入信号功率。

6.25 设发送的二进制信息为 101100101，试按照 A 方式编码规则，分别画出 QPSK 和 QDPSK 信号波形。

6.26 设发送的二进制信息为 101100101，试按照 B 方式编码规则画出 QDPSK 信号波形。

6.27 在四进制数字相位调制系统中，已知解调器输入端信噪比 $r=20$，试求 QPSK 和 QDPSK 调制方式的系统误码率。

6.28 采用 4PSK 调制传输 2400 b/s 数据。

（1）最小理论带宽是多少？

（2）若传输带宽不变，而要求比特率加倍，则调制方式应做何改变？

第7章 同　　步

7.1　概　　述

在讨论信号的接收或解调时,常常离不开同步问题,特别是涉及数字信号时更是如此,虽然在前面讨论数字信号解调时并不是经常提到它。在一个数字通信系统中包含多种同步问题。例如,PSK 信号在相干解调时,接收端需要产生一个和接收信号同频、同相的本地载波,用以和接收的 PSK 信号相乘。因此,这个本地载波的频率和相位信息必须来自接收信号,或者说需要从接收信号中提取载波同步信息。本地载波和接收信号载波的同步问题称为载波同步。

其次,在接收数字信号的一个码元时,为了在判决时刻对码元的取值进行判决,接收机必须知道准确的判决时刻。通常要在接收码元结束后再做判决,故判决时刻是从接收码元的起止时刻导出的,也就是说判决时刻应当和码元起止时刻同步。又如,在用第 8 章介绍的相关接收法(图 8.8.5)时,积分电路中积分的起止时刻也必须和接收码元的起止时刻同步。以上这类同步称为码元同步,或位同步。

在一般的通信系统中,除了上述载波同步和位同步,还需要更高层次的同步,统称为群同步。群同步的功用是将接收的码元分组,以构成有意义的消息。例如,为了传输文字,可以用 7 个二进制码元代表一个字符(见附录 C~E),只有正确划分 7 个接收码元为一组,才能正确识别字符。这时的群同步又称为字同步。又如,在传输电视信号时,可以将一幅画面称为一帧;一帧的像素是串行传送的。为了在接收端正确划分每幅画面像素的起止点,也需要同步。这种同步常称为帧同步。

此外,在有多个用户的通信网内,还有使网内各站点之间保持同步的网同步问题。前面提到的几种同步问题主要是在接收端采取措施,从接收信号中提取同步信息。而网同步问题的解决还常常需要在发送端采取积极措施,配合接收端共同解决。例如,在卫星通信网中,若有许多地球站和一个卫星接收机通信,大多数情况下地面发射机要利用卫星上的反馈信息,随时调整其发送频率和定时,以保持全网同步。

为了解决同步问题,除了在通信设备中要相应地增加硬件和软件,还时常需要在信号中增加使接收端同步所需的信息。这意味着可能需要为传输同步信息而增加传输时间和传输的能量。这也是为解决同步问题所需付出的代价,而此代价所换取的好处则是使接收端的性能改善,使最终得到的误码率下降。

在本章下面各节中将分别讨论建立载波同步、位同步、群同步和网同步的原理和方法。

7.2　载波同步方法

载波同步的方法可以分为两大类。第一类是在发送端的发送信号中插入一个专门的导频用于载波同步。导频是一个或几个特定频率的未经调制的正弦波。在接收端提取出导频,利用此导频的频率和相位来决定本地产生的载波频率和相位。第二类是在接收端设法从有用信号中直接提取出载波,而不需传送专门的导频。下面将分别介绍这两类方法。

7.2.1 插入导频法

插入导频法主要用于接收信号频谱中没有离散载频分量,且在载频附近频谱幅度很小的情况,例如用 5.4 节和 5.6.3 节中介绍的一些基带信号进行二进制相移键控(2PSK)、残留边带(VSB)和单边带(SSB)调制得到的信号。这种方法的特点是在发送端的发送信号中加入一个专门为接收端恢复载频用的正弦波。下面以 2PSK 信号为例,给出插入导频法的一种实现方案。

2PSK 可以看作抑制载波的双边带调幅。2PSK 信号的频谱中没有载频分量。若其基带调制信号具有余弦滚降特性,则已调信号频谱中在载频附近的分量也很小,这样就有利于在接收时将导频分量用滤波法分离出来。在此方案中插入的导频分量的相位与原调制载波的相位正交,如图 7.2.1 所示。这样做的目的是使接收端解调时在输出中不产生新增的直流分量。由下述数学分析就可以看清楚这一点。

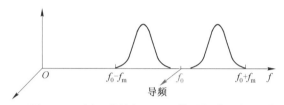

图 7.2.1　插入的导频和已调信号频谱示意图

设受调制的载波为 $A\sin\omega_0 t$,基带调制信号为 $m(t)$,$m(t)$ 频谱中的最高频率为 f_m,插入的导频为 $A\cos\omega_0 t$,则调制器输出信号 $s_0(t)$ 可以表示为:

$$s_0(t) = Am(t)\sin\omega_0 t + A\cos\omega_0 t \tag{7.2-1}$$

式中,$\omega_0 = 2\pi f_0$ 为载波角频率。

在接收端用窄带滤波器滤出导频分量,并将其移相 $\pi/2$,变成 $\sin\omega_0 t$,然后用它和接收信号相乘。设接收信号仍用 $s_0(t)$ 表示,则此乘积为:

$$s_0(t)\sin\omega_0 t = Am(t)\sin^2\omega_0 t + A\cos\omega_0 t\sin\omega_0 t = \frac{A}{2}m(t) - \frac{A}{2}m(t)\cos2\omega_0 t + \frac{A}{2}\sin2\omega_0 t \tag{7.2-2}$$

此乘积信号经过低通滤波后,滤除 $2f_0$ 频率分量,就可以恢复出原调制信号 $m(t)$。若所采用的导频不经过 $\pi/2$ 移相,则不难发现,用式(7.2-2)计算的结果中将增加直流分量。此直流分量可以通过低通滤波器,并可能对输出基带数字信号产生影响。按照上述分析得到的插入导频法原理方框图如图 7.2.2 所示。

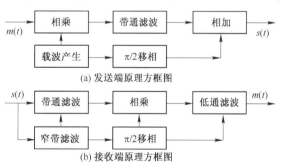

图 7.2.2　插入导频法原理方框图

7.2.2 直接提取法

1. 平方法

对于没有载波分量的信号,例如 2PSK 信号,可以用非线性变换的方法得到载波分量。而对信号做平方运算是常用的方法。下面我们对此做具体分析。

设接收信号为:

$$s(t) = m(t)\cos\omega_0 t \tag{7.2-3}$$

式中,$m(t)$ 为调制信号,它无直流分量。这样,在 $s(t)$ 中没有载频分量。将此接收信号平方后,得到:

$$s^2(t) = m^2(t)\cos^2\omega_0 t = \frac{1}{2}m^2(t) + \frac{1}{2}m^2(t)\cos 2\omega_0 t \qquad (7.2\text{-}4)$$

其中包含两倍载频($2f_0$)的分量,用窄带滤波器将此分量滤出,并经过二分频,就得出载频f_0的分量。平方法提取载频的一种最简单的原理方框图如图7.2.3(a)所示。

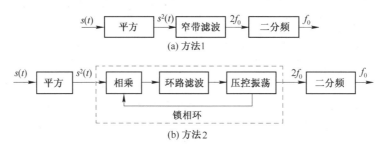

图7.2.3 平方法提取载频原理方框图

用平方法提取载频时,由于二分频电路的初始状态是随机的,使分频输出信号的初始相位有两种可能状态:0和π。也就是说,提取出的载频是准确的,但相位是模糊的。对于2PSK信号来说,可以造成错码,使"0"和"1"对调。解决的办法是采用2DPSK代替2PSK,这在第6章中已经提及。

用平方法提取载频时,可以使用锁相环(PLL)代替窄带滤波器,如图7.2.3(b)所示。由于锁相环的输出信号具有更好的稳定性,并且输入可以是不连续信号(例如,时分制信号),所以它的应用较为广泛。在现代数字接收机中,锁相环的具体电路可能大大有别于图7.2.3(b),但是其性能是等效的。例如,图中起鉴相作用的相乘电路可以用一组匹配滤波器代替,其中每个匹配滤波器的匹配特性具有稍微不同的相位偏置,其输出送给一个加权函数,使加权函数给出相位误差的估值。看起来这样做很复杂,但是用数字信号处理技术则很容易实现。又如,压控振荡器也可以用一个只读存储器实现,只读存储器的指针受一个时钟和误差估值器的输出联合控制。反馈路径也可能不是连续的,可以每帧只进行一次相位校正,或每组一次,视信号结构而定。此外,在信息流中还可以加入一个特殊的已知符号序列作为"头",以辅助估值过程。

2. 科斯塔斯环法

科斯塔斯(Costas)环法又称为同相正交环法。它也利用锁相环提取载频,但是不需要信号预先做平方处理,并且可以直接得到输出解调信号。这种方法的原理方框图如图7.2.4所示。

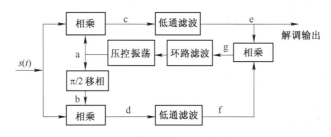

图7.2.4 科斯塔斯环法原理方框图

仍设接收信号为抑制载波的双边带信号$s(t)$,如式(7.2-3)所示,并设图7.2.4中a点和b点的本地载波电压为:

$$v_a = \cos(\omega_0 t + \theta) \qquad (7.2\text{-}5)$$

$$v_{\mathrm{b}} = \sin(\omega_0 t + \theta) \tag{7.2-6}$$

这样,在输入信号和本地载波相乘后得到 c 点和 d 点的电压:

$$v_{\mathrm{c}} = m(t)\cos\omega_0 t\cos(\omega_0 t + \theta) = \frac{1}{2}m(t)\left[\cos\theta + \cos(2\omega_0 t + \theta)\right] \tag{7.2-7}$$

$$v_{\mathrm{d}} = m(t)\cos\omega_0 t\sin(\omega_0 t + \theta) = \frac{1}{2}m(t)\left[\sin\theta + \sin(2\omega_0 t + \theta)\right] \tag{7.2-8}$$

经过低通滤波后,得到:

$$v_{\mathrm{e}} = \frac{1}{2}m(t)\cos\theta \tag{7.2-9}$$

$$v_{\mathrm{f}} = \frac{1}{2}m(t)\sin\theta \tag{7.2-10}$$

上面这两个电压再相乘后得到环路滤波器的输入电压为:

$$v_{\mathrm{g}} = v_{\mathrm{e}}v_{\mathrm{f}} = \frac{1}{8}m^2(t)\sin 2\theta \tag{7.2-11}$$

上式中的 θ 是本地锁相环中压控振荡器产生的本地载波相位与接收信号载波相位之差(误差)。电压 v_{g} 经过环路滤波器后加到压控振荡器上,控制其振荡频率。环路滤波器是一个低通滤波器,它只允许接近直流的电压通过,此电压用来调整压控振荡器输出的相位 θ,使 θ 尽可能小。当没有相位误差时,$\theta = 0$,所以 $v_{\mathrm{g}} = 0$。这时振荡器的控制电压也等于 0。

此压控振荡器的输出电压 v_{a} 就是从接收信号中提取的载波,可以用来进行相干接收。实际上,e 点电压 v_{e} 就是解调输出电压,因为它近似等于 $m(t)/2$。

科斯塔斯环法的优点是不需要平方电路。平方电路在频率很高时可能较难实现。要使科斯塔斯环给出理论上的最佳性能,则需要两路低通滤波器的性能完全一致,这对于模拟电路来说较难做到,但是若用数字电路则不难做到。此外,由锁相环理论可知,锁相环的稳定点有两个,即 θ 等于 0 和 π。因此,科斯塔斯环法提取载频相位也存在相位模糊问题。

3. 从多进制信号中提取载频

上面的讨论是以二进制抑制载波双边带(2PSK)信号为例进行分析的。分析时已假设所有信号都是先验等概率的,信号载波的平均功率为 0,故没有载频分量。对于多进制抑制载波调制信号,例如 QPSK 信号,若它是先验等概率的,则也没有载波分量。将其平方两次,也能得到载波分量。为了说明这一点,不失一般性,我们设一个 QPSK 信号的表示式为:

$$s(t) = m_1(t)\cos\omega_0 t + m_2(t)\sin\omega_0 t \tag{7.2-12}$$

式中,$m_1(t) = \pm 1; m_2(t) = \pm 1$。对其平方后,得到:

$$s^2(t) = 1 \pm \sin 2\omega_0 t \tag{7.2-13}$$

对于先验等概率的 QPSK 信号,上式中的 "$\pm$" 号表示其中的 $2f_0$ 分量的平均功率等于 0,即其频谱中没有 $2f_0$ 的分量。因此,需要滤除其中的直流分量后,再次平方,得到:

$$s^4(t) = \sin^2(2\omega_0 t) = \frac{1}{2} - \frac{1}{2}\cos 4\omega_0 t \tag{7.2-14}$$

上式表示在 4 次倍频的信号中含有 $4f_0$ 的分量,将它滤出并 4 分频,即可得到载频 f_0 分量。

上述方法属于用平方法对多进制抑制载波信号提取载频。我们也可以采用科斯塔斯环法对多进制信号提取载频。在图 7.2.5 中给出了对于 QPSK 信号提取载频的科斯塔斯环法原理方框图。其原理类似于图 7.2.4,这里不再赘述。

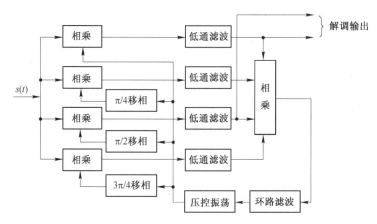

图 7.2.5 QPSK 科斯塔斯环法解调原理方框图

7.2.3 载波同步性能

1. 载波同步精确度

对于一个载波同步系统的性能要求首先是同步的精确度,即要求提取的载频和接收信号的载频保持同频同相。无论用上述何种方法,所提取的载频一般均无误差,除非在采用锁相环时发生错误锁定——锁定在输入信号频谱中的错误频率分量上。但是提取的载波相位却经常存在误差。相位误差 θ 有两种,一种是由电路参量引起的恒定误差,另一种是由噪声引起的随机误差。

当提取载频电路中存在窄带滤波器时,若其中心频率 f_q 和载波频率 f_0 不相等,存在一个小的频率偏差 Δf,则载波通过它时会有附加相移。设此窄带滤波器由一个单谐振电路组成,则由其引起的附加相移为:

$$\Delta\varphi \approx 2Q\Delta f/f_q \tag{7.2-15}$$

由上式可见,电路的 Q 值越大,附加相移也成比例增大。若 Q 值恒定,则此附加相移也是恒定的。

当采用锁相环提取载频时,为了使压控振荡器有一个小的输入控制电压去调整振荡频率,将其原振荡频率 f_q 调整到和信号载频 f_0 相同,需要有一个相位误差去产生这个输入控制电压。设锁相环的稳态相位误差为 $\Delta\varphi$,则有:

$$\Delta\varphi = \Delta f/K_q \tag{7.2-16}$$

式中,Δf 是 f_q 和 f_0 之差,而 K_q 为锁相环直流增益。

由噪声引起的相位误差 θ_n 是一个随机量,它和接收信号的信噪比有关。可以证明[10],在加性高斯噪声信道中,θ_n 的方差 $\overline{\theta_n^2}$ 与信噪比 r 的关系为:

$$\sigma_\varphi^2 = \overline{\theta_n^2} = 1/2r \tag{7.2-17}$$

式中,σ_φ 称为相位抖动;r 为信噪比。

在提取载频电路中的窄带滤波器对信噪比有直接的影响。对于给定的噪声功率谱密度,窄带滤波器的通频带越窄,使通过的噪声功率越小,信噪比越大,这样由式(7.2-17)可看出相位抖动就越小。另一方面,通频带越窄,要求滤波器的 Q 值越大,则由式(7.2-15)可知,恒定相位误差 $\Delta\varphi$ 就越大。所以,恒定相位误差和随机相位误差对于 Q 值的要求是矛盾的。

2. 同步建立时间和保持时间

从开始接收信号或从系统失步状态到提取出稳定的载频所需要的时间称为同步建立时间。

显然此时间越短越好。在同步建立时间内,由于相干载频的相位还没有调整稳定,所以不能正确接收码元。在 7.2.2 节中提到的在信息流中加入一个特殊的已知符号序列作为"头"的方法,也是为了填补这个同步建立时间而采取的措施。

从开始失去信号到失去载波同步的时间称为同步保持时间。显然希望此时间越长越好。长的同步保持时间使信号短暂丢失,或接收断续信号(例如,时分制信号)时,不需要重新建立同步,保持连续提供稳定的本地载波。

在同步电路中的低通滤波器和环路滤波器都是通频带很窄的电路。一个滤波器的通频带越窄,其惰性越大。也就是说,一个滤波器的通频带越窄,在其输入端加入一个正弦振荡时,其输出端振荡的建立时间越长;当其输入端振荡截止时,其输出端振荡的保持时间也越长。显然,这个特性和我们对于同步性能的要求是相左的,即建立时间短和保持时间长是互相矛盾的。在设计同步系统时只能折中处理。

3. 载波同步误差对误码率的影响

对于相位键控信号而言,载波同步不良引起的相位误差是影响接收信号误码率的主要原因之一。前面已经指出,载波同步的相位误差 θ 包括恒定误差 $\Delta\varphi$ 和随机误差(相位抖动)σ_φ:

$$\theta = \Delta\varphi + \sigma_\varphi \tag{7.2-18}$$

这里,将具体讨论此相位误差对于 2PSK 信号误码率的影响。让我们回忆式(7.2-9):

$$v_e = \frac{1}{2}m(t)\cos\theta$$

其中 θ 为相位误差,v_e 即解调输出电压,而 $\cos\theta$ 就是由相位误差引起的信号电压下降。信噪比 r 因此变为 $\cos^2\theta$ 倍。将它代入误码率公式(6.4-13),得到相位误差为 θ 时的误码率:

$$P_e = \frac{1}{2}\mathrm{erfc}(\sqrt{r}\cos\theta) \tag{7.2-19}$$

式中,$r = A^2/2\sigma_n^2$ 为信噪比。

载波相位同步误差除了直接使信噪比下降,影响误码率,对于某些种类的信号,还会使信号波形失真。例如,会使单边带信号产生失真。设有一单频基带信号:

$$m(t) = \cos\Omega t \tag{7.2-20}$$

对于载波 $\cos\omega_0 t$ 进行单边带调制后,取出上边带信号:

$$s(t) = \frac{1}{2}\cos(\omega_0 + \Omega)t \tag{7.2-21}$$

传输到接收端。若接收端的本地相干载波有相位误差 φ,则两者相乘后得到:

$$\frac{1}{2}\cos(\omega_0 + \Omega)t\cos(\omega_0 t + \varphi) = \frac{1}{4}\left[\cos(2\omega_0 t + \Omega t + \varphi) + \cos(\Omega t - \varphi)\right] \tag{7.2-22}$$

经过低通滤波器滤出的低频分量为:

$$\frac{1}{4}\cos(\Omega t - \varphi) = \frac{1}{4}\cos\Omega t\cos\varphi + \frac{1}{4}\sin\Omega t\sin\varphi \tag{7.2-23}$$

其中第 1 项是原调制基带信号,但是受到因子 $\cos\varphi$ 的衰减;第 2 项是和第 1 项正交的项,它使接收信号产生失真。失真程度随相位误差 φ 的增大而增大。对数字信号而言,这种失真显然将产生码间串扰,码间串扰又会使误码率进一步增大。

7.3 位 同 步

对二进制而言,位同步即码元同步。为了使每个码元得到最佳的解调,以及在准确的判决时刻进行接收码元的判决,必须知道码元准确的起止时刻。为了便于叙述,在下面的讨论中我们仅以二进制码元为例进行分析。位同步方法可以分为两大类。第一类称为外同步法,它需要在信号中外加包含位定时信息的导频或数据序列;第二类称为自同步法,它直接从信息码元序列中提取出位定时信息。显然,这种方法要求在信息码元序列中含有位定时信息。下面将分别介绍这两类同步方法,并重点介绍自同步法。

7.3.1 外同步法

外同步法又称辅助信息同步法。它是在正常信息码元序列外附加位同步用的辅助信息,以达到提取位同步信息的目的。常用的外同步法是在发送端信号中插入频率为码元速率($1/T$)或码元速率的倍数的位同步信号。在接收端利用一个窄带滤波器,将其分离出来,并形成码元定时脉冲。这种方法的优点是设备较简单;缺点是需要占用一定的频带宽带和发送功率。然而,在宽带传输系统,例如多路电话系统中,传输同步信息的占用频带和功率为各路信号所分担,每路信号的负担不大,所以这种方法还是比较实用的。

插入位同步信息的方法有多种。从时域考虑,可以连续插入,并随信号码元同时传输;也可以在每组信号码元之前增加一个"位同步头",由它在接收端建立位同步,并用锁相环使同步状态在相邻两个"位同步头"之间得以保持。从频域考虑,可以在信号码元频谱之外占用一段频谱,专门用于传输同步信息;也可以利用信号码元频谱中的"空隙"处,插入同步信息。

7.3.2 自同步法

自同步有两种,即开环同步和闭环同步。在5.5节中指出,二进制等概率的不归零码元序列中没有离散的码元速率频率分量。对于这种序列,在接收端需要对其进行某种变换,使其频谱中含有此离散分量,才能从中提取码元定时信息。开环法就是采用对输入码元做某种变换的方法提取位同步信息的。在闭环同步中,则用比较本地时钟和输入信号的方法,将本地时钟锁定在输入信号上。闭环法更为准确,但是也更为复杂。下面将对这两种方法分别做介绍。

1. 开环码元同步法

开环码元同步法有时也称为非线性滤波同步法。这种同步方法令输入基带码元通过一种非线性变换和滤波,从而得到码元速率的频率分量。在图7.3.1中给出了三个具体方案。在图7.3.1(a)中,输入信号为二进制不归零码元,它首先通过一个波形变换器,将不归零码元变成归零码元。这样,在码元序列频谱中就有了码元速率的分量。将此分量用窄带滤波器滤出,经过移相电路调整其相位后就可以由脉冲形成器产生出所需要的码元同步脉冲。在图7.3.2中给出了其中主要各点的波形。

在图7.3.1(b)中给出的是延迟相乘法的原理方框图。这种方法是用延迟相乘的方法使接收波形得到变换的。其中主要各点的波形如图7.3.3所示。由图可见,延迟相乘后码元波形的后一半永远是正值;而前一半则当输入状态有改变时为负值。因此,变换后的码元序列的频谱中就产生了码元速率的分量。选择延迟时间等于码元持续时间的一半可以得到最强的码元速率分量。

在图7.3.1(c)中给出了第三种方案。它采用微分电路去检测矩形码元脉冲的边沿。微分电路的输出是正负窄脉冲,它经过整流后得到正脉冲序列。此序列的频谱中就包含有码元速率的分量。由于微分电路对于宽带噪声很敏感,所以在输入端加一个低通滤波器。但是,加低通滤波器后又会使码元波形的边沿变缓,使微分后的波形的上升和下降速度也变慢。所以应当对低通滤波器的截止频率做折中选取。

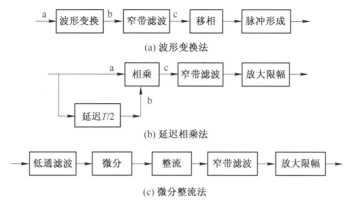

(a) 波形变换法

(b) 延迟相乘法

(c) 微分整流法

图 7.3.1　开环码元同步法的三种方案

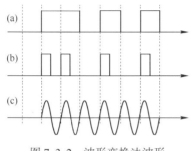

图 7.3.2　波形变换法波形

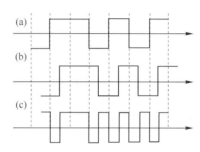

图 7.3.3　延迟相乘法波形

上述三种方案中,由于有随机噪声叠加在接收信号上,使所提取的码元同步信息产生误差。这个误差也是一个随机量。可以证明[27],若窄带滤波器的带宽等于 $1/KT$,其中 K 为一个常数,则提取同步的时间误差比例为:

$$|\bar{\varepsilon}|/T \approx 0.33/\sqrt{KE_b/n_0} , \quad E_b/n_0 > 5 , \quad K \geqslant 18 \qquad (7.3\text{-}1)$$

式中,$\bar{\varepsilon}$ 为同步误差时间的均值;T 为码元持续时间;E_b 为码元能量;n_0 为单边噪声功率谱密度。

因此,只要接收信噪比大,上述方案就能保证足够准确的码元同步。

2. 闭环码元同步法

开环码元同步法的主要缺点是存在非 0 平均同步跟踪误差。使信噪比增大可以降低此误差,由于是直接从接收信号波形中提取同步的,所以误差永远不可能降为 0。闭环码元同步法是将接收信号和本地产生的码元定时信号相比较,使本地产生的定时信号和接收码元波形的转变点保持同步。这种方法类似于载频同步中的锁相环法。

应用最广泛的一种闭环码元同步器称为超前/滞后门同步器。在图 7.3.4 中画出了它的一种原理方框图。图中有两个支路,每个支路都有一个与输入信号 $m(t)$ 相乘的门信号,分别称为"超前门"和"滞后门"。相乘后的信号再进行积分,通过超前门的信号的积分时间是从码元周期

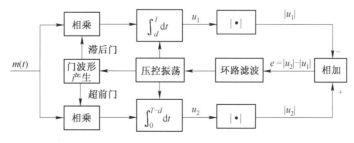

图 7.3.4　超前/滞后门同步原理方框图

开始时间至$(T-d)$秒。这里所谓的码元周期开始时间,实际上是指环路对此时间的最佳估值,标称此时间为0。通过滞后门信号的积分开始时间晚d秒,积分到码元周期的末尾,即标称时间T。此二积分器输出电压的绝对值之差e就代表接收端码元同步误差。该误差信号再通过环路滤波器反馈到压控振荡器去校正环路的定时误差。

在图7.3.5中画出了超前/滞后门同步器波形图。在完全同步状态下,这两个门的积分期间全部在一个码元持续时间内,如图7.3.5(a)所示。所以,两个积分器对信号$m(t)$的积分结果相等,故其绝对值相减后得到的误差信号e为0。这样,同步器就稳定在此状态。若压控振荡器的输出时间超前于输入信号码元Δ,如图7.3.5(b)所示,则滞后门仍然在其全部积分期间$(T-d)$内积分,而超前门的前Δ时间落在前一码元内,这将使码元波形突跳前后的2Δ时间内信号的积分值为0。因此,误差电压$e=-2\Delta$,它使压控振荡器得到一个负的控制电压,从而使压控振荡器的振荡频率减小,并使超前/滞后门受到延迟。同理可见,若压控振荡器的输出滞后于输入码元,则误差电压e为正值,使压控振荡器的振荡频率升高,从而使其输出提前。图7.3.5中的两个门的积分区间大约等于码元持续时间的3/4。实际上,若此区间设计为等于码元持续时间的一半,将能够给出最大的误差电压,即压控振荡器能得到最大的频率受控范围。

在上面讨论中已经暗中假设接收信号中的码元波形有突跳边沿。若它没有变化,则无论有或无同步时间误差,超前门和滞后门的积分结果总是相等,这样就没有误差信号去控制压控振荡器,故不能使用此法取得同步。这个问题在所有自同步法的码元同步器中都存在,在设计时必须加以考虑。此外,由于两个支路积分器的性能也不可能做得完全一样,这样将使本来应该等于零的误差值产生偏差。当接收码元序列中较长时间没有突跳边沿时,此误差值

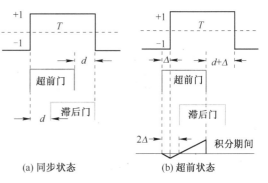

图7.3.5 超前/滞后门同步器波形图

持续地加在压控振荡器上,使振荡频率持续偏移,从而使系统失去同步。

为了使接收码元序列中不会长时间没有突跳边沿,可以按照5.4节给出的方法在发送端对基带码元的传输码型做某种变换,改用适当的码型,例如HDB_3码,使发送码元序列不会长时间没有突跳边沿。

7.3.3 位同步误差对误码率的影响

在用匹配滤波器或相关器接收码元时,其积分器的积分时间长短直接和信噪比E_b/n_0有关。若积分期间比码元持续时间短,则积分的码元能量E_b显然变小,而噪声功率谱密度n_0却不受影响。借用图7.3.5(b)可以看出,在相邻码元有突跳边沿时,若位同步时间误差为Δ,则积分时间将损失2Δ,积分得到的码元能量将减小为$E_b(1-2\Delta/T)$;在相邻码元没有突跳边沿时,则积分时间没有损失。对于等概率随机码元信号,有突跳的边沿和无突跳的边沿各占1/2。以等概率2PSK信号为例,其最佳误码率[见式(6.4-13)]为:

$$P_e = \frac{1}{2}\mathrm{erfc}\left(\sqrt{r}\right)$$

故在有相位误差时的平均误码率为:

$$P_e = \frac{1}{4}\mathrm{erfc}\left(\sqrt{r}\right) + \frac{1}{4}\mathrm{erfc}\left[\sqrt{r\left(1 - \frac{2\Delta}{T}\right)}\right] \tag{7.3-2}$$

7.4 群 同 步

7.4.1 概述

本章概述中提到,为了使接收到的码元能够被理解,需要知道其是如何分组(群)的。因此,接收端需要群同步信息去划分接收码元序列。群同步信息有两类传递方法。一类方法是在发送端利用特殊的码元编码规则使码组本身自带分组信息。另一类方法是在发送码元序列中插入用于群同步的若干特殊码元,称为群同步码。群同步码的插入方法主要有两种。一种是集中插入群同步码组,另一种是分散插入群同步序列。

集中插入群同步码组,是将特定的群同步码组插到一群码元的前面,如图 7.4.1(a)所示,接收端一旦检测到这个特定的群同步码组就马上知道了这群码元的"头"。所以这种方法适用于要求快速建立同步的地方,或间断传输信息并且每次传输时间很短的场合。检测到此特定码组可以利用锁相环保持一定时间的同步。为了长时间地保持同步,则需要周期性地将这个特定码组插到每群码元之前。

分散插入群同步序列,是将一种特殊的周期性序列分散插入信号序列中,在每群信号码元前插入一个(也可以插入很少几个)群同步码元即可,如图 7.4.1(b)所示。因此,必须花费较长时间接收若干群信号码元后,根据群同步序列的周期特性,从长的信号码元序列中找到群同步码元的位置,从而确定信号码元的分群。这种方法的好处是对于信号码元序列的连贯性影响较小,不会使信号码元群之间分离过大,但是它需要较长的同步建立时间。故适用于连续传输信号之处,例如数字电话系统中。

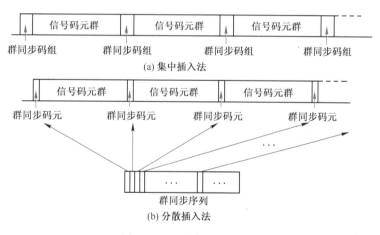

图 7.4.1 群同步码的插入

为了建立正确的群同步,无论用哪种方法,接收端的同步电路都有两种状态,即捕捉态和保持态。在捕捉态时,确认搜索到群同步码的条件必须规定得很高,以防发生假同步。一旦确认达到同步状态后,系统就转入保持态。在保持态下,仍需不断地监视同步码的位置是否正确。这时,为了防止因噪声引起的个别错误而导致认为失去同步,应该降低判断同步的条件,以使系统稳定工作。

除了上述两种方法,还有一种同步法,称为起止式同步法。它主要适用于低速的手工操作的电传打字机中。在电传报文中,一个字符可以由 5 个二进制码元组成,在此 5 个码元之前加入一个码元宽度的低电平,称为"起脉冲";在此 5 个码元之后加入一个高电平,称为"止脉冲",它的宽度为 1.5 个码元(见图 7.4.2)。这样,当电传打字机没有字符输出时,其输出端经常保持高电平状态。每当有一个字符输出时,其输出端电平先下降一个码元持续时间,表示字符的开始,然后按照字符的编码输出 5 个信息码元,再变成高电平,等待下一个码元的到来。这种方法适用于手工操作时输入字符间隔不均匀的情况,并且不需要位同步,因为每一个码组(这里是字符)很短,本地时钟不需要很精确就能维持在几个码元期间的准确性。在这种同步法中一个字符不一定必须由 5 个码元组成,例如也可

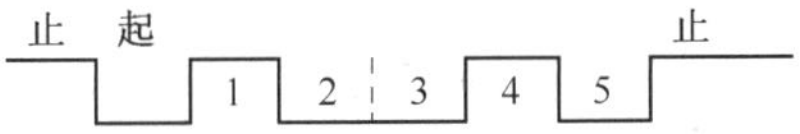

图 7.4.2　起止式同步法

能是 7 位的 ASCII 码。起止式同步通信有时也称为异步式通信,因为其码元间隔不等。

对起止式同步法只做如上简单介绍。下面将对集中插入法和分散插入法分别给予讨论。

7.4.2　集中插入法

集中插入法,又称连贯式插入法。这种方法中采用的群同步码组要求具有优良的自相关特性,以便容易地从接收码元序列中识别出来。在 2.2.2 节中曾经给出模拟函数的自相关函数的定义。这里给出有限长度码元序列的局部自相关函数定义如下:设有一个码组,它包含 N 个码元 $\{x_1, x_2, \cdots, x_N\}$,则其局部自相关函数(下面简称自相关函数)为:

$$R(j) = \sum_{i=1}^{N-j} x_i x_{i+j} \qquad 1 \leqslant i \leqslant N, \quad j\text{ 为整数} \qquad (7.4\text{-}1)$$

式中,N 为码组中的码元数目;x_i 为码元的取值,可以取 +1 或 −1。

显然可见,当 $j = 0$ 时

$$R(0) = \sum_{i=1}^{N} x_i x_i = \sum_{i=1}^{N} x_i^2 = N \qquad (7.4\text{-}2)$$

此外,上式在运算中,已假定当 $1 > i$ 和 $i > N$ 时,$x_i = 0$。

自相关函数的计算,实际上是计算两个码组互相移位、相乘、再求和。若一个码组仅在 $R(0)$ 处出现峰值,在其他处的 $R(j)$ 均很小,则可以用求自相关函数的方法对接收码元序列进行运算,寻找峰值,从而确定此码组的位置。若有一个包含 N 个码元的码组,其 $R(0) = N$,在其他处 $R(j)$ 的绝对值均不大于 1,则称其为巴克(Barker)码[28]。故巴克码的自相关函数可以用下式表示:

$$R(j) = \sum_{i=1}^{N-j} x_i x_{i+j} = \begin{cases} N & j = 0 \\ 0 \text{ 或 } \pm 1 & 0 < j < N \\ 0 & j \geqslant N \end{cases} \qquad (7.4\text{-}3)$$

巴克码尚未找到一般构造方法,目前只搜索到 10 组巴克码,其最大长度为 13,全部列在表 7.4.1 中。需要注意的是,在用穷举法寻找巴克码时,表 7.4.1 中各码组的反码(即正负号相反的码)和反序码(即时间顺序相反的码)也是巴克码。现在以 $N = 5$ 的巴克码为例,在 $j = 0 \sim 4$ 的范围内,考察其自相关函数的值(见图 7.4.3)。由图可见,其自相关函数的绝对值除 $R(0)$ 外,均不大于 1。由于自相关函数是偶函数,因此其自相关函数曲线如图 7.4.4 所示。

有时将 $j = 0$ 时的 $R(j)$ 的值称为主瓣,其他处的值称为旁瓣。上面得到的巴克码的旁瓣值不大于 1,是假设在巴克码组之外,码元取值为 0(已经假设当 $1 > i$ 和 $i > N$ 时,$x_i = 0$)。这个假设的依据是信号码元的出现是等概率的,即出现 +1 和 −1 的概率相等。但巴克码太短,不能保证这个假定总是成立。威拉德(Willard)用计算机仿

表 7.4.1　巴克码

N	巴克码
1	+
2	++或+−
3	++−
4	+++−或++−+
5	+++−+
7	+++−−+−
11	+++−−−+−−+−
13	+++++−−++−+−+

说明:表中"+"代表"+1","−"代表"−1"。

真法找到长度等于巴克码组的最佳码组,它能对随机相邻码元给出最小错误同步概率[29]。在表 7.4.2 中给出了威拉德码。

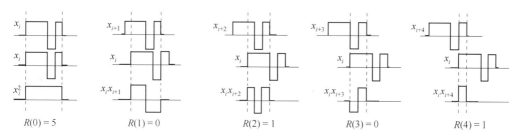

$R(0) = 5$ $R(1) = 0$ $R(2) = 1$ $R(3) = 0$ $R(4) = 1$

图 7.4.3 巴克码($N=5$)的自相关函数值举例

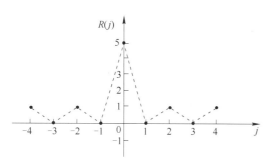

图 7.4.4 巴克码($N=5$)自相关函数曲线

表 7.4.2 威拉德码

N	威 拉 德 码
1	+
2	+-
3	++-
4	++--
5	++-+-
7	+++-+--
11	+++-++-+---
13	+++++--+-+---

说明:表中"+"代表"+1","-"代表"-1"。

巴克码和威拉德码的最大长度都为 13。不难想象,同步码组的长度 N 越大,其识别的准确性越高。由于可以采用计算机搜寻,目前已经找到一些更长的可以用于群同步的码组。例如,在斯匹尔克(Spilker)的著作[30]中列出了由纽曼(Newman)和霍夫曼(Hofman)找到的 $N=24$ 以下的码组,并提到后者的原著[31]中有 $N=100$ 的码组。在吴氏(W. W. Wu)的著作[32]中列出了长达 $N=30$ 的毛瑞型(Maury-Styles)码组,以及长达 40 的林德(Linder)码组。

在实现集中插入法时,接收端可以按上述公式用计算机计算出接收码元序列的自相关函数,一旦发现自相关值等于同步码组的长度 N 时,就认为捕捉到了同步,并将系统从捕捉态转换为保持态。此后,继续考察同步位置上的接收码组是否仍然具有等于 N 的自相关值。当系统失去同步时,自相关值立即下降。但是自相关值下降并不等于一定失步,因为噪声也可能引起自相关值下降。为了保护同步状态不易被噪声等干扰所打断,在保持状态时要降低对自相关值的要求,即规定一个小于 N 的值,例如($N-2$),只有所考察的自相关值小于($N-2$)时才判定系统失步。于是系统转入捕捉态,重新捕捉同步码组。

7.4.3 分散插入法

分散插入法又称间隔式插入法。通常它采用简单的周期性循环序列作为群同步码,并分散地插入信息码元序列中。例如,在数字电话系统中常采用"1/0"交替码,即轮流发送二进制数字"1"和"0",见图 7.4.5。在接收端,为了找到群同步码的位置,需要按照其周期 P 搜索若干个周期,若在规定数目的所有搜索周期内,在间隔为 P 的位置上,都满足"1/0"交替规律,则认为该位置就是群同步码的位置。至于具体的搜索方法,由于计算技术的发展,目前多采用软件的方法,不再采用硬件逻辑电路实现。软件搜索方法大体有如下两种。

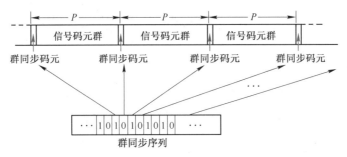

图 7.4.5 "1/0"交替码分散插入法

1. 移位搜索法

在这种方法中,对接收码元逐个考察,若考察第一个接收码元就发现它符合群同步码元的要求,则暂时假定它就是群同步码元;在等待一个周期 P 后,再考察下一个预期位置上的码元是否还符合要求,若连续 n 个周期都符合要求就认为捕捉到了群同步码(n 是预先设定的一个值)。若第一个接收码元不符合要求或在 n 个周期内出现一次被考察的码元不符合要求,则推迟一位考察下一个接收码元,直至找到符合要求的码元并保持连续 n 个周期都符合为止。这时捕捉态转为保持态。在保持态,同步电路仍然要不断地考察同步码是否正确,但是为了防止考察时因噪声偶然发生一次错误而误认为失去同步,一般可以规定在连续 n 个周期内发生 m 次($m<n$)考察错误才认为失去同步。这种措施称为同步保护。在图 7.4.6 中画出了按照上述方法进行同步的流程图。

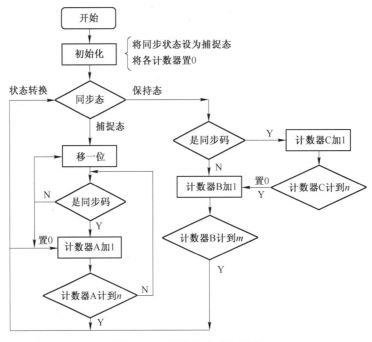

图 7.4.6 移位搜索法流程图

2. 存储检测法

在这种方法中先将接收码元序列保存在计算机的 RAM 中,再进行检测。图 7.4.7 画出了其示意图,它按先进先出(FIFO)的原理工作。图中画出的存储容量为 40 b,它相当于 5 帧信息码元长度,每帧长 8 b,其中包括 1 b 同步码。编号为"01"的码元最先进入 RAM,编号为"40"的码元为当前进入 RAM 的码元。每进入 1 比特时,立即检测图中最右一列存储位置中的码元是否符合同步序列的规律(例如,"1/0"交替)。按图示的例子,相当于只连续检测了 5 个周期。若它们都符合同步序列的规律,则判定新进入的码元为同步码。若不完全符合,则在下一比特进入时继续检测。实际应用中,这种方案需要的同步建立时间可能较长。例如在单路数字电话系统中,每帧长度可能有 50 多比特,而检测帧数可能有数十帧。这种方法需要加同步保护措施,其原理与第一种方法类似,这里不再重复。

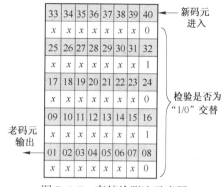

图 7.4.7 存储检测法示意图

7.4.4 群同步性能

数字通信系统对于群同步性能要求的主要指标是假同步概率 P_f 和漏同步概率 P_1。所谓假同步是指将错误的同步位置当作正确的同步位置捕捉到;漏同步是指将正确的同步位置漏过而没有捕捉到。漏同步主要是因噪声的影响,将正确的同步码元变成错误的码元。而产生假同步的主要原因是把信息码元错当成同步码元。

现在来计算漏同步概率。设接收码元错误概率为 p,需检测的同步码元数为 n,检测时允许错误的最大码元数为 m,即被检测码组中错误码元数不超过 m 时仍判定为同步码组,则未漏判定为同步码的概率为:

$$\sum_{r=0}^{m} C_r^n p^r (1-p)^{n-r} \tag{7.4-4}$$

式中,C_r^n 为 n 中取 r 的组合数。所以,漏同步概率:

$$P_1 = 1 - \sum_{r=0}^{m} C_r^n p^r (1-p)^{n-r} \tag{7.4-5}$$

当不允许有错误,即设定 $m=0$ 时,上式变为:

$$P_1 = 1 - (1-p)^n \tag{7.4-6}$$

这就是不允许有错同步码元时漏同步的概率。

在分析假同步的概率时,假设信息码元是等概率的,即其中"1"和"0"出现的先验概率相等。并且假设假同步完全是由于某个信息码组被误认为是同步码组造成的。若同步码组长度为 n,则 n 位的信息码组有 2^n 种排列。它被错当成同步码组的概率和允许的错误码元数 m 有关。若不允许有错码,即 $m=0$,则只有一种可能,即信息码组中的每个码元恰好都和同步码元相同。若 $m=1$,则有 C_1^n 种可能。因此假同步的总概率为:

$$P_f = \frac{\sum_{r=0}^{m} C_r^n}{2^n} \tag{7.4-7}$$

式中,分母 2^n 是全部可能出现的信息码组数。

比较式(7.4-5)和式(7.4-7)可见,当判定条件放宽,即 m 增大时,漏同步概率减小,但假同步概率增大。所以,两者是矛盾的。设计时需折中考虑。

除了上述两个指标,对于群同步的要求还有平均建立时间。显然,平均建立时间越快越好。按照不同的群同步方法,此时间不难计算出来,此处不再详述。

7.5 网 同 步

7.5.1 概述

网同步是指通信网的时钟同步,解决网中各站的载波同步、位同步和群同步等问题。对于单向通信,例如广播,以及一条链路的通信,例如地面微波链路及光纤链路,一般都由接收机承担解决全部网同步的功能。对于多用户接入系统,例如大多数卫星通信系统,同步则完全是终端站的事。也就是说,为了达到同步的目的,地面终端站发射机的参数要做调整,而不是调整卫星上中心站的接收机参数。时分多址(TDMA)系统中必须采用这种方法。因为在 TDMA 系统中,每个用户只允许在分配给的一段时隙内发送信息。地面终端发射机必须和整个网同步,以求其发送的信息到达卫星上中心站时,恰好是中心站准备接收其信息的时间。终端发射机同步对于中心站采用频分多址(FDMA)处理信号的系统也是有意义的。若各终端预先校准好它们的发送时间,使之和中心站同步,则中心站能用一组固定的信道滤波器和单一的参考时间去处理所有信道。否则,中心站可能需要对每一路输入信号有单独的时间和频率捕捉跟踪能力,以应付邻道干扰变化的可能性。显然,终端发射机同步通常是一种简洁合理的网同步方法。

发射机同步方法可以分为开环和闭环两种。开环法不需依靠对中心站处接收信号参量的任何测度。终端站对其发送时间预先校正的根据是它所存储的链路参量数据,此数据是外部有关部门提供的。但是它还可以按照从中心站送回的信号加以修正。开环法依靠的是准确的可以预测的链路参量。当链路的路径确定,且链路本身一旦建立后将连续工作较长时间时,这种方法很好。但是当链路的路径不确定,或终端站只是断续地接入时,这种方法就难以有效地使用。

开环法的主要优点是捕捉快、不需要反向链路也能工作和实时运算量小。其缺点是需要外部有关部门提供所需的链路参量数据,并且缺乏灵活性。对于系统特性没有直接的实时测度就意味着系统不能对计划外的条件变化做出快速调整。

闭环法则不需要预先得知链路参量的数据。链路参量数据在减少捕捉时间上会有一定的作用,但是不需要像开环法所要求的那样精确。在闭环法中,中心站需要度量来自终端站的输入信号的同步误差,并将度量结果通过反向信道送给终端站。因此,闭环法需要一条反向信道传送此结果,并且终端站需要有根据此反馈信息适当调整其特性的能力。因此,闭环法的缺点是终端站需要有较高的实时处理能力,并且每个终端站和中心站之间要有双向链路。此外,捕捉同步也需要较长的时间。但是,闭环法的优点是不需要外部供给有关链路参量的数据,并且可以很容易地利用反向链路来及时适应路径和链路情况的变化。

7.5.2 开环法

开环法又可以分为两类。一类需利用反向链路提供的信息,另一类则不然。后者对于实时处理的要求最低,但是其通信性能显然和链路特性的稳定性有很大关系。

下面将结合卫星通信系统的性能来做进一步的讨论[19]。这时,中心站在卫星上,终端站在地面。所有发射机的同步系统都企图预先校正信号的定时和频率,以求信号以预期的频率在预期的时间内到达接收机。因此,为了预先校正时间,发射机需要计算信号的传输时间,即用电磁波的传播速率去除发射机和接收机间的距离,并将发送时间按计算结果适当提前。这样,信号到达中心站的时间为:

$$T_a = T_t + d/c \tag{7.5-1}$$

式中，T_t 为实际发送开始时间；d 为传输距离；c 为光速。

类似地，为了预先校正发送频率，发射机需要考虑由于发射机和接收机间相对运动产生的多普勒频移。为了能够正确接收，发送频率应为

$$f \approx (1-V/c)f_0 \qquad (7.5\text{-}2)$$

式中，V 为相对速度（距离缩短时为正）；f_0 为标称发送频率。

实际上无论是时间还是频率都不能准确预先校正。即使是静止卫星，它相对于地面上的一个固定的接收点也有轻微移动。所以终端站和中心站上的参考时间和参考频率都不能准确地预测。时间预测的误差可以表示为：

$$T_e = r_e/c + \Delta t \qquad (7.5\text{-}3)$$

式中，r_e 为距离估值的误差；Δt 为发射机处和接收机处参考时间之差。

频率误差可以表示为：

$$f_e = V_e f_0/c + \Delta f \qquad (7.5\text{-}4)$$

式中，V_e 为发射机和接收机间相对速度的测量误差或预测误差；Δf 为发射机和接收机参考频率间的误差。

误差 Δt 和 Δf 通常是由参考频率的随机起伏引起的。发射机或接收机的参考时间通常来自参考频率的周期，故参考时间和参考频率的准确性有关。参考频率的起伏很难用统计方法表述，通常规定一个每天最大容许误差：

$$\delta = \Delta f/f_0 \qquad (\text{Hz}/(\text{Hz} \cdot \text{day})) \qquad (7.5\text{-}5)$$

对于廉价的晶体振荡器，δ 的典型范围为 $10^{-5} \sim 10^{-6}$；对于高质量的晶体振荡器，δ 为 $10^{-9} \sim 10^{-11}$；对于铷原子钟，δ 为 10^{-12}；对于铯原子钟，δ 为 10^{-13}。在规定每天最大容许误差的情况下，若无外界干预，则频率偏移将随时间线性增大：

$$\Delta f(T) = f_0 \int_0^T \delta \mathrm{d}t + \Delta f(0) = f_0 \delta T + \Delta f(0) \qquad (\text{Hz}) \qquad (7.5\text{-}6)$$

式中，$\Delta f(T)$ 为在时间 T 内增大的频率偏移；$\Delta f(0)$ 为初始（$t=0$ 时）频率偏移；T 为时间（天）。

若参考时间是按计算周期得到的，则积累的时间偏差 $\Delta t(T)$ 和参考频率的积累相位误差有关：

$$\Delta t(T) = \int_0^T \frac{\Delta f(t)}{f_0} \mathrm{d}t + \Delta t(0) = \int_0^T \delta t \mathrm{d}t + \int_0^T \frac{\Delta f(0)}{f_0} \mathrm{d}t + \Delta t(0)$$

$$= \frac{1}{2}\delta T^2 + \frac{\Delta f(0)T}{f_0} + \Delta t(0) \qquad (7.5\text{-}7)$$

由上式可以看出，若没有外界干预，参考时间误差可以随时间按平方律增长。对于发射机开环同步系统，通常这个不断增长的时间误差限定了外部有关设备在多长时间内必须给予一次校正；或更新终端站内的关于中心站接收机的定时数据，或重新将中心站接收机和地球站发射机的参考时间设置到标称时间。由于误差按平方律增长，所以它不仅是频率误差问题，而更是一个运行问题。

若发射机中没有来自反向链路的信息，系统设计者以式（7.5-3）和式（7.5-7）作为模型得出时间和频率偏差，以决定两次干预之间的最大时间间隔。参考时间和参考频率的重新校准是一项繁重的任务，应该尽可能少做。

若终端站已经接至中心站的反向链路，并能够将本地参考和输入信号参量做比较，则两次校准的时间间隔可以更长些。大型卫星控制站能够对静止卫星的轨道参量进行测量和模拟，距离精度可达几十米，与地面终端站的相对速度精度可达几米每秒。这样，在用静止卫星作为中心站时，式（7.5-3）和式（7.5-4）中右端第一项通常可以忽略。于是，输入信号参量与由终端站参考时间和参考频率产生的参量之间的误差近似等于式（7.5-6）和式（7.5-7）中的 Δt 和 Δf。对下行链

路测量的这两项误差可以用于计算对上行传输的校正。另一方面,若已知参考时间和参考频率是准确的,但是链路的路径有变动,例如终端站在运动或卫星不是静止的,对下行链路的同样测量也可以用于解决距离或速度不确定的问题。这种距离和相对速度的测量可以用于预先校正上行信号的定时和频率。

终端站能够利用对反向链路信号测量进行同步的方法有时称为准闭环发射机同步法。该方法显然比纯开环法更适应通信系统的变动性。纯开环法要求只有对所有重要的链路参量预先有全面的了解,才能成功地运行,不能容忍链路有预料之外的变化。

7.5.3 闭环法

闭环法需要终端站发送特殊的同步信号,用于中心站决定信号到达接收机时信号的时间和频率误差。所得结果通过反向链路反馈给终端站发射机。若中心站具有足够的处理能力,则中心站可以进行实际的误差测量。这种测量可以给出偏离的量和方向,也可以只给出方向。这个信息可以被格式化后由反向链路送回终端站发射机。若中心站没有处理能力,则此特殊同步信号可以直接由反向链路送回终端站发射机。在这种情况下,为自己解读返回信号就成为了终端站发射机的任务的一部分。如何设计此特殊的同步信号,使之易于明确解读,是一项富有挑战性的任务。

这两种闭环系统的相对优缺点与有信号处理能力的地点,以及信道使用效率有关。在中心站处理的主要优点是在反向链路上传送的误差测量结果可以是一个短的数字序列。当一条反向链路为大量终端所时分复用时,这样有效地利用返回链路是非常重要的。第二个优点是在中心站上的误差测量手段能够被所有连到中心站的终端共享,这相当于大量节省了系统的处理能力。在终端站处理的主要优点是中心站不需要易于接入,并且中心站可以设计得较简单以提高可靠性。在卫星上的中心站就是一个这样的典型例子(不过由于技术的进步,设计是否简单显得并不重要了)。在终端站处理的另一个优点是响应更快,因为没有在中心站处理带来的延迟。若链路的参量变化很快,则这一点是很重要的。其主要缺点是反向信道的使用效率不高,以及返回信号可能难于解读——这种情况发生在中心站不仅简单地转发信号,而且还对码元做判决,再在反向链路上发送此判决结果。这种码元判决的能力可以大大改进终端站至终端站间传输的误差性能,但是它也使同步过程复杂化。这是因为在反向信号中含有时间和频率偏离的影响,即对码元判决产生的影响。例如,设一个终端站采用 2FSK 向中心站发送信号,中心站采用非相干解调。这时的判决将决定于信号能量。中心站接收的信号可以用下式表示:

$$s(t)=\begin{cases} \sin[(\omega_0+\omega_s+\Delta\omega)t+\theta] & 0\leqslant t\leqslant\Delta t \\ \sin[(\omega_0+\Delta\omega)t+\theta] & \Delta t<t\leqslant T \end{cases} \tag{7.5-8}$$

式中,T 为码元持续时间;ω_0 为 2FSK 信号的一个码元的角频率;$(\omega_0+\omega_s)$ 为 2FSK 信号另外一个码元的角频率;$\Delta\omega$ 为中心站接收信号的角频率误差;Δt 为中心站接收信号到达的时间误差;θ 为任意相角。

现在,若中心站解调器输出的两个正交分量为:

$$x=\frac{1}{T}\int_0^T s(t)\cos\omega_0 t\mathrm{d}t \tag{7.5-9}$$

$$y=\frac{1}{T}\int_0^T s(t)\sin\omega_0 t\mathrm{d}t \tag{7.5-10}$$

则解调信号的能量为:

$$z^2=x^2+y^2=\left\{\frac{\sin[(\omega_s+\Delta\omega)\Delta t/2]}{(\omega_s+\Delta\omega)T}\right\}^2+\left\{\frac{\sin[\Delta\omega(T-\Delta t)/2]}{\Delta\omega T}\right\}^2+$$

$$\frac{\cos(\Delta\omega\Delta t) + \cos[\Delta\omega T - (\omega_s + \Delta\omega)\Delta t] - \cos(\Delta\omega T) - \cos(\omega_s \Delta t)}{2\Delta\omega(\omega_s + \Delta\omega)T^2} \qquad (7.5\text{-}11)$$

对于时间误差为 0 的特殊情况,上式变为:

$$z^2 = \left[\frac{\sin(\Delta\omega T/2)}{\Delta\omega T}\right]^2 \qquad (7.5\text{-}12)$$

对于频率偏差为 0 的特殊情况,式(7.5-11)变为:

$$z^2 = \left(\frac{T - \Delta t}{2T}\right)^2 + \left[\frac{\sin(\omega_s \Delta t/2)}{\omega_s T}\right]^2 \qquad (7.5\text{-}13)$$

从式(7.5-11)至式(7.5-13)可以看出,存在任何时间误差、频率偏差,或者两者都存在,将使码元的位置偏离解调器正确积分的位置,造成对 2FSK 信号进行积分的两个积分器中,正确信号积分器得到的信号能量下降,部分能量移到另一个积分器中,误码率因而增大。

在这个 2FSK 系统的例子中,有一个预先校正频率的办法,这就是终端站发送一个连续的正弦波,其频率等于 2FSK 信号中两个频率的平均值。它将在反向(自中心站向终端站)链路中产生一个二进制随机序列,若没有频率偏差,则序列中的两种符号的概率相等。利用这种原理就能找到中心频率,从而在终端站上准确地预先校正频率。一旦找到正确的频率,终端站发射机就交替地发送这两种符号,以寻找正确的定时。在半个码元区间内改变发送的定时,发射机就能找到使误码率最大的时间。在中心站收到的码元位置和正确位置相差半个码元区间时,两个检波器给出相等的能量,故在反向链路上的二进制序列将是随机的。终端站发射机可以用这种原理计算正确的定时。这种方法比用寻找误码性能最佳点的方法更好。因为在任何设计良好的系统中,码元能量大得足以容许存在少许定时误差,所以即使定时不准反向信号也可能没有误码。

7.6 小　　结

本章讨论同步问题。通信系统中的同步包括载波同步、位同步、群同步和网同步。

载波同步的目的是使接收端产生的本地载波和接收信号的载波同频同相。对于不包含载频分量的接收信号才需要解决载波同步问题。载波同步的解决方法可以分为插入导频法和直接提取法两大类。一般说来,后者使用较多。常用的直接提取法有平方法和科斯塔斯环法。平方法的主要优点是电路实现较简单,科斯塔斯环法的主要优点是不需要平方电路,因而电路的工作频率较低。无论采用哪种方法,都存在相位模糊问题。载频提取电路中的窄带滤波器的 Q 值对于同步性能有很大影响。恒定相位误差和随机相位误差对于 Q 值的要求是矛盾的。同步建立时间和保持时间对于 Q 值的要求也是矛盾的。因此必须折中选用滤波器的 Q 值。

位同步的目的是使每个码元得到最佳的解调和判决。位同步方法可以分为外同步法和自同步法两大类。一般而言,自同步法应用较多。外同步法需要另外专门传输位同步信息。自同步法则是从信号码元中提取其包含的位同步信息。自同步法又可以分为两种,即开环码元同步法和闭环码元同步法。开环码元同步法采用对输入码元做某种变换的方法提取位同步信息。闭环码元同步法则用比较本地时钟和输入信号的方法,将本地时钟锁定在输入信号上。闭环码元同步法更为准确,但是也更为复杂。位同步不准确将引起误码率增大。

群同步的目的是能够正确地将接收码元序列分组,使接收信息能够被正确理解。群同步方法分为两种。第一种是在发送端利用特殊的编码方法使码组本身自带分组信息。第二种是在发送码元序列中插入用于群同步的群同步码。一般而言,大多采用第二种方法。群同步码的插入方法又有两种。一种是集中插入群同步码组,另一种是分散插入群同步序列。前者集中插入像巴克码一类的专门做群同步用的码组,它适用于要求快速建立同步的地方,或间断传输信息并且每次传输时间很短的场合。后者分散插入简单的周期性序列作为群同步码。它需要较长的同步建立时间,适用于连续传输信号之处,例如数字电话系统中。为了建立正确的群同步,无论用哪种方法,接收端的同步电路都有两种状态:捕捉态和保持态。在捕捉态时,确认搜索到群同步码的条件必须规定得很高,以防止发生假同步。在保持态时,为了防止因为噪声引起的个别错误导致误失去同步,应该降低判断同步的条件,以使系统稳定地工作。除了上述两种方法,还有一种同步法,称为起止式同步法,它也可以看作一种异步通信方式。群同步的主要性能指标是假同步概率和漏同步概率。这两者是矛盾的,在设计时需折中考虑。

网同步的目的是解决通信网的时钟同步问题,这个问题关系到网中各站的载波同步、位同步和群同步。对于单向通信网,例如广播网,一般由接收机承担网同步的任务。对于多用户接入系统,例如大多数卫星通信系统,同步则是整个终端站的事,即各终端站的发射机参数也要做调整。发射机同步方法可以分为开环法和闭环法两种。开环法的主要优点是捕捉快、不需要反向链路也能工作和实时运算量小。其缺点是需要外部提供所需的链路参量数据,并且缺乏灵活性。闭环法则不需要预先得知链路参量的数据,其缺点是终端站需要有较高的实时处理能力,并且每个终端站和中心站之间要有双向链路。此外,捕捉同步也需要较长的时间。

思考题

7.1 何谓载波同步?试问在什么情况下需要载波同步?

7.2 试问插入导频法载波同步有什么优缺点?

7.3 试问哪些类信号频谱中没有离散载频分量?

7.4 试问能否从没有离散载频分量的信号中提取出载频?若能,试从物理概念上做解释。

7.5 试画出科斯塔斯环的原理方框图。

7.6 试问什么是相位模糊问题?用什么方法提取载频时会出现相位模糊?解决相位模糊对信号传输影响的主要途径是什么?

7.7 试问对载波同步的性能有哪些要求?

7.8 何谓位同步?试问位同步分为几类?

7.9 何谓外同步法?试问外同步法有何优缺点?

7.10 何谓自同步法?试问自同步法又分为几种?

7.11 试问开环法位同步有何优缺点?试从物理概念上解释信噪比对其性能的影响。

7.12 试问闭环法位同步有何优缺点?

7.13 何谓群同步?试问群同步有几种方法?

7.14 何谓起止式同步?试问它有何优缺点?

7.15 试比较集中插入法和分散插入法的优缺点。

7.16 试述巴克码的定义。

7.17 试问为什么要用巴克码作为群同步码?

7.18 试问群同步有哪些性能指标?

7.19 何谓网同步?试问网同步有几种实现方法?

7.20 试比较开环法和闭环法进行网同步的优缺点。

习题

7.1 在插入导频法提取载频中,若插入的导频相位和调制载频的相位相同,试重新计算接收端低通滤波器的输出,并给出输出中直流分量的值。

7.2 设载波同步相位误差 $\theta = 10°$,信噪比 $r = 10\,\mathrm{dB}$。试求此时 2PSK 信号的误码率。

7.3 试写出存在载波同步相位误差条件下的 2DPSK 信号误码率公式。

7.4 设接收信号的信噪比等于 10 dB,要求位同步误差不大于 5%。试问采用开环码元同步法时应该如何设计窄带滤波器的带宽才能满足上述要求?

7.5 设一个 5 位巴克码序列的前后都是"+1"码元,试画出其自相关函数曲线。

7.6 用一个 7 位巴克码作为群同步码,接收误码率为 10^{-4}。试分别求出容许错码数为 0 和 1 时的漏同步概率。

7.7 在上题条件下,试分别求出其假同步概率。

7.8 设一个二进制通信系统传输信息的速率为 100b/s,信息码元的先验概率相等,要求假同步每年至多发生一次。试问其群同步码组的长度最小应设计为多少? 若信道误码率为 10^{-5},试问此系统的漏同步概率等于多少?

7.9 设一条通信链路工作在标称频率 10GHz,它每天只有一次很短的时间工作,其中的接收机锁相环捕捉范围为 ±1kHz。若发射机和接收机的频率源相同,试问应选用哪种参考频率源?

7.10 设有一个深空探测火箭以 15km/s 的标称速度离开地球,其速度误差为 ±3m/s,探测器上的参考频率漂移速率不大于 10^{-9} Hz/(Hz·day),标称下行传输频率为 8GHz,火箭经过 30 天飞行后才开始向地球终端站发送信息,地球站采用铯原子钟。试求地球站应该采用的中心频率和搜索带宽。

第 二 篇

第8章 数字信号最佳接收原理

8.1 数字信号的统计表述

在 1.3.1 节中曾经提到过,数字通信系统传输质量的度量准则主要是错误判决的概率。因此,研究数字通信系统的理论基础主要是统计判决理论。在本节中将对统计判决理论中首先遇到的数字信号的统计表述做扼要介绍。

在数字通信系统中,接收端收到的是发送信号和信道噪声之和。在信号(码元)发出后,接收端收到的电压由于噪声的影响仍然有随机性,即接收电压仍然是一个随机过程。下面将以二进制数字通信系统为例,描述接收电压的统计特性。

设此通信系统中的噪声是带限高斯白噪声,其均值为 0,单边功率谱密度为 n_0。

若此通信系统的最高传输频率为 f_H,则根据 4.2.1 节的抽样定理,接收噪声电压可以用其抽样值表示,要求抽样频率不小于奈奎斯特抽样频率 $2f_H$。这样,若在一个码元期间内以 $2f_H$ 的频率抽样,则共得到 k 个抽样值:$n_1,n_2,\cdots,n_i,\cdots,n_k$,每个抽样值都是正态分布的随机变量,其一维概率密度可以写为:

$$f(n_i) = \frac{1}{\sqrt{2\pi}\,\sigma_n}\exp\left(-\frac{n_i^2}{2\sigma_n^2}\right) \tag{8.1-1}$$

式中,σ_n 是噪声的标准偏差;σ_n^2 是噪声的方差,即噪声平均功率。

设接收噪声电压 $n(t)$ 的 k 个抽样值的 k 维联合概率密度函数为:

$$f_k(n_1,n_2,\cdots,n_k) \tag{8.1-2}$$

由高斯噪声的性质(见 2.10.3 节)可知,高斯噪声通过带限系统后仍为高斯分布。所以,带限高斯白噪声按奈奎斯特抽样频率抽样得到的抽样值之间是互不相关、互相独立的。这样,式(8.1-2)可以表示为[参见式(2.7-5)]:

$$f_k(n_1,n_2,\cdots,n_k) = f(n_1)f(n_2)\cdots f(n_k) = \frac{1}{(\sqrt{2\pi}\,\sigma_n)^k}\exp\left(-\frac{1}{2\sigma_n^2}\sum_{i=1}^{k}n_i^2\right) \tag{8.1-3}$$

设可能发送的是二进制码元"0"和"1"。在一个码元持续时间 T 内接收的噪声平均功率可以表示为:

$$\frac{1}{k}\sum_{i=1}^{k}n_i^2 = \frac{1}{2f_H T}\sum_{i=1}^{k}n_i^2 \tag{8.1-4}$$

或者表示为:

$$\frac{1}{T}\int_0^T n^2(t)\,\mathrm{d}t = \frac{1}{2f_H T}\sum_{i=1}^{k}n_i^2 \tag{8.1-5}$$

将上式代入式(8.1-3),并注意到 $\sigma_n^2 = n_0 f_H$,则式(8.1-3)可以改写为:

$$f(\boldsymbol{n}) = \frac{1}{(\sqrt{2\pi}\,\sigma_n)^k}\exp\left[-\frac{1}{n_0}\int_0^T n^2(t)\,\mathrm{d}t\right] \tag{8.1-6}$$

式中
$$f(\boldsymbol{n}) = f_k(n_1, n_2, \cdots, n_k) = f(n_1)f(n_2)\cdots f(n_k) \tag{8.1-7}$$

这里特别需要注意的是，$f(\boldsymbol{n})$ 是 k 维联合概率密度函数，它不是一个时间函数。虽然式(8.1-6)中有时间函数 $n(t)$，但是它在定积分内，积分后已经与时间变量 t 无关；而 $\boldsymbol{n}$ 则是一个 k 维矢量，它可以看作 k 维空间中的一个点。在码元持续时间 T、噪声单边功率谱密度 n_0 和抽样数 k（它和系统带宽有关）给定后，$f(\boldsymbol{n})$ 仅决定于该码元期间内的噪声能量 $\int_0^T n^2(t)\,\mathrm{d}t$。由于噪声的随机性，每个码元持续时间内噪声 $n(t)$ 的波形和能量都是不同的，这就使被传输的码元中有一些会发生错误，而另一些则不会发生错误。

设接收电压 $r(t)$ 为信号电压 $s(t)$ 和噪声电压 $n(t)$ 之和：
$$r(t) = s(t) + n(t) \tag{8.1-8}$$

则当发送码元确定之后，接收电压 $r(t)$ 的随机性将完全由噪声决定，故它仍服从高斯分布，其方差仍为 σ_n^2，但是均值变为 $s(t)$。所以，当发送码元"0"的信号波形为 $s_0(t)$ 时，接收电压 $r(t)$ 的 k 维联合概率密度函数为：
$$f_0(\boldsymbol{r}) = \frac{1}{(\sqrt{2\pi}\,\sigma_n)^k}\exp\left\{-\frac{1}{n_0}\int_0^T [r(t) - s_0(t)]^2\,\mathrm{d}t\right\} \tag{8.1-9}$$

同理，当发送码元"1"的信号波形为 $s_1(t)$ 时，接收电压 $r(t)$ 的 k 维联合概率密度函数为：
$$f_1(\boldsymbol{r}) = \frac{1}{(\sqrt{2\pi}\,\sigma_n)^k}\exp\left\{-\frac{1}{n_0}\int_0^T [r(t) - s_1(t)]^2\,\mathrm{d}t\right\} \tag{8.1-10}$$

若通信系统传输的是 M 进制码元，即可能发送 $s_1, s_2, \cdots, s_i, \cdots, s_M$ 之一，则按上述原理不难写出当发送码元是 s_i 时，接收电压的 k 维联合概率密度函数为：
$$f_i(\boldsymbol{r}) = \frac{1}{(\sqrt{2\pi}\,\sigma_n)^k}\exp\left\{-\frac{1}{n_0}\int_0^T [r(t) - s_i(t)]^2\,\mathrm{d}t\right\} \tag{8.1-11}$$

我们仍需记住，以上 3 个式子中的 k 维联合概率密度函数不是时间 t 的函数，而 $\boldsymbol{r}$ 仍是 k 维空间中的一个点。

8.2 数字信号的最佳接收准则

讨论最佳接收时，首先遇到的问题是什么叫"最佳"。由于衡量数字通信系统传输质量的主要指标是错误概率，因此，将错误概率最小作为"最佳"的准则是恰当的。在接收信号码元时产生错误判决的原因是系统特性引起的信号失真和噪声的干扰。在本章中主要讨论在二进制通信系统中如何使噪声引起的错误概率最小，从而达到最佳接收的效果。

设在一个二进制通信系统中发送码元"1"的先验概率为 $P(1)$，发送码元"0"的先验概率为 $P(0)$，则总误码率为：
$$P_e = P(1)P_{e1} + P(0)P_{e0} \tag{8.2-1}$$

式中，$P_{e1} = P(0/1)$ 为发送"1"时，接收到"0"的条件概率；$P_{e0} = P(1/0)$ 为发送"0"时，接收到"1"的条件概率。这两个条件概率的含义是发生错误的条件概率，所以又称为错误转移概率。

按照上述分析，接收端收到的每个码元的电压可以用一个 k 维矢量 $\boldsymbol{r}$ 表示。接收设备需要对每个接收矢量 $\boldsymbol{r}$ 做判决，判定它是发送码元"0"，还是"1"。由接收矢量 $\boldsymbol{r}$ 决定的两个联合概率密度函数 $f_0(\boldsymbol{r})$ 和 $f_1(\boldsymbol{r})$ 的曲线如图 8.2.1 所示（此图只是一个不严格的示意图。因为 $\boldsymbol{r}$ 是多维矢量，但是在图中仅把它当作 1 维矢量画出。），可以将此空间划分为两个区域 A_0 和 A_1，其边界

是 r'_0，并将判决规则规定为：

若接收矢量 r 落在区域 A_0 内，则判为发送码元是"0"；

若接收矢量 r 落在区域 A_1 内，则判为发送码元是"1"。

显然，区域 A_0 和区域 A_1 是两个互不相容的区域。当这两个区域的边界 r'_0 确定后，错误概率也随之确定了。

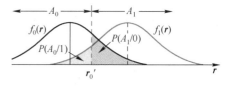

图 8.2.1　k 维矢量概率密度函数曲线

这样，式(8.2-1)表示的总误码率可以写为：

$$P_e = P(1)P(A_0/1) + P(0)P(A_1/0) \qquad (8.2\text{-}2)$$

式中，$P(A_0/1)$ 表示发送"1"时，矢量 r 落在区域 A_0 的条件概率；$P(A_1/0)$ 表示发送"0"时，矢量 r 落在区域 A_1 的条件概率。考虑到式(8.1-9)和式(8.1-10)，这两个条件概率可以写为：

$$P(A_0/1) = \int_{A_0} f_1(r)\, dr \qquad (8.2\text{-}3)$$

$$P(A_1/0) = \int_{A_1} f_0(r)\, dr \qquad (8.2\text{-}4)$$

这两个概率在图8.2.1中分别用两块阴影面积表示。将上两式代入式(8.2-2)，得到

$$P_e = P(1) \int_{A_0} f_1(r)\, dr + P(0) \int_{A_1} f_0(r)\, dr \qquad (8.2\text{-}5)$$

参考图8.2.1可知，上式可以写为

$$P_e = P(1) \int_{-\infty}^{r'_0} f_1(r)\, dr + P(0) \int_{r'_0}^{\infty} f_0(r)\, dr \qquad (8.2\text{-}6)$$

上式表示 P_e 是 r'_0 的函数。为了求出使 P_e 最小的判决分界点 r'_0，将上式对 r'_0 求导：

$$\frac{\partial P_e}{\partial r'_0} = P(1)f_1(r'_0) - P(0)f_0(r'_0) \qquad (8.2\text{-}7)$$

并令导函数等于0，求出最佳分界点 r_0 的条件：

$$P(1)f_1(r_0) - P(0)f_0(r_0) = 0 \qquad (8.2\text{-}8)$$

即

$$P(1)f_1(r_0) = P(0)f_0(r_0) \qquad (8.2\text{-}9)$$

当先验概率相等，即 $P(1) = P(0)$ 时，$f_0(r_0) = f_1(r_0)$，所以最佳分界点位于图8.2.1中两条曲线交点处的 r 值上。

在判决边界确定之后，按照接收矢量 r 落在区域 A_0 应判为收到的是"0"的判决准则，这时：

若 $P(1)f_1(r) < P(0)f_0(r)$，则判发送码元为"0" $\qquad (8.2\text{-}10)$

若 $P(1)f_1(r) > P(0)f_0(r)$，则判发送码元为"1" $\qquad (8.2\text{-}11)$

在发送"0"和发送"1"的先验概率相等，即 $P(1) = P(0)$ 时，式(8.2-10)和式(8.2-11)的条件简化为：

若 $f_1(r) < f_0(r)$，则判发送码元为"0" $\qquad (8.2\text{-}12)$

若 $f_1(r) > f_0(r)$，则判发送码元为"1" $\qquad (8.2\text{-}13)$

这个判决准则常称为最大似然准则。按照这个准则判决就可以得到理论上最佳的误码率，即达到理论上的误码率最小值。

以上对于二进制通信系统最佳接收准则的分析，可以很容易地推广到多进制信号的场合。设在一个 M 进制通信系统中，可能的发送码元是 $s_1, s_2, \cdots, s_i, \cdots, s_M$ 之一，它们的先验概率相等，能量相等。当发送码元是 s_i 时，接收电压 r 的 k 维联合概率密度函数为：

$$f_i(r) = \frac{1}{(\sqrt{2\pi}\,\sigma_n)^k} \exp\left\{ -\frac{1}{n_0} \int_0^T [r(t) - s_i(t)]^2\, dt \right\}$$

于是，若 $f_i(r) > f_j(r)$，则判为 $s_i(t)$。其中，$j \neq i; j = 1, 2, \cdots, M$。

8.3 确知数字信号的最佳接收机

在第 2 章中我们已经引入了确知信号的概念。确知信号是指其取值在任何时间都是确定的,可以预知的信号。在恒参信道中接收到的数字信号可以认为是确知信号。在本节中将讨论如何按照上节的最佳接收准则来构造二进制信号的最佳接收机。

设在一个二进制数字通信系统中,两种接收码元的波形 $s_0(t)$ 和 $s_1(t)$ 是确知的,其持续时间为 T,且功率相同;带限高斯白噪声的功率为 σ_n^2,单边功率谱密度为 n_0。

将式(8.1-10)及式(8.1-11)代入判决准则式(8.2-10)和式(8.2-11)得到:

若

$$P(1)\exp\left\{-\frac{1}{n_0}\int_0^T[r(t)-s_1(t)]^2\mathrm{d}t\right\} < P(0)\exp\left\{-\frac{1}{n_0}\int_0^T[r(t)-s_0(t)]^2\mathrm{d}t\right\} \quad (8.3\text{-}1)$$

则判为发送码元是 $s_0(t)$。

若

$$P(1)\exp\left\{-\frac{1}{n_0}\int_0^T[r(t)-s_1(t)]^2\mathrm{d}t\right\} > P(0)\exp\left\{-\frac{1}{n_0}\int_0^T[r(t)-s_0(t)]^2\mathrm{d}t\right\} \quad (8.3\text{-}2)$$

则判为发送码元是 $s_1(t)$。

将上两式的两端分别取对数可得:

若

$$n_0\ln\frac{1}{P(1)} + \int_0^T[r(t)-s_1(t)]^2\mathrm{d}t > n_0\ln\frac{1}{P(0)} + \int_0^T[r(t)-s_0(t)]^2\mathrm{d}t \quad (8.3\text{-}3)$$

则判为发送码元是 $s_0(t)$;反之则判为发送码元是 $s_1(t)$。由于已经假设这两个码元的能量相同,即:

$$\int_0^T s_0^2(t)\,\mathrm{d}t = \int_0^T s_1^2(t)\,\mathrm{d}t \quad (8.3\text{-}4)$$

所以式(8.3-3)的条件还可以进一步简化为:

若

$$W_1 + \int_0^T r(t)s_1(t)\,\mathrm{d}t < W_0 + \int_0^T r(t)s_0(t)\,\mathrm{d}t \quad (8.3\text{-}5)$$

式中

$$W_0 = \frac{n_0}{2}\ln P(0) \qquad W_1 = \frac{n_0}{2}\ln P(1) \quad (8.3\text{-}6)$$

则判为发送码元是 $s_0(t)$;反之,则判为发送码元是 $s_1(t)$。W_0 和 W_1 可以看作由先验概率决定的加权因子。

由式(8.3-5)表示的判决准则可以得出最佳接收机的原理方框图,如图 8.3.1 所示。若此二进制信号的先验概率相等,则式(8.3-5)简化为:

$$\int_0^T r(t)s_1(t)\,\mathrm{d}t < \int_0^T r(t)s_0(t)\,\mathrm{d}t \quad (8.3\text{-}7)$$

最佳接收机的原理方框图也可以简化成如图 8.3.2 所示。这时,由先验概率决定的加权因子消失了。

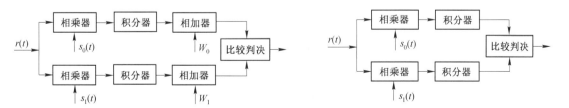

图 8.3.1　二进制最佳接收机原理方框图　　　图 8.3.2　等先验概率二进制最佳接收机原理方框图

由上述讨论不难推出等先验概率 M 进制最佳接收机原理方框图,如图 8.3.3 所示。

上面的最佳接收机的核心是由相乘器和积分器构成的相关运算,所以常称这种算法为相关接收法。由最佳接收机得到的误码率是理论上可能达到的最小值。下一节将讨论这种接收机的误码率性能。

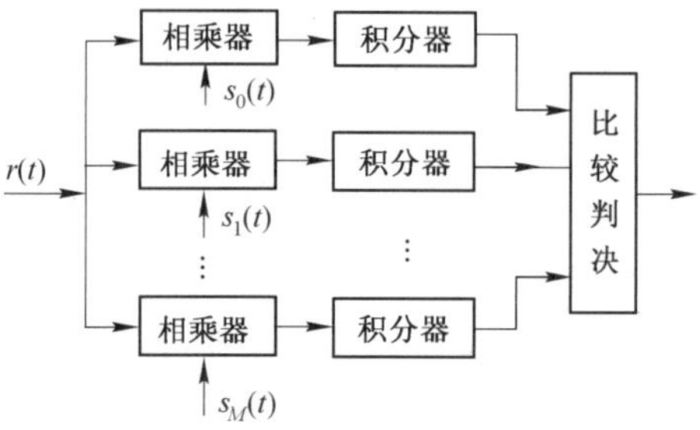

图 8.3.3　等先验概率 M 进制最佳
接收机原理方框图

8.4　确知数字信号最佳接收机的误码率

在这一节中主要讨论二进制信号的最佳误码率。由上节可得,在最佳接收机中,若满足式(8.3-3):

$$n_0 \ln \frac{1}{P(1)} + \int_0^T [r(t) - s_1(t)]^2 dt > n_0 \ln \frac{1}{P(0)} + \int_0^T [r(t) - s_0(t)]^2 dt$$

则判定发送码元是 $s_0(t)$。因此,在发送码元为 $s_1(t)$ 时,若上式成立,则将发生错误判决。若将 $r(t) = s_1(t) + n(t)$ 代入上式,则上式成立的概率就是发生错误的条件概率 $P(0/1)$。同理可求出 $P(1/0)$。求出此错误概率的计算步骤见二维码 8.1。

计算得到的误码率为: $P_e = P(1) \left[\dfrac{1}{\sqrt{2\pi}\sigma_\xi} \int_{-\infty}^a \mathrm{e}^{-\frac{x^2}{2\sigma_\xi^2}} dx \right] + P(0) \left[\dfrac{1}{\sqrt{2\pi}\sigma_\xi} \int_{-\infty}^b \mathrm{e}^{-\frac{x^2}{2\sigma_\xi^2}} dx \right]$ （8.4-1）

式中　　　　　　　　$\xi = \int_0^T n(t) [s_1(t) - s_0(t)] dt$ 　　　　　　　（8.4-2）

σ_ξ^2 为 ξ 的方差。

$$a = \frac{n_0}{2} \ln \frac{P(0)}{P(1)} - \frac{1}{2} \int_0^T [s_1(t) - s_0(t)]^2 dt \qquad (8.4-3)$$

二维码 8.1

$$b = \frac{n_0}{2} \ln \frac{P(1)}{P(0)} - \frac{1}{2} \int_0^T [s_0(t) - s_1(t)]^2 dt \qquad (8.4-4)$$

由式(8.4-3)和式(8.4-4)可以看出,当 $P(0) = 0$ 及 $P(1) = 1$ 时, $a = -\infty$ 及 $b = \infty$,因此由式(8.4-1)计算出的总误码率 $P_e = 0$。在物理意义上,这时由于发送码元只有一种可能性,即是确定的"1",因此不会发生错误。同理,若 $P(0) = 1$ 及 $P(1) = 0$,则总误码率也为 0。当 $P(0) = P(1) = 1/2$ 时, $a = b$。这样,式(8.4-1)可以化简为:

$$P_e = \frac{1}{\sqrt{2\pi}\sigma_\xi} \int_{-\infty}^c \mathrm{e}^{-\frac{x^2}{2\sigma_\xi^2}} dx \qquad (8.4-5)$$

式中　　　　　　　　$c = -\frac{1}{2} \int_0^T [s_0(t) - s_1(t)]^2 dt$ 　　　　　　（8.4-6）

式(8.4-5)和式(8.4-6)表明,当先验概率相等时,对于给定的噪声功率 σ_ξ^2,误码率仅和两种信号码元波形的差别 $[s_0(t) - s_1(t)]$ 的能量有关,而与波形本身无关。差别越大, c 值越小,误码率 P_e 也越小。

下面我们将根据式(8.4-5)进一步讨论误码率的计算。

由于在噪声强度给定的条件下,误码率完全决定于信号码元的差别,所以我们现在给出定量地描述码元差别的一个参量,即信号码元的相关系数 ρ,其定义如下:

$$\rho = \frac{\int_0^T s_0(t) s_1(t) dt}{\sqrt{\left[\int_0^T s_0^2(t) dt\right] \left[\int_0^T s_1^2(t) dt\right]}} = \frac{\int_0^T s_0(t) s_1(t) dt}{\sqrt{E_0 E_1}} \qquad (8.4-7)$$

式中
$$E_0 = \int_0^T s_0^2(t)\,dt, \qquad E_1 = \int_0^T s_1^2(t)\,dt \tag{8.4-8}$$
为信号码元的能量。

当 $s_0(t) = s_1(t)$ 时，$\rho = 1$，为最大值；当 $s_0(t) = -s_1(t)$ 时，$\rho = -1$，为最小值。所以 ρ 的取值范围为 $-1 \leqslant \rho \leqslant +1$。当两个码元的能量相等时，令 $E_0 = E_1 = E_b$，则式(8.4-7)可以写成：
$$\rho = \int_0^T s_0(t)s_1(t)\,dt / E_b \tag{8.4-9}$$

且式(8.4-6)变成：
$$c = -\frac{1}{2}\int_0^T [s_0(t) - s_1(t)]^2 dt = -E_b(1-\rho) \tag{8.4-10}$$

将上式代入式(8.4-5)得到：
$$P_e = \frac{1}{\sqrt{2\pi}\,\sigma_\xi}\int_{-\infty}^c e^{-\frac{x^2}{2\sigma_\xi^2}}dx = \frac{1}{\sqrt{2\pi}\,\sigma_\xi}\int_{-\infty}^{-E_b(1-\rho)} e^{-\frac{x^2}{2\sigma_\xi^2}}dx \tag{8.4-11}$$

上式经过稍繁的代数变换后，可以用误差函数表示为：
$$P_e = \frac{1}{2}\left[1 - \mathrm{erf}\left(\sqrt{\frac{E_b(1-\rho)}{2n_0}}\right)\right] = \frac{1}{2}\mathrm{erfc}\left[\sqrt{\frac{E_b(1-\rho)}{2n_0}}\right] \tag{8.4-12}$$

二维码8.2

式中，ρ 为码元相关系数；n_0 为噪声功率谱密度(计算步骤见二维码8.2)。

式(8.4-12)是一个非常重要的理论公式，它给出了理论上二进制等能量数字信号误码率的最佳(最小可能)值。在图8.4.1中画出了它的曲线。实际通信系统中得到的误码率只可能比它差，但是绝对不可能超过它。同时，由该式还可以看出：

① 误码率和噪声功率无直接关系，而和噪声功率谱密 n_0 度有关。

② 误码率和信号波形无直接关系，而和码元能量 E_b 及相关系数 ρ 有关。

③ 当相关系数最大，即两种码元的波形相同时，$\rho = 1$，误码率最大。这时的误码率 $P_e = 1/2$，就是正确和错误的概率各占一半。因为这时的两种码元波形相同，接收端等于是在没有根据地乱猜。

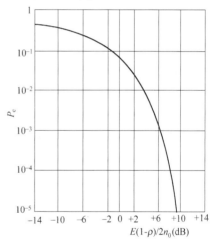

图8.4.1 最佳误码率曲线

④ 当相关系数最小，即 $\rho = -1$ 时，误码率最小。这时的最小误码率：
$$P_e = \frac{1}{2}\left[1 - \mathrm{erf}\left(\sqrt{E_b/n_0}\right)\right] = \frac{1}{2}\mathrm{erfc}\left(\sqrt{E_b/n_0}\right) \tag{8.4-13}$$

例如，2PSK信号的相关系数就等于-1。

⑤ 当相关系数等于0，即两种码元正交时，误码率：
$$P_e = \frac{1}{2}\left[1 - \mathrm{erf}\left(\sqrt{E_b/2n_0}\right)\right] = \frac{1}{2}\mathrm{erfc}\left[\sqrt{E_b/2n_0}\right] \tag{8.4-14}$$

例如，一般来说，2FSK信号的相关系数就等于或近似等于0。

⑥ 若两种码元中有一种的能量等于0，例如2ASK信号，则按照式(8.4-14)有：
$$c = -\frac{1}{2}\int_0^T [s_0(t)]^2 dt \tag{8.4-15}$$

将此式代入式(8.4-5)，经过化简后得到：
$$P_e = \frac{1}{2}\left(1 - \mathrm{erf}\sqrt{E_b/4n_0}\right) = \frac{1}{2}\mathrm{erfc}\left(\sqrt{E_b/4n_0}\right) \tag{8.4-16}$$

比较式(8.4-13)、式(8.4-14)和式(8.4-16)可见,它们之间的性能差3dB。即在上面的例子中,2ASK 信号的性能比 2FSK 信号的性能差3dB,而 2FSK 信号又比 2PSK 信号差3dB。

⑦ 最后,我们指出,在误码率公式中的关键量(E_b/n_0)实际上相当于接收的信噪比P_s/P_n。因为若系统带宽 B 等于$1/T$,则有:

$$\frac{E_b}{n_0} = \frac{P_s T}{n_0} = \frac{P_s}{n_0(1/T)} = \frac{P_s}{n_0 B} = \frac{P_s}{P_n} \tag{8.4-17}$$

由 5.6.2 节的讨论可知,在按照能消除码间串扰的奈奎斯特速率传输基带信号时,所需的最小带宽为$(1/2T)$ Hz。对于已调信号,若采用的是 2PSK 或 2ASK 信号,则其占用带宽应当是基带信号带宽的两倍,即恰好是$(1/T)$ Hz。所以,在工程上和物理概念上,通常把(E_b/n_0)当成信噪比看待。

对于多进制通信系统,若不同码元的信号正交,且先验概率相等,能量也相等,则按照 8.2 节和 8.3 节中给出的多进制系统的判决准则和其最佳接收机的原理方框图,可以计算出多进制系统的最佳误码率性能。计算过程较为烦琐,仅给出计算结果[10]:

$$P_e = 1 - \frac{1}{\sqrt{2\pi}} \int_{-\infty}^{\infty} \left[\int_{-\infty}^{y+(2E/n_0)^{1/2}} \frac{1}{\sqrt{2\pi}} e^{-x^2/2} dx \right]^{M-1} e^{-y^2/2} dy \tag{8.4-18}$$

式中,M 为进制数;E 为 M 进制码元能量;n_0 为单边噪声功率谱密度。

由于一个 M 进制码元中含有的比特数为$\log_2 M$,故每个比特的能量为:

$$E_b = E/\log_2 M \tag{8.4-19}$$

并且每比特的信噪比为:

$$\frac{E_b}{n_0} = \frac{E}{n_0 \log_2 M} = \frac{E}{n_0 k} \tag{8.4-20}$$

式中,$k = \log_2 M$ 为每码元的比特数。

图 8.4.2 所示为多进制正交信号最佳误码率曲线。由此曲线看出,对于给定的误码率,当 k 增大时,需要的信噪比 E_b/n_0 减小。当 k 增大到 ∞ 时,误码率曲线变成一条垂直线,这时只要 E_b/n_0 等于 0.693(-1.6 dB),就能得到无误码的传输。在 12.6 节中也将证明这是理论上能达到的极限值。

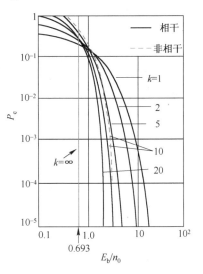

图 8.4.2 多进制正交信号
最佳误码率曲线

8.5 随相数字信号的最佳接收

在 1.4.4 节中提到过,经过信道传输后码元相位带有随机性的信号称为随相信号。现在就能量相等、先验概率相等、互不相关的 2FSK 信号及有带限高斯白噪声的通信系统讨论最佳接收问题,并假设接收信号码元相位的概率密度服从均匀分布。因此,可以将此信号表示为:

$$\left. \begin{array}{l} s_0(t, \varphi_0) = V \cos(\omega_0 t + \varphi_0) \\ s_1(t, \varphi_1) = V \cos(\omega_1 t + \varphi_1) \end{array} \right\} \tag{8.5-1}$$

$$\int_0^T s_0^2(t, \varphi_0) dt = \int_0^T s_1^2(t, \varphi_1) dt = E_b \tag{8.5-2}$$

及将此信号随机相位 φ_0 和 φ_1 的概率密度表示为:

$$f(\varphi_0) = \begin{cases} 1/2\pi & 0 \leqslant \varphi_0 \leqslant 2\pi \\ 0 & 其他 \end{cases} \qquad (8.5\text{-}3)$$

$$f(\varphi_1) = \begin{cases} 1/2\pi & 0 \leqslant \varphi_1 \leqslant 2\pi \\ 0 & 其他 \end{cases} \qquad (8.5\text{-}4)$$

在讨论确知信号的最佳接收时,对于先验概率相等的信号,是按照式(8.2-12)和式(8.2-13)做判决的,即:

若接收矢量 r 使 $f_1(r) < f_0(r)$,则判决发送码元是"0";

若接收矢量 r 使 $f_0(r) < f_1(r)$,则判决发送码元是"1"。

现在,由于接收矢量 r 具有随机相位,故式中的 $f_0(r)$ 和 $f_1(r)$ 分别可以表示为:

$$f_0(r) = \int_0^{2\pi} f(\varphi_0) f_0(r/\varphi_0) \,\mathrm{d}\varphi_0 \qquad (8.5\text{-}5)$$

$$f_1(r) \int_0^{2\pi} f(\varphi_1) f_1(r/\varphi_1) \,\mathrm{d}\varphi_1 \qquad (8.5\text{-}6)$$

上两式经过复杂的计算后,代入式(8.2-12)和式(8.2-13),就可以得出最终的判决条件。具体的计算步骤见二维码8.3,计算结果得出的判决条件是:

$$\left. \begin{array}{l} 若接收矢量\ r\ 使\ M_1^2 < M_0^2,则判决发送码元是"0" \\ 若接收矢量\ r\ 使\ M_0^2 < M_1^2,则判决发送码元是"1" \end{array} \right\} \qquad (8.5\text{-}7)$$

二维码 8.3

式(8.5-7)就是最终判决条件,其中:

$$M_0 = \sqrt{X_0^2 + Y_0^2}, \qquad M_1 = \sqrt{X_1^2 + Y_1^2} \qquad (8.5\text{-}8)$$

$$X_0 = \int_0^T r(t) \cos\omega_0 t \,\mathrm{d}t, \qquad Y_0 = \int_0^T r(t) \sin\omega_0 t \,\mathrm{d}t \qquad (8.5\text{-}9)$$

$$X_1 = \int_0^T r(t) \cos\omega_1 t \,\mathrm{d}t, \qquad Y_1 = \int_0^T r(t) \sin\omega_1 t \,\mathrm{d}t \qquad (8.5\text{-}10)$$

按照式(8.5-7)的判决准则构成的随相信号最佳接收机的结构如图8.5.1所示。图中的4个相关器分别完成式(8.5-9)和式(8.5-10)中的相关运算,得到 X_0, Y_0, X_1, Y_1。其经过平方后,两两相加,得到 M_0^2 和 M_1^2,再比较其大小,并按式(8.5-7)做出判决。

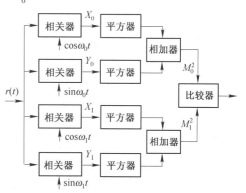

图 8.5.1 随相信号最佳接收机结构

上述随相信号最佳接收机得到的误码率,可以用类似 8.4 节的分析方法计算出来,结果如下[10]:

$$P_e = \frac{1}{2} \exp(-E_b / 2n_0) \qquad (8.5\text{-}11)$$

最后指出,上述最佳接收机及其误码率也就是 2FSK 确知信号的非相干接收机及其误码率。因为随相信号的相位带有由信道引入的随机变化,所以在接收端不可能采用相干接收。换句话说,相干接收只适用于相位确知的信号。对于随相信号而言,非相干接收已经是最佳的接收方法了。

8.6 起伏数字信号的最佳接收

在 1.4.4 节中提到过,起伏信号是包络随机起伏、相位也随机变化的信号。经过多径传输的信号都具有这种特性。现在仍以 2FSK 信号为例简要地讨论其最佳接收问题。

设通信系统中的噪声是带限高斯白噪声,并设信号是互不相关的等能量、等先验概率的 2FSK 信号,则它可以表示为:

$$s_0(t, \varphi_0, V_0) = V_0 \cos(\omega_0 t + \varphi_0) \atop s_1(t, \varphi_1, V_1) = V_1 \cos(\omega_1 t + \varphi_1)} \tag{8.6-1}$$

式中,V_0 和 V_1 是由多径效应引起的随机起伏的振幅,它们服从同一瑞利分布:

$$f(V_i) = \frac{V_i}{\sigma_s^2} \exp\left(-\frac{V_i^2}{2\sigma_s^2}\right) \qquad V_i \geq 0, \quad i = 1,2 \tag{8.6-2}$$

式中,σ_s^2 为信号的功率(参见 2.8.2 节);而 φ_0 和 φ_1 服从均匀分布:

$$f(\varphi_i) = 1/2\pi \qquad 0 \leq \varphi_i < 2\pi, \quad i = 1,2 \tag{8.6-3}$$

此外,由于 V_i 是余弦波的振幅,所以信号 $s_i(t, \varphi_i, V_i)$ 的功率 σ_s^2 和其振幅 V_i 的均方值之间的关系为:

$$EV_i^2 = 2\sigma_s^2 \tag{8.6-4}$$

有了上述假设,就可以计算这时的接收矢量的概率密度 $f_0(r)$ 和 $f_1(r)$。现在,由于接收矢量不但具有随机相位,还具有随机起伏的振幅,故式(8.2-12)和式(8.2-13)中的 $f_0(r)$ 和 $f_1(r)$ 分别可以表示为:

$$f_0(\boldsymbol{r}) = \int_0^{2\pi} \int_0^{\infty} f(V_0) f(\varphi_0) f_0(\boldsymbol{r}/\varphi_0, V_0) \, \mathrm{d}V_0 \mathrm{d}\varphi_0 \tag{8.6-5}$$

$$f_1(\boldsymbol{r}) = \int_0^{2\pi} \int_0^{\infty} f(V_1) f(\varphi_1) f_1(\boldsymbol{r}/\varphi_1, V_1) \, \mathrm{d}V_1 \mathrm{d}\varphi_1 \tag{8.6-6}$$

我们略去烦琐的计算步骤,给出上两式的计算结果如下:

$$f_0(\boldsymbol{r}) = K' \frac{n_0}{n_0 + T\sigma_s^2} \exp\left[\frac{2\sigma_s^2 M_0^2}{n_0(n_0 + T\sigma_s^2)}\right] \tag{8.6-7}$$

$$f_1(\boldsymbol{r}) = K' \frac{n_0}{n_0 + T\sigma_s^2} \exp\left[\frac{2\sigma_s^2 M_1^2}{n_0(n_0 + T\sigma_s^2)}\right] \tag{8.6-8}$$

式中

$$K' = \exp\left[-\frac{1}{n_0} \int_0^T r^2(t) \, \mathrm{d}t\right] \Big/ (\sqrt{2\pi}\,\sigma_n)^k \tag{8.6-9}$$

n_0 为噪声功率谱密度;σ_n^2 为噪声功率。

由式(8.6-7)和式(8.6-8)可见,比较 $f_0(r)$ 和 $f_1(r)$ 的大小,实质上仍然是比较 M_0^2 和 M_1^2 的大小,和随相信号最佳接收一样。所以,不难推论,起伏信号最佳接收机的结构和随相信号最佳接收机的一样。但是,这时的最佳误码率则不同于随相信号的误码率。这时的最佳误码率为[10]:

$$P_e = \frac{1}{2 + (\bar{E}/n_0)} \tag{8.6-10}$$

式中,$\bar{E}$ 为接收码元的统计平均能量。

为了比较 2FSK 信号在无衰落和有多径衰落时的误码率性能,图 8.6.1 中画出了非相干接收时的误码率曲线。由此图看出,在有衰落时,性能随误码率下降而迅速变坏。当误码率等于 10^{-2} 时,衰落使性能下降约 10 dB;当误码率等于 10^{-3} 时,下降约 20 dB。

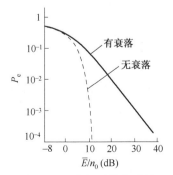

图 8.6.1 非相干接收时的误码率曲线

8.7 实际接收机和最佳接收机的性能比较

现在可以将第 6 章中得到的二进制信号实际接收机的性能和本章的最佳接收机性能进行列表比较,如表 8.7.1 所示。

由比较可知,在实际接收机中的信噪比 r,相当于最佳接收机中的码元能量和噪声功率谱密度之比 E_b/n_0。另一方面,式(8.4-17)也指出,当系统带宽恰好满足奈奎斯特准则时,E_b/n_0 就等于信噪比。奈奎斯特带宽是理论上的极限。实际接收机的带宽一般都不能达到这一极限。所以,实际接收机的性能总是比不上最佳接收机的性能。

表 8.7.1 接收机性能比较

	实际接收机的 P_e		最佳接收机的 P_e	
相干 2PSK 信号	$\dfrac{1}{2}\mathrm{erfc}\sqrt{r}$	式(6.4-13)	$\dfrac{1}{2}\mathrm{erfc}\sqrt{E_b/n_0}$	式(8.4-21)
相干 2FSK 信号	$\dfrac{1}{2}\mathrm{erfc}\sqrt{r/2}$	式(6.3-33)	$\dfrac{1}{2}\mathrm{erfc}\sqrt{E_b/2n_0}$	式(8.4-22)
非相干 2FSK 信号	$\dfrac{1}{2}\exp(-r/2)$	式(6.3-26)	$\dfrac{1}{2}\exp(-E_b/2n_0)$	式(8.5-27)
相干 2ASK 信号	$\dfrac{1}{2}\mathrm{erfc}\sqrt{r/4}$	式(6.2-45)	$\dfrac{1}{2}\mathrm{erfc}\sqrt{E_b/4n_0}$	式(8.4-24)

8.8 数字信号的匹配滤波接收原理

8.8.1 数字信号的匹配滤波接收法

在 8.2 节中已经明确将错误概率最小作为最佳接收的准则。另外,在 6.2 节中提到,我们是在抽样时刻按照抽样所得的信噪比对每个码元做判决,从而决定误码率的。信噪比越大,误码率越小。在本节中将讨论用线性滤波器对接收信号滤波时,如何使抽样时刻的线性滤波器的输出信噪比最大。

设接收滤波器的传输函数为 $H(f)$,冲激响应为 $h(t)$,滤波器输入信号码元 $s(t)$ 的持续时间为 T,信号和噪声之和为:

$$x(t)=s(t)+n(t) \qquad 0\leqslant t\leqslant T \tag{8.8-1}$$

式中 $s(t)$ 为信号码元,$n(t)$ 为高斯白噪声。并设信号码元 $s(t)$ 的频谱密度为 $S(f)$,噪声 $n(t)$ 的双边功率谱密度为 $P_n(f)=n_0/2$,n_0 为噪声单边功率谱密度。

由于滤波器是线性的,根据线性电路叠加定理,当滤波器输入电压 $x(t)$ 中包含信号和噪声两部分时,滤波器的输出电压 $y(t)$ 中也包含相应的输出信号 $s_o(t)$ 和输出噪声 $n_o(t)$ 两部分,即:

$$y(t)=s_o(t)+n_o(t) \tag{8.8-2}$$

式中

$$s_o(t)=\int_{-\infty}^{\infty} H(f)S(f)\mathrm{e}^{\mathrm{j}2\pi ft}\mathrm{d}f \tag{8.8-3}$$

为了求出输出噪声功率,复习式(2.10-38):

$$P_Y(f)=H^*(f)H(f)P_X(f)=\mid H(f)\mid^2 P_X(f)$$

由上式可知,一个随机过程通过线性系统时,其输出功率谱密度 $P_Y(f)$ 等于输入功率谱密度 $P_X(f)$ 乘以系统传输函数 $H(f)$ 的模的平方。所以,这时的输出噪声功率为:

$$N_o = \int_{-\infty}^{\infty} |H(f)|^2 \frac{n_0}{2} \mathrm{d}f = \frac{n_0}{2} \int_{-\infty}^{\infty} |H(f)|^2 \mathrm{d}f \qquad (8.8\text{-}4)$$

因此,在抽样时刻 t_0 上,输出信号瞬时功率与噪声平均功率之比为:

$$r_0 = \frac{|s_o(t_0)^2|}{N_o} = \frac{\left| \int_{-\infty}^{\infty} H(f)S(f) \mathrm{e}^{\mathrm{j}2\pi ft_0} \mathrm{d}f \right|^2}{\frac{n_0}{2} \int_{-\infty}^{\infty} |H(f)|^2 \mathrm{d}f} \qquad (8.8\text{-}5)$$

为了求出 r_0 的最大值,利用施瓦兹(Schwarz)不等式:

$$\left| \int_{-\infty}^{\infty} f_1(x)f_2(x)\mathrm{d}x \right|^2 \leqslant \int_{-\infty}^{\infty} |f_1(x)|^2 \mathrm{d}x \int_{-\infty}^{\infty} |f_2(x)|^2 \mathrm{d}x \qquad (8.8\text{-}6)$$

若 $f_1(x) = kf_2^*(x)$,其中 k 为任意常数,则上式的等号成立。

将式(8.8-5)右端的分子看作式(8.8-6)的左端,并令:

$$f_1(x) = H(f) \qquad f_2(x) = S(f)\mathrm{e}^{\mathrm{j}2\pi ft_0}$$

则有
$$r_0 \leqslant \frac{\int_{-\infty}^{\infty} |H(f)|^2 \mathrm{d}f \int_{-\infty}^{\infty} |S(f)|^2 \mathrm{d}f}{\frac{n_0}{2} \int_{-\infty}^{\infty} |H(f)|^2 \mathrm{d}f} = \frac{\int_{-\infty}^{\infty} |S(f)|^2 \mathrm{d}f}{\frac{n_0}{2}} = \frac{2E}{n_0} \qquad (8.8\text{-}7)$$

式中, $E = \int_{-\infty}^{\infty} |S(f)|^2 \mathrm{d}f$ 为信号码元能量。

而且当
$$H(f) = kS^*(f)\mathrm{e}^{-\mathrm{j}2\pi ft_0} \qquad (8.8\text{-}8)$$
时,式(8.8-7)的等号成立,即得到最大输出信噪比 $2E/n_0$。

式(8.8-8)表明, $H(f)$ 就是我们要找的最佳接收滤波器的传输特性,它等于信号码元频谱的复共轭(除了常数因子 $\mathrm{e}^{-\mathrm{j}2\pi ft_0}$ 外)。因此,称此滤波器为匹配滤波器。

匹配滤波器的特性还可以用其冲激响应 $h(t)$ 来描述:

$$h(t) = \int_{-\infty}^{\infty} H(f)\mathrm{e}^{\mathrm{j}2\pi ft} \mathrm{d}f = \int_{-\infty}^{\infty} kS^*(f)\mathrm{e}^{-\mathrm{j}2\pi ft_0}\mathrm{e}^{\mathrm{j}2\pi ft} \mathrm{d}f$$

$$= k \int_{-\infty}^{\infty} \left[\int_{-\infty}^{\infty} s(\tau)\mathrm{e}^{-\mathrm{j}2\pi f\tau} \mathrm{d}\tau \right]^* \mathrm{e}^{-\mathrm{j}2\pi f(t_0-t)} \mathrm{d}f$$

$$= k \int_{-\infty}^{\infty} \left[\int_{-\infty}^{\infty} \mathrm{e}^{\mathrm{j}2\pi f(\tau-t_0+t)} \mathrm{d}f \right] s(\tau)\mathrm{d}\tau = k \int_{-\infty}^{\infty} s(\tau)\delta(\tau - t_0 + t)\mathrm{d}\tau$$

$$= ks(t_0 - t) \qquad (8.8\text{-}9)$$

由上式可见,匹配滤波器的冲激响应 $h(t)$ 就是信号 $s(t)$ 的镜像 $s(-t)$,但在时间轴上(向右)平移了 t_0。

作为接收滤波器的匹配滤波器应该是物理可实现的,故其冲激响应应该满足条件:

$$h(t) = 0 \qquad \text{当 } t < 0 \qquad (8.8\text{-}10)$$

即满足条件:
$$s(t_0 - t) = 0 \qquad \text{当 } t < 0$$

或满足条件:
$$s(t) = 0 \qquad \text{当 } t > t_0 \qquad (8.8\text{-}11)$$

式(8.8-11)的条件说明,接收滤波器输入端的信号码元 $s(t)$ 在抽样时刻 t_0 之后必须为 0。一般不希望在码元结束之后很久才抽样,故通常选择在码元末尾抽样,即选 $t_0 = T$。故匹配滤波器的冲激响应可以写为:

$$h(t) = ks(T - t) \qquad (8.8\text{-}12)$$

这时,匹配滤波器输出信号码元的波形,可以按式(3.2-1)求出:

$$s_o(t) = \int_{-\infty}^{\infty} s(t - \tau)h(\tau)\mathrm{d}\tau = k \int_{-\infty}^{\infty} s(t - \tau)s(T - \tau)\mathrm{d}\tau$$

$$= k \int_{-\infty}^{\infty} s(-\tau') s(t - T - \tau') \mathrm{d}\tau' = kR(t - T) \tag{8.8-13}$$

上式表明,匹配滤波器输出信号码元波形是输入信号码元波形的自相关函数的 k 倍。

[例8.1] 设接收信号码元 $s(t)$ 的表示式为:

$$s(t) = \begin{cases} 1 & 0 \leqslant t \leqslant T \\ 0 & \text{其他} \end{cases} \tag{8.8-14}$$

试求其匹配滤波器的特性和输出信号码元的波形。

解:式(8.8-14)所示信号波形是一个矩形脉冲,如图8.8.1(a)所示。其频谱为:

$$S(f) = \int_{-\infty}^{\infty} s(t) \mathrm{e}^{-\mathrm{j}2\pi ft} \mathrm{d}t = \frac{1}{\mathrm{j}2\pi f}(1 - \mathrm{e}^{-\mathrm{j}2\pi fT}) \tag{8.8-15}$$

由式(8.8-8),令 $k=1$,可得其匹配滤波器的传输函数为:

$$H(f) = \frac{1}{\mathrm{j}2\pi f}(\mathrm{e}^{\mathrm{j}2\pi fT} - 1)\mathrm{e}^{-\mathrm{j}2\pi ft_0} \tag{8.8-16}$$

由式(8.8-9),令 $k=1$,还可以得到此匹配滤波器的冲激响应为:

$$h(t) = s(T - t) \qquad 0 \leqslant t \leqslant T \tag{8.8-17}$$

如图8.8.1(b)所示。表面上来看,$h(t)$ 的波形和信号 $s(t)$ 的波形一样。实际上,$h(t)$ 的波形是 $s(t)$ 的波形以 $t = T/2$ 为轴线反转而来的。由于 $s(t)$ 的波形对称于 $t = T/2$,所以反转后,波形不变。

式(8.8-16)中的 $(1/\mathrm{j}2\pi f)$ 是理想积分器的传输函数,而 $\exp(-\mathrm{j}2\pi fT)$ 是延迟时间为 T 的延迟电路的传输函数,因此,由式(8.8-16)可以画出此匹配滤波器的方框图,见图8.8.2。此匹配滤波器的输出信号波形 $s_0(t)$ 可由式(8.8-13)计算,如图8.8.1(c)所示。

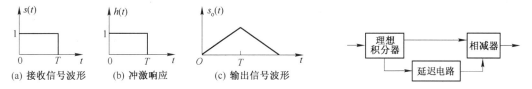

(a) 接收信号波形   (b) 冲激响应   (c) 输出信号波形

图8.8.1 匹配滤波器波形   图8.8.2 匹配滤波器方框图

[例8.2] 设接收信号 $s(t)$ 的表示式为:

$$s(t) = \begin{cases} \cos 2\pi f_0 t & 0 \leqslant t \leqslant T \\ 0 & \text{其他} \end{cases} \tag{8.8-18}$$

试求其匹配滤波器的特性和输出信号码元的波形。

解:式(8.8-18)给出的信号波形是一段余弦振荡,如图8.8.3(a)所示。其频谱为:

$$S(f) = \int_{-\infty}^{\infty} s(t) \mathrm{e}^{-\mathrm{j}2\pi ft} \mathrm{d}t = \int_{0}^{T} \cos 2\pi f_0 t \, \mathrm{e}^{-\mathrm{j}2\pi ft} \mathrm{d}t$$

$$= \frac{1 - \mathrm{e}^{-\mathrm{j}2\pi(f - f_0)T}}{-\mathrm{j}4\pi(f - f_0)} + \frac{1 - \mathrm{e}^{-\mathrm{j}2\pi(f + f_0)T}}{-\mathrm{j}4\pi(f + f_0)} \tag{8.8-19}$$

因此,由式(8.8-8)得出其匹配滤波器的传输函数:

$$H(f) = S^*(f)\mathrm{e}^{-\mathrm{j}2\pi ft_0} = S^*(f)\mathrm{e}^{-\mathrm{j}2\pi fT}$$

$$= \frac{[\mathrm{e}^{\mathrm{j}2\pi(f - f_0)T} - 1]\mathrm{e}^{-\mathrm{j}2\pi fT}}{\mathrm{j}4\pi(f - f_0)} + \frac{[\mathrm{e}^{\mathrm{j}2\pi(f + f_0)T} - 1]\mathrm{e}^{-\mathrm{j}2\pi fT}}{\mathrm{j}4\pi(f + f_0)} \tag{8.8-20}$$

上式中已令 $t_0 = T$。

可以由式(8.8-9)计算出此匹配滤波器的冲激响应：
$$h(t) = s(T-t) = \cos2\pi f_0(T-t) \qquad 0 \leq t \leq T \qquad (8.8\text{-}21)$$
为了便于画出其波形简图，令
$$T = n/f_0 \qquad (8.8\text{-}22)$$
式中，n 为正整数。这样，式(8.8-21)可以简化为：
$$h(t) = \cos2\pi f_0 t \qquad 0 \leq t \leq T \qquad (8.8\text{-}23)$$
$h(t)$ 的波形如图 8.8.3(b)所示。

这时匹配滤波器的输出波形 $s_o(t)$ 可以由卷积公式(2.10-1)求出：
$$s_o(t) = \int_{-\infty}^{\infty} s(\tau)h(t-\tau)\mathrm{d}\tau \qquad (8.8\text{-}24)$$
由于现在 $s(t)$ 和 $h(t)$ 在区间$(0,T)$外都等于 0，故上式中的积分可以分为如下几段进行计算：
$$t<0, \qquad 0 \leq t<T, \qquad T \leq t \leq 2T, \qquad t>2T$$
显然，当 $t<0$ 和 $t>2T$ 时，式(8.8-24)中的 $s(\tau)$ 和 $h(t-\tau)$ 的波形不相交，故 $s_o(t)$ 等于 0。

当 $0 \leq t<T$ 时，由式(8.8-24)得：
$$\begin{aligned} s_o(t) &= \int_0^t \cos2\pi f_0\tau \cos2\pi f_0(t-\tau)\mathrm{d}\tau \\ &= \int_0^t \frac{1}{2}\left[\cos2\pi f_0 t + \cos2\pi f_0(t-2\tau)\right]\mathrm{d}\tau \\ &= \frac{t}{2}\cos2\pi f_0 t + \frac{1}{4\pi f_0}\sin2\pi f_0 t \qquad (8.8\text{-}25) \end{aligned}$$

当 $T \leq t \leq 2T$ 时，由式(8.8-24)得：
$$\begin{aligned} s_o(t) &= \int_{-T}^T \cos2\pi f_0\tau \cos2\pi f_0(t-\tau)\mathrm{d}\tau \\ &= \frac{2T-t}{2}\cos2\pi f_0 t - \frac{1}{4\pi f_0}\sin2\pi f_0 t \qquad (8.8\text{-}26) \end{aligned}$$

若因 f_0 很大而使$(1/4\pi f_0)$可以忽略，则最后得到：
$$s_o(t) = \begin{cases} \dfrac{t}{2}\cos2\pi f_0 t & 0 \leq t<T \\[2mm] \dfrac{2T-t}{2}\cos2\pi f_0 t & T \leq t \leq 2T \\[2mm] 0 & \text{其他} \end{cases} \qquad (8.8\text{-}27)$$

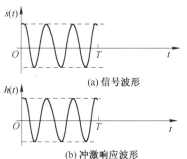

(a) 信号波形

(b) 冲激响应波形

(c) 输出波形

图 8.8.3　匹配滤波器的波形

按式(8.8-27)画出的输出波形如图 8.8.3(c)所示。

对于二进制信号，使用匹配滤波器构成的接收电路方框图如图 8.8.4 所示。图中有两个匹配滤波器，分别匹配于两种信号码元 $s_1(t)$ 和 $s_2(t)$。在抽样时刻对抽样值进行比较判决，哪个匹配滤波器的输出抽样值更大，就判决哪个为输出。若此二进制信号的先验概率相等，则此方框图能给出最小的总误码率。在本节中，我们讨论了数字信号的匹配滤波

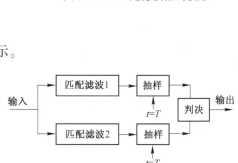

图 8.8.4　匹配滤波器构成的接收电路方框图

接收法。使用匹配滤波法接收数字信号可以得到最大的输出信噪比。在讨论中对于信号波形从未涉及，也就是说最大输出信噪比和信号波形无关，只决定于信号能量 E 与噪声功率谱密度 n_0 之比。由于讨论中未对信号波形做限定，所以这种匹配滤波法对于任何一种数字信号波形都是最佳的，不论是基带数字信号还是已调数字信号。例 8.1 中给出的是基带数字信号的例子；而

例 8.2 中给出的则是已调数字信号的例子。

8.8.2　数字信号的相关接收法

在上一小节中我们讨论了数字信号的匹配滤波接收法,它能够在传输系统输出端给出最大信噪比。在本小节中我们将介绍一种等效的接收方法,称为相关接收法。它是和匹配滤波接收法完全等效的,是实现匹配滤波接收的另一种电路形式,可以给出与匹配滤波法相同的输出信噪比。

我们从匹配滤波法出发进行讨论。由式(8.8-12)给出匹配滤波器的冲激响应:
$$h(t) = ks(T - t)$$
式中,$s(t)$ 为与此匹配滤波器相匹配的输入信号;k 为任意常数;T 为出现最大信噪比的时刻,也是抽样时刻。

现在我们来考虑任意输入信号码元 $x(t)$ 的情况。设 $x(t)$ 限定在$(0, T)$内,在此区间之外它等于 0。并且考虑到匹配滤波器的物理可实现性,即有:
$$h(t) = 0 \qquad t < 0$$
这样,输出信号 $y(t)$ 按照式(8.8-24)可以写成:
$$y(t) = k \int_{-T}^{t} x(u)s(T - t + u)\,\mathrm{d}u \tag{8.8-28}$$
在抽样时刻 T,输出电压为:
$$y(T) = k \int_{0}^{T} x(u)s(u)\,\mathrm{d}u \tag{8.8-29}$$
可以看出,上式中的积分是一种相关运算,即将输入的任意信号 $x(t)$ 同与匹配滤波器匹配的信号 $s(t)$ 做相关运算。它表示只有当输入信号 $x(t) = s(t)$ 时,在时刻 $t = T$ 才有最大的输出信噪比。式中的任意常数 k 是无关紧要的,通常令 $k = 1$。

按照上述相关运算,我们可以得到另一种实现方案,即相关接收法。以二进制信号为例给出相关接收法的方框图如图 8.8.5 所示。图中 $x(t)$ 为输入信号,$s_1(t)$ 和 $s_0(t)$ 是两个发送信号码元的波形。相关接收器将输入信号码元 $x(t)$ 分别和两个发送码元波形做相关运算,并在时刻 T 抽样。从两个抽样值中选择较大者做判决输出,即:

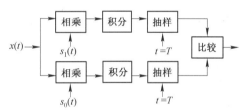

图 8.8.5　相关接收法方框图

$$\left.\begin{array}{l} 若 \displaystyle\int_{0}^{T} x(u)s_1(u)\,\mathrm{d}u > \int_{0}^{T} x(u)s_0(u)\,\mathrm{d}u,则判为收到 s_1 \\[4mm] 若 \displaystyle\int_{0}^{T} x(u)s_1(u)\,\mathrm{d}u < \int_{0}^{T} x(u)s_0(u)\,\mathrm{d}u,则判为收到 s_0 \end{array}\right\} \tag{8.8-30}$$

图 8.8.5 中的相乘、积分电路又称为相关接收器。

[**例 8.3**]　设有一个信号码元如例 8.2 中所给出的 $s(t)$。试比较它分别通过匹配滤波器和相关接收器时的输出波形。

解:根据式(8.8-29),此信号码元通过相关接收器后,输出信号为:
$$y(t) = \int_{0}^{t} s(t)s(t)\,\mathrm{d}t = \int_{0}^{t} \cos 2\pi f_0 t \cos 2\pi f_0 t\,\mathrm{d}t = \int_{0}^{t} \cos^2 2\pi f_0 t\,\mathrm{d}t$$
$$= \frac{1}{2}\int_{0}^{t}(1 + \cos 4\pi f_0 t)\,\mathrm{d}t = \frac{1}{2}t + \frac{1}{8\pi f_0}\sin 4\pi f_0 t \approx \frac{t}{2} \tag{8.8-31}$$
式中已经假定 f_0 很大,结果可以近似等于 $t/2$,即与 t 呈线性关系。

此信号通过匹配滤波器的结果在例 8.2 中已经给出,见式(8.8-27)。

按式（8.8-31）和式（8.8-27）画出的这两种结果如图8.8.6所示。由图可见，只有当 $t = T$ 时，两者的抽样值才相等。

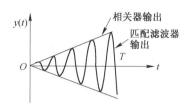

图8.8.6 匹配滤波法和相关接收法结果比较

比较图8.8.5和图8.3.2可见，这里的相关接收法就是8.3节中讨论的最佳接收法。所以，无论是匹配滤波还是相关接收都是理论上最佳的接收方法，它们给出相同的信噪比。实际接收机的性能只能逼近它，而不能超过它，这两种接收方法都得到了广泛的应用，在设计时可根据具体情况选用。

8.9 最佳基带传输系统

在第5章中讨论基带数字信号传输系统时，认为它是一个线性系统，且发送滤波器的传输函数为 $G_T(f)$，接收滤波器的传输函数为 $G_R(f)$，信道的传输函数为 $C(f)$。这样，就可以把系统中抽样判决点之前的部分集中用一个基带总传输函数表示：

$$H(f) = G_T(f) C(f) G_R(f)$$

在第5章中我们忽略了噪声的影响，只考虑码间串扰。现在我们将考虑在噪声环境下，如何设计这些滤波器的特性使系统的性能最佳。由于信道的传输特性往往不易控制，这里将假设信道具有理想特性，即假设 $C(f) = 1$。于是，基带系统的总传输函数变为：

$$H(f) = G_T(f) G_R(f) \tag{8.9-1}$$

在第5章的讨论中已经指出，为了消除码间串扰，对 $H(f)$ 有确定的要求。所以，在 $H(f)$ 确定之后，只能考虑如何设计 $G_T(f)$ 和 $G_R(f)$ 以使系统在加性高斯白噪声条件下的误码率最小。由式（8.8-8）可知，匹配滤波器的传输函数 $G_M(f)$ 应当是信号频谱 $S(f)$ 的复共轭。现在，信号的频谱就是发送滤波器的传输函数 $G_T(f)$，所以要求：

$$G_M(f) = G_T^*(f) e^{-j2\pi f t_0} \tag{8.9-2}$$

式中已经假定 $k = 1$。

由式（8.9.1）可得：

$$G_T(f) = H(f)/G_M(f) \tag{8.9-3}$$

或写成：

$$G_T^*(f) = H^*(f)/G_M^*(f) \tag{8.9-4}$$

将上式代入式（8.9-2）得：

$$G_M(f) G_M^*(f) = H^*(f) e^{-j2\pi f t_0} \tag{8.9-5}$$

即

$$|G_M(f)|^2 = H^*(f) e^{-j2\pi f t_0} \tag{8.9-6}$$

上式左端是 $G_R(f)$ 的模的平方，它是一个实数，所以上式右端也必须是实数。因此，上式可以写为：

$$|G_M(f)|^2 = |H(f)| \tag{8.9-7}$$

最后得到应满足的条件为：

$$|G_M(f)| = |H(f)|^{1/2} \tag{8.9-8}$$

由于上式没有限定其相位条件，所以可以选择：

$$G_M(f) = [H(f)]^{1/2} \tag{8.9-9}$$

因此由式（8.9-1）得到发送滤波器的传输函数为：

$$G_T(f) = [H(f)]^{1/2} \tag{8.9-10}$$

式（8.9-9）和式（8.9-10）就是最佳传输系统对于收/发滤波器的要求。

下面将讨论这种最佳系统的误码率性能。

设基带信号码元为 M 进制的多电平信号，即码元有 M 种电平：$\pm d, \pm 3d, \cdots, \pm(M-1)d$。其中

d 为相邻电平间隔的一半,如图 8.9.1 所示,图中的 $M=8$。

在接收端,判决电路的判决门限值应当设定为:0, $\pm 2d$, $\pm 4d$, $\cdots$, $\pm(M-2)d$。这样规定后,在接收端抽样判决时刻上,若噪声值不超过 d,则不会发生错误判决。但是需要注意,若噪声值大于最高信号电平值或小于最低信号电平值时,则不会发生错误判决。也就是说,对于最外侧的两个电平,只在一个方向有出错的可能。所以,错误概率为

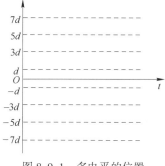

$$P_e = \left[1 - \frac{1}{M}\right] P(\,|\xi|>d) \qquad (8.9\text{-}11)$$

图 8.9.1 多电平的位置

式中,ξ 是噪声的抽样值,而 $P(\,|\xi|>d)$ 是噪声抽样值大于 d 的概率。

现在来计算 $P(\,|\xi|>d)$。设接收滤波器输入端高斯白噪声的单边功率谱密度为 n_0,接收滤波器输出的带限高斯噪声的功率为 σ^2,则有:

$$\sigma^2 = \frac{n_0}{2}\int_{-\infty}^{\infty}|G_R(f)|^2\mathrm{d}f = \frac{n_0}{2}\int_{-\infty}^{\infty}|[H(f)]^{1/2}|^2\mathrm{d}f = \frac{n_0}{2} \qquad (8.9\text{-}12)$$

式中的积分值是一个实常数,我们已假设其等于 1,即假设:

$$\int_{-\infty}^{\infty}|[H(f)]^{1/2}|^2\mathrm{d}f = 1 \qquad (8.9\text{-}13)$$

这样假设并不影响对误码率性能的分析。由于接收滤波器是一个线性滤波器,故其输出噪声的统计特性仍服从高斯分布。因此输出噪声 ξ 的一维概率密度函数为:

$$f(\xi) = \frac{1}{\sqrt{2\pi}\,\sigma}\exp\left(-\frac{\xi^2}{2\sigma^2}\right) \qquad (8.9\text{-}14)$$

对上式求积分就可以得到抽样噪声值超过 d 的概率:

$$P(\,|\xi|>d) = 2\int_{d}^{\infty}\frac{1}{\sqrt{2\pi}\,\sigma}\exp\left(-\frac{\xi^2}{2\sigma^2}\right)\mathrm{d}\xi = \frac{2}{\sqrt{\pi}}\int_{d/\sqrt{2}\sigma}^{\infty}\exp(-z^2)\mathrm{d}z = \mathrm{erfc}\left(\frac{d}{\sqrt{2}\,\sigma}\right) \qquad (8.9\text{-}15)$$

式中做了如下变量代换:

$$z^2 = \xi^2/2\sigma^2 \qquad (8.9\text{-}16)$$

将式(8.9-15)代入式(8.9-11),得到:

$$P_e = \left(1 - \frac{1}{M}\right)\mathrm{erfc}\left(\frac{d}{\sqrt{2}\,\sigma}\right) \qquad (8.9\text{-}17)$$

再将式(8.9-17)中的 P_e 和 d/σ 的关系变换成 P_e 和 E/n_0 的关系。由上述讨论知道,在 M 进制基带多电平最佳传输系统中,发送码元的频谱形状由发送滤波器的特性决定:

$$G_T(f) = H^{1/2}(f)$$

多电平发送码元波形的最大值为 $\pm d$, $\pm 3d$, $\cdots$, $\pm(M-1)d$。这样,利用巴塞伐尔定理(见附录A):

$$\int_{-\infty}^{\infty}x^2(t)\,\mathrm{d}t = \int_{-\infty}^{\infty}|X(f)|^2\mathrm{d}f$$

计算码元能量时,设多电平码元的波形为 $Ax(t)$,其中 $x(t)$ 的最大值等于 1,以及

$$A = \pm d, \pm 3d, \cdots, \pm(M-1)d \qquad (8.9\text{-}18)$$

则码元能量为:

$$A^2\int_{-\infty}^{\infty}x^2(t)\,\mathrm{d}t = A^2\int_{-\infty}^{\infty}|H(f)|\,\mathrm{d}f = A^2 \qquad (8.9\text{-}19)$$

上式计算时已经代入了式(8.9-13)的假设。

因此,对于 M 进制等概率多电平码元,可求出其平均码元能量:

$$E = \frac{2}{M} \sum_{i=1}^{M/2} \left[d(2i-1) \right]^2 = d^2 \frac{2}{M} \left[1 + 3^2 + 5^2 + \cdots + (M-1)^2 \right] = \frac{d^2}{3}(M^2 - 1) \quad (8.9\text{-}20)$$

因此有：
$$d^2 = \frac{3E}{M^2 - 1} \quad (8.9\text{-}21)$$

将式(8.9-12)和式(8.9-21)代入式(8.9-17)，得到所需的最终误码率表示式：
$$P_e = \left(1 - \frac{1}{M} \right) \mathrm{erfc} \left(\frac{d}{\sqrt{2}\,\sigma} \right) = \left(1 - \frac{1}{M} \right) \mathrm{erfc} \left[\left(\frac{3}{M^2 - 1} \frac{E}{n_0} \right)^{1/2} \right] \quad (8.9\text{-}22)$$

当 $M = 2$ 时
$$P_e = \frac{1}{2} \mathrm{erfc} \left(\sqrt{E/n_0} \right) \quad (8.9\text{-}23)$$

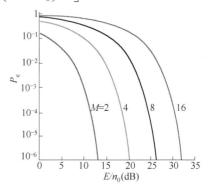

上式是在理想信道中消除码间串扰条件下，二进制双极性基带信号传输的最佳误码率。

按照上述计算结果画出的 M 进制多电平信号的误码率曲线如图8.9.2所示。由图可见，当误码率较低时，为保持误码率不变，若 M 值增大到2倍，信噪比大约需要增大7 dB。

若信道不是理想的，只要信道传输特性 $C(f)$ 已知，按照上述分析的思路，不难设计出其最佳接收滤波器，并推导出类似的误码率公式。这里不再赘述。

图 8.9.2 M 进制多电平信号误码率曲线

8.10 小   结

本章讨论数字信号的最佳接收原理。首先要明确的是什么叫"最佳"。由于数字通信系统传输质量的主要指标是错误概率，因此，将错误概率最小作为"最佳"的准则。其次，要明确错误的起因。这里，假定错误是由带限高斯白噪声引起的。在这个假定条件下，定量分析错误概率。分析时主要针对二进制信号，并将二进制信号分为三类(确知信号、随相信号和起伏信号)逐一分析。

分析方法是将接收信号当作 k 维空间中的一个矢量，并将接收矢量空间划分为两个区域。按照接收矢量落入哪个区域来判决是否发生错误。由判决准则可以得出最佳接收机的原理方框图并计算出误码率。这个误码率是理论上的最佳(最小可能)值。二进制确知信号的最佳误码率决定于两种码元的相关系数 ρ 和信噪比 E_b/n_0，而与信号波形无直接关系。当相关系数 ρ 最小时，误码率最低。2PSK 信号的相关系数为最小($\rho = -1$)，其误码率最低。2FSK 信号可以看作正交信号，故其相关系数 $\rho = 0$。

随相信号和起伏信号都是仅分析了 FSK 信号。因为在这种情况下，FSK 是主要适用的信号。由于这时信道引起的相位随机性，不能采用相干解调，所以非相干解调是最佳接收方法。

将实际接收机和最佳接收机的误码率做比较可以看出，若实际接收机中的信噪比 r 等于最佳接收机中的码元能量和噪声功率谱密度之比 E_b/n_0，则两者的误码率性能一样。但是，由于实际接收机都不可能满足上述条件，所以，实际接收机的性能总是比不上最佳接收机的性能。

本章还从理论上证明了匹配滤波法和相关接收法两者等效，并且都是最佳接收方法。

思考题

8.1 何谓最佳接收？其准则是什么？

8.2 试对二进制信号写出其最佳接收的判决准则。

8.3 对于二进制双极性信号,试问最佳接收判决门限的值应该设为多少?

8.4 若二进制双极性信号"0"和"1"的发送概率相等,试写出其最佳判决时的总误码率表示式。

8.5 试问传输系统总误码率和信号波形有何关系?

8.6 若有两个二进制数字传输系统,一个传输双极性码,另一个传输单极性码,为了得到相同的误码率,试问两者所需的信噪比 A/σ 有何关系?

8.7 何谓匹配滤波?试问匹配滤波器的冲激响应和信号波形有何关系?其传输函数和信号频谱又有什么关系?

8.8 试问一个滤波器物理可实现的条件是什么?

8.9 何谓相关接收?试画出相关接收器的方框图。

8.10 试比较相关接收和匹配滤波的异同点。

8.11 匹配滤波器是一种线性滤波器,它能给出最大的信噪比。试问能否找到一种非线性滤波器,它能给出比匹配滤波器更好的信噪比?

8.12 对于理想信道,试问最佳基带传输系统的发送滤波器和接收滤波器特性之间有什么关系?

习题

8.1 试求出例8.1中输出信号波形 $s_o(t)$ 的表达式。

8.2 设一个二进制基带传输系统的传输函数为:

$$H(f) = \begin{cases} T(1+\cos 2\pi fT) & |f| = 1/2T \\ 0 & \text{其他} \end{cases}$$

式中, $H(f) = G_T(f)C(f)G_R(f)$, $C(f) = 1$, $G_T(f) = G_R(f) = \sqrt{H(f)}$ 。

(1) 若接收滤波器输入端的双边噪声功率谱密度为 $n_0/2$ (W/Hz),试求接收滤波器输出噪声功率。

(2) 若系统中传输的是二进制等概率信号,在抽样时刻接收滤波器输出信号电平取值为 0 或 A ,而输出噪声电压 N 的概率密度函数为:

$$f(N) = \frac{1}{2\lambda} e^{-|N|/\lambda} \qquad \lambda > 0 \, (\text{常数})$$

试求用最佳门限时的误码率。

8.3 设一个二进制单极性信号传输系统中信号"0"和"1"是等概率发送的。试问:

(1) 若接收滤波器收到"1"时,在抽样时刻的输出信号电压为 1 V,输出的高斯噪声电压平均值为 0 V,均方根值为 0.2 V,试问在最佳判决门限下的误码率等于多少?

(2) 若要求误码率不大于 10^{-4} ,试问这时的信号电压至少应该多大?

8.4 设一个二进制双极性信号基带传输系统中信号"0"和"1"是等概率发送的,在接收匹配滤波器输出端抽样点上输出的信号分量电压为+1 V 或-1 V,输出的噪声分量电压的方差等于 1。试求其误码率。

8.5 设一个二进制双极性信号最佳传输系统中信号"0"和"1"是等概率发送的,信号码元的持续时间为 T ,波形为幅度等于 1 的矩形脉冲。系统中加性高斯白噪声的双边功率谱密度等于 10^{-4} W/Hz。试问为使误码率不大于 10^{-4} ,最高传输速率可以达到多高?

8.6 设一个二进制双极性信号最佳传输系统中信号"0"和"1"是等概率发送的,信号传输速率等于 56 kb/s,波形为不归零矩形脉冲。系统中加性高斯白噪声的双边功率谱密度等于 10^{-4} W/Hz。试问为使误码率不大于 10^{-4} ,需要的最小接收信号功率等于多少?

8.7 试证明式(8.1-5): $\frac{1}{T}\int_0^T r^2(t)\,\mathrm{d}t = \frac{1}{2f_H}\sum_{i=1}^k r_i^2$

[提示:应用巴塞伐尔定理。]

8.8 试述确知信号、随相信号和起伏信号的特点。

8.9 设有一个等先验概率的 2ASK 信号,试画出其最佳接收机原理方框图。若其非零码元的能量为 E_b ,试求出其在高斯白噪声环境下的误码率。

8.10 设有一个等先验概率 2FSK 信号:

$$\begin{cases} s_0(t) = A\sin 2\pi f_0 t, & 0 \le t \le T \\ s_1(t) = A\sin 2\pi f_1 t, & 0 \le t \le T \end{cases}$$

式中 $f_0 = 2/T, f_1 = 2f_0$。

（1）试画出其相关接收法接收机原理方框图；

（2）画出方框图中各点可能的工作波形；

（3）设接收机输入高斯白噪声的单边功率谱密度为 $n_0/2$（W/Hz），试求出其误码率。

8.11 设一个 2PSK 接收信号的输入信噪比 $E_b/n_0 = 10$ dB，码元持续时间为 T，试比较最佳接收机和普通接收机的误码率相差多少，并设后者的带通滤波器带宽为 $6/T$（Hz）。

8.12 设高斯白噪声的单边功率谱密度为 $n_0/2$，试对图 P8.1 中的信号波形设计一个匹配滤波器。

（1）试问如何确定最大输出信噪比的时刻？

（2）试求此匹配滤波器的冲激响应和输出信号波形的表示式，并画出波形；

（3）试求出其最大输出信噪比。

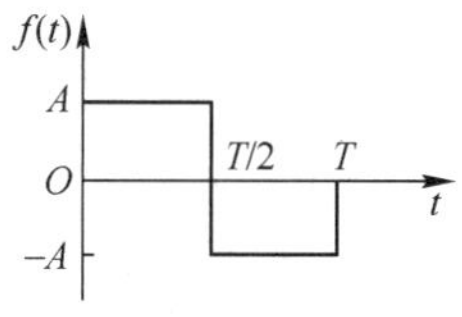

8.13 设图 P8.2(a) 中的两个滤波器的冲激响应分别为 $h_1(t)$ 和 $h_2(t)$，输入信号为 $s(t)$，在图 P8.2(b) 中给出了它们的波形。试用图解法画出 $h_1(t)$ 和 $h_2(t)$ 的输出波形，并说明 $h_1(t)$ 和 $h_2(t)$ 是否为 $s(t)$ 的匹配滤波器。

图 P8.1 信号波形

8.14 设接收机输入端的二进制信号码元波形如图 P8.3 所示，输入端的单边高斯白噪声功率谱密度为 $n_0/2$（W/Hz）。

（1）试画出采用匹配滤波器形式的最佳接收机的原理方框图；

（2）确定匹配滤波器的单位冲激响应和输出波形；

（3）求出最佳误码率。

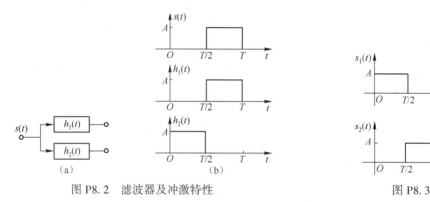

图 P8.2 滤波器及冲激特性　　　　　　图 P8.3

8.15 设在高斯白噪声条件下接收的二进制信号码元波形为：

$$\begin{cases} s_0(t) = A\sin(2\pi f_0 t + \varphi_0), & 0 \leq t < T \\ s_1(t) = A\sin(2\pi f_1 t + \varphi_1), & 0 \leq t < T \end{cases}$$

$s_0(t)$ 和 $s_1(t)$ 在 $(0, T)$ 内满足正交条件；φ_0 和 φ_1 是服从均匀分布的随机变量。

（1）试画出采用匹配滤波器形式的最佳接收机的原理方框图；

（2）试用两种不同方法分析上述接收机中抽样判决器输入信号抽样值的统计特性；

（3）求出此系统的误码率。

第 9 章　多路复用和多址技术

9.1　概　　述

随着通信技术的发展和通信系统的广泛应用,通信网的规模和需求越来越大。因此系统容量就成为一个非常重要的问题。一方面,原来只传输一路信号的链路上,现在可能要求传输多路信号。这种需求的出现已经存在多年。另一方面,通常一条链路的频带很宽,足以容纳多路信号传输。所以,多路独立信号在一条链路上传输,称多路通信,就应运而生了。为了区分在一条链路上的多个用户的信号,理论上可以采用正交划分的方法。也就是说,凡是在理论上正交的多个信号,在同一条链路上传输到接收端后都可能利用其正交性完全区分开。在实际中,常用的正交划分体制主要有在频域中划分的频分制、在时域中划分的时分制和利用正交编码划分的码分制,如图 9.1.1 所示,图中纵坐标为振幅 A。与这三种方法相对应的技术,分别称为频分复用(FDM,Frequency Division Multiplexing)、时分复用(TDM,Time Division Multiplexing),以及码分复用(CDM,Code Division Multiplexing)。

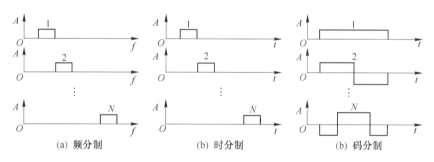

(a) 频分制　　　　　　　　(b) 时分制　　　　　　　　(b) 码分制

图 9.1.1　多路信号的正交划分

除了上述三种复用法,还有所谓的空分(空间划分)复用法和极化复用法,这两种方法都用于无线通信网中。空分复用指利用窄波束天线在不同方向上重复使用同一频带,即将频谱按空间划分复用。极化复用则利用(垂直和水平)两种极化的电磁波分别传输两个用户的信号,即按极化重复使用同一频谱。最后值得指出的是,在光纤通信中还采用波分复用 WDM(Wave Division Multiplexing)。波分复用是按波长划分的复用方法。它实质上也是一种频分复用,只是由于载波在光波波段,其频率很高,通常用波长代替频率来讨论,故称为波分复用。此外,光波在光纤中传播也有其特殊性,例如不同波长的光波在光纤中的传输时延不同。因此,通常将波分复用从频分复用中分离开,另做讨论。

随着通信网的进一步发展,通信网的规模越来越大,路数越来越多,网际关系也越来越密切,出现了几个多路传输的网或链路间互连,这称为复接(Multiple Connection)。复接技术是为了解决来自若干条链路的多路信号的合并和区分。目前大容量链路的复接几乎都是 TDM 信号的复接。这时,多路 TDM 信号时钟的统一和定时就成为关键技术问题。

现代公众通信网是一个覆盖全球的网,所以为了解决各国各个网和链路之间的互连互通问题,必须有国际统一的接口标准。国际电信联盟(ITU)的主要任务之一就是制定各种标准的建议,供各国采用。有关复用和复接的一系列标准的建议就包括在内。

　　一个通信网需占用一定的频带和时间资源。为了使这些资源得到充分利用,发展出了上述各种多路复用技术,将每条链路的多个信道分配给不同用户使用,从而提高了链路的利用率。但是,在多路复用(和复接)时并不是每路用户在每一时刻都占用着信道。为了充分利用频带和时间,希望每条信道为多个用户所共享,尽量使它时时都有用户在使用着。于是在多路复用(和复接)发展的同时,逐渐发展出了多址接入技术。"多路复用(复接)"和"多址接入"都是为了共享通信网,这两种技术有许多相同之处,但是它们之间也有一些区别。在多路复用(复接)中,用户是固定接入的,或者是半固定接入的,因此网络资源是预先分配给各用户共享的。然而,多址接入时网络资源通常是动态分配的,并且可以由用户在远端随时提出共享要求。卫星通信系统就是这样一个例子。为了使卫星转发器得到充分利用,按照用户需求,将每个信道动态地分配给大量用户,使他们可以在不同时间以不同速率(带宽)共享网络资源。计算机通信网,例如以太网(Ethernet),也是多址接入的例子。故多址接入网络必须按照用户对网络资源的需求,随时动态地改变网络资源的分配。多址技术也有多种,例如频分多址、时分多址、码分多址、空分多址、极化多址,以及其他利用信号统计特性复用的多址技术等。

　　本章主要对频分、时分和码分复用技术进行讨论。

9.2　频分复用(FDM)

　　在3.1节中提到,调制的目的之一是将信号的频谱搬移到希望的频段上,以适应信道传输的要求,或者将多路信号合并起来在同一信道中做多路传输。这种多路传输的方式称为频分复用(FDM)。在频分复用时,每路信号占用不同的频段。在有大量信号需做频分复用时,总的占用频带必然很宽。因此,希望在复用时每路信号占用的频带宽度尽量窄。由第3章的讨论可知,单边带调制信号占用的带宽最窄,其已调信号的带宽和基带信号的带宽相同。所以,在频分复用中一般都采用单边带调制技术。下面以多路电话通信系统为例,说明其原理。

　　在图9.2.1中画出了一个3路频分复用模拟电话通信系统的原理方框图。其中图9.2.1(a)是发送端的原理方框图。各路语音信号先经过一个低通滤波器,滤波后的语音信号频带,例如,在300~3400 Hz内。它和一个载波相乘,产生双边带(DSB)信号,然后用一个带通滤波器滤出上边带,作为单边带(SSB)调制的输出信号。若此3路信号采用的载频分别为4,8,12 kHz,则得到的3路输出信号的频谱如图9.2.2所示(图中仅给出了正频率部分的频谱)。由此图看出,这3路输出信号的频谱互不重叠,并且有约900 Hz的保护间隔作为滤波器的过渡频带,总占用频带为4.3~15.4 kHz。接收端的原理方框图如图9.2.1(b)所示。接收信号首先经过3个通频带不同的带通滤波器,分别滤出这3路单边带信号,再进行单边带信号的解调,得到3路解调信号输出。这里需要指出的是,第一,这个3路合成的复用信号的频谱虽然位于4.3~15.4 kHz,但是为了与信道特性匹配,它还可以再次经过调制将频谱搬移到其他适合传输的位置上;第二,实用的频分复用系统中可以有成百上千路的语音信号,国际电信联盟(ITU)对此制定了一系列建议,以统一其技术特性。例如,ITU将一个12路频分复用电话系统称为一个基群,它共占用48 kHz带宽,位于12~60 kHz之间;所用的12路载频分别为12,16,…,56 kHz,见图9.2.3。ITU的建议中还规定,可以将5个基群组成一个60路的"超群",它占用240 kHz的带宽;并可以将10个超群复用为一个600路的"主群"。主群占用的带宽达2 GHz以上。在有些主要干线上,一条链路可容纳3个以上主群,总容量为1800个话路以上。

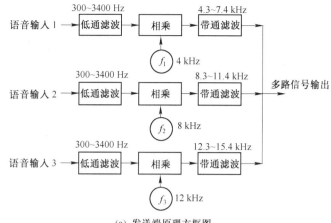

(a) 发送端原理方框图

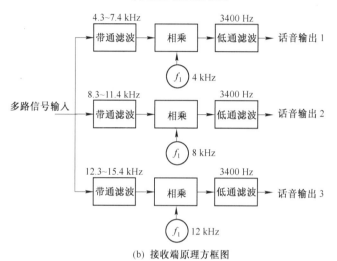

(b) 接收端原理方框图

图 9.2.1 频分复用电话通信系统原理方框图

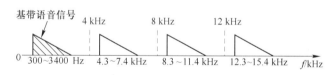

图 9.2.2 频分复用的频谱举例

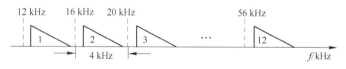

图 9.2.3 12 路群的频谱举例

  这种频分复用多路模拟电话系统曾经在各国通信网的干线中广泛采用。但是,它要求系统的非线性失真很小,否则将因非线性失真而产生各路信号间的相互干扰。并且这种设备的生产技术较为复杂,特别是滤波器的制作和调试较难,成本也较高。故近年来已经逐渐被更为先进的时分复用技术所取代,在此不再对它做详细介绍。不过,在其他场合,例如模拟电视广播中图像信号和语音信号的复用、立体声广播中左右声道信号的复用等,仍然采用频分复用。

  下一节将对时分复用做较详细的介绍。

9.3 时分复用(TDM)

时分复用的示意图见图 9.1.1(b)和二维码 9.1。每路信号占用不同的时隙,因此各路信号是断续地发送的。4.2 节中的抽样定理已经证明,时间上连续的信号可以用它的离散抽样值来表示,只要其抽样速率足够高。这样,我们就可以利用抽样信号的间隔时间传输其他路的抽样信号。时分多路复用的原理方框图如图 9.3.1(a)所示。图中在发送端和接收端分别有一个机械旋转开关,以抽样频率同步地旋转。在发送端,此开关依次对输入信号抽样,开关旋转 1 周得到的多路信号抽

二维码 9.1

样值合为 1 帧。例如,若语音信号经过低通滤波器后,其频谱限制在 3400 Hz 以下,它需要用 8 kHz 的速率抽样,则此开关应每秒旋转 8000 周。设旋转周期为 T 秒,共有 N 路信号,则每路信号在每周中占用 T/N 秒的时间。此旋转开关采集到的信号如图 9.3.1(d)所示,每路信号实际上是 PAM 调制(见 4.2.3 节)的信号。在接收端,若开关同步地旋转,则对应各路的低通滤波器的输入端能得到相应路的 PAM 信号。因为 PAM 信号中包含有原调制信号的频谱,所以它通过低通滤波器后可以直接得到原调制信号 $s_i(t)$,$i = 1, 2, \cdots, N$。目前在通信中几乎不再采用模拟脉冲调制。抽样信号一般都在量化和编码后以数字信号的形式传输。电话信号通常采用 PCM、DPCM 和 ADPCM 等编码方式。

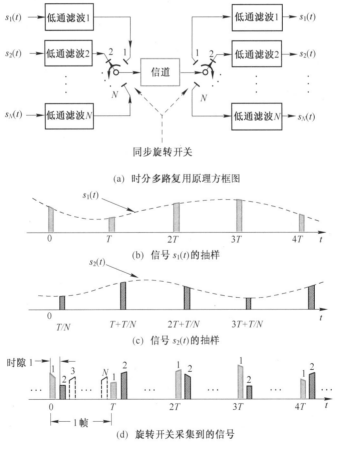

(a) 时分多路复用原理方框图

(b) 信号 $s_1(t)$ 的抽样

(c) 信号 $s_2(t)$ 的抽样

(d) 旋转开关采集到的信号

图 9.3.1 时分多路复用的原理示意图

不同种类和速率的信号,例如语音、图像、数据、传真、文字等,都可以在一条链路上以时分复用方式传输。

- 时分复用的基本条件是：

① 各路信号必须组成帧。帧是时分复用信号的最小结构,在每一帧中必须分配给每路信号至少一个位置。

② 一帧应分为若干时隙。时隙和各路信号的关系是确定的。在上述简单的例子中,各路电话信号的抽样速率相同,在一帧中可以分配给每路信号一个时隙,也可以分配给每路信号几个时隙,但各路的时隙数目应相同。在各路信号的类型不同且抽样速率不等的情况下,每帧中分配给各路的时隙数可以不同。对速率高的路,分给较多的时隙。

③ 在帧结构中必须有帧同步码,以保证在接收端能够正确识别每帧的开始时刻。

④ 当各路信号不是用同一时钟抽样时,必须容许各路输入信号的抽样速率(时钟)有少许误差(在上面用简单旋转机械开关抽样时,不存在这个问题。)

- 与频分复用相比,时分复用的主要优点是：

① 便于信号的数字化和实现数字通信。

② 制造调试较易,更适合采用集成电路实现。

③ 生产成本较低,具有价格优势。

对于时分制多路电话通信系统的标准,ITU 制定了两种准同步数字体系(PDH, Plesiochronous Digital Hierarchy)和两种同步数字体系(SDH, Synchronous Digital Hierarchy)的建议,下面将分别进行讨论。对于计算机数据信号的时分复用,ITU 也制定有一系列建议,这里不做介绍。

9.3.1 准同步数字体系(PDH)

ITU 提出了两个体系的建议,即 E 体系和 T 体系[33]。前者被我国(不包括台湾地区)、欧洲等采用,以及用作国际间连接;后者仅被北美、日本和其他少数国家和地区采用,并且北美和日本采用的标准也不完全相同。这两种建议的层次、路数和比特率的规定见表 9.3.1。下面将主要对 E 体系做详细介绍。

E 体系的结构见图 9.3.2。它以 30 路 PCM 数字电话信号的复用为基本层(E-1),每路 PCM 信号的比特率为 64 kb/s。由于需要加入群同步和信令等额外开销,实际占用 32 路 PCM 信号的比特率,故其输出总比特率为 2.048 Mb/s。此输出信号称为一次群信号。4 个一次群信号进行二次复用,得到二次群信号,其比特率为 8.448 Mb/s。按照同样的方法再次复用,得到比特率为 34.368 Mb/s 的三次群信号和比特率为 139.264 Mb/s 的四次群信号等。我们注意到,和一次群需要额外开销一样,高次群也需要额外开销,故其输出比特率都比相应的一路输入比特率的 4 倍还高一些。此额外开销占总比特率很小的百分比,但是当总比特率增大时,此开销的绝对值还是不小的,这很不经济。所以,当比特率更高时,就不采用这种准同步数字体系了,转而采用同步数字体系(SDH)。

表 9.3.1　准同步数字体系

	层次	比特率(Mb/s)	路数
E 体系	E-1	2.048	30
	E-2	8.448	120
	E-3	34.368	480
	E-4	139.264	1920
	E-5	565.148	7680
T 体系	T-1	1.544	24
	T-2	6.312	96
	T-3	32.064(日本)	480
		44.736(北美)	672
	T-4	97.728(日本)	1440
		274.176(北美)	4032
	T-5	397.200(日本)	5760
		560.160(北美)	8064

现在,我们对 E 体系的基础(一次群)做进一步的详细介绍。如前所述,E 体系是以 64 kb/s 的 PCM 信号为基础的,它将 30 路 PCM 信号合为一次群,如图 9.3.2 所示。由于一路 PCM 电话信号的抽样频率为 8000 Hz,即抽样周期为 125 μs,这就是一帧的时间。将此 125 μs 时间分为 32

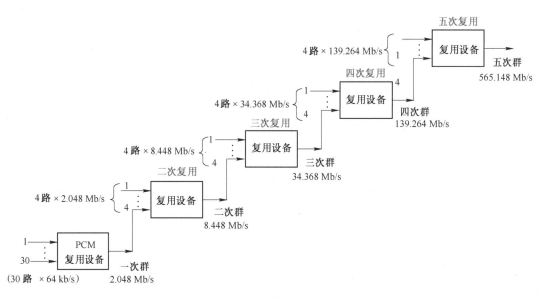

图 9.3.2　E 体系结构图

个时隙(TS),每个时隙分为 8 比特。这样每个时隙正好可以传输一个 8 比特的码组。在 32 个时隙中,30 个时隙传输 30 路语音信号,另外 2 个时隙可以传输信令和同步码。在图 9.3.3 中画出了 PCM 一次群的帧结构。其中规定时隙 TS0 和 TS16 可以用作传输帧同步码和信令等信息;其他 30 个时隙,即 TS1~TS15 和 TS17~TS31,用作传输 30 路语音抽样值的 8 比特码组。时隙 TS0 的功能在偶数帧和奇数帧又有不同。由于帧同步码每两帧发送一次,故规定在偶数帧的时隙发送帧同步码。每组帧同步码含 7 比特,为"0011011",规定占用时隙 TS0 的后 7 位。时隙 TS0 的第 1 位"＊"供国际通信用;若不是国际链路,则它也可以给国内通信用。TS0 的奇数帧留作告警等其他用途。在奇数帧中,TS0 第 1 位"＊"的用途和偶数帧的相同;第 2 位的"1"用以区别偶数帧的"0",辅助表明其后不是帧同步码;第 3 位"A"用于远端告警,"A"在正常状态时为"0",在告警状态时为"1";第 4~8 位保留,用作维护、性能监测等其他用途,在没有其他用途时,在跨国链路上应该全为"1"(如图上所示)。

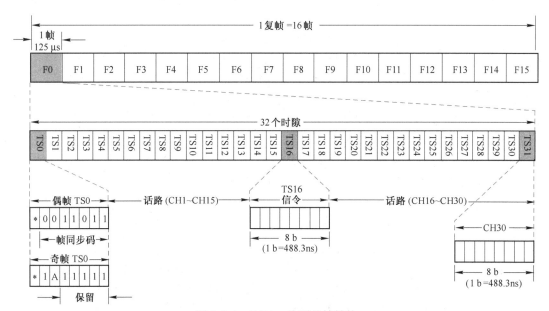

图 9.3.3　PCM 一次群的帧结构

时隙 TS16 可以用于传输信令,但是当无须用于传输信令时,它也可以像其他 30 路一样用于传输语音。信令是电话网中传输的各种控制和业务信息,例如电话机上由键盘发出的电话号码信息等。在电话网中传输信令的方法有两种。一种称为共路信令,另一种称为随路信令(见 13.2.3 节)。共路信令是将各路信令通过一个独立的信令网络集中传输;随路信令则是将各路信令放在传输各路信息的信道中,与各路信息一起传输。在此建议中为随路信令做了具体规定。采用随路信令时,需将 16 个帧组成一个复帧。如图 9.3.3 第一行所示,时隙 TS16 依次分配给各路使用。在一个复帧中按表 9.3.2 所示的结构共用此

表 9.3.2 随路信令

帧	比 特							
	1	2	3	4	5	6	7	8
F0	0	0	0	0	x	y	x	x
F1	CH1				CH16			
F2	CH2				CH17			
F3	CH3				CH18			
⋮	⋮				⋮			
F15	CH15				CH30			

信令时隙。在 F0 帧中,前 4 个比特"0000"是复帧同步码组,后 4 个比特中,"x"为备用,无用时它全置为"1";"y"用于向远端指示告警,在正常工作状态它为"0",在告警状态它为"1"。在其他帧(F1~F15)中,此时隙的 8 个比特用于传送 2 路信令,每路 4 个比特。由于复帧的速率是 500 帧/秒,所以每路的信令传送速率为 2kb/s。

将几个低次群送入复用设备合并成高次群(见图 9.3.2)的过程称为复接。因为各低次群来自不同地方,其时钟存在误差,故码速不同。在复接时需要调整各路码速,使之统一后再合并。如何调整码速见二维码 9.2。

二维码 9.2

9.3.2 同步数字体系(SDH)

随着数字通信速率的不断提高和光纤通信的发展,PDH 体系已经不能满足需要。另外,由于 ITU 的建议中 PDH 有 E 和 T 两种体系,它们分别用于不同地区,这样不利于国际间的互连互通。于是,在 1985 年前后首先由美国贝尔通信研究中心提出了一种新的高速数字通信体系,称为同步光网络(SONET)。1989 年 ITU 参照此体系制定出了同步数字体系(SDH)的建议[35]。在 SDH 中,信息是以称作"同步传送模块(STM,Synchronous Transport Module)"的信息结构传送的。

一个同步传送模块(STM)主要由信息有效负荷和段开销(SOH,Section OverHead)组成块状帧结构,其重复周期为 125μs。按照模块大小和传输速率不同,SDH 分为若干等级,如表 9.3.3 所示。目前 SDH 制定了 4 级标准,其容量(路数)每级为 4 倍的关系,而且速率也是 4 倍的关系,在各级间没有额外开销。STM 的基本模块是 STM-1。STM-1 包含一个管理单元群 AUG 和段开销 SOH。STM-N 包含 N 个 AUG 和相应的 SOH。

表 9.3.3 SDH 的速率等级

等 级	比特率(Mb/s)
STM-1	155.52
STM-4	622.08
STM-16	2488.32
STM-64	9953.28

由上述可见,在 SDH 中,4 路 STM-1 可以合并成 1 路 STM-4,4 路 STM-4 可以合并成 1 路 STM-16 等。但是,在 PDH 体系和 SDH 体系之间的连接关系就稍微复杂一些。通常都是将若干路 PDH 接入 STM-1 内,即在 155.52Mb/s 处接口。这时,PDH 信号的速率必须低于 155.52Mb/s,并将速率调整到 155.52Mb/s 上。例如,可以将 63 路 E-1,或 3 路 E-3,或 1 路 E-4,接入 STM-1 中。对于 T 体系也可以做类似的处理。这样,在 SDH 体系中,各地区的 PDH 体制就得到了统一。SDH 体系的结构和这两种 PDH 复用体系间的连接关系如图 9.3.4 所示。

由图可见,PDH 体系的输入信号首先进入容器 C-n,(n=1~4)。这里,容器是一种信息结构,它为后接的虚容器(VC-n)组成与网络同步的信息有效负荷。在 SDH 网的边界处,使支路信号与虚容器相匹配的过程称为映射(这在图中用细箭头指出)。在 ITU 的建议中只规定有几种速率不同的

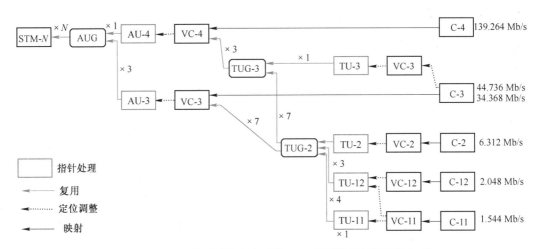

图 9.3.4　SDH 体系结构和这两种 PDH 复用体系间的连接关系

标准容器和虚容器。每一种虚容器都对应一种容器。虚容器也是一种信息结构,它由信息有效负荷和路径开销信息组成帧,每帧长 125μs 或 500μs。虚容器有两种:低阶虚容器 VC-n ($n=1$, 2, 3);高阶虚容器 VC-n ($n=3$, 4)。低阶虚容器包括一个容器 C-n($n=1$, 2, 3)和低阶虚容器的路径开销。高阶虚容器包括一个容器 C-n($n=3$, 4)或者几个支路单元群(TUG-2 或 TUG-3),以及虚容器路径开销。虚容器的输出可以进入支路单元 TU-n。

一个支路单元 TU-n($n=1$, 2, 3)由一个信息有效负荷(低阶虚容器)和一个支路单元指针组成。它也是一种信息结构,为低阶路径层和高阶路径层之间进行适配。支路单元指针指明有效负荷帧起点相对于高阶虚容器帧起点的偏移量。

一个或几个支路单元称为一个支路单元群(TUG),它在高阶 VC-n 有效负荷中占据固定的规定位置。TUG 可以混合不同容量的支路单元以增强传送网络的灵活性。例如,一个 TUG-2 可以由相同的几个 TU-1 或一个 TU-2 合成;一个 TUG-3 可以由相同的几个 TUG-2 或一个 TU-3 组成。

图中的管理单元 AU-n($n=3$, 4)也是一种信息结构,它为高阶路径层和复用段层之间提供适配。管理单元由一个信息有效负荷(高阶虚容器)和一个管理单元指针组成。此指针指明有效负荷帧的起点相对于复用段帧起点的偏移量。管理单元有两种:AU-3 和 AU-4。AU-4 由一个 VC-4 和一个管理单元指针组成,此指针指明 VC-4 相对于 STM-N 帧的相位定位调整量。AU-3 由一个 VC-3 和一个管理单元指针组成,此指针指明 VC-3 相对于 STM-N 帧的相位定位调整量。在每种情况中,管理单元指针的位置相对于 STM-N 帧总是固定的。

一个或多个管理单元称为一个管理单元群(AUG),它在一个 STM 有效负荷中占据固定的规定位置。一个 AUG 由几个相同的 AU-3 或一个 AU-4 组成。

SDH 的帧结构见二维码 9.3。

二维码 9.3

9.4　码分复用(CDM)

9.4.1　基本原理

码分复用的示意图见图 9.1.1(c)。各种复用技术都利用了信号的正交性。在码分复用中,各路信号码元在频谱上和时间上都是混叠的,但是代表每个码元的码组是正交的。这里首先介绍码组正交的概念。设"+1"和"−1"表示二进制码元,码组由等长的二进制码元组成,长度为N,并用x和y表示两个码组:

$$x=(x_1,x_2,\cdots,x_i,\cdots,x_N), \quad y=(y_1,y_2,\cdots,y_i,\cdots,y_N) \quad (9.4\text{-}1)$$

式中,$x_i,y_i \in (+1,-1)$,$i=1,2,\cdots,N$。则将两个码组的互相关系数定义为:

$$\rho(x,y) = \frac{1}{N}\sum_{i=1}^{N} x_i y_i \quad (9.4\text{-}2)$$

并将$\rho(x,y)=0$作为两个码组正交的充分必要条件。

在图9.4.1中画出了4个$N=4$的正交码组。它们可以表示如下:

$$s_1=(1,1,1,1), \quad s_2=(1,1,-1,-1), \quad s_3(1,-1,-1,1), \quad s_4=(1,-1,1,-1) \quad (9.4\text{-}3)$$

按照式(9.4-2)计算,上式中任意两个码组的互相关系数均等于0,所以这4个码组两两正交。

在用"1"和"0"表示二进制码元时,通常用二进制数字"1"表示"−1",用二进制数字"0"表示"+1",于是码组的互相关系数的定义式应该变为:

$$\rho(x,y) = \frac{A-D}{A+D} \quad (9.4\text{-}4)$$

式中,A为x和y中对应码元相同的个数;D为x和y中对应码元不同的个数。

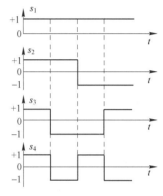

图 9.4.1 正交码组

这时,式(9.4-3)变为:

$$\left.\begin{array}{ll} s_1=(0,0,0,0), & s_2=(0,0,1,1) \\ s_3=(0,1,1,0), & s_4=(0,1,0,1) \end{array}\right\} \quad (9.4\text{-}5)$$

用式(9.4-4)不难验证,上式中任意两个码组的互相关系数仍然为0。

顺便指出,上面采用的对应关系有一个重要优点,这就是它可以将原来的相乘关系映射为模2加法关系,如表9.4.1和表9.4.2所示。

表 9.4.1 相乘关系

×	+1	−1
+1	+1	−1
−1	−1	+1

表 9.4.2 模 2 加法关系

⊕	0	1
0	0	1
1	1	0

类似上面的互相关系数表达式(9.4-2),我们还可以定义一个码组的自相关系数为:

$$\rho_x(j) = \frac{1}{N}\sum_{i=1}^{N} x_i x_{i+j} \quad j=0,1,\cdots,N-1 \quad (9.4\text{-}6)$$

式中,x的下标$i+j$应按模N运算,即$x_{N+i} \equiv x_i$。例如,设:

$$x=(x_1,x_2,x_3,x_4)=(+1,-1,-1,+1)$$

则其自相关系数:

$$\rho_x(0) = \frac{1}{4}\sum_{i=1}^{4} x_i^2 = 1$$

$$\rho_x(1) = \frac{1}{4}\sum_{i=1}^{4} x_i x_{i+1} = \frac{1}{4}(x_1 x_2 + x_2 x_3 + x_3 x_4 + x_4 x_1) = \frac{1}{4}(-1+1-1+1) = 0$$

$$\rho_x(2) = \frac{1}{4}\sum_{i=1}^{4} x_i x_{i+2} = \frac{1}{4}(x_1 x_3 + x_2 x_4 + x_3 x_1 + x_4 x_2) = \frac{1}{4}(-1-1-1-1) = -1$$

$$\rho_x(3) = \frac{1}{4}\sum_{i=1}^{4} x_i x_{i+3} = \frac{1}{4}(x_1 x_4 + x_2 x_1 + x_3 x_2 + x_4 x_3)$$

$$= \frac{1}{4}(+1 - 1 + 1 - 1) = 0$$

仿照式(9.4-4)的形式,可以写出自相关系数的另一种表示式:

$$\rho(x_i, x_{i+j}) = \frac{A-D}{A+D} \qquad (9.4-7)$$

式中,A 为 x_i 和 x_{i+j} 中对应码元相同的个数;D 为 x_i 和 x_{i+j} 中对应码元不同的个数。

下面将利用上述相关系数的定义,从正交概念出发,引出准正交、超正交和双正交概念。由互(自)相关系数 ρ 的定义式容易看出,任何码组的 ρ 的取值范围均在 ±1 之间,即有:

$$-1 \leqslant \rho \leqslant +1 \qquad (9.4-8)$$

当 $\rho=0$ 时,称码组为正交码;若 $\rho \approx 0$,则称为准正交码。若两个码组的相关系数 ρ 为负值,即 $\rho<0$,则称其为超正交码。若一种编码中的任意两个码组均超正交,则称这种编码为超正交编码。例如,若将式(9.4-5)中的码组删去 s_1,并删去其余码组的第一个码元"0",构成如下的新码组:

$$s_1 = (0,1,1) \qquad s_2 = (1,1,0) \qquad s_3 = (1,0,1) \qquad (9.4-9)$$

则不难验证它是超正交码。

由正交码和其反码还可以构成双正交码。例如,式(9.4-5)中编码的反码是:

$$(1,1,1,1), \quad (1,1,0,0), \quad (1,0,0,1), \quad (1,0,1,0) \qquad (9.4-10)$$

式(9.4-5)和(9.4-10)的总体,构成双正交码如下:

$$(0,0,0,0) \qquad (1,1,1,1)$$
$$(0,0,1,1) \qquad (1,1,0,0)$$
$$(0,1,1,0) \qquad (1,0,0,1)$$
$$(0,1,0,1) \qquad (1,0,1,0)$$

此双正交码共有 8 种码组,码长为 4。其中任意两个码组的互相关系数为 0 或 −1。

不难看出,若将正交编码用作码分复用中的"载波",则合成的多路信号很容易用计算互相关系数的方法分开。例如,可以利用式(9.4-3)中的 4 个码组作为载波,构成 4 路码分复用系统。在图 9.4.2 中画出了其原理方框图。图中 $m_i (i=1 \sim 4)$ 是输入信号码元,其持续时间为 T;它输入后先和载波 $s_i (i=1 \sim 4)$ 相乘,再与其他各路已调信号合并(相加),形成码分复用信号。在接收端,多路信号分别和本路的载波相乘、积分,就可以恢复(解调)出原发送信息码元。这一过程的波形图如图 9.4.3 所示。在波形图中画出的二进制输入码元为"+1"和"−1";若输入码元为"0"和"1",则将得到同样结果。这两种情况中,前者相当于双边带抑制载波调幅,后者相当于振幅调制。

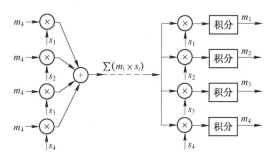

图 9.4.2 4 路码分复用原理方框图

最后指出,码分复用不是必须采用正交码。在数字通信中,超正交码和准正交码都可以采用,因为这时的邻道干扰很小,可以用设置门限的方法消除之。

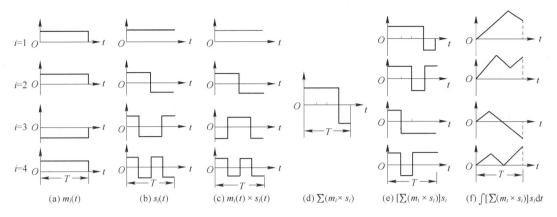

图 9.4.3   4 路码分复用波形图

9.4.2   正交码

在正交编码理论中,阿达玛(Hadamard)矩阵具有非常重要的作用,因为它的每一行和每一列都是一个正交码组。这种矩阵是法国数学家 M. J. Hadamard 于 1893 年首先构造出来的。阿达玛矩阵是一种方阵,仅由元素+1 和−1 构成。最低阶的阿达玛矩阵是 2 阶的,如下式:

$$\boldsymbol{H}_2 = \begin{bmatrix} +1 & +1 \\ +1 & -1 \end{bmatrix} \qquad (9.4\text{-}11)$$

为简单起见,后面用"+"代表"+1",用"−"代表"−1"。于是,上式可以改写为:

$$\boldsymbol{H}_2 = \begin{bmatrix} + & + \\ + & - \end{bmatrix} \qquad (9.4\text{-}12)$$

阶数为 2 的幂的阿达玛矩阵可以用下面的递推公式求出:

$$\boldsymbol{H}_N = \boldsymbol{H}_{N/2} \otimes \boldsymbol{H}_2 \qquad (9.4\text{-}13)$$

式中,⊗为直积。

上式中直积的算法是将矩阵 $\boldsymbol{H}_{N/2}$ 中的每个元素都用矩阵 $\boldsymbol{H}_2$ 代替。例如:

$$\boldsymbol{H}_4 = \boldsymbol{H}_2 \otimes \boldsymbol{H}_2 = \begin{bmatrix} \boldsymbol{H}_2 & \boldsymbol{H}_2 \\ \boldsymbol{H}_2 & -\boldsymbol{H}_2 \end{bmatrix} = \begin{bmatrix} + & + & + & + \\ + & - & + & - \\ + & + & - & - \\ + & - & - & + \end{bmatrix} \qquad (9.4\text{-}14)$$

$$\boldsymbol{H}_8 = \boldsymbol{H}_4 \otimes \boldsymbol{H}_2 = \begin{bmatrix} \boldsymbol{H}_4 & \boldsymbol{H}_4 \\ \boldsymbol{H}_4 & -\boldsymbol{H}_4 \end{bmatrix} = \begin{bmatrix} + & + & + & + & + & + & + & + \\ + & - & + & - & + & - & + & - \\ + & + & - & - & + & + & - & - \\ + & - & - & + & + & - & - & + \\ + & + & + & + & - & - & - & - \\ + & - & + & - & - & + & - & + \\ + & + & - & - & - & - & + & + \\ + & - & - & + & - & + & + & - \end{bmatrix} \qquad (9.4\text{-}15)$$

阿达玛矩阵简称 $\boldsymbol{H}$ 矩阵。用上面的方法构造出的 $\boldsymbol{H}$ 矩阵是对称矩阵,而且其第一行和第一列中的元素全为"+"。这种 $\boldsymbol{H}$ 矩阵称为正规阿达玛矩阵。不难验证,若交换正规 $\boldsymbol{H}$ 矩阵的任意两行或两列,或者改变任一行(或列)中的全部元素的符号,则此矩阵仍为 $\boldsymbol{H}$ 矩阵,并保持其正交性质,但是不一定是正规 $\boldsymbol{H}$ 矩阵了。

高于 2 阶的 $\boldsymbol{H}$ 矩阵的阶数一定是 4 的倍数。证明如下:

因为高于 2 阶的 H 矩阵至少有 3 行,故可以设此 N 阶 H 矩阵中某 3 行的元素分别为 x_i, y_i, z_i,其中 $i = 1$,$2, \cdots, N, N \geq 3$,各元素的取值为"+1"或"−1"。于是有:

$$\sum_{i=1}^{N} (x_i + y_i)(x_i + z_i) = \sum_{i=1}^{N} (x_i^2 + x_i z_i + y_i x_i + y_i z_i) = \sum_{i=1}^{N} x_i^2 + \sum_{i=1}^{N} x_i z_i + \sum_{i=1}^{N} y_i x_i + \sum_{i=1}^{N} y_i z_i \quad (9.4\text{-}16)$$

由于 H 矩阵各行有正交性,故上式右端后 3 项都分别等于 0。所以上式变成:

$$\sum_{i=1}^{N} (x_i + y_i)(x_i + z_i) = \sum_{i=1}^{N} x_i^2 = N \quad (9.4\text{-}17)$$

因为 x_i, y_i, z_i 只等于 +1 或 −1,所以 $(x_i + y_i)(x_i + z_i)$ 不是等于 0,就是等于 4,而 $\sum_{i=1}^{N} (x_i + y_i)(x_i + z_i)$ 一定是 4 的倍数。也就是说,N 一定是 4 的倍数。

上面证明了 H 矩阵的阶数 N 一定是 4 的倍数,即必须 $N = 4t, t$ 为正整数。但是,以 4 的倍数作为阶数的 H 矩阵是否一定存在?这个问题在理论上还没有解决。按照递推公式(9.4-7),我们只能构造阶数为 2^k 的 H 矩阵,而阶数为 $N = 4t \neq 2^k$ 的 H 矩阵的构造方法就不知道了。

目前,除 $N = 4 \times 47 = 188$ 外,所有 $N \leq 200$ 的 H 矩阵都已经找到。

上面提到过,H 矩阵的每行或每列都是一个正交码组,因此它在数字通信中有重要作用。除了可以利用这种正交码组作为码分复用的正交"载波",H 矩阵的 N 个码组还可以用来代表 N 进制数字信号中的 N 种不同码元。在纠错编码理论中它还是一种有实用价值的编码。

最后指出,若将 H 矩阵中的各行按符号改变次数由少到多排列,则得到沃尔什(Walsh)矩阵。例如,式(9.4-9)中的 H 矩阵可以重新排列成如下沃尔什矩阵:

$$W_8 = \begin{bmatrix} + & + & + & + & + & + & + & + \\ + & + & + & + & - & - & - & - \\ + & + & - & - & - & - & + & + \\ + & + & - & - & + & + & - & - \\ + & - & - & + & + & - & - & + \\ + & - & - & + & - & + & + & - \\ + & - & + & - & - & + & - & + \\ + & - & + & - & + & - & + & - \end{bmatrix} \quad (9.4\text{-}18)$$

沃尔什矩阵的每行(列)中符号改变次数逐渐增多,但仍保持其正交性,类似于正弦波的频率逐渐升高。

阿达玛矩阵和沃尔什矩阵在通信技术和数字信号处理中都得到应用。

9.4.3 伪随机码

伪随机码又称伪随机序列。它是一种具有严格数学结构和优良性能、可以按照预定要求设计的二进制码。由于它具有类似白噪声的随机特性但是又能重复产生,所以称为伪随机序列,并且可以代替白噪声用于需要随机信号的场合,例如测试系统性能。更重要的是,它具有良好的相关特性,可以用于码分复用、多址接入、测距、密码、扩展频谱通信和分离多径信号等许多领域。伪随机序列不止有一种。其中以 m 序列最为重要,并得到广泛应用。本节仅讨论 m 序列。

1. m 序列的产生

m 序列是一种由线性反馈移位寄存器产生的周期最长的序列。下面通过一个例子来对它建立初步认识。

图 9.4.4 为一个由 4 级反馈移存器构成的 m 序列产生器。用 $a_i (i = 0 \sim 3)$ 表示此 4 级反馈移

存器的状态，a_i的取值为 1 或 0。设初始状态为$(a_3, a_2, a_1, a_0) = (1,0,0,0)$，于是，在移位一次时，由$a_3$和$a_0$模 2 相加产生新输入$a_4 = 1 \oplus 0 = 1$。这样，移存器的新状态变成$(a_4, a_3, a_2, a_1) = (1,1,0,0)$。移存器经过这样的 15 次移位后又回到初始状态$(1,0,0,0)$。很容易验证，若初始状态为$(0,0,0,0)$，则每次移位后移存器的状态不变，仍为$(0,0,0,0)$，即产生全"0"序列。这是我们不希望的。所以，应避免移存器出现全"0"状态。4 级移存器共有$2^4 = 16$种可能状态。故除去全"0"状态后，只有 15 种不同状态，即由 4 级反馈移存器产生的序列周期p最长等于 15。一般而言，n级线性反馈移存器能够产生的最长序列周期等于$(2^n - 1)$，但是并不是随意连接反馈的移存器都一定能产生最长周期。所以，我们要研究反馈连接和周期的关系，从而找到产生最长周期序列的方法。

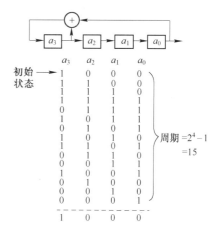

图 9.4.4 4 级 m 序列产生器及其状态

图 9.4.5 所示为n级线性反馈移存器方框图。图中用$a_i (i = 0 \sim n)$表示移存器状态，$a_i = 0$或 1。反馈状态用c_i表示，$c_i = 0$表示反馈线断开，$c_i = 1$表示反馈线连通。设此反馈移存器产生的序列周期为p，则显然p和反馈连接有关。

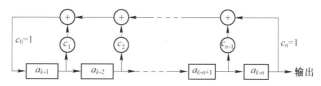

图 9.4.5 n级线性反馈移存器方框图

设此移存器的初始状态为$a_{-1}, a_{-2}, \cdots, a_{-n+1}, a_{-n}$。经过一次移位后，状态变为$a_0, a_{-1}, \cdots, a_{-n+2}, a_{-n+1}$；经过$k$次移位后，状态变为$a_{k-1}, a_{k-2}, \cdots, a_{k-n+1}, a_{k-n}$。图 9.4.5 中标出的就是这个状态。当再移位一次时，按图中线路连接关系可以看出，此移存器左端的输入为：

$$a_k = c_1 a_{k-1} \oplus c_2 a_{k-2} \oplus \cdots \oplus c_{n-1} a_{k-n+1} \oplus c_n a_{k-n} = \sum_{i=1}^{n} c_i a_{k-i} \quad (\text{mod} 2) \qquad (9.4\text{-}19)$$

上式称为递推方程，它给出移存器输入a_k与移存器各级状态的关系。式中系数c_i的值决定了反馈线的连接状态，并因此决定了所产生序列的长度和结构，所以c_i是一个很重要的参量。我们将c_i用下列方程描述：

$$f(x) = c_0 + c_1 x + c_2 x^2 + \cdots + c_n x^n = \sum_{i=0}^{n} c_i x^i \qquad (9.4\text{-}20)$$

上式称为特征方程(式)。由于在这里的运算都是模 2 运算，所以在上式和后面的公式中都将"$\oplus$"简写为"+"。式中x^i本身并无实际意义，它仅指明其系数(0 或 1)是c_i的值，无须关心x本身的值。例如，若：

$$f(x) = 1 + x + x^4$$

则表示上式中仅$x^0、x^1$和x^4的系数$c_0 = c_1 = c_4 = 1$，而其余系数$c_2 = c_3 = 0$。按上式构成的反馈移存器就是图 9.4.4 中画出的例子。

由上述可知，特征方程$f(x)$决定了一个线性反馈移存器的结构，从而决定了它产生的序列的构造和周期。可以证明[10]，使一个线性反馈移存器产生最长周期序列的充分必要条件是其特征方程$f(x)$为本原多项式。

本原多项式是指满足下列条件的多项式：

① 是既约的,即不能分解因子的;

② 可以整除(x^m+1),$m=2^n-1$,即是(x^m+1)的一个因子;

③ 除不尽(x^q+1),$q<m$。

[例9.1] 设计一个 4 级 m 序列产生器,试求出其特征方程式 $f(x)$。

解:现在移存器的级数 $n=4$,故 $m=2^n-1=15$。所以,按照上述第②项要求,其特征方程 $f(x)$ 应该是$(x^{15}+1)$的一个因子。现将$(x^{15}+1)$分解因子如下:

$$(x^{15}+1)=(x^4+x+1)(x^4+x^3+1)(x^4+x^3+x^2+x+1)(x^2+x+1)(x+1)$$

由于要求设计的移存器有 4 级,故其特征方程式的最高次项应为 x^4 项。在上式中右端的前 3 个因子都符合这一要求。但是,可以验证前两个因子是本原多项式,而第 3 个因子不是本原多项式,因为:

$$(x^4+x^3+x^2+x+1)(x+1)=(x^5+1)$$

即$(x^4+x^3+x^2+x+1)$可以除尽(x^5+1),故它不符合本原多项式的条件③。因此,前两个因子(x^4+x+1)和(x^4+x^3+1)都可以作为特征多项式,用以产生 m 序列。用第一个因子(x^4+x+1)构造的移存器就是图 9.4.4 中所示的。

综上所述,只要找到本原多项式,就能用它构成所需的 m 序列产生器。但是,寻找本原多项式不是很容易的。经过前人的大量计算,已经将找到的常用本原多项式列表供查用,在表 9.4.3 中列出了其中一部分。表中除给出了本原多项式的代数式外,还给出了其八进制表示。例如,当 $n=4$ 时,表中给出的八进制数字是"23",它的意义如表 9.4.3 所示。

即 $c_0=c_1=c_4=1$,$c_2=c_3=c_5=0$。

表 9.4.3

八进制数字	2	3
二进制数字	010	011
抽头系数	$c_5c_4c_3$	$c_2c_1c_0$

线性反馈移存器的反馈线和模 2 加法电路的数量直接决定于本原多项式的项数,为了使电路简单,应当选用项数最少的那些因子。由表可见,许多本原多项式的项数最少为 3 项。这时仅需用一个模 2 加法电路。

本原多项式的逆多项式也是本原多项式。例如,式(9.4-16)中的(x^4+x+1)和(x^4+x^3+1),或者说 10011 和 11001 互为逆码。所以在表 9.4.4 中每个本原多项式可以构成两种 m 序列产生器。

表 9.4.4　常用本原多项式

n	本原多项式 代数式	本原多项式 八进制表示	n	本原多项式 代数式	本原多项式 八进制表示
2	x^2+x+1	7	14	$x^{14}+x^{10}+x^6+x+1$	42103
3	x^3+x+1	13	15	$x^{15}+x+1$	100003
4	x^4+x+1	23	16	$x^{16}+x^{12}+x^3+x+1$	210013
5	x^5+x^2+1	45	17	$x^{17}+x^3+1$	400011
6	x^6+x+1	103	18	$x^{18}+x^7+1$	1000201
7	x^7+x^3+1	211	19	$x^{19}+x^5+x^2+x+1$	2000047
8	$x^8+x^4+x^3+x^2+1$	435	20	$x^{20}+x^3+1$	4000011
9	x^9+x^4+1	1021	21	$x^{21}+x^2+1$	10000005
10	$x^{10}+x^3+1$	2011	22	$x^{22}+x+1$	20000003
11	$x^{11}+x^2+1$	4005	23	$x^{23}+x^5+1$	40000041
12	$x^{12}+x^6+x^4+x+1$	10123	24	$x^{24}+x^7+x^2+x+1$	100000207
13	$x^{13}+x^4+x^3+x+1$	20033	25	$x^{25}+x^3+1$	200000011

2. m 序列的性质

（1）均衡性

它是指在 m 序列的一个周期中，"0"和"1"的个数基本相等。准确地说，"1"的个数比"0"的个数多1个。例如，图9.4.4所示序列中有8个"1"和7个"0"。

（2）游程分布

游程是指序列中取值相同（不变）的一段元素。并把这段元素的个数称为游程长度。例如，图9.4.4中移存器输出的序列可以写成：

$$\cdots 1 \; \underbrace{\underline{000}\; \underline{1111}\; \underline{0}\; \underline{1}\; \underline{0}\; \underline{11}\; \underline{00}\; \underline{1}\; \underline{0}}_{m=15} \cdots$$

在上面的一个周期中，共有8个游程，其中长度为4的游程有1个，即"1111"；长度为3的游程有1个，即"000"；长度为2的游程有2个，即"11"和"00"；长度为1的游程有4个，即2个"1"和2个"0"。

一般说来，在 m 序列中，长度为1的游程数目占游程总数的1/2；长度为2的游程数目占游程总数的1/4；长度为3的游程数目占游程总数的1/8…或者说，长度为 k 的游程数目占游程总数的 2^{-k}，$1 \le k \le n-1$，并且，长度为 $k(1 \le k \le n-2)$ 的游程中，连"1"游程数目和连"0"游程数目相等。

（3）移位相加特性

设 M_p 是一个 m 序列，它经过任意次循环移位后成为 M_r，则两者之和（模2）仍是 M_p 的某次循环移位序列，即有：

$$M_\mathrm{p} \oplus M_\mathrm{r} = M_\mathrm{s} \tag{9.4-21}$$

式中，M_s 是 M_p 的某次循环移位序列。例如，若 M_p 的一个周期为1110010，M_r 是它延迟（向右）1位的结果，即 M_r 的对应周期为0111001，则两者之和为：

$$1110010 \oplus 0111001 = 1001011 \tag{9.4-22}$$

可以看出，上式右端是 M_p 向右移位5次的结果。

（4）自相关特性

式（9.4-7）中的相关系数可以改写为：

$$\rho(j) = \frac{A-D}{A+D} = \frac{A-D}{n} \tag{9.4-23}$$

式中，n 为该序列的周期。上式还可以改写为：

$$\rho(j) = \frac{(x_i \oplus x_{i+j}=0) \text{的个数} - (x_i \oplus x_{i+j}=1) \text{的个数}}{n} \tag{9.4-24}$$

现在将利用上式计算 m 序列的自相关系数。由 m 序列的移位相加特性可知，上式右端分子中的 $x_i \oplus x_{i+j}$ 仍为 m 序列的一个元素，所以上式的分子就等于 m 序列一个周期中"0"的个数和"1"的个数之差。另外由 m 序列的均衡性可知，它的一个周期中"0"的个数比"1"的个数少1个。所以上式分子的值等于−1。故有：

$$\rho(j) = -1/m \qquad j = 1,2,\cdots,m-1 \tag{9.4-25}$$

式中，m 为 m 序列的周期。当 $j=0$ 时，显然 $\rho=1$。因此：

$$\rho(j) = \begin{cases} 1 & j=0 \\ -1/m & j=1,2,\cdots,m-1 \end{cases} \tag{9.4-26}$$

由于 m 序列有周期性,故其自相关系数也有周期性,周期等于 m。其周期性可以表示如下:

$$\rho(j) = \rho(j - km) \qquad j \geq km \qquad k = 1, 2, \cdots \qquad (9.4\text{-}27)$$

而且 $\rho(j)$ 是偶函数,即:

$$\rho(j) = \rho(-j) \qquad j = 整数 \qquad (9.4\text{-}28)$$

按照式(9.4-26)和式(9.4-28)计算出各点的 $\rho(j)$ 的值,画出的曲线如图9.4.6所示。由图可以看出,当 m 很大时,它趋近于冲激函数。

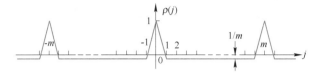

图 9.4.6　m 序列的自相关特性曲线

若将 m 序列画成类似于图9.4.1那样的波形图,则其自相关系数可以定义为:

$$\rho(\tau) = \frac{1}{T} \int_{-T/2}^{T/2} m(t) m(t + \tau) \, \mathrm{d}t \qquad (9.4\text{-}29)$$

式中,$m(t)$ 为 m 序列的波形,取值为"+1"和"-1";T 为 m 序列的周期。按照该定义求出的 m 序列自相关系数表示式为[37]:

$$\rho(\tau) = \begin{cases} 1 - \dfrac{m+1}{T} \, |\tau - iT| & 0 \leqslant |\tau - iT| \leqslant \dfrac{T}{m} \\ -1/m & 其他 \end{cases} \qquad (9.4\text{-}30)$$

式中,$i = 0, 1, 2, \cdots$ 按照上式画出的曲线和图9.4.6中的曲线一样。

(5) 功率谱密度

由于功率谱密度和自相关系数构成一对傅里叶变换,因此,由式(9.4-30)可以容易地求出 m 序列的功率谱密度如下[36]:

$$P_\mathrm{m}(\omega) = \frac{m+1}{m^2} \left[\frac{\sin(\omega T/2m)}{(\omega T/2m)} \right]^2 \sum_{\substack{n=-\infty \\ n \neq 0}}^{\infty} \delta\left(\omega - \frac{2\pi n}{T} \right) + \frac{1}{m^2} \delta(\omega) \qquad (9.4\text{-}31)$$

按照上式画出的曲线如图9.4.7所示。由图可见,当 $T \to \infty$ 和 $m/T \to \infty$ 时,m 序列的功率谱密度特性趋近于白噪声的功率谱密度特性。

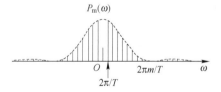

图 9.4.7　m 序列的功率谱密度曲线

由于当 m 大时,m 序列的均衡性、游程分布、自相关特性和功率谱密度等都近似于白噪声的特性,但是它又有规律,可以重复产生,所以 m 序列属于一种伪噪声序列。

9.5　多址技术

在9.1节的概述中提到过,多路复用和多址接入都是为了共享通信网的资源,这两种技术有许多相同之处。多址接入采用的技术中,许多都和多路复用采用的技术相同。所以,在本节中我们主要结合实例介绍频分和时分多址接入的原理。至于码分多址技术,则将在11.6节"扩展频谱技术"中介绍。

9.5.1 频分多址

频分多址接入(FDMA),简称频分多址,是按频率分配地址的多路通信系统,即不同地址的用户使用不同的载波频率。在全球卫星通信系统中最早使用的就是这种体制。在这种体制中,地球站向卫星上的转发器发射一个或多个规定频率的信号,卫星转发器接收这些信号后,经过放大、变频,再转发回地面。各地球站可以有选择地接收某些频率的信号。

例如,在 2 号和 3 号国际通信卫星(INTELSAT Ⅱ 和Ⅲ)中,采用每载波多路 MCPC(Multiple Channel Per Carrier)体制,它是一种预先分配的 FDM/FM/FDMA 体制。图 9.5.1 为其示意图[19]。由图可见,A 国的地球站先将经过交换机来的多路语音信号进行单边带调制,变成 60 路超群的频分复用(FDM)信号;再对载频 f_A 进行调频(FM)后发射到卫星上。各国(或各地)的地球站采用不同的载频进行调频,所以在卫星上接收到的各地球站信号为 FDMA 信号。这个 FDM/FM/FDMA 信号在卫星上经过放大、变频后,再发回地面。A 国发送的 60 路信号包括 5 个基群,它们预先分配给由 B 至 F 国的话路。这些国家接收到载频为 f_A 的信号并解调后,通过复用设备将分配给自己国家的 12 路信号接收下来。

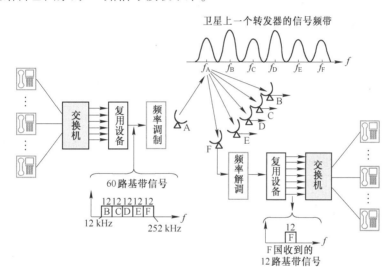

图 9.5.1　FDM/FM/FDMA 卫星通信系统示意图

上述预先分配的 MCPC 体制当业务繁忙时效率是很高的。然而,若 12 路基群中只有 1 路在工作,而其他 11 路经常空闲时就不然了。一方面,将话路固定分配会造成浪费。另一方面,可能有的地球站 12 路还不一定够用。因此,需要将话路灵活分配。这样就出现了按需分配多址(DAMA,Demand Assignment Multiple Address)。在 4 号国际通信卫星(INTELSAT Ⅳ)中采用的 DAMA 体制称为每载波单路按需分配多址(SPADE, Single-channel-per-carrier PCM multiple Access Demand assignment Equipment)体制[38]。这种体制的特点是:

① 载波只受单路 64 kb/s 的 PCM 信号调制,调制制度为 QPSK;

② 信道间隔为 45 kHz,一个卫星转发器的带宽可以容纳 800 路载波,其中留有 6 个载频位置空闲备用,故可供 794 路载波使用;

③ 各载波动态按需分配;

④ 将一个 160 kHz 带宽的公共信令信道用作动态分配,其比特率为 128 kb/s,采用 BPSK 调制。

下面简要介绍 SPADE 体制的工作原理。SPADE 中的公共信令信道以固定分配的 TDMA 广播模式工作,所有的地球站都监听这个信道,并由此得知当前信道分配的状态。每个地球站在公共信令信道内每 50ms 中有 1ms 的时隙可以用来请求或释放信道。当某个地球站需用一个信道时,它随机地"抓住"一个空闲信道,并在公共信令信道上发出它使用这个信道的请求。随机选择很少会使两个地球站同时请求使用同一个信道,除非只剩下很少几个空闲信道可用。一旦此信道被分配,其他地球站就将其从可用信道列表中删除。这个可用信道列表随时通过公共信令信道更新。因此,在 SPADE 接入方案中信道分配是由所有地球站控制的。

当一个地球站用完信道时,它在公共信令信道所分配给它的时隙上发送一个释放信号,每个地球站收到这个信号后将被释放了的信道标明为可用信道。若两个地球站同时"抓住"同一个信道,则它们都得到一个"占用"指示,于是,它们再次随机地从可用信道列表中选择空闲信道。

由于 SPADE 体制的按需分配,它的容量相当于提高到 4 倍,即 800 路的 SPADE 信道相当于 3200 路 MCPC 信道。

频分多址技术的主要优点是设备较简单,价格较低,不需要精确的时钟同步;主要缺点是要求传输信道的非线性失真要小。例如,在卫星通信系统中,若一个星上转发器同时转发多个载波信号,则星上(行波管)放大器的非线性将在各载波信号间产生交叉调制,使星上(行波管)放大器只能工作在线性好的一段功率范围内。

9.5.2 时分多址

时分多址接入 TDMA,简称时分多址,它是按时间分配地址的通信系统。单路的通信系统也可以按时间分配给不同的用户使用。例如,早期有名的 ALOHA 系统就是一个例子。它广泛用在数据通信网中。另外一种广泛应用的时分多址系统是按时隙分配地址的多路通信系统,即不同地址的用户使用不同的时隙。下面将通过典型实例分别对这两类多址系统做简要介绍。计算机局域网中多址技术的应用在 9.5.3 节中单独介绍。

1. 单路时分多址系统

(1) ALOHA 系统

ALOHA 系统是一个无线电数据通信系统,于 1971 年诞生于美国夏威夷大学[39~41]。这个系统用随机接入的方法通过一颗卫星把几个学校的计算机连接起来,用数据分组方式传输,分组的长度是一定的。其工作模式非常简单:

① 发送模式。用户在需要发送数据时可以随时发送。发送的分组具有纠错能力。

② 收听模式。在发送后,该用户收听来自接收端的"确认(ACK)"消息。当有几个用户同时发送数据时,由于信号间的重叠会造成接收数据中出现误码。我们称这种现象为碰撞。这时发送端将收到接收端送回的"否认(NAK)"消息。

③ 重发模式。当发送端收到"NAK"后,将重发原来的数据分组。当然,若碰撞的对方也立即重发,将再次发生碰撞。所以,要经过一段随机延迟时间后再重发。

④ 超时模式。若发送后在规定时间内既没有收到 ACK,也没有收到 NAK,则重发此数据分组。

上述随机接入方式虽然起源于无线电通信系统,但是它同样适用于有线电通信系统。下面对这种系统的性能进行简单分析。

设每个数据分组的长度为 b 比特,由用户送入系统的总业务到达率为每秒 λ_t 个分组,其中成功接收(传输)率为每秒 λ 个分组,拒收(发生碰撞)率为每秒 λ_r 个分组,则有:

$$\lambda_t = \lambda + \lambda_r \tag{9.5-1}$$

于是可以将系统的成功传输量或称通过(吞吐)量定义为:

$$p' = b\lambda \quad (\text{b/s}) \tag{9.5-2}$$

而将系统的总业务量定义为:

$$P' = b\lambda_t \quad (\text{b/s}) \tag{9.5-3}$$

若系统容量(最大传输速率)为 $R(\text{b/s})$,则定义归一化通过量为:

$$p = b\lambda/R \tag{9.5-4}$$

定义归一化总业务量为

$$P = b\lambda_t/R \tag{9.5-5}$$

由于 p' 不可能大于 R,所以 p 不可能大于1,即 $0 \leqslant p \leqslant 1$。$P'$ 决定于用户的需求,它可能很大,所以 P 可以大于1。一般来说,可以写成 $0 \leqslant P \leqslant \infty$。

这样,一个分组(pkt)的(最小)传输时间为:

$$\tau = b/R \quad (\text{s/pkt}) \tag{9.5-6}$$

将其代入式(9.5-4)和式(9.5-5)中,得到:

$$p = \lambda\tau \tag{9.5-7}$$

及

$$P = \lambda_t\tau \tag{9.5-8}$$

由图 9.5.2 可以看出,为了避免冲突,一个分组至少需要 2τ 的空闲时间。因为若在本分组发送前 τ 秒内有另外一个用户在发送,则会和前一分组的后部冲突;若在本分组开始发送的 τ 秒内有另外一分组在发送,则会和后一分组的前部冲突。换句话说,成功发送一个分组的条件是在相邻两个 τ 的时间间隔内没有其他的消息到达。

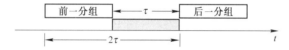

图 9.5.2 避免冲突的最小间隔时间

有了上面的基本概念后,现在来进一步分析 p 和 P 之间的关系。

若有大量不相关的用户向一个通信系统发送消息,则此通信系统中消息到达的统计特性通常用泊松(Poisson)分布表示。也就是说,在 τ 秒时间间隔内有 K 个新消息到达的概率服从泊松分布:

$$P(K) = \frac{(\lambda_a\tau)^K e^{-\lambda\tau}}{K!} \quad K \geqslant 0 \tag{9.5-9}$$

式中,λ_a 为消息的平均到达率。将上式中的 λ_a 用总业务到达率 λ_t 代替,K 用0代替,则在一个 τ 的时间间隔内没有消息到达的概率为:

$$P(0) = \frac{(\lambda_t\tau)^0 e^{-\lambda_t\tau}}{0!} = e^{\lambda_t\tau}$$

因此,在 ALOHA 系统中一个消息成功传输的概率 P_s 应该是相邻两个 τ 内都没有消息到达。故有:

$$P_s = P(0)P(0) = e^{-2\tau\lambda_t} \tag{9.5-10}$$

由式(9.5-1)可知,总业务到达率 λ_t 等于成功接收率 λ 和拒收率 λ_r 之和。所以根据概率的定义可知,λ 和 λ_t 之比就是成功传输的概率,即:

$$P_s = \lambda/\lambda_t \tag{9.5-11}$$

联立式(9.5-10)和式(9.5-11),可得:

$$\lambda = \lambda_t e^{-2\tau\lambda_t} \tag{9.5-12}$$

将式(9.5-8)和式(9.5-12)代入式(9.5-7),得到归一化通过量:

$$p = Pe^{-2P} \tag{9.5-13}$$

上式就是我们要求的 ALOHA 系统中 p 和 P 的关系。在图 9.5.3 中标记为"纯 ALOHA"的曲线就是按式(9.5-13)画出的。由图可见,随着 P 的增大,p 也逐渐增大,直至某一点后由于碰撞大量增加而开始下降。p 的最大值为 $1/2e = 0.18$,它发生在 P 等于 0.5 时。即"纯 ALOHA 系统"的信道利用率只有 18%。为了提高信道利用率,人们不断对它加以改进。下面将介绍的时隙 ALOHA 系统就是其最早的改进。

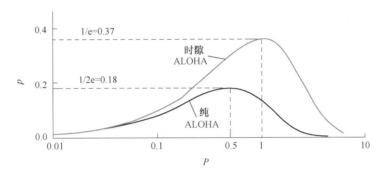

图 9.5.3 ALOHA 系统的性能

(2) 时隙 ALOHA 系统

时隙 ALOHA(Slotted-ALOHA)系统简称 S-ALOHA 系统。它是上述纯 ALOHA 系统的改进,使各站之间有了某些协调。在 S-ALOHA 系统中向所有站发送一个同步脉冲序列,将时间划分为等于分组长度的时隙 τ。在这种系统中,分组长度 τ 仍然是固定的,但是规定分组开始发送的时间必须在时隙 τ 的起点。这样的一种简单规定就能使碰撞率减小一半,因为只有在同一时隙中发送的消息才可能发生碰撞。其工作原理如图 9.5.4 所示,图中仅显示出两个站。站 1 的分组 a 和站 2 的分组 c 的到达时刻不在同一时隙中,所以它们都能成功发送。站 1 的分组 b 和站 2 的分组 d 的到达时刻在同一时隙内,所以会发生碰撞。这样就将对分组到达时间间隔的要求从纯 ALOHA 系统的 2τ 减小为 τ,使碰撞率减小一半[42,43]。这时的归一化通过量 p 和归一化总业务量 P 的关系式变为:

$$p = Pe^{-P} \qquad (9.5\text{-}14)$$

按上式画出的曲线也示于图 9.5.3 中。此曲线的最大值为 $1/e = 0.37$,它是纯 ALOHA 系统的两倍。

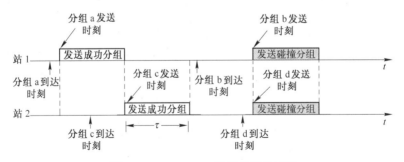

图 9.5.4 S-ALOHA 系统的工作原理

在重发模式下,S-ALOHA 系统的重发必须延迟时隙的整数倍时间,这一点也稍有别于纯 ALOHA 系统。这个整数倍时隙的延迟时间决定于各站的随机数产生器。当然,两个随机数产生器产生的随机数可能相同,但是这种情况发生的概率极小;一旦发生,就会发生再次碰撞。若出现这种情况,则使用另一个随机数再次重发。

（3）预约 ALOHA 系统

预约 ALOHA(Reservation-ALOHA)系统简写为 R-ALOHA 系统[44]。它是对 ALOHA 系统的进一步改进,其性能比纯 ALOHA 系统有了显著提高。R-ALOHA 系统有两种基本模式:未预约模式和预约模式。

● 在未预约模式(静止状态)下:

① 将时间分为若干小的子时隙。

② 用户使用这些子时隙来预约消息时隙。

③ 在发出预约请求后,用户等待收听确认和时隙分配的信息。

● 在预约模式下:

① 一旦有了一个预约,时间就将被分成帧,每帧又分成 $M+1$ 个时隙。

② 前 M 个时隙用于消息传输。

③ 最后一个时隙再分成 N 个子时隙,用于请求和分配预约。

④ 用户只能在 M 个时隙中分配给他的时隙内发送消息分组。

R-ALOHA 系统有不同的实现方案。图 9.5.5 为预约 ALOHA 系统举例。由图可以看出,在静止状态时,没有预约,故时间被分成短的子时隙,用于预约。一旦有了预约,系统就将时间分成帧。每帧有 6 个时隙($M=5$),其中最后 1 个时隙又分为 6 个子时隙($N=6$)。在第 3 个时隙,有一个站发出请求,要求预约 3 个消息时隙。在第 9 个时隙该站收到确认和分配给它的发送第 1 个分组的位置。该站在发送第 1 个分组之后,继续在下一个时隙发送第 2 个分组。但是,该站知道其后一个时隙是用于预约的,它被分成 6 个子时隙。所以,在这个预约时隙之后才发送第 3 个分组。因为这种体制是分散控制的,所有各站都能收到卫星发送的下行信号中包含的预约时隙格式和分配,故只需指定分配的第 1 个分组的位置就够了。在传输完预约分组后,若再没有发送请求,则系统转回静止状态的子时隙格式,并通过下行信道向各站发送同步脉冲。

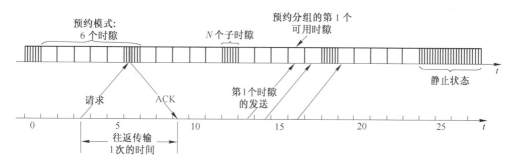

图 9.5.5　预约 ALOHA 系统举例

（4）S-ALOHA 系统和 R-ALOHA 系统的性能比较

多址接入系统的主要性能之一是平均延迟时间和归一化通过量的关系。其理想情况下的曲线如图 9.5.6 所示。即当 $0 \leqslant p < 1$ 时,平均延迟时间等于 0;当 p 达到 1 后,它超过了系统容量,延迟时间趋于无限。在图中还画出了一条典型曲线,它越接近理想曲线,性能就越好。图 9.5.7 为 S-ALOHA 系统和 R-ALOHA 系统延迟–通过量性能比较。由图可见,当 p 小于 0.2 时,S-ALOHA 系统的平均延迟时间较短;但是当 p 在 0.20～0.67 之间时,则 R-ALOHA 系统的性能较好。这时,因为 S-ALOHA 系统不像 R-ALOHA 系统那样需要预约子时隙,所以 R-ALOHA 系统的延迟较大。但是当 $p > 0.2$ 时,S-ALOHA 系统的碰撞和重发次数增多,使其延迟增长更快;至 $p = 0.37$ 时,延迟为无穷大。

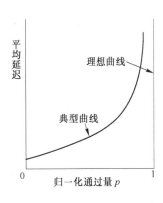

图 9.5.6　延迟−通过量曲线

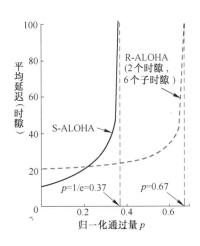

图 9.5.7　延迟−通过量性能比较

2. 多路时分多址系统

多路时分多址系统比单路时分多址系统有着更广泛的应用。因为它能满足大容量的通信需求。这种多址系统要求有精确的时钟同步。随着技术的进步,这一要求已经逐步能够满足。例如,在 4 号国际通信卫星(INTELSAT Ⅳ)中已经开始用 128 kb/s 的 TDMA 方案传输公共信令。后来在 5 号国际通信卫星(INTELSAT Ⅴ)中就采用 120 Mb/s 的 TDMA 方案传输多波束数字信号了。

多路 TDMA 和多路 FDMA 相比有如下优缺点:

① TDMA 只需用一个载波,因此不会发生上述 FDMA 的交叉调制。

② TDMA 的设备较复杂,因此也较贵。然而,若要提供多个点对点的信道,则 FDMA 需要用多个射频上变频器、下变频器及滤波器等。随着通信对象增多,FDMA 的设备量也随之增多。但是,TDMA 对于这种情况则不需增多设备。所以,当需要和大量对象通信时,TDMA 反而比 FDMA 经济。

③ 在多波束系统中,每个波束可能需要和其他波束通信。这在 TDMA 中可以方便地实现。例如在卫星通信系统中由星上交换的 TDMA(SS/TDMA,Satellite-Switched TDMA)实现。

④ TDMA 在各地球站之间,以及地球站和卫星之间需要精确的同步系统,这增加了 TDMA 系统的复杂度和价格。

现在以国际通信卫星系统为例说明 TDMA 的工作原理。在地球站中设有两个缓存器,如图 9.5.8 所示。在发射站,低速连续数字流进入图 9.5.8(a)中的缓存器之一。当一个缓存器以低速(例如,2.048 Mb/s)存入时,另一个缓存器则高速(120.832 Mb/s)取出。在一个 TDMA 帧中,缓存器这样交替工作。高速时钟必须控制突发时间,使突发发射的信号在 TDMA 帧中给定的时隙到达卫星。

在接收站,接收到的突发信号存入图 9.5.8(b)中的一个扩展缓存器。当一个缓存器高速存入时,另一个缓存器则低速取出。

TDMA 体制最关键的问题是精确同步,以确保时隙的正交性[45]。一种解决方法是指定一个地球站为主站或控制站,该站周期性地发射参考定时脉冲。其他地球站为从站,它们也发射自己的定时脉冲。从站的下行链路除了收到自己发送的定时脉冲,还能收到主站发射的参考定时脉冲。这两者的时间差就是主站和从站的定时之间的误差,见图 9.5.9。于是从站可以调整自己的时钟以减小此误差。

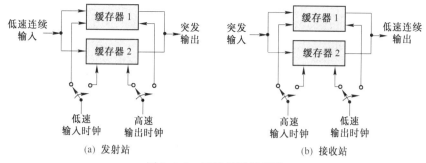

(a) 发射站　　　　　　　　　　(b) 接收站

图 9.5.8　压缩扩展缓存器

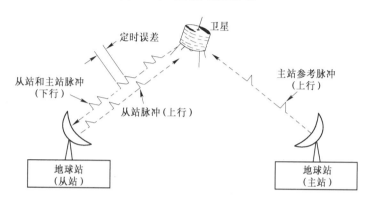

图 9.5.9　TDMA 同步原理

9.5.3　局域网中的多址技术

局域网是在一个建筑物内或一小群建筑物间连接各计算机和各种终端的网络。由于它通常是用宽带电缆专门建立的,所以没有必要最佳地利用带宽。故局域网可以使用简单的接入方法。

1. 载波侦听/冲突检测多址技术

以太网(Ethernet)是一种局域网接入方案,是由施乐(Xerox)公司*在 20 世纪 70 年代中期设计出的一种基带数据传输系统。这种局域网的基本结构由若干计算机和外围设备等接到一条电缆上构成,见图 9.5.10。在以太网中,各种设备的接入采用载波侦听/冲突检测(CSMA/CD)多址技术[46,47]。由于有多个设备接在同一条电缆上,故设计成同时只允许有一个设备通过电缆向其他设备发送信号。这种技术是假设一个设备在接入网络之前能够侦听网络的状态。只有当侦听到电缆上没有其他信号传输时,才能向电缆上发送信号。这里的"载波"一词是指电缆中的任何电信号。在以太网中数据是分组传输的,其数据格式如图 9.5.11 所示。

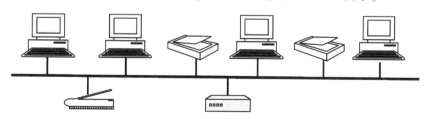

图 9.5.10　以太网的结构

---

* 一般认为以太网的发明人是该公司的 Robert Metcalfe[12]。

前同步码 64比特	目的地址 48比特	源地址 48比特	类型域 16比特	数据域 8n比特	校验域 32比特

报头

图 9.5.11 以太网的数据格式

下面给出这种数据格式的详细规定：

① 每组数据的最大长度为 1526 字节，每个字节含 8 比特。每组分为：前同步码 8 字节，报头 14 字节，数据 1500 字节，校验码 4 字节。

② 每组数据的最小长度为 72 字节，包括前同步码 8 字节，报头 14 字节，数据 46 字节和校验码 4 字节。

③ 组间最小间隔为 $9.6\,\mu s$。

④ 前同步码包含 64 比特的"1/0"交替码，并且最后以"11"结束，即前同步码为 101010…101011。

⑤ 报头包括：48 比特目的地址码，48 比特源地址码，16 比特类型域码。

⑥ 接收站需检查报头中的目的地址，看该组是否应当接收。其中第 1 个比特指示地址类型 (0 表示单地址，1 表示群地址)；地址码为全"1"表示是向所有站广播。

⑦ 源地址码是发送站特有的地址码。

⑧ 类型域码决定数据域中的数据如何解释。例如，类型域中的码可用于表示数据编码、密码、消息优先级等。

⑨ 数据域中字节数目为整数，最少 46 字节，最多 1500 字节。

⑩ 校验域中校验码的生成多项式(见第 10 章)如下：

$$X^{32}+X^{26}+X^{23}+X^{22}+X^{16}+X^{12}+X^{11}+X^{10}+X^8+X^7+X^5+X^4+X^2+X+1$$

以太网多址接入的步骤如下：

① 延缓。当存在载波时或在最小组间隔时间内，用户不能发送。

② 发送。若不在延缓期，用户可以发送直到一组结束或直到检测有冲突。

③ 中断。若检测到冲突，用户必须终止传输，并发送一个短的阻塞信号，以确保所有冲突方注意到此冲突。

④ 重新发送。用户必须等待一个随机延迟时间，再试图重新发送。

⑤ 退避。延迟重新发送称为退避。第 n 次试图发送之前的延迟时间是一个在 $0\sim(2^n-1)$ 间均匀分布的随机数($0<n\leqslant10$)。对于 $n>10$，此区间仍为 $0\sim1023$。重发延迟的时间单位是 512 b(或 $51.2\,\mu s$)。

图 9.5.12 为以太网采用双相(曼彻斯特)码(见 5.4.3 节)以 10 Mb/s 速率传输的数据格式。这时，每个码元中都包含一次跳变。码元"1"的跳变是从低电平到高电平；而码元"0"的跳变是从高电平到低电平。所以，存在跳变就是向所有侦听者表明网上有载波存在。若从最

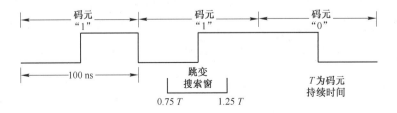

图 9.5.12 双相码数据格式

后一次跳变开始在 0.75~1.25 个码元时间内看不到跳变,就表明载波没有了,即表示一组的终结。

2. 令牌环网多址技术

令牌环网和以太网的主要区别在于它用许多段电缆将计算机串联起来构成环,并且计算机和环的接口是有源的,而以太网的接口只是一个无源的电缆接头。在令牌环网中采用的是令牌环网多址技术[48]。

图 9.5.13(a)为一个典型的单向环。图 9.5.13(b)为其接口工作模式。接口有两种工作模式:收听和发送。在收听模式下,接口将收到的比特流先收下,再转发出去,所以最小有 1 比特的延迟。在发送模式下,环路断开,该计算机能将其数据发送到环上。令牌是一个特定的码组(例如,11111111)。当环中所有计算机都空闲时,令牌在环中循环。为了防止在信息数据中出现令牌码组,方法之一是采用填充比特。例如,若令牌为连续的 8 个"1",则当信息数据中出现连续的 7 个"1"后就填入 1 个"0"。在接收时,连续收到 7 个"1"后,就将下 1 个"0"删除。令牌环网的具体工作过程如下:

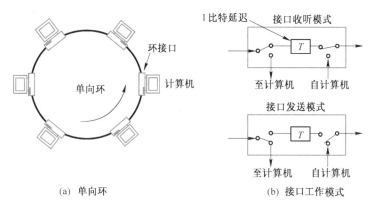

(a) 单向环   (b) 接口工作模式

图 9.5.13 令牌环网

① 想要发送数据的站监视着接口处出现的令牌并将其截获。例如,当令牌的最后一个比特出现时,将它反转,使令牌变成 11111110。然后,该站断开与接口的连接,并将自己的数据发送到环上。数据是成帧发送的,对发送数据帧的长度没有限制。

② 当发送的数据帧在环上环行一周后回来时,该发送站可以对该帧进行检查,了解其传输是否正确。

③ 在发送完一帧数据的最后一个比特之后,该站必须重新产生一个令牌。当发送的最后一个比特数据环行一周返回后,将接口转换到收听模式。

④ 在令牌环网中不会发生争用情况。当网络繁忙时,只要某站重新产生了一个令牌,则沿环行方向下一个要求发送的站会将此令牌马上取走。这样,将沿环依次允许各站发送数据。因为环上只有一个令牌,所以没有争用情况。

⑤ 在接口处于收听模式时,还应该时刻注意收到的比特流中有无本站地址。一旦发现本站地址,应立即将开关闭合,使环上的该数据帧进入计算机,同时将该数据流转发到下一站。

⑥ 当某站不工作(关闭)时,该站的接口既不在发送模式也不在收听模式,而是处于短路状态。

令牌环网设计中的一个重要问题是环网的长度。为了能使一个完整的令牌在网中循环,令牌在环网中传输必须有足够的延迟时间。也就是说,环网的总延迟时间不应小于令牌的"长度",以使令牌的最后一个码元从某站发送出去之前,令牌的第一个码元还没有循环回来。环网的总延迟时间等于各段电缆的延迟时间与各站接口的延迟时间（最小 1 码元）之和。但是，最坏的情况是，当其他各站都处于关闭状态时，接口短路，只有电缆的延迟时间。故总电缆长度应该使延迟时间不小于令牌"长度"。若信号发送速率为 R Mb/s，则一个码元占用 $(1/R)$ μs。信号在典型同轴电缆中的传输速度约为 200 m/μs，所以一个码元在环上传输时相当于占用 $200/R$ 米长度。例如，若令牌由 8 比特组成，信号发送速率为 10 Mb/s，则令牌的持续时间等于 8/10 μs，令牌在电缆上占用的长度为：200 m/μs × (8/10) μs = 160 m。所以，此环网的电缆总长度不应小于 160 m。

对令牌环网中的令牌有不同的设计。原则是它不能出现在信息数据流中。例如，若传输码元采用的是双相码，由于双相码在一个码元的中间必然出现电平突跳，所以这时可以采用中间无突跳的码型作为令牌。

最后指出，这种令牌环网采用的技术属于分散控制的轮询（Polling）技术。与此相对的技术是集中控制的轮询技术，它由一个主机按照预定的次序依次轮流询问各站是否有消息要发送。当然，这时网络不必是环形的。对此，本书不再做详细讨论。

3. CSMA/CD 网和令牌环网的性能比较

这里要比较的性能指标主要是延迟时间和通过量。我们总是希望网络的延迟时间短、通过量大。图 9.5.14 比较了 CSMA/CD 网和令牌环网的这两个性能[10]。比较的条件是：电缆长度是 2 km，网内有 50 个站，平均组（帧）长度是 1000 比特，报头大小为 24 比特。图 9.5.14(a) 中的传输速率是 1 Mb/s，这时两种网的性能几乎相同。图 9.5.14(b) 仅将传输速率增大到 10 Mb/s，性能的差别就增大了。由图可见，在归一化通过量 $p<0.22$ 时，CSMA/CD 的性能比令牌环网好；但是，在归一化通过量 $p>0.22$ 时，令牌环网显然好于 CSMA/CD。这是因为当通过量大时，CSMA/CD 网中频繁发生冲突，故延迟时间增大。

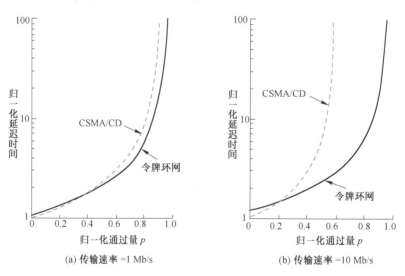

(a) 传输速率 =1 Mb/s   (b) 传输速率 =10 Mb/s

图 9.5.14　归一化延迟时间和归一化通过量的比较

9.6　小　结

本章讨论了多路复用和多址技术。

一条通信链路传输多路独立信号称为链路的复用。这种通信链路称为多路链路。多条多路链路的互连称为复接。动态地分配链路或网络资源给多个用户，使资源得到充分利用，称为多址接入。

频分复用技术适用于模拟信号传输,并且其设备体积及质量较大,制作复杂,成本较高,目前已经采用不多。时分复用技术是目前广泛采用的技术,并且已经有了 ITU 制定的一系列成熟的标准建议。在 ITU 的建议中,在 155 Mb/s 速率以下采用 PDH 体系,在 155 Mb/s 速率以上采用 SDH 体系。PDH 体系又有两种建议:E 和 T 体系。E 体系为欧洲、我国大陆等采用;T 体系为北美、日本等采用。码分复用技术是正在发展中的新技术,其应用日益广泛。阿达玛矩阵、沃尔什矩阵和 m 序列都是在码分复用中有实用价值的正交和准正交码。

复接和复用在技术上的主要区别是复接需要解决码速调整问题。为此,ITU 制定了多种方案,包括正码速调整、负码速调整、正/负码速调整和正/零/负码速调整等。

多址接入技术主要分为频分多址、时分多址和码分多址 3 类。频分多址较多用在卫星通信中,它主要分为 MCPC 和 SPADE 两种体制。时分多址在发展早期用于无线电网中的单路多址系统,例如 ALOHA 系统,目前它广泛用于计算机局域网中。按时隙分配地址的多路时分多址系统目前也在卫星通信中得到广泛应用。计算机局域网中常用的多址技术,主要有载波侦听/冲突检测多址技术和令牌环网多址技术。

思考题

9.1 试问多路复用主要有哪 3 种方法?

9.2 试述多路复用、多路复接和多址接入的异同点。

9.3 试述频分复用的原理和优缺点。

9.4 试问频分复用中一般采用哪种调制方式?

9.5 试述时分复用的优点。

9.6 试问国际电信联盟(ITU)为时分制多路电话系统制定了哪两种体系标准?

9.7 试问我国采用哪种准同步数字体系(PDH)?此体系的路数等于多少?

9.8 试问在 PDH 中复接时的开销主要用于何处?

9.9 试问在 PDH 中为什么需要进行码速调整?

9.10 试述正码速调整的原理。

9.11 试问在同步数字体系(SDH)中,各等级的传输速率分别等于多少?

9.12 何谓容器和虚容器?它们有何功能?

9.13 试画出 SDH 的帧结构图。

9.14 试写出码组正交的必要和充分条件。

9.15 试问何谓超正交?

9.16 试写出阿达玛矩阵的递推公式。

9.17 何谓正规阿达玛矩阵?

9.18 试问对阿达玛矩阵的阶数有何限制?

9.19 何谓沃尔什矩阵?试写出 4 阶的沃尔什矩阵。

9.20 试问为什么称 m 序列为伪随机序列?

9.21 试问 m 序列的长度决定于哪些条件?

9.22 试述递推方程的物理意义。

9.23 试述特征方程的物理意义。

9.24 试述本原多项式必须满足的条件。

9.25 试问 m 序列中"0"和"1"的数目有何关系?

9.26 何谓游程?试问 m 序列中的游程有何规律?

9.27 试问 m 序列的自相关性有何规律?

9.28 试问频分多址技术有何优缺点?

9.29 试问时分多址技术有何优缺点?

9.30 试问纯 ALOHA 系统需要的避免冲突的最小时间间隔等于多少?

9.31 试问 S-ALOHA 系统需要的避免冲突的最小时间间隔等于多少?

9.32 何谓消息的总业务到达率? 试问它的单位是什么?

9.33 何谓归一化总业务量? 试问它的取值范围是多少? 它的单位是什么?

9.34 何谓归一化通过量? 试问它的取值范围是多少? 它的单位是什么?

9.35 试问 R-ALOHA 系统有哪几种工作模式?

9.36 试比较 S-ALOHA 系统和 R-ALOHA 系统的性能。

9.37 试问在卫星通信系统中采用多路 TDMA 体制有何优缺点?

9.38 试述 CSMA/CD 体制的基本原理。

9.39 试画出以太网中采用的数据格式。

9.40 试述以太网的多址接入步骤。

9.41 试问令牌环网和以太网的结构主要有哪些区别?

9.42 试述令牌环网的工作过程。

9.43 试比较令牌环网和以太网的性能。

习题

9.1 设在一个纯 ALOHA 系统中,分组长度 $\tau = 20$ ms,总业务到达率 $\lambda_t = 10$ pkt/s,试求一个消息成功传输的概率。

9.2 若上题中的系统改为 S-ALOHA 系统,试求这时消息成功传输的概率。

9.3 在上题的 S-ALOHA 系统中,试求一个消息分组传输时和另一个分组碰撞的概率。

9.4 设一个通信系统共有 10 个站,每个站的平均发送速率等于 2 分组/秒,每个分组包含 1350 比特,系统的最大传输速率(容量)$R = 50$ kb/s,试计算此系统的归一化通过量。

9.5 试问在 3 种 ALOHA 系统(纯 ALOHA、S-ALOHA 和 R-ALOHA)中,哪种 ALOHA 系统能满足上题的归一化通过量要求?

9.6 在一个纯 ALOHA 系统中,信道容量为 64 kb/s,每个站平均每 10 s 发送一个分组,即使前一分组尚未发出(因碰撞留在缓存器中),后一分组也照常产生。每个分组包括 3000 比特。若各站发送的分组按泊松分布到达系统,试问该系统能容纳的最多站数。

9.7 一个纯 ALOHA 系统中共有 3 个站,系统的信道容量是 64 kb/s。3 个站的平均发送速率分别为 7.5 kb/s、10 kb/s 和 20 kb/s。每个分组长 100 比特。分组的到达服从泊松分布。试求出此系统的归一化总业务量、归一化通过量、成功发送概率和分组成功到达率。

9.8 试证明纯 ALOHA 系统的归一化通过量最大值为 1/2e,此最大值发生在归一化总业务量等于 0.5 处。

9.9 设在一个 S-ALOHA 系统中有 6000 个站,平均每个站每小时需要发送 30 次,每次发送占一个 500 μs 的时隙。试计算该系统的归一化总业务量。

9.10 设在一个 S-ALOHA 系统中每秒发送 120 次,其中包括原始发送和重发。每次发送需占用一个 12.5 ms 的时隙。试问:

(1) 系统的归一化总业务量等于多少?

(2) 第一次发送就成功的概率等于多少?

(3) 在一次成功发送前,刚好有两次碰撞的概率等于多少?

9.11 设在一个 S-ALOHA 系统中测量表明有 20% 的时隙是空闲的。试问:

(1) 该系统的归一化总业务量等于多少?

(2) 该系统的归一化通过量等于多少?

(3) 该系统有没有过载?

9.12 设一个令牌环形网中的令牌由 10 个码元组成,信号发送速率为 10 Mb/s,信号在电缆上的传输速率是 200 m/μs。试问使信号延迟 1 码元的电缆长度等于多少米? 当网中只有 3 个站工作(其他站都关闭)时,需要的最小的电缆总长度为多少米?

9.13　设一条长度为 10 km 的同轴电缆上,接有 1000 个站,信号在电缆上的传输速率为 200 m/μs,信号发送速率为 10 Mb/s,分组长度为 5000 比特。试问:

(1) 若用纯 ALOHA 系统,每个站的最大可能发送分组速率等于多少?

(2) 若用 CSMA/CD 系统,每个站的最大可能发送分组速率等于多少?

9.14　设有一个 3 级线性反馈移存器的特征方程为 $f(x)=1+x^2+x^3$,试验证它为本原多项式。

9.15　设有一个 4 级线性反馈移存器的特征方程为 $f(x)=1+x+x^2+x^3+x^4$,试证明此移存器产生的不是 m 序列。

9.16　设有一个 9 级线性反馈移存器产生的 m 序列,试写出其一个周期内不同长度游程的个数。

9.17　对 10 路带宽均为 300～3400 Hz 的模拟信号进行 PCM 时分复用传输。设抽样速率为 8000 Hz,抽样后进行 8 级量化,并编为自然二进制码,码元波形是宽度为 τ 的矩形脉冲,且占空比为 1。试求传输此时分复用 PCM 信号所需的奈奎斯特基带带宽。

第10章 信道编码和差错控制

10.1 概　　述

在1.3节中已经提到,信道编码的目的是提高信号传输的可靠性。信道编码是在经过信源编码的码元序列中增加一些多余的比特,目的在于利用这种特殊的多余信息去发现或纠正传输中发生的错误。在信道编码只有发现错码能力而无纠正错码能力时,必须结合其他措施来纠正错码,否则只能将发现为错码的码元删除,以求避免错码带来的负面影响。上述手段统称为差错控制。

产生错码的原因可以分为两类。第一类,由乘性干扰引起的码间串扰会造成错码。码间串扰可以采用均衡的方法解决,从而减少或消除错码。第二类,加性干扰将使信噪比降低从而造成错码。提高发送功率和改用性能更优良的调制体制,是提高信噪比的基本手段。但是,信道编码等差错控制技术在降低误码率方面仍然是一种重要的手段。

按照加性干扰造成错码的统计特性不同,可以将信道分为3类:

① 随机信道:这种信道中的错码是随机出现的,并且各个错码的出现是统计独立的。例如,由白噪声引起的错码。

② 突发信道:这种信道中的错码是相对集中出现的,即在短时间段内有很多错码出现,而在这些短时间段之间有较长的无错码时间段。例如,由脉冲干扰引起的错码。

③ 混合信道:这种信道中的错码既有随机的又有突发的。

由于上述信道中的错码特性不同,所以需要采用不同的差错控制技术来减少或消除不同特性的错码。差错控制技术有以下4种:

① 检错重发:在发送码元序列中加入一些差错控制码元,接收端能够利用这些码元发现接收码元序列中有错码,但是不能确定错码的位置。这时,接收端需要利用反向信道通知发送端,要求发送端重发,直到接收到的序列中检测不到错码为止。采用检错重发技术时,通信系统需要有双向信道。

② 前向纠错(FEC):接收端利用发送端在发送序列中加入的差错控制码元,不但能够发现错码,还能确定错码的位置。在二进制码元的情况下,能够确定错码的位置,就相当于能够纠正错码。将错码"0"改为"1"或将错码"1"改为"0"就可以了。

③ 反馈校验:这时不需要在发送序列中加入差错控制码元。接收端将接收到的码元转发回发送端,在发送端将它和原发送码元逐一比较。若发现有不同,就认为接收端收到的序列中有错码,发送端立即重发。这种技术的原理和设备都很简单。其主要缺点是需要双向信道,传输效率也较低。

④ 检错删除:它和第①种方法的区别在于,在接收端发现错码后,立即将其删除,不要求重发。这种方法只适用于少数特定系统中,在那里发送码元中有大量冗余,删除部分接收码元不影响应用。例如,循环重复发送某种遥测数据,以及通过多次重发仍然存在错码,这时为了提高传输效率不再重发,而是采取删除的方法。这样在接收端当然会有少许损失,但是却能够及时接收后续的消息。

以上几种差错控制技术可以结合使用。例如,第①和第②种技术结合,即检错和纠错结合使用。当接收端出现较少错码并有能力纠正时,采用前向纠错技术;当接收端出现较多错码而没有能力纠正时,采用检错重发技术。

上面提到,为了在接收端能够发现或纠正错码,在发送码元序列中需要加入一些差错控制码元。后面将这些码元称为监督码元或监督位。加入监督码元的方法称为差错控制编码方法或纠错编码方法。编码方法不同,纠错或检错的能力也不同。一般来说,加入的监督码元越多,纠/检错的能力越强。另一方面,加入的监督码元越多,传输效率越低。这就是得到纠/检错能力所要付出的代价,即用降低传输效率换取传输可靠性的提高。编码序列中信息码元数量 k 和总码元数量 n 之比 k/n 称为码率(code rate)。例如,若某种编码平均每 3 个发送码元中有 2 个信息码元和 1 个监督码元,则称这种编码的码率等于 2/3。而监督码元数 $(n-k)$ 和总码元数 n 之比:$(n-k)/n$,称为冗余度(redundancy)。

下面首先介绍如何用检错重发方法实现差错控制。采用检错重发方法的通信系统通常称为自动要求重发(ARQ,Automatic Repeat reQuest)系统。ARQ 系统的工作原理是在不断改进的。最早的 ARQ 系统称为停止等待 ARQ 系统,其工作原理如图 10.1.1(a)所示。在这种系统中,数据分组发送。每发送一组数据后发送端等待接收端的确认(ACK)答复,然后再发送下一组数据。图 10.1.1(a)中的第 3 组接收数据有误,接收端会发回一个否认(NAK)答复,这时发送端将重发第 3 组数据。所以,系统工作在半双工状态,时间没有得到充分利用,传输效率较低。在图 10.1.1(b)中给出一种改进的 ARQ 系统,称为拉后 ARQ 系统。在这种系统中发送端连续发送数据组,接收端对于每个接收到的数据组都发回确认(ACK)或否认(NAK)答复(为了能够看清楚,图中的虚线没有全画出)。例如,图 10.1.1(b)中第 5 组接收数据有误,则在发送端收到第 5 组接收的否认答复后,从第 5 组开始重发数据组。在这种系统中需要对发送的数据组和答复进行编号,以便识别。显然,这种系统需要双工信道。为了进一步提高传输效率,可以采用图 10.1.1(c)所示的选择重发 ARQ 系统,这种方案只重发出错的数据组,因此进一步提高了传输效率。

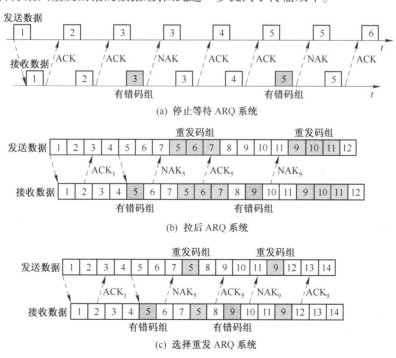

(a) 停止等待 ARQ 系统

(b) 拉后 ARQ 系统

(c) 选择重发 ARQ 系统

图 10.1.1　ARQ 系统的工作原理

ARQ 和前向纠错方法相比,其主要优点是:① 监督码元较少,监督码元一般占总码元数目的5%~20%,就能使误码率降到很低,即码率较高;② 检错计算的复杂度较低;③ 检错用的编码方法和信道中加性干扰的统计特性基本无关,能适应不同特性的信道。但是 ARQ 系统需要双向信道来重发,并且因为重发而使 ARQ 系统的传输效率降低。在信道干扰严重时,可能发生因反复重发而造成事实上的通信中断。所以在实时性要求较高的场合,例如电话通信中,往往不允许使用 ARQ 系统。此外,ARQ 系统不能用于单向通信系统;也不适用于一点到多点的通信系统或广播系统,因为重发控制难以实现。

10.2 纠错编码的基本原理

无论是具有检错功能还是纠错功能的编码,我们统称为纠错编码。现在先用一个例子说明其原理。设有一种由 3 个二进制码元构成的编码,共有 $2^3 = 8$ 种不同的可能码组。若将其全部用来表示天气,则可以表示 8 种不同天气状况。例如:

$$000——晴\quad 001——云\quad 010——阴\quad 011——雨$$
$$100——雪\quad 101——霜\quad 110——雾\quad 111——雹 \tag{10.2-1}$$

这时,若一个码组在传输中发生错码,则因接收端无法发现错码,而将收到错误信息。假设在此 8 种码组中仅允许使用 4 种来传送天气状况。例如,令:

$$000——晴\quad 011——云\quad 101——阴\quad 110——雨 \tag{10.2-2}$$

为许用码组,其他 4 种不允许使用,称为禁用码组。这时,接收端有可能发现(检测到)码组中的一个错码。例如,若 000 中有一个错码,则它可能错成 100、010 或 001。但是这 3 种码组都是禁用码组,所以能够发现错码。不难验证,上面这 4 个码组的任一码元出错都将变成禁用码组,所以,这种编码能发现 1 个错码。当 000 中有 3 个错码时,它变成为 111,也是禁用码组。其他 3 个码组的情况也是如此。所以这种编码也能发现 3 个错码。但是,它不能发现 2 个错码,因为发生 2 个错码后得到的仍是许用码组。

这种编码只能检测错码,不能纠正错码。例如,若接收到的码组为 100,它是禁用码组,可以判断其中有错码。若这时只有 1 个错码,则 000、110 和 101 这 3 种许用码组错了 1 个码元后都可能变成 100。所以不能判断其中哪个码组是原发送码组,即不能纠正错误。要想纠正错误,还要增大冗余度。例如,可以规定只许用两个码组:

$$000——晴\quad 111——雨 \tag{10.2-3}$$

其他都是禁用码组。这种编码能检测出 2 个以下的错码,或纠正 1 个错码。例如,当收到"100"时,若采用的是纠错技术,则认为它是由"000(晴)"中第一位出错造成的,故纠正为"000(晴)";若采用的是检错技术,它可以发现 2 个以下的错码,即"000"错 1 位,或"111"错 2 位都可能变成"100",故能够发现此码组有错,但是不能纠正。

从上面的例子可以建立"分组码"的概念。还用式(10.2-2)的例子,将其中的码组列于表 10.2.1 中。由于 4 种信息用 2 比特就能代表,现在为了纠错用了 3 比特,所以在表中将 3 比特分为信息位和监督位两部分。将若干监督位附加在一组信息位上构成一个具有纠错功能的独立码组,并且监督位仅监督本组中的信息码元,则称这种编码为分组码。

表 10.2.1 分组码举例

	信息位	监督位
晴	00	0
云	01	1
阴	10	1
雨	11	0

分组码一般用符号 (n,k) 表示,其中 n 是码组长度,即码组的总位数,k 是信息码元数目。因此,$r = n - k$ 就是码组中的监督码元数目。例如,表 10.2.1 中的分组码就可以用 $(3,2)$ 码表示,即 $n = 3, k = 2, r = 1$。需要提醒的是,这里用的两个名词:信息位和信息码元,以及监督位和监督码元,在二进制系统中是通用的。通常分组码都按照表 10.2.1 中的格式构造,即在 k 位信息位之后附加 r 位监督位,如图 10.2.1 所示。

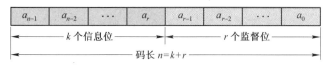

| a_{n-1} | a_{n-2} | $\cdots$ | a_r | a_{r-1} | a_{r-2} | $\cdots$ | a_0 |

k 个信息位 —— r 个监督位

码长 $n=k+r$

图 10.2.1　分组码的结构

在分组码中,将码组内"1"的个数称为码组的重量,简称码重;并把两个码组中对应位取值不同的位数称为码组的距离,简称码距。码距又称汉明(Hamming)距离。例如,表 10.2.1 中的任意两个码组之间的距离均为 2。一般而言,对于任意一种编码,其中各个码组之间的距离不一定都相等。这时,将其中最小的距离称为最小码距(d_0)。

现在以 $n=3$ 的编码为例在三维空间中说明码距的几何意义。对于 3 位二进制编码,每个码组可以用三维空间中的一个点表示,如图 10.2.2 所示。这里,8 个码组($a_2\,a_1\,a_0$)分别位于一个单位立方体的各个顶点上,而两个码组的码距则是对应的两顶点间沿立方体各边行走的几何距离,即汉明距离。由图可见,表 10.2.1 中的 4 个码组之间的码距都等于 2。

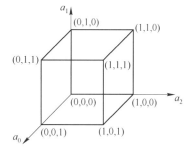

图 10.2.2　码距的几何意义

对于 $n>3$ 的码组,可以认为,码距是 n 维空间中单位正多面体顶点之间的汉明距离。

一种编码的纠/检错能力取决于最小码距 d_0 的值。下面将用几何关系证明纠/检错能力和 d_0 的关系。

(1) 为了能检测 e 个错码,要求:

$$d_0 \geqslant e + 1 \qquad (10.2\text{-}4)$$

上式可以用图 10.2.3(a)证明如下:设有一个码组 A,它位于 0 点。若 A 中发生一个错码,则 A 的位置将移动至以 0 为中心,以 1 为半径的圆上。若 A 中发生两个错码,则 A 的位置将移动至以 0 为中心,以 2 为半径的圆上。因此,若 d_0 不小于 3,例如图中 B 点为最小码距的码组,则当发生不多于两个错码时,码组 A 的位置就不会移动到另一个许用码组的位置上。故能检测两个以下的错码。由此可以推论,若一种编码的最小码距为 d_0,则它能够检测出(d_0-1)个错码;反之,若要求检测 e 个错码,则 d_0 应不小于($e+1$)。表 10.2.1 中编码的最小码距 d_0 等于 2,故按式(10.2-4)它只能检测一个错码。

(2) 为了能纠正 t 个错码,要求:

$$d_0 \geqslant 2t + 1 \qquad (10.2\text{-}5)$$

由图 10.2.3 (b)给出的例子可见,码组 A 和 B 的距离等于 5。若 A 或 B 中的错码不多于两个,则其位置均不会超出以 2 为半径的圆,因而不会错到另一个码组的(以 2 为半径的)范围内。若此编码中任意两个码组之间的码距都不小于 5,则只要错码不超过两个,就能够纠正。若错码数目达到三个(以上),则将错到另一个码组的范围,故无法纠正。一般而言,为纠正 t 个错码,最小码距不应小于($2t+1$)。

(3) 为了能纠正 t 个错码,同时检测 e 个错码,要求:

$$d_0 \geqslant e + t + 1 \qquad (10.2\text{-}6)$$

这是前面提到过的纠错和检错结合的工作方式,简称纠检结合。在这种工作方式下,当错码数量少时,系统按前向纠错方式工作,以节省重发时间,提高传输效率;当错码数量多时,系统按反馈重发的纠错方式工作,以降低系统的总误码率。所以,它适用于大多数时间中错码数量很少,少数时间中错码数量多的情况。

纠检结合工作方式是自动在这两种方式之间转换的。当接收码组中的错码数量在纠错能力

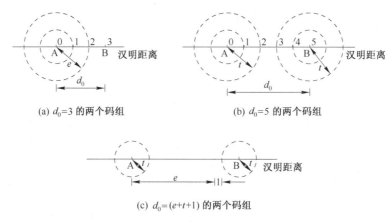

(a) $d_0=3$ 的两个码组

(b) $d_0=5$ 的两个码组

(c) $d_0=(e+t+1)$ 的两个码组

图 10.2.3 最小码距和纠检错能力的关系

内时,系统按照纠错方式工作;当超过纠错能力时,自动转为按照检错方式工作。由图 10.2.3(c)可知,若编码的检错能力等于 e,则当码组 A 中有 e 个错码时,为了使它不落入码组 B 的纠错范围,此含错码的码组与 B 的距离应至少等于 $t+1$,否则它将落入 B 的纠错范围,被误认为是 B。所以最小码距 d_0 应满足式(10.2-5)的要求。例如,在图 10.2.3(b)的实例中,$d_0=5$。若设计按纠错方式工作,则由式(10.2-5)可知,它能够纠正 2 个错码。若设计按检错方式工作,则由式(10.2-4)可知,它能够检测 4 个错码。但是,若设计按纠检结合方式工作,则由式(10.2-6)它只能检测 3 个错码同时纠正 1 个错码。因为若码组 A 中出现 4 个错码时,含错码组将落入码组 B 的纠错范围而被错纠为 B。

10.3 纠错编码系统的性能

由上节纠错编码原理可知,为了减少错码,需要在信息码元序列中加入监督码元。这样做的结果是:使序列增长,冗余度增大。若仍需保持信息码元速率不变,则通信系统的传输速率必须增大。因而增大了系统带宽。系统带宽的增大又引起系统中噪声功率增大,使信噪比下降。信噪比的下降又使系统接收码元序列中的错码增多。因此,采用了纠错编码后到底得失如何,需要做进一步的分析。

1. 误码率性能和带宽的关系

如上所述,在采用纠错编码后,虽然系统的带宽增大了,但是误码性能仍能得到很大的改善。改善程度自然和所用的编码体制有关。在图 10.3.1 中给出某通信系统采用 2PSK 调制时的误码率曲线,以及采用某种纠错编码后的误码率曲线。由图可以看到,在未采用纠错编码时,若接收信噪比等于 7 dB,则误码率约等于 8×10^{-4}(图中 A 点);在采用这种纠错编码后,误码率降至约 4×10^{-5}(图中 B 点)。这样,不用增大发送功率就能降低误码率约一个半数量级。在发送功率受到限制,无法增大的场合,采用纠错编码的方法将是降低误码率的首选方案,这样做所付出的代价当然是带宽的增大。

2. 功率和带宽的关系

由图 10.3.1 还可以看出,若保持误码率在 10^{-5}(图中 C 点)不变,未采用编码时,$E_b/n_0\approx9.5$ dB;在采用这种编码时,$E_b/n_0\approx$

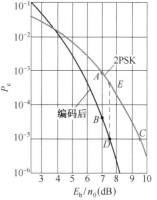

图 10.3.1 误码率曲线

214

7.5 dB(图中 D 点),可以节省功率约 2 dB,付出的代价仍然是带宽的增大。与纠错方法相比,采用检错方法,可以少增加监督位,从而少增大带宽。但是,延迟时间却增大了,即用时延来换取带宽或功率。对于一些非实时通信系统,这种方法不失为可选方案之一。

3. 传输速率和带宽的关系

对于给定的传输系统,其码元速率 R_B 和 E_b/n_0 的关系由式(8.4-25)给出:

$$\frac{E_b}{n_0} = \frac{P_s T}{n_0} = \frac{P_s}{n_0(1/T)} = \frac{P_s}{n_0 R_B}$$

若希望提高 R_B,由上式可以看出势必使信噪比下降,误码率增大。假设系统原来工作在图中 C 点,提高 R_B 后由 C 点升到 E 点。但是,采用纠错编码后,仍然可以将误码率降到原来的水平(D 点)。这时付出的代价仍是使带宽增大。

4. 编码增益

在保持误码率恒定条件下,采用纠错编码所节省的信噪比 E_b/n_0 称为编码增益,通常用分贝表示如下:

$$G_{dB} = (E_b/n_0)_u - (E_b/n_0)_c \quad (dB) \tag{10.3-1}$$

式中,$(E_b/n_0)_u$ 为未编码时的信噪比(dB);$(E_b/n_0)_c$ 为编码后的信噪比(dB)。

例如,在图 10.3.1 给出的例子中,当误码率为 10^{-5} 时,编码增益等于 2 dB。

10.4 奇偶监督码

奇偶监督码是一类常用的简单分组码。由于它们构造简单且行之有效,故应用较广泛。奇偶监督码分为一维奇偶监督码和二维奇偶监督码两种,下面分别介绍。

10.4.1 一维奇偶监督码

一维奇偶监督码,简称奇偶监督码,分为奇数监督码和偶数监督码两类,其原理相同。在奇偶监督码中,无论信息位有多少,监督位都只有 1 位,故码率等于 $k/(k+1)$。当 k 较大时,显然码率很高。在偶数监督码中,此监督位使码组中"1"的个数为偶数,即下式成立:

$$a_{n-1} \oplus a_{n-2} \oplus \cdots \oplus a_0 = 0 \tag{10.4-1}$$

式中,a_0 为监督位,其他位为信息位。表 10.2.1 中的编码就是这种偶数监督码的一例。这种编码能够检测奇数个错码。在接收端检测时,将接收码组按照式(10.4-1)求"模 2 和"。若计算结果为"1"就说明有错码,为"0"就认为无错码。

奇数监督码与偶数监督码的区别仅在于,监督位使码组中"1"的数目为奇数,即下式成立:

$$a_{n-1} \oplus a_{n-2} \oplus \cdots \oplus a_0 = 1 \tag{10.4-2}$$

奇数监督码的检错能力和偶数监督码的一样。下面就其检错能力做进一步的分析。

若码组长度为 n,码组中各个错码的发生是独立的和等概率的,则在一个码组中出现 j 个错码的概率为:

$$P(j,n) = C_j^n p^j (1-p)^{n-j} \tag{10.4-3}$$

式中,$C_j^n = \dfrac{n!}{j!(n-j)!}$ 为在 n 个码元中有 j 个错码的组合数。

奇偶监督码不能检测码组中出现的偶数个错码,所以在一个码组中有错码而不能检测的概率为:

$$P_u = \sum_{j=1}^{n/2} C_{2j}^n p^{2j}(1-p)^{n-2j} \qquad \text{当 } n \text{ 为偶数时} \qquad (10.4\text{-}4)$$

$$P_u = \sum_{j=1}^{(n-1)/2} C_{2j}^n p^{2j}(1-p)^{n-2j} \qquad \text{当 } n \text{ 为奇数时} \qquad (10.4\text{-}5)$$

[**例 10.1**] 表 10.2.1 中的编码是偶数监督码。设信道的误码率为 10^{-4},错码的出现是独立的。试计算其不能检测的误码率。

解:将给定条件代入式(10.4-5),计算得出:

$$P_u = \sum_{j=1}^{1} C_{2j}^3 p^{2j}(1-p)^{4-2j} = C_2^3 p^2(1-p)$$

$$= 3p^2(1-p)^2 = 3p^2 - 3p^3 \approx 3 \times 10^{-8}$$

由计算结果可见,此编码可以将误码率从 10^{-4} 降低到 10^{-8} 量级,效果非常明显。

10.4.2 二维奇偶监督码

二维奇偶监督码又称方阵码或矩形码。它的构造方法是先将若干奇偶监督码组按行排列成矩阵,再按列增加第二维监督位,如图 10.4.1 所示。图中共有 m 个信息码组,它们按行排列后加入的监督位为 $a_0^1 a_0^2 \cdots a_0^m$,然后再按列加入第二维监督位 $c_{n-1} c_{n-2} \cdots c_0$。很容易写出,这种码的码率为:

$$\frac{k}{n} = \frac{m(n-1)}{(m+1)n} \qquad (10.4\text{-}6)$$

$$
\begin{matrix}
a_{n-1}^1 & a_{n-2}^1 & \cdots & a_1^1 & a_0^1 \\
a_{n-1}^2 & a_{n-2}^2 & \cdots & a_1^2 & a_0^2 \\
\vdots & \vdots & \vdots & \vdots & \vdots \\
a_{n-1}^m & a_{n-2}^m & \cdots & a_1^m & a_0^m \\
c_{n-1} & c_{n-2} & \cdots & c_1 & c_0
\end{matrix}
$$

图 10.4.1 二维奇偶监督码

这种编码有可能检测偶数个错码。因为每行的监督位 $a_0^1 a_0^2 \cdots a_0^m$ 虽然不能检测出各行的偶数个错码,但是有可能按列的方向由第二维监督位 $c_{n-1} c_{n-2} \cdots c_0$ 检测出来。这仅是可能,不是一定能够检测出来,因为有部分偶数个错码是肯定不能检测出来的。例如,有 4 个错码恰好位于一个矩形的 4 个角上,如图 10.4.1 中的 $a_{n-2}^2 a_1^2 a_{n-2}^m a_1^m$ 那样,就不能被检测出来。

这种二维奇偶监督码还适合检测突发错码。因为突发错码常成串出现,可能在码组某一行中连续出现多个错码,而二维奇偶监督码正适合检测这类错码。总体来看,这种编码的检错能力较强。一些实际测试表明,这种编码可使误码率降低至原误码率的百分之一到万分之一。

二维奇偶监督码还能够纠正部分错码。例如,当码组中仅在某一行中有奇数个错码时,就能够确定错码的位置,从而纠正错码。

10.5 线性分组码

上一节中讨论的奇偶监督码的编码方法利用代数关系式产生监督位。我们将这类编码称为代数码。在代数码中,若监督位和信息位的关系是由线性代数方程式决定的,则称这种编码为线性分组码。换句话说,线性分组码是代数码的一种。它的构造方法较简单、理论较成熟,故应用也较广泛。本节将以汉明码为例引入线性分组码的一般原理。这种编码是汉明(R. W. Hamming)于 1950 年提出的。

汉明码是一种能够纠正一个错码的效率较高的线性分组码。由式(10.4-1)可知,对于偶数监督码而言,在接收端解码时,实际上就是在计算下式:

$$S = a_{n-1} \oplus a_{n-2} \oplus \cdots \oplus a_0 \qquad (10.5\text{-}1)$$

若计算出的 $S=0$,就认为无错码;若计算出的 $S=1$,就认为有错码。现在将式(10.5-1)称为监督关系式,S 称为校正子。由于 S 是一位二进制数字,它只有两种取值,故只能表示有错和无错,而不能进一步指明错码的位置。不难推想,若此码组长度增加一位,即有两个监督位,则能增加一个类似于式(10.5-1)的监督关系式。这样,就能得到两个校正子。两个校正子的可能取值有 4 种组合,即 00,01,10,11,故能表示 4 种不同的信息。若用其中一种组合表示无错码,则还有其他 3 种组合可以用于指明一个错码的 3 种不同位置。因此,若有 r 个监督关系式,则 r 个校正子可以指明一个错码的 (2^r-1) 个不同位置。只有当校正子可以指明的错码位置数目等于或大于码组长度 n 时,才能够纠正码组中任何一个位置上的错码,即要求:

$$2^r - 1 \geq n \quad \text{或} \quad 2^r \geq k+r+1 \tag{10.5-2}$$

下面通过一个例子来说明如何具体构造监督关系式。要求设计一个能够纠正 1 个错码的分组码 (n,k),给定的码组中有 4 个信息位,即 $k=4$。由式(10.5-2)可知,这时要求监督关系式数目 $r\geq 3$。若取 $r=3$,则 $n=k+r=7$。现在用 $a_6\ a_5\ a_4\ a_3\ a_2\ a_1\ a_0$ 表示这 7 个码元,用 S_1, S_2, S_3 表示校正子,则这 3 个校正子恰好能够指明 $2^3-1=7$ 个错码的位置。例如,可以按表 10.5.1 所示规定校正子和错码位置的关系。当然,也可以做其他规定,这不影响讨论的一般性。由此表可见,仅当在 $a_6\ a_5\ a_4\ a_2$ 位置上有错码时,S_1 的值才等于 1;否则 S_1 的值为 0。这就意味着 $a_6\ a_5\ a_4\ a_2$ 4 个码元构成偶数监督关系:

$$S_1 = a_6 \oplus a_5 \oplus a_4 \oplus a_2 \tag{10.5-3}$$

同理,$a_6\ a_5\ a_3\ a_1$ 构成如下偶数监督关系:

$$S_2 = a_6 \oplus a_5 \oplus a_3 \oplus a_1 \tag{10.5-4}$$

以及 $a_6\ a_4\ a_3\ a_0$ 构成如下偶数监督关系:

$$S_3 = a_6 \oplus a_4 \oplus a_3 \oplus a_0 \tag{10.5-5}$$

表 10.5.1 校正子和错码位置的关系

$S_1\ S_2\ S_3$	错码位置	$S_1\ S_2\ S_3$	错码位置
001	a_0	101	a_4
010	a_1	110	a_5
100	a_2	111	a_6
011	a_3	000	无错码

在编码时,信息位 $a_6\ a_5\ a_4\ a_3$ 的值取决于输入信号,它们是随机的。监督位 $a_2\ a_1\ a_0$ 是按监督关系确定的,应该保证上列 3 个式子中的校正子等于 0,即有:

$$\left.\begin{array}{l} a_6 \oplus a_5 \oplus a_4 \oplus a_2 = 0 \\ a_6 \oplus a_5 \oplus a_3 \oplus a_1 = 0 \\ a_6 \oplus a_4 \oplus a_3 \oplus a_0 = 0 \end{array}\right\} \tag{10.5-6}$$

上式可以改写为:

$$\left.\begin{array}{l} a_2 = a_6 \oplus a_5 \oplus a_4 \\ a_1 = a_6 \oplus a_5 \oplus a_3 \\ a_0 = a_6 \oplus a_4 \oplus a_3 \end{array}\right\} \tag{10.5-7}$$

若信息位的值给定,则可以由上式计算出监督位的值。这样计算出的全部结果见表 10.5.2。

在接收端解码时,对于每个接收码组,先按式(10.5-3)至式(10.5-5)计算出校正子 S_1, S_2, S_3,然后按照表 10.5.1 判断错码的位置。例如,若接收码组为 0000011,则按式(10.5-3)至式(10.5-5)计算得到 $S_1=0, S_2=1, S_3=1$。这样,由表 10.5.1 可知,错码位置在 a_3。

按照上述方法构造的码称为汉明码。上面例子中的汉明码是 (7,4) 码,其最小码距 $d_0=3$。由式(10.2-4)和式(10.2-5)可知,此码能够检测 2 个错码,或纠正 1 个错码。汉明码的码率可以由式(10.5-2)取等号时的值得出:

表 10.5.2 监督位计算结果

信息位 $a_6\ a_5\ a_4\ a_3$	监督位 $a_2\ a_1\ a_0$	信息位 $a_6\ a_5\ a_4\ a_3$	监督位 $a_2\ a_1\ a_0$
0000	000	1000	111
0001	011	1001	100
0010	101	1010	010
0011	110	1011	001
0100	110	1100	001
0101	101	1101	010
0110	011	1110	100
0111	000	1111	111

$$\frac{k}{n} = \frac{2^r - r - 1}{2^r - 1} \tag{10.5-8}$$

当 r(或 n)很大时,上式趋近于 1。所以汉明码是一种高效编码。

在讨论上面实例的基础上，现在介绍线性分组码的一般原理。前面已经说明，线性分组码的监督位和信息位的关系是由一组线性代数方程式决定的。式(10.5-6)就是这样的方程式，将此式改写成下列形式：

$$\begin{cases} 1 \times a_6 + 1 \times a_5 + 1 \times a_4 + 0 \times a_3 + 1 \times a_2 + 0 \times a_1 + 0 \times a_0 = 0 \\ 1 \times a_6 + 1 \times a_5 + 0 \times a_4 + 1 \times a_3 + 0 \times a_2 + 1 \times a_1 + 0 \times a_0 = 0 \\ 1 \times a_6 + 0 \times a_5 + 1 \times a_4 + 1 \times a_3 + 0 \times a_2 + 0 \times a_1 + 1 \times a_0 = 0 \end{cases} \qquad (10.5\text{-}9)$$

在上式中已经将"$\oplus$"简写成"+"。在本章后面，除非另加说明，这类式子中的"+"都是模 2 加。式(10.5-9)还可以表示成如下矩阵形式

$$\begin{bmatrix} 1 & 1 & 1 & 0 & 1 & 0 & 0 \\ 1 & 1 & 0 & 1 & 0 & 1 & 0 \\ 1 & 0 & 1 & 1 & 0 & 0 & 1 \end{bmatrix} \begin{bmatrix} a_6 \\ a_5 \\ a_4 \\ a_3 \\ a_2 \\ a_1 \\ a_0 \end{bmatrix} = \begin{bmatrix} 0 \\ 0 \\ 0 \end{bmatrix} \qquad (\text{模 2}) \qquad (10.5\text{-}10)$$

将上式简写为： $$\boldsymbol{H}\boldsymbol{A}^{\mathrm{T}} = \boldsymbol{0}^{\mathrm{T}} \qquad \text{或} \qquad \boldsymbol{A}\boldsymbol{H}^{\mathrm{T}} = \boldsymbol{0} \qquad (10.5\text{-}11)$$

式中 $$\boldsymbol{H} = \begin{bmatrix} 1 & 1 & 1 & 0 & 1 & 0 & 0 \\ 1 & 1 & 0 & 1 & 0 & 1 & 0 \\ 1 & 0 & 1 & 1 & 0 & 0 & 1 \end{bmatrix}, \boldsymbol{A} = \begin{bmatrix} a_6 & a_5 & a_4 & a_3 & a_2 & a_1 & a_0 \end{bmatrix}, \boldsymbol{0} = \begin{bmatrix} 0 & 0 & 0 \end{bmatrix} \qquad (10.5\text{-}12)$$

上标"T"表示矩阵转置，即将矩阵的第一行变为矩阵的第一列，将矩阵的第二行变为矩阵的第二列……

我们将上式中的 $\boldsymbol{H}$ 称为监督矩阵。监督矩阵给定后，码组中的信息位和监督位的关系就随之确定了。比较式(10.5-9)和式(10.5-10)可以看出，$\boldsymbol{H}$ 的行数就是监督关系式的数目，即监督位数 r。$\boldsymbol{H}$ 的每行中各个"1"的位置表示相应的码元参与监督关系。例如，$\boldsymbol{H}$ 的第一行 1110100 表示监督位 a_2 是由 a_6, a_5, a_4 之和确定的。式(10.5-11)中的 $\boldsymbol{H}$ 可以分成如下两部分：

$$\boldsymbol{H} = \begin{bmatrix} 1 & 1 & 1 & 0 & | & 1 & 0 & 0 \\ 1 & 1 & 0 & 1 & | & 0 & 1 & 0 \\ 1 & 0 & 1 & 1 & | & 0 & 0 & 1 \end{bmatrix} = \begin{bmatrix} \boldsymbol{P} & \boldsymbol{I}_{\mathrm{r}} \end{bmatrix} \qquad (10.5\text{-}13)$$

式中，$\boldsymbol{P}$ 为 $r \times k$ 阶矩阵，$\boldsymbol{I}_{\mathrm{r}}$ 为 $r \times r$ 阶单位方阵。我们将上式所示形式的监督矩阵称为典型监督矩阵。

由代数理论可知，$\boldsymbol{H}$ 的各行应该是线性无关的，否则将得不到 r 个线性无关的监督关系式，从而也得不到 r 个独立的监督位。若一个矩阵能写成典型矩阵形式 $\begin{bmatrix} \boldsymbol{P} & \boldsymbol{I}_{\mathrm{r}} \end{bmatrix}$，则其各行一定是线性无关的。因为容易验证，$\begin{bmatrix} \boldsymbol{I}_{\mathrm{r}} \end{bmatrix}$ 的各行是线性无关的，故 $\begin{bmatrix} \boldsymbol{P} & \boldsymbol{I}_{\mathrm{r}} \end{bmatrix}$ 的各行也是线性无关的。

式(10.5-7)也可以仿照式(10.5-9)的做法，写成如下矩阵形式：

$$\begin{bmatrix} a_2 \\ a_1 \\ a_0 \end{bmatrix} = \begin{bmatrix} 1 & 1 & 1 & 0 \\ 1 & 1 & 0 & 1 \\ 1 & 0 & 1 & 1 \end{bmatrix} \begin{bmatrix} a_6 \\ a_5 \\ a_4 \\ a_3 \end{bmatrix} \qquad (10.5\text{-}14)$$

上式两端分别转置后，可以变成：

$$\begin{bmatrix} a_2 & a_1 & a_0 \end{bmatrix} = \begin{bmatrix} a_6 & a_5 & a_4 & a_3 \end{bmatrix} \begin{bmatrix} 1 & 1 & 1 \\ 1 & 1 & 0 \\ 1 & 0 & 1 \\ 0 & 1 & 1 \end{bmatrix}$$

$$= \begin{bmatrix} a_6 & a_5 & a_4 & a_3 \end{bmatrix} \boldsymbol{Q} \tag{10.5-15}$$

式中，$\boldsymbol{Q}$ 为 $k \times r$ 阶矩阵，是 $\boldsymbol{P}$ 的转置，即：

$$\boldsymbol{Q} = \boldsymbol{P}^{\mathrm{T}} \tag{10.5-16}$$

式（10.5-15）表示，在信息位给定后，用信息位的行矩阵乘以 $\boldsymbol{Q}$ 就得出监督位。

我们将 $\boldsymbol{Q}$ 的左边加上一个 k 阶单位方阵，构成如下矩阵：

$$\boldsymbol{G} = \begin{bmatrix} \boldsymbol{I}_k \boldsymbol{Q} \end{bmatrix} = \begin{bmatrix} 1 & 0 & 0 & 0 & \vdots & 1 & 1 & 1 \\ 0 & 1 & 0 & 0 & \vdots & 1 & 1 & 0 \\ 0 & 0 & 1 & 0 & \vdots & 1 & 0 & 1 \\ 0 & 0 & 0 & 1 & \vdots & 0 & 1 & 1 \end{bmatrix} \tag{10.5-17}$$

$\boldsymbol{G}$ 称为生成矩阵，因为可以用它产生整个码组 $\boldsymbol{A}$，即有：

$$\boldsymbol{A} = \begin{bmatrix} a_6 & a_5 & a_4 & a_3 & a_2 & a_1 & a_0 \end{bmatrix} = \begin{bmatrix} a_6 & a_5 & a_4 & a_3 \end{bmatrix} \boldsymbol{G} \tag{10.5-18}$$

具有 $\begin{bmatrix} \boldsymbol{I}_k \boldsymbol{Q} \end{bmatrix}$ 形式的生成矩阵称为典型生成矩阵。由典型生成矩阵得出的码组 $\boldsymbol{A}$ 中，信息位的位置不变，监督位附加于其后。这种形式的码组称为系统码。

比较式（10.5-13）和式（10.5-17）可见，典型监督矩阵 $\boldsymbol{H}$ 和典型生成矩阵 $\boldsymbol{G}$ 之间通过式（10.5-16）联系。

与对 $\boldsymbol{H}$ 的要求相似，$\boldsymbol{G}$ 的各行也必须是线性无关的。因为由式（10.5-18）得知，任意一个码组 $\boldsymbol{A}$ 都是 $\boldsymbol{G}$ 的各行的线性组合。$\boldsymbol{G}$ 共有 k 行，若它们线性无关，则可以组合出 2^k 种不同的码组，这恰好是有 k 位信息位的全部码组。若 $\boldsymbol{G}$ 的各行中有线性相关的，则不可能生成 2^k 种不同的码组。实际上，$\boldsymbol{G}$ 的各行本身就是一个码组。因此，如果已有 k 个线性无关的码组，则可以将其用作典型生成矩阵 $\boldsymbol{G}$，并由它生成其余码组。

一般来说，式（10.5-18）中的 $\boldsymbol{A}$ 是一个 n 列的行矩阵：

$$\boldsymbol{A} = \begin{bmatrix} a_{n-1} & a_{n-2} & \cdots & a_1 & a_0 \end{bmatrix} \tag{10.5-19}$$

它的 n 个元素就是码组中的 n 个码元。所以发送码组就是 $\boldsymbol{A}$。由于传输中的干扰影响，接收码组可能出现错码而有别于 $\boldsymbol{A}$。设接收码组是一个 n 列的行矩阵：

$$\boldsymbol{B} = \begin{bmatrix} b_{n-1} & b_{n-2} & \cdots & b_1 & b_0 \end{bmatrix} \tag{10.5-20}$$

令接收码组和发送码组之差为：

$$\boldsymbol{B} - \boldsymbol{A} = \boldsymbol{E} \quad （模 2） \tag{10.5-21}$$

$\boldsymbol{E}$ 就是错码的行矩阵，有时还称其为错误图样：

$$\boldsymbol{E} = \begin{bmatrix} e_{n-1} & e_{n-2} & \cdots & e_1 & e_0 \end{bmatrix} \tag{10.5-22}$$

式中
$$e_i = \begin{cases} 0 & 当 b_i = a_i \text{ 时} \\ 1 & 当 b_i \neq a_i \text{ 时} \end{cases} \quad (i = 0, 1, \cdots, n-1)$$

因此，若 $e_i = 0$，表示该码元未错；若 $e_i = 1$，表示该码元为错码。式（10.5-21）可以改写成：

$$\boldsymbol{B} = \boldsymbol{A} + \boldsymbol{E} \tag{10.5-23}$$

上式表示发送码组 $\boldsymbol{A}$ 与错码行矩阵 $\boldsymbol{E}$ 之和等于接收码组 $\boldsymbol{B}$。例如，若 $\boldsymbol{A} = \begin{bmatrix} 1000111 \end{bmatrix}$，$\boldsymbol{E} = \begin{bmatrix} 0000100 \end{bmatrix}$，则 $\boldsymbol{B} = \begin{bmatrix} 1000011 \end{bmatrix}$。

在接收端解码时，令式（10.5-11）中的 $\boldsymbol{A}$ 等于 $\boldsymbol{B}$ 进行计算。若 $\boldsymbol{B}$ 中无错码（$\boldsymbol{E} = 0$），由式（10.5-23）得知，$\boldsymbol{B} = \boldsymbol{A}$，则式（10.5-11）仍成立。这时有：

$$\boldsymbol{B} \boldsymbol{H}^{\mathrm{T}} = \boldsymbol{0} \tag{10.5-24}$$

当接收码组中有错码时,$E \neq 0$,此时将 B 代入式(10.5-11)后,该式不一定成立。此外,在错码较多并超出这种编码的检错能力时,B 可能变为另一个许用码组,故式(10.5-11)仍可能成立。这时的错码将是不可检测的。所以只有当错码未超出检错能力时,式(10.5-24)才不成立。假设这时式(10.5-24)的右端等于 S,即有:

$$BH^{\mathrm{T}} = S \tag{10.5-25}$$

将式(10.5-23)代入式(10.5-25),得到:

$$S = (A+E)H^{\mathrm{T}} = AH^{\mathrm{T}} + EH^{\mathrm{T}}$$

由式(10.5-11)可知,上式右端第一项等于 0,所以:

$$S = EH^{\mathrm{T}} \tag{10.5-26}$$

式中,S 就是由式(10.5-1)中的校正子 S 构成的矩阵,所以也称为校正子,它同样可以用来指示错码的位置。当 H 确定后,式(10.5-26)中 S 只与 E 有关,而与 A 无关。这意味着 S 和 E 之间有确定的线性变换关系。若 S 和 E 有一一对应关系,则 S 能代表错码位置。

线性码有一个重要性质,就是它具有封闭性。封闭性是指一种线性码中任意两个码组之和仍为这种编码中的一个码组。也就是说,若 A_1 和 A_2 是一种线性码中的两个码组,则 (A_1+A_2) 仍是其中的一个码组。下面对此做一简单证明。

若 A_1 和 A_2 是两个码组,则由式(10.5-11)有:

$$A_1H^{\mathrm{T}} = 0 \qquad A_2H^{\mathrm{T}} = 0$$

将上两式相加得:

$$A_1H^{\mathrm{T}} + A_2H^{\mathrm{T}} = (A_1+A_2)\ H^{\mathrm{T}} = 0 \tag{10.5-27}$$

所以 (A_1+A_2) 也是一个码组。由于线性码具有封闭性,所以两个码组(A_1 和 A_2)之间的距离(即对应位不同的数目)必定是另一个码组(A_1+A_2)的重量(即"1"的数目)。因此,码的最小距离就是码的最小重量(除全"0"码组外)。

10.6 循 环 码

10.6.1 循环码的概念

在线性分组码中有一类重要的码,称为循环码。循环码是在严密的现代代数学理论的基础上建立起来的。这种码的编码和解码设备都不太复杂,而且检错和纠错的能力都较强。循环码除了具有线性码的一般性质,还具有循环性。循环性是指任一码组循环一位后仍然是该编码中的一个码组。这里的"循环"是指将码组中最右端的一个码元移至左端;或反之,即将最左端的一个码元移至右端。在表10.6.1中给出一种(7,3)循环码的全部码组。由此表中列出的码组可以直观地看出它的循环性。例如,表中第 2 码组向右移一位即得到第 5 码组;第 6 码组向右移一位即得到第 7 码组。一般来说,若$(a_{n-1}\ a_{n-2}\cdots a_0)$是循环码的一个码组,则循环移位后的码组:

$$
\begin{array}{ccccc}
(a_{n-2} & a_{n-3} & \cdots & a_0 & a_{n-1}) \\
(a_{n-3} & a_{n-4} & \cdots & a_{n-1} & a_{n-2}) \\
\vdots & \vdots & \vdots & \vdots & \vdots \\
(a_0 & a_{n-1} & \cdots & a_2 & a_1)
\end{array}
$$

仍然是该编码中的码组。

在代数编码理论中,为了便于计算,把码组中的各个码元当作一个多项式的系数。这

表 10.6.1　一种(7,3)循环码的全部码组

码组编号	信息位 $a_6\ a_5\ a_4$	监督位 $a_3\ a_2\ a_1\ a_0$	码组编号	信息位 $a_6\ a_5\ a_4$	监督位 $a_3\ a_2\ a_1\ a_0$
1	000	0000	5	100	1011
2	001	0111	6	101	1100
3	010	1110	7	110	0101
4	011	1001	8	111	0010

样,一个长度为 n 的码组就可以表示成:

$$T(x) = a_{n-1}x^{n-1} + a_{n-2}x^{n-2} + \cdots + a_1x + a_0 \qquad (10.6\text{-}1)$$

应当注意,上式中 x 的值没有任何意义,我们也不必关心它,仅用它的幂代表码元的位置。这种多项式有时被称为码多项式。例如,表 10.6.1 中的任意一个码组可以表示为:

$$T(x) = a_6x^6 + a_5x^5 + a_4x^4 + a_3x^3 + a_2x^2 + a_1x + a_0 \qquad (10.6\text{-}2)$$

其中第 7 个码组可以表示为:

$$\begin{aligned} T(x) &= 1 \times x^6 + 1 \times x^5 + 0 \times x^4 + 0 \times x^3 + 1 \times x^2 + 0 \times x + 1 \\ &= x^6 + x^5 + x^2 + 1 \end{aligned} \qquad (10.6\text{-}3)$$

10.6.2　循环码的运算

1.　码多项式的按模运算

在整数运算中,有模 n 运算。例如,在模 2 运算中,有:

$$1+1=2 \equiv 0(\text{模 }2) \qquad 1+2=3 \equiv 1\ (\text{模 }2) \qquad 2\times 3=6 \equiv 0\ (\text{模 }2)$$

一般来说,若一个整数 m 可以表示为:

$$\frac{m}{n} = Q + \frac{p}{n} \qquad p < n \qquad (10.6\text{-}4)$$

式中,Q 为整数,则在模 n 运算下,有:

$$m \equiv p \qquad (\text{模 }n) \qquad (10.6\text{-}5)$$

所以,在模 n 运算下,一个整数 m 等于它被 n 除得的余数。

上面是复习整数的按模运算。现在码多项式也可以按模运算。若任意一个多项式 $F(x)$ 被一个 n 次多项式 $N(x)$ 除,得到商式 $Q(x)$ 和一个次数小于 n 的余式 $R(x)$,即:

$$F(x) = N(x)Q(x) + R(x) \qquad (10.6\text{-}6)$$

则在按模 $N(x)$ 运算下,有:

$$F(x) \equiv R(x) \qquad (\text{模 }N(x)) \qquad (10.6\text{-}7)$$

这时,码多项式系数仍按模 2 运算,即系数只取 0 和 1。例如,x^3 被 (x^3+1) 除,得到余项 1,所以有:

$$x^3 \equiv 1 \qquad (\text{模 }(x^3+1)) \qquad (10.6\text{-}8)$$

[例 10.2]　证明:$x^4+x^2+1 \equiv x^2+x+1 \quad (\text{模 }(x^3+1))$

证明:因为

$$\begin{array}{r} x \phantom{{}+1)} \\ x^3+1 \overline{)\,x^4+x^2+1} \\ \underline{x^4+x} \\ x^2+x+1 \end{array}$$

需要注意的是,由于系数是按模 2 运算的,在模 2 运算中加法和减法一样,所以上式中余数的系数都是正号。

在循环码中,若 $T(x)$ 是一个长度为 n 的码组,则 $x^iT(x)$ 在按模 (x^n+1) 运算下,也是该编码中的一个码组。在用数学式表示时,若:

$$x^iT(x) \equiv T'(x) \qquad (\text{模 }(x^n+1)) \qquad (10.6\text{-}9)$$

则 $T'(x)$ 也是该编码中的一个码组。现证明如下:

设

$$T(x) = a_{n-1}x^{n-1} + a_{n-2}x^{n-2} + \cdots + a_1x + a_0 \qquad (10.6\text{-}10)$$

则有

$$x^iT(x) = a_{n-1}x^{n-1+i} + a_{n-2}x^{n-2+i} + \cdots + a_{n-1-i}x^{n-1} + \cdots + a_1x^{1+i} + a_0x^i$$

$$\equiv a_{n-1-i}x^{n-1}+a_{n-2-i}x^{n-2}+\cdots+a_0x^i+a_{n-1}x^{i-1}+\cdots+a_{n-i} \quad (模(x^n+1)) \tag{10.6-11}$$

所以有：
$$T'(x)=a_{n-1-i}x^{n-1}+a_{n-2-i}x^{n-2}+\cdots+a_0x^i+a_{n-1}x^{i-1}+\cdots+a_{n-i} \tag{10.6-12}$$

上式中的 $T'(x)$ 正是式 (10.6-10) 中的码组向左循环移位 i 位的结果。因为已假定 $T(x)$ 是循环码的一个码组，所以 $T'(x)$ 也必定是其中的一个码组。例如，式 (10.6-3) 中的循环码组：
$$T(x)=x^6+x^5+x^2+1$$

其长度 $n=7$。若给定 $i=3$，则有：
$$x^3T(x)=x^9+x^8+x^5+x^3=x^5+x^3+x^2+x \quad (模(x^7+1)) \tag{10.6-13}$$

上式对应的码组为 0101110，它是表 10.6.1 中的第 3 码组。

由上面的分析可见，一个长为 n 的循环码必定为按模 (x^n+1) 运算的一个余式。

2. 循环码的生成

由式 (10.5-18) 可知，有了生成矩阵 G，就可以由 k 个信息位得出整个码组，而且 G 的每一行都是一个码组。例如，在式 (10.5-18) 中，若 $a_6a_5a_4a_3=1000$，则码组 A 就等于 G 的第一行；若 $a_6a_5a_4a_3=0100$，则码组 A 就等于 G 的第二行，等等。由于 G 是 k 行 n 列的矩阵，因此若能找到 k 个已知的码组，就能构成矩阵 G。如前所述，这 k 个已知码组必须是线性不相关的，否则给定的信息位与编出的码组就不是一一对应的。

在循环码中，一个 (n,k) 码有 2^k 个不同的码组。若用 $g(x)$ 表示其中前 $(k-1)$ 位皆为"0"的码组，则 $g(x),xg(x),x^2g(x),\cdots,x^{k-1}g(x)$ 都是码组，而且这 k 个码组是线性无关的，因此它们可以用来构成此循环码的生成矩阵 G。

在循环码中除全"0"码组外，再没有连续 k 位均为"0"的码组，即连"0"的长度最多只能有 $(k-1)$ 位。否则，在经过若干次循环移位后将得到一个 k 位信息位全为"0"，但监督位不全为"0"的码组。这在线性码中显然是不可能的。因此，$g(x)$ 必须是一个常数项不为"0"的 $(n-k)$ 次多项式，而且这个 $g(x)$ 还是这种 (n,k) 码中次数为 $(n-k)$ 的唯一一个多项式。因为如果有两个多项式，则由码的封闭性，把这两个多项式相加也应该是一个码组多项式，且此码组多项式的次数小于 $(n-k)$，即连续"0"的个数大于 $(k-1)$。显然，这是与前面的结论相矛盾的，故是不可能的。我们称这唯一的 $(n-k)$ 次多项式 $g(x)$ 为码的生成多项式。一旦确定了 $g(x)$，则整个 (n,k) 循环码就被确定了。

因此，循环码的生成矩阵 G 可以写成：
$$G(x)=\begin{bmatrix} x^{k-1}g(x) \\ x^{k-2}g(x) \\ \vdots \\ xg(x) \\ g(x) \end{bmatrix} \tag{10.6-14}$$

例如，在表 10.6.1 中的循环码，其 $n=7,k=3,n-k=4$。由表可见，唯一的一个 $(n-k)=4$ 次码多项式代表的码组是第二码组 0010111，与它对应的码多项式，即生成多项式为：$g(x)=x^4+x^2+x+1$。将 $g(x)$ 代入式 (10.6-14)，得到：
$$G(x)=\begin{bmatrix} x^2g(x) \\ xg(x) \\ g(x) \end{bmatrix} \tag{10.6-15}$$

或
$$G(x)=\begin{bmatrix} 1 & 0 & 1 & 1 & 1 & 0 & 0 \\ 0 & 1 & 0 & 1 & 1 & 1 & 0 \\ 0 & 0 & 1 & 0 & 1 & 1 & 1 \end{bmatrix} \tag{10.6-16}$$

由于上式不符合式(10.5-17)所示的 $\boldsymbol{G}=[\boldsymbol{I_k Q}]$ 形式,所以它不是典型生成矩阵。不过,它经过线性变换后,不难化成典型生成矩阵。

按照式(10.5-18),可以写出此循环码组的多项式表示式:

$$T(x)=\begin{bmatrix}a_6 a_5 a_4\end{bmatrix}\boldsymbol{G}(x)=\begin{bmatrix}a_6 a_5 a_4\end{bmatrix}\begin{bmatrix}x^2 g(x)\\xg(x)\\g(x)\end{bmatrix}=a_6 x^2 g(x)+a_5 xg(x)+a_4 g(x)$$

$$=(a_6 x^2 +a_5 x+a_4)g(x) \tag{10.6-17}$$

上式表明,所有码多项式 $T(x)$ 都能够被 $g(x)$ 整除,而且任意一个次数不大于 $(k-1)$ 的多项式乘以 $g(x)$ 都是码多项式。[注:在理论上,两个矩阵相乘的结果仍然应该是一个矩阵。但是在上式中两个矩阵相乘的结果是只有一个元素的一阶矩阵,这个元素就是 $T(x)$。所以,只是为了简洁,直接用此矩阵元素代替了矩阵的乘积。]

3. 寻求码生成多项式

现在我们来讨论如何寻求任意一个 (n,k) 循环码的生成多项式。由式(10.6-17)可知,任意一个循环码多项式 $T(x)$ 都是 $g(x)$ 的倍式,故它可以写成:

$$T(x)=h(x)g(x) \tag{10.6-18}$$

而 $g(x)$ 本身也是一个码组,即有:

$$T'(x)=g(x) \tag{10.6-19}$$

由于码组 $T'(x)$ 是一个 $(n-k)$ 次多项式,故 $x^k T'(x)$ 是一个 n 次多项式。由式(10.6-9)可知,$x^k T'(x)$ 在模 (x^n+1) 运算下也是一个码组,所以有:

$$\frac{x^k T'(x)}{x^n+1}=Q(x)+\frac{T(x)}{x^n+1} \tag{10.6-20}$$

上式左端分子和分母都是 n 次多项式,故相除的商式 $Q(x)=1$。因此,上式可以写成:

$$x^k T'(x)=(x^n+1)+T(x) \tag{10.6-21}$$

将式(10.6-18)式(10.6-19)代入上式,经过化简后得到:

$$x^n+1=g(x)[x^k+h(x)] \tag{10.6-22}$$

式(10.6-22)表明,生成多项式 $g(x)$ 应该是 (x^n+1) 的一个因子。这个结论很重要,它为我们寻找循环码生成多项式指出了一条道路,即循环码的生成多项式应该是 (x^n+1) 的一个 $(n-k)$ 次因子。

例如,(x^7+1) 可以分解为:

$$x^7+1=(x+1)(x^3+x^2+1)(x^3+x+1) \tag{10.6-23}$$

为了求出 $(7,3)$ 循环码的生成多项式 $g(x)$,需要从上式中找到一个 $(n-k)=4$ 次的因子。不难看出,这样的因子有两个,即:

$$(x+1)(x^3+x^2+1)=x^4+x^2+x+1 \tag{10.6-24}$$

$$(x+1)(x^3+x+1)=x^4+x^3+x^2+1 \tag{10.6-25}$$

以上两式都可以作为生成多项式。但是,选用的生成多项式不同,产生的循环码的码组也不同。用式(10.6-24)作为生成多项式产生的循环码就是表10.6.1中列出的码组。

10.6.3 循环码的编码方法

循环码在编码时,首先要根据给定的 (n,k) 值来选定生成多项式 $g(x)$。即从 (x^n+1) 的因子中选定一个 $(n-k)$ 次多项式作为 $g(x)$。由式(10.6-17)可知,所有码多项式 $T(x)$ 都可以被

$g(x)$ 整除。根据这条原则,可以对给定的信息位进行编码。设 $m(x)$ 为信息码多项式,其次数小于 k。用 x^{n-k} 乘 $m(x)$,得到的 $x^{n-k}m(x)$ 的次数必定小于 n。用 $g(x)$ 除 $x^{n-k}m(x)$,得到余式 $r(x)$,$r(x)$ 的次数必定小于 $g(x)$ 的次数,即小于 $(n-k)$。将此余式 $r(x)$ 加在信息位之后作为监督位,即将 $r(x)$ 和 $x^{n-k}m(x)$ 相加,得到的多项式必定是一个码多项式。因为它必定能被 $g(x)$ 整除,且商的次数不大于 $(k-1)$。

根据上述原理,编码步骤可以归纳如下:

① 用 x^{n-k} 乘 $m(x)$。该运算实际上是在信息码后附加上 $(n-k)$ 个"0"。例如,信息码为 110,它写成多项式为 $m(x)=x^2+x$。当 $n-k=7-3=4$ 时,有

$$x^{n-k}m(x)=x^4(x^2+x)=x^6+x^5$$

它表示码组 1100000。

② 用 $g(x)$ 除以 $x^{n-k}m(x)$,得到商 $Q(x)$ 和余式 $r(x)$,即有:

$$\frac{x^{n-k}m(x)}{g(x)}=Q(x)+\frac{r(x)}{g(x)} \tag{10.6-26}$$

例如,若选定 $g(x)=x^4+x^2+x+1$,则有:

$$\frac{x^{n-k}m(x)}{g(x)}=\frac{x^6+x^5}{x^4+x^2+x+1}=(x^2+x+1)+\frac{x^2+1}{x^4+x^2+x+1} \tag{10.6-27}$$

上式是用码多项式表示的运算。它和下式等效:

$$\frac{1100000}{10111}=111+\frac{101}{10111} \tag{10.6-28}$$

③ 编出的码组为:

$$T(x)=x^{n-k}m(x)+r(x) \tag{10.6-29}$$

在上例中,$T(x)=1100000+101=1100101$,它就是表 10.6.1 中的第 7 码组。

10.6.4 循环码的解码方法

接收端解码的要求有两类:检错和纠错。在检错时,解码原理十分简单。由于任意一个码组多项式 $T(x)$ 都应该能够被生成多项式 $g(x)$ 整除,所以在接收端可以将接收码组 $R(x)$ 用原来的生成多项式 $g(x)$ 除。当接收码组没有错码时,接收码组和发送码组相同,即 $R(x)=T(x)$,故 $R(x)$ 必定能被 $g(x)$ 整除;若接收码组中有错码,则 $R(x)\neq T(x)$,$R(x)$ 被 $g(x)$ 除时可能除不尽而有余项,所以可以写为:

$$R(x)/g(x)=Q(x)+r(x)/g(x) \tag{10.6-30}$$

因此,可以就余式 $r(x)$ 是否为 0 来判断接收码组中有无错码。

应当注意,当接收码组中的错码数量过多,超出了编码的检错能力时,有错码的接收码组也可能被 $g(x)$ 整除。这时,错码就不能被检出了。这种错码称为不可检错码。

在要求纠错时,其解码方法就比检错时的复杂了。为了能够纠错,要求每个可纠正的错误图样[见式(10.5-22)]必须和式(10.6-30)中一个特定的余式有一一对应关系。只有这样才可能按此余式唯一决定错误图样,从而纠正错码。因此,原则上可以按照下述步骤进行纠错:

① 用生成多项式 $g(x)$ 除以接收码组 $R(x)$,得出余式 $r(x)$。

② 按照余式 $r(x)$,用查表的方法或计算的方法得出错误图样 $E(x)$。例如,由计算校正子 S 和利用类似于表 10.5.1 中的关系,就可以确定错码的位置。

③ 从 $R(x)$ 中减去 $E(x)$,便得到已经纠正错码的原发送码组 $T(x)$。

10.6.5　截短循环码

在设计纠错编码方案时,一般来说,信息位数 k、码长 n 和纠错能力都是预先给定的。但是,并不一定有恰好满足这些条件的循环码存在。这时,可以采用将码长截短的方法,得出满足要求的编码。

设给定一个 (n,k) 循环码,它共有 2^k 种码组,现使其前 i $(0<i<k)$ 个信息位全为"0",于是它变成仅有 2^{k-i} 种码组。然后从中删去 i 位全"0"的信息位,最终得到一个 $(n-i,k-i)$ 位的线性码。将这种码称为截短循环码。截短循环码与截短前的循环码至少具有相同的纠错能力,并且截短循环码的编解码方法仍和截短前的方法一样。例如,要求构造一个能够纠正 1 位错码的 $(13,9)$ 码。这时可以由 $(15,11)$ 循环码的码组中选出前两位信息位均为"0"的码组,构成一个新的码组集合,然后在发送时不发送这两位"0"。于是发送码组成为 $(13,9)$ 截短循环码。因为截短前后监督位数相同,所以截短前后的编码具有相同的纠错能力。原 $(15,9)$ 循环码能够纠正 1 位错码,所以 $(13,9)$ 码也能够纠正 1 位错码。

10.6.6　BCH 码

BCH 码是以其 3 位发明人的名字(Bose-Chaudhuri-Hocguenghem)命名的。这是一种广泛应用的能够纠正多个随机错码的循环码。在设计纠错编码方案时,通常是在给定纠错要求的条件下进行的。这时,首先需要解决寻找码生成多项式 $g(x)$ 的问题。BCH 码解决了这个问题。有了生成多项式,编码的基本问题就随之解决了。

BCH 码分为两类:本原 BCH 码和非本原 BCH 码。本原 BCH 码的码长 $n=2^m-1$ $(m\geqslant 3,$ 为任意正整数),它的生成多项式 $g(x)$ 中含有最高次数为 m 次的本原多项式;非本原 BCH 码的码长 n 是 (2^m-1) 的一个因子,它的生成多项式 $g(x)$ 中不含有最高次数为 m 的本原多项式。[关于本原多项式的定义,见 9.4.3 节。]

下面我们给出 BCH 码的设计方法。设 m 是正整数,且 $m\geqslant 3$,以及 $t<m/2$,则一定存在具有下列参数的二进制 BCH 码:码长 $n=2^m-1$,监督位数 $r\leqslant mt$。它能够纠正所有数量小于或等于 t 个的随机错码。这个 BCH 码的生成多项式为:

$$g(x) = \text{LCM}[m_1(x),m_3(x),\cdots,m_{2t-1}(x)] \tag{10.6-31}$$

式中,t 为能够纠正的错码个数;$m_i(x)$ 为最小多项式;LCM($\cdot$) 为取括弧内所有多项式的最小公倍式。

在工程设计中,一般不需要用计算的方法去寻找生成多项式 $g(x)$。因为前人早已将寻找到的 $g(x)$ 列成表了,故可以用查表法找到所需的生成多项式。表 10.6.2 和表 10.6.3 分别列出了二进制本原 BCH 码和非本原 BCH 码的部分生成多项式系数。表中给出的生成多项式系数是用八进制数列出的。例如,$g(x)=(13)_8$ 是指 $g(x)=x^3+x+1$,因为 $(13)_8=(1011)_2$,后者就是此 3 次方程 $g(x)$ 的各项系数。表 10.6.2 中给出了码长 n 不大于 127 的 BCH 码生成多项式的系数。$n=255$ 的系数在其他文献中有记载[49]。

在表 10.6.3 中的 $(23,12)$ 码称为戈莱(Golay)码。它能纠正 3 个随机错码,并且容易解码,实际应用较多。此外,BCH 码的长度为奇数。在应用中,为了得到偶数长度的码,并增大检错能力,可以在 BCH 码生成多项式中乘上一个因子 $(x+1)$,从而得到扩展 BCH 码 $(n+1,k)$。扩展 BCH 码相当于在原 BCH 码上增加了一个校验位,因此码距比原 BCH 码的增加 1。扩展 BCH 码已经不再具有循环性。例如,广泛实用的扩展戈莱码 $(24,12)$,其最小码距为 8,码率为 1/2,能够纠正 3 个错码和检测 4 个错码。它比汉明码的纠错能力强很多,付出的代价是解码更复杂,码率也比汉明码低。此外,它不再是循环码了。

表 10.6.2 二进制本原 BCH 码的生成多项式系数

n=3			n=63		
k	t	g(x)	k	t	g(x)
1	1	7	57	1	103

n=7			51	2	12471
k	t	g(x)	45	3	1701317
4	1	13	39	4	166623567
1	3	77	36	5	1033500423

n=15			30	6	157464165347
k	t	g(x)	24	7	17323260404441
11	1	23	18	10	1363026512351725
7	2	721	16	11	6331141367235453
5	3	2467	10	13	472622305527250155
1	7	77777	7	15	5231045543503271737
			1	31	全部为 1

n=31			n=127		
k	t	g(x)	k	t	g(x)
26	1	45	120	1	211
21	2	3551	113	2	41567
16	3	107657	106	3	11554743
11	5	5423325	99	4	3447023271
6	7	313365047	92	5	624730022327
1	15	17777777777	85	6	130704476322273
			78	7	262300021661130115
			71	9	6255010713253127753
			64	10	1206534025570773100045
			57	11	235265252505705053517721
			50	13	5444651252331401242150142
			43	15	1772177221365122752122057434 3
			36	≥15	3146074666522075044764574721735
			29	≥22	4031144613676706036675301411761 55
			22	≥23	1233760704047225224354456266376 47043
			15	≥27	2205704244560455477052301376221 7604353
			8	≥31	7047264052751030651476224271567 733130217
			1	63	全部为 1

在图 10.6.1 中给出了几种二进制分组码的性能比较曲线。作为对比,图中还画出了采用纠错编码前的 2PSK 信号的性能。

表 10.6.3 二进制非本原 BCH 码的生成多项式系数

n	k	t	g(x)
17	9	2	727
21	12	2	1663
23	12	3	5343
33	22	2	5145
41	21	4	6647133
47	24	5	43073357
65	53	2	10761
65	40	4	354300067
73	46	4	1717773537

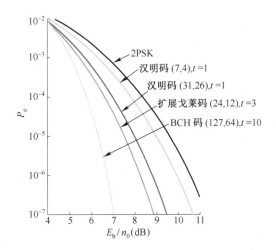

图 10.6.1 几种二进制分组码的性能比较曲线

10.6.7 RS 码

RS 码是用其发明人的名字 Reed 和 Solomon 命名的。它是一种多进制 BCH 码,并且具有很强的纠错能力。

RS 码是 q 进制 BCH 码的一个特殊子类。它具有如下参数:码长 $n=q-1$,监督位数目 $r=2t$,其中 t 是能够纠正的错码数目。其生成多项式为:

$$g(x) = (x + \alpha)(x + \alpha^2) \cdots (x + \alpha^{2t})$$

式中,α 为伽罗华域 $GF(2^m)$ 中的本原元。[见附录 G]

若将每个 q 进制码元表示成相应的 m 位二进制码元,则可以得到一个二进制码组,其码长为 $n=m(2^m-1)$,监督位数目 $r=2mt$。

RS 码的主要优点是:第一,它是多进制纠错编码,所以特别适用于多进制调制的场合;第二,它能够纠正 t 个 m 位二进制错码,即能够纠正不超过 mt 个连续的二进制错码,所以适合在衰落信道中纠正突发性错码。

10.7 卷 积 码

卷积码是 P. Elias 于 1955 年发明的一种非分组码[50]。分组码在编码时,先将输入信息码元序列分为长度为 k 的段,然后按照编码规则,给每段附加上 r 位监督码元,构成长度为 n 的码组。各个码组间没有约束关系,即监督码元只监督本码组的码元有无错码。因此在解码时各个接收码组也是分别独立地进行解码的。卷积码则不同。卷积码在编码时虽然也是把 k 个比特的信息段编成 n 个比特的码组,但是监督码元不仅和当前的 k 比特信息段有关,而且还同前面 $m=(N-1)$ 个信息段有关。所以一个码组中的监督码元监督着 N 个信息段。通常将 N 称为码组的约束度。一般来说,对于卷积码,k 和 n 的值是比较小的整数。通常将卷积码记为 (n,k,m),其码率为 k/n。

10.7.1 卷积码的编码

图 10.7.1 所示为卷积码编码器的原理方框图。编码器由 3 种主要部件构成,即移存器、模 2 加法器和旋转开关。移存器共有 Nk 级,模 2 加法器共有 n 个。每个模 2 加法器的输入端数目不等,它连接到某些移存器的输出端;模 2 加法器的输出端接到旋转开关上。在每个时隙中,一次有 k 个比特从左端进入移存器,并且移存器各级暂存的内容向右移 k 位。在此时隙中,旋转开关旋转 1 周,输出 n 个比特($n>k$)。

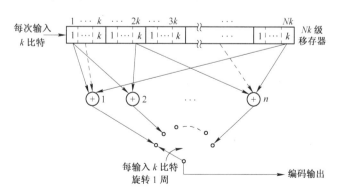

图 10.7.1 卷积码编码器原理方框图

下面我们仅讨论实用中最常用的卷积码,其 $k=1$。这时,移存器共有 N 级。每个时隙中,只有 1 比特的输入信息进入移存器,并且移存器各级暂存的内容向右移 1 位,开关旋转 1 周输出 n 比特。所以,码率为 $1/n$。在图 10.7.2 中给出一种编码器方框图,它是一个 $(n,k,m)=(3,1,2)$ 卷积码的编码器,其码率等于 1/3。我们将以它为例,做较详细的讨论。

每当输入 1 比特时,此编码器输出 3 比特 $(c_1c_2c_3)$,输入和输出的关系如下:

$$c_1=b_1, \quad c_2=b_1\oplus b_3, \quad c_3=b_1\oplus b_2\oplus b_3 \qquad (10.7\text{-}1)$$

式中,b_1 是当前输入信息位,b_2 和 b_3 是移存器存储的前两个信息位。在输出中信息位在前,后接监督位,故这种码也是在 10.5 节中定义过的系统码。设编码器初始状态的 b_1、b_2 和 b_3 是 000,输入的信息位是 1101,则此编码器的工作状态变化如表 10.7.1 所示。

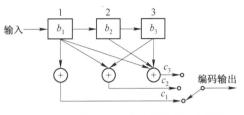

图 10.7.2 一种 $(3,1,2)$ 卷积码编码器方框图

表 10.7.1 编码器的工作状态变化

b_1	1	1	0	1	0	0	0
b_3b_2	00	01	11	10	01	10	00
$c_1c_2c_3$	111	110	010	100	001	011	000
状态	a	b	d	c	b	c	a

由表可见,当输入为 1101 时,输出为 111 110 010 100…。为了使输入的信息位全部通过移存器后,移存器能回到初始状态,在表中信息位后面加了 3 个"0"。此外,由于 b_3b_2 只有 4 种状态:00,01,10,11,因此在表中用 a、b、c 和 d 表示这 4 种状态。

10.7.2 卷积码的解码

卷积码有多种解码方法。在这里仅介绍两种方法:码树搜索法和维特比(Viterbi)算法[51]。维特比算法是应用最广泛的方法,而码树搜索法则是其基础。

1. 码树搜索法

首先以上述 $(3,1,2)$ 码为例,介绍卷积码的码树,见图 10.7.3。码树的起点是初始状态,即 $b_1b_2b_3$ 等于 000。现在规定:输入信息位为"0",则状态向上支路移动;输入信息位为"1",则状态

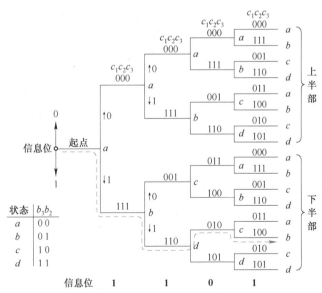

图 10.7.3 $(3,1,2)$ 卷积码的码树

向下支路移动。于是,就可以得出图中所示的码树。图中的 a、b、c 和 d 就是表10.7.1中的4种状态。因此,本例中,第1个输入信息位 $b_1 = 1$, $b_2 = b_3 = 0$,由表10.7.1可知, $c_1c_2c_3 = 111$,这时状态将从起点 a 向下到达状态 b;此后,第2个输入信息位 $b_1 = 1$,故状态将从状态 b 向下到达状态 d,但是这时 $b_2 = 1$, $b_3 = 0$,由表10.7.1可知, $c_1c_2c_3 = 110$,以此类推。在编码时按照图中虚线所示的路径前进,得到输出序列为表10.7.1中的第3行:111 110 010 100 001…由图还可看到,从第4级支路开始,码树的上半部和下半部相同。这意味着,从第4个输入信息位开始,输出码元已经与第1个输入信息位无关。这表明此编码器的约束度 $N = 3$。

在解码时,按照汉明距离最小的准则沿上面的码树进行搜索。例如,若接收码元序列为 111 010 010 110 001…,和发送序列相比,可以发现第4码元和第11码元为错码。当接收到第4~6个码元"010"时,将这3个码元和对应的第2级的上下两个支路比较,它和上支路"001"的汉明距离等于2,和下支路"110"的汉明距离等于1,所以选择走下支路。类似地,当接收到第10~12个码元"110"时,和第4级的上下支路比较,它和上支路的"011"的汉明距离等于2,和下支路"100"的汉明距离等于1,所以走下支路。这样,就能够纠正这两个错码。

一般来说,码树搜索法并不实用。因为随着信息位的增多,码树分支数目按指数规律增长。在图10.7.3中,只有4个信息位,分支已有 $2^4 = 16$ 个。所以,必须设法使之能够实用。

2. 状态图和网格图

在介绍实用化的解码方法之前,先引入状态图和网格图。

上面的码树可以改进为下述的状态图。由表10.7.1可见,输出码元 $c_1c_2c_3$ 决定于当前输入信息位 b_1 及前两位信息位 b_2 和 b_3(即移存器的状态)。在表中已经为 b_2 和 b_3 的4种状态规定了代表符号 a、b、c 和 d。移存器状态和输入输出码元的关系如表10.7.2所示。

由表10.7.2可知,前一状态 a 只能转到下一状态 a 或 b,前一状态 b 只能转到下一状态 c 或 d,等等。按照表中的规律,可以画出状态图如图10.7.4所示。图中,虚线表示输入信息位为"0"时状态转换的路线;实线表示输入信息位为"1"时状态转换的路线。线条旁的3位数字是编码输出比特。利用这种状态图可以方便地从输入序列得到输出序列。

表 10.7.2 移存器状态和输入输出码元的关系

前一状态 $b_3 b_2$	当前输入 b_1	输出 $c_1c_2c_3$	下一状态 $b_3 b_2$
a (00)	0	000	a (00)
	1	111	b (01)
b (01)	0	001	c (10)
	1	110	d (11)
c (10)	0	011	a (00)
	1	100	b (01)
d (11)	0	010	c (10)
	1	101	d (11)

将状态图在时间上展开,可以得到网格图,如图10.7.5所示。图中画出了5个时隙。可以看出,在第4时隙以后的网格图形完全是重复第3时隙的图形。这也反映了此(3,1,2)卷积码的约束度为3。在图10.7.6中给出了输入信息位为1101时,在网格图中的编码路径。图中给出

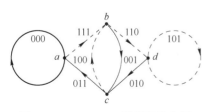

图 10.7.4 (3,1,2)卷积码状态图

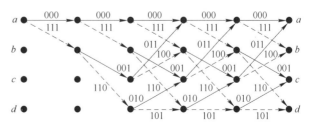

图 10.7.5 (3,1,2)卷积码网格图

这时的输出编码序列是：111 110 010 100 011…。该序列和表 10.7.1 第 3 行的输出序列一样。由上述可见，用网格图表示编码过程和输入输出关系比码树图更为简练。

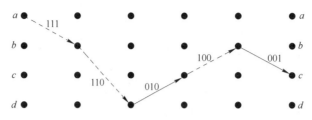

图 10.7.6　(3,1,2)卷积码路径举例

有了上面的状态图和网格图，现在就可以讨论维特比算法了。

3. 维特比算法

维特比算法是维特比(A. J. Viterbi)于 1967 年提出的。由于这种解码方法比较简单，计算快，故得到广泛应用，特别是在卫星通信和蜂窝网通信系统中的应用。这种算法的基本原理是将接收到的信号序列和所有可能的发送信号序列做比较，选择其中汉明距离最小的序列作为现在的发送信号序列。现在仍用上面例子来做进一步的讨论。设发送信息位为 1101，为了使移存器中的信息位全部移出，在信息位后面加入 3 个"0"，编码后的发送序列为 111 110 010 100 001 011 000，而接收序列为 111 010 010 110 001 011 000，其中第 4 码元和第 11 码元为错码。

由于这是一个 $(n,k,m)=(3,1,2)$ 卷积码，发送序列的约束度为 $N=m+1=3$，所以首先需要考察 3 个信息段，即考察 $3n=9$ 比特。

第 1 步考察接收序列前 9 位"111 010 010"。由图 10.7.5 可见，沿路径每一级有 4 种状态：a,b,c,d。每种状态只有 2 条路径可以到达，故 4 种状态共有 8 条到达路径。现在比较网格图中的这 8 条路径和接收序列之间的汉明距离。例如，由出发点状态 a 经过 3 级路径后到达状态 a 的 2 条路径：上面 1 条为"000 000 000"，它和接收序列"111 010 010"的汉明距离等于 5；下面 1 条为"111 001 011"，它和接收序列的汉明距离等于 3。将这 8 个比较结果列表，如表 10.7.3 所示。

现在将到达每个状态的 2 条路径的汉明距离做比较，将距离小的 1 条路径保留(若 2 条路径的汉明距离相同，则可以任意保存 1 条)，称为幸存路径。这样就剩下 4 条路径了，即表中的第 2、4、6 和 8 路径。

第 2 步将继续考察接收序列中的后继 3 个比特"110"。现在计算 4 条幸存路径上增加 1 级后的 8 条可能路径的汉明距离。计算结果见表 10.7.4。表中总距离最小为 2，其路径是 $abdc+b$，相应的序列为 111 110 010 100。它和发送序列相同，故对应发送信息位 1101。按照表 10.7.4 中的幸存路径画出的网格图见图 10.7.7。图中粗线路径是汉明距离最小(等于 2)的路径。

表 10.7.3　维特比算法解码第 1 步计算结果

序号	路径	对应序列	汉明距离	幸存否?
1	aaaa	000 000 000	5	否
2	abca	111 001 011	3	是
3	aaab	000 000 111	6	否
4	abcb	111 001 100	4	是
5	aabç	000 111 001	7	否
6	abdc	111 110 010	1	是
7	aabd	000 111 110	6	否
8	abdd	111 110 101	4	是

表 10.7.4　维特比算法解码第 2 步计算结果

序号	路径	原幸存路径的距离	新增路径段	新增距离	总距离	幸存否?
1	abca+a	3	aa	2	5	否
2	abdc+a	1	ca	2	3	是
3	abca+b	3	ab	1	4	否
4	abdc+b	1	cb	1	2	是
5	abcb+c	4	bc	3	7	否
6	abdd+c	4	dc	1	5	是
7	abcb+d	4	bd	0	4	是
8	abdd+d	4	dd	2	6	否

上面提到过,在编码时,为了使输入的信息位全部通过移存器,使移存器回到初始状态,在表10.7.1中信息位后面加了3个"0"。若把这3个"0"仍然看作信息位,则可以按照上述算法继续解码。这样得到的幸存路径网格图见图10.7.8。图中的粗线仍然是汉明距离最小的路径。但是,若已知这3个码元是(为结尾而补充的)"0",则在解码计算时就预先知道在接收这3个"0"码元后,路径必然应该回到状态a。而由图可见,只有2条路径可以回到状态a。这时图10.7.8可以简化成图10.7.9。

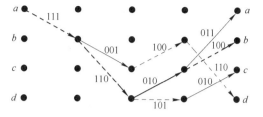

图 10.7.7　对应信息位"1101"的幸存路径网格图

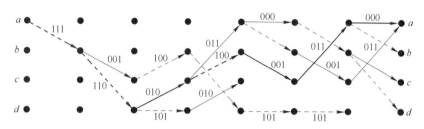

图 10.7.8　对应信息位"1101000"的幸存路径网格图

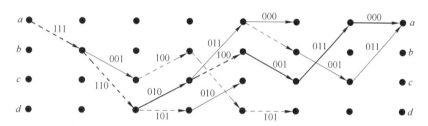

图 10.7.9　对应信息位"1101"及以"000"结束的幸存路径网格图

在上例中卷积码的约束度为$N=3$,需要存储和计算8条路径的参量。由此可见,维特比算法的复杂度随约束度N按指数形式(2^N)增长。故维特比算法适合约束度较小($N \leqslant 10$)的编码。对于约束度大的卷积码,可以采用其他解码算法,如序贯解码[52]、Fano[53]算法等。

除了上述分组码和卷积码,近些年来不断发明了一些新的性能更为优越的纠错码,例如 Turbo 码和 LDPC 码,见二维码10.1。

二维码 10.1

10.8　小　　结

信道编码的目的是提高信号传输的可靠性。信道编码的基本原理是在信号码元序列中增加监督码元,并利用监督码元去发现或纠正传输中发生的错误。在信道编码只有发现错码能力而无纠正错码能力时,必须结合其他措施来纠正错码,否则只能将发现为错码的码元删除。这些手段统称为差错控制。

按照加性干扰造成错码的统计特性不同,可以将信道分为3类:随机信道、突发信道和混合信道。每种信道中的错码特性不同,需要采用不同的差错控制技术来减少或消除其中的错码。差错控制技术共有4种,即检错重发、前向纠错、检错删除和反馈校验,其中前3种都需要进行编码。

编码序列中信息码元数量 k 和总码元数量 n 之比 k/n 称为码率。而监督码元数 $(n-k)$ 和信息码元数 k 之比 $(n-k)/k$ 称为冗余度。

检错重发通常称为 ARQ。ARQ 和前向纠错相比,其主要优点是:监督码元较少,检错的计算复杂度较低,能适应不同特性的信道。但是 ARQ 系统需要双向信道,并且传输效率较低,不适用于实时性要求高的场合,也不适用于一点到多点的通信系统。

一种编码的纠错和检错能力取决于最小码距。在保持误码率恒定条件下,采用纠错编码所节省的信噪比称为编码增益。

纠错编码分为分组码和卷积码两大类。由代数关系式确定监督位的分组码称为代数码。在代数码中,若监督位和信息位的关系是由线性代数方程式决定的,则称这种编码为线性分组码。奇偶监督码就是一种最常用的线性分组码。汉明码是一种能够纠正 1 位错码的效率较高的线性分组码。具有循环性的线性分组码称为循环码。BCH 码是能够纠正多个随机错码的循环码。而 RS 码则是一种具有很强纠错能力的多进制 BCH 码。

在线性分组码中,发现错码和纠正错码是利用监督关系式计算校正子来实现的。由监督关系式可以构成监督矩阵。右部形成一个单位矩阵的监督矩阵称为典型监督矩阵。由生成矩阵可以产生整个码组。左部形成单位矩阵的生成矩阵称为典型生成矩阵。由典型生成矩阵得出的码组称为系统码。在系统码中,监督位附加在信息位的后面。线性码具有封闭性。封闭性是指一种线性码中任意两个码组之和仍为这种线性码中的一个码组。

循环码的生成多项式 $g(x)$ 应该是 (x^n+1) 的一个 $(n-k)$ 次因子。在设计循环码时可以采用将码长截短的方法,满足设计对码长的要求。

BCH 码分为两类:本原 BCH 码和非本原 BCH 码。在 BCH 码中,$(23,12)$ 码称为戈莱码,它的纠错能力强并且容易解码,故应用较多。为了得到偶数长度 BCH 码,可以将其扩展为 $(n+1,k)$ 的扩展 BCH 码。

RS 码是多进制 BCH 码的一个特殊子类。它的主要优点是:特别适用于多进制调制的场合,以及在衰落信道中纠正突发性错码。

卷积码是一类非分组码。卷积码的监督码元不仅和当前的 k 比特信息段有关,而且还同前面 $m=(N-1)$ 个信息段有关,所以它监督着 N 个信息段。通常将 N 称为卷积码的约束度。

卷积码有多种解码方法,以维特比算法应用最广泛。

思考题

10.1 试问按错码的统计特性区分,信道可以分为哪几类?

10.2 试问差错控制技术共有哪 4 种? 试比较其优缺点。

10.3 试述 ARQ 系统的优缺点。

10.4 试述码率、码重和码距的定义。

10.5 试问最小码距和码的检错与纠错能力有什么关系?

10.6 何谓分组码? 试画出其结构图。

10.7 试述奇偶监督码的检错能力。

10.8 何谓线性码? 它具有哪些重要性质?

10.9 何谓循环码? 试问循环码的生成多项式必须满足哪些条件?

10.10 何谓截短循环码? 它适用于什么场合?

10.11 试问循环码、BCH 码和 RS 码之间有什么关系?

10.12 试问卷积码和分组码之间有何异同点? 卷积码是否为线性码?

10.13 试问卷积码适用于纠正哪类错码?

习题

10.1 设有两个码组"0101010"和"1010100",试给出其检错能力、纠错能力和同时纠检错的能力。

10.2 设一种编码中共有如下 8 个码组:000000、001110、010101、011011、100011、101101、110110 和 111000,试求出其最小码距,并给出其检错能力、纠错能力和同时纠检错的能力。

10.3 设有一个长度为 $n=15$ 的汉明码,试问其监督位 r 应该等于多少?其码率等于多少?其最小码距等于多少?试写出其监督位和信息位之间的关系。

10.4 设上题中的汉明码是系统码。试计算出对应于信息位为全"1"的码组。

10.5 设在上题给定信息位的码组中,第 3 位码元出错。试求出这时的校正子。

10.6 已知一循环码的监督矩阵如下:

$$\boldsymbol{H} = \begin{bmatrix} 1 & 1 & 0 & 1 & 1 & 0 & 0 \\ 1 & 1 & 1 & 0 & 0 & 1 & 0 \\ 0 & 1 & 1 & 1 & 0 & 0 & 1 \end{bmatrix}$$

试求出其生成矩阵,并写出所有可能的码组。

10.7 对于上题中给定的循环码,若输入信息位为"0110"和"1110",试分别求出这两个码组,并利用这两个码组说明此码的循环性。

10.8 设一个 $(7,3)$ 循环码的生成矩阵为:

$$\boldsymbol{G} = \begin{bmatrix} 1 & 0 & 0 & 1 & 1 & 1 & 0 \\ 0 & 1 & 0 & 0 & 1 & 1 & 1 \\ 0 & 0 & 1 & 1 & 1 & 0 & 1 \end{bmatrix}$$

试求出其监督矩阵,并列出所有许用码组。

10.9 已知一个 $(7,4)$ 循环码的全部码组为

$$
\begin{array}{cccc}
0000000 & 1000101 & 0001011 & 1001110 \\
0010110 & 1010011 & 0011101 & 1011000 \\
0100111 & 1100010 & 0101100 & 1101001 \\
0110001 & 1110100 & 0111010 & 1111111
\end{array}
$$

试给出此循环码的生成多项式 $g(x)$ 和生成矩阵 $\boldsymbol{G}$,并将 $\boldsymbol{G}$ 化成典型阵。

10.10 试写出上题中循环码的监督矩阵 $\boldsymbol{H}$ 和其典型矩阵形式。

10.11 已知一个 $(15,11)$ 汉明码的生成多项式 $g(x)=x^4+x^3+1$,试求出其生成矩阵和监督矩阵。

10.12 已知: $x^{15}+1=(x+1)(x^4+x+1)(x^4+x^3+1)(x^4+x^3+x^2+x+1)(x^2+x+1)$
试问由它可以构成多少种码长为 15 的循环码?并列出它们的生成多项式。

10.13 已知一个 $(7,3)$ 循环码的监督关系式为:

$$x_6 \oplus x_3 \oplus x_2 \oplus x_1 = 0, \quad x_5 \oplus x_2 \oplus x_1 \oplus x_0 = 0, \quad x_6 \oplus x_5 \oplus x_1 = 0, \quad x_5 \oplus x_4 \oplus x_0 = 0$$

试求出该循环码的监督矩阵和生成矩阵。

10.14 试证明为: $x^{10}+x^8+x^5+x^4+x^2+x+1$ 为 $(15,5)$ 循环码的生成多项式。并求出此循环码的生成矩阵和信息位为 10011 时的码多项式。

10.15 设一个 $(15,7)$ 循环码的生成多项式 $g(x)=x^8+x^7+x^6+x^4+1$。若接收码组 $T(x)=x^{14}+x^5+x+1$,试问其中有无错码。

10.16 试画出图 P10.1 中卷积码编码器的状态图和网格图。

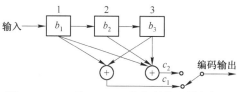

图 P10.1 一种 $(2,1,2)$ 卷积码编码器方框图

10.17 已知一个(2,1,2)卷积码编码器的输出和输入关系为：
$$c_1 = b_1 \oplus b_2, \quad c_2 = b_2 \oplus b_3$$
试画出该编码器的方框图、码树图和网格图。

10.18 已知一个(3,1,4)卷积码编码器的输出和输入关系为：
$$c_1 = b_1, \quad c_2 = b_1 \oplus b_2 \oplus b_3 \oplus b_4, \quad c_3 = b_1 \oplus b_3 \oplus b_4$$
试画出该编码器的方框图和状态图。当输入信息序列为 10110 时,试求出其输出序列。

10.19 已知发送序列是一个(2,1,2)卷积码,其编码器的输出和输入关系为：
$$c_1 = b_1 \oplus b_2, \quad c_2 = b_1 \oplus b_2 \oplus b_3$$
当接收序列为 1000100000 时,试用维特比算法求出发送信息序列。

10.20 已知两个码组为"0000"和"1111",若用于检错,试问能检出几位错码? 若用于纠错,能纠正几位错码? 若同时用于检错和纠错,又能检出和纠正几位错码?

10.21 若一个方阵码中的码元错误情况如图 P10.2 所示,试问能否检测出来?

10.22 已知$g_1(x) = x^3 + x^2 + 1$;$g_2(x) = x^3 + x + 1$;$g_3(x) = x + 1$。试分别讨论:

(1) $g(x) = g_1(x) \cdot g_2(x)$ (2) $g(x) = g_3(x) \cdot g_2(x)$

两种情况下,由 $g(x)$ 生成的 7 位循环码能检出哪些类型的单个错误和突发错误?

10.23 一个卷积码编码器如图 P10.3 所示,已知 $k=1, n=2, N=3$。试写出生成矩阵 G 的表达式。

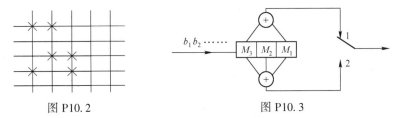

图 P10.2   图 P10.3

10.24 已知 $k=1, n=2, N=4$ 的卷积码,其基本生成矩阵为 $g = [11010001]$。试求该卷积码的生成矩阵 G 和监督矩阵 H。

10.25 已知一个卷积码的参量为 $N=4, n=3, k=1$,其基本生成矩阵为 $g = [111\ 001\ 010\ 011]$。试求该卷积码的生成矩阵 G 和截短监督矩阵,并写出输入码为 $[1001\cdots]$ 时的输出码。

第11章　先进的数字带通调制和解调

11.1　概　述

在第 6 章中已经讨论了基本的用正弦波作为载波的数字调制和解调原理。这些调制和解调方法大都是可以实用的,已经被采用多年,并且至今仍然被采用着。但是,这些调制和解调方法还不是很完善,有许多值得改进之处。我们对于调制解调制度的要求除了最基本的目标,即将发送信号的频谱搬移到适合于信道传输的频带中,还要求抗噪声和抗其他干扰的性能好,适应信道变化(主要是抗衰落)的能力强,频带利用率高,对相邻频道的干扰小,尽量节省发送功率,设备尽量简单并易于制造,等等。因此,在这些基本的数字调制解调方法基础上,多年来不断研究出新的或改进的调制解调方法。我们称其为先进的调制解调方法。实际上,在基本的和先进的调制解调方法之间并没有明确的界限。这些方法都是不间断地发展出来的,后来者自然比原有者更先进。只不过是为了阐述方便,在本书中人为地做了划分。

此外,随着技术的进步,特别是超大规模集成电路和数字信号处理技术的发展,使得复杂的电路设计得以用少量的几块集成电路模块实现,有些硬件电路的功能还可以用软件实现。因此使得一些较复杂的调制和解调技术能够容易地实现并投入实用。这就使得新的更复杂的调制解调体制不断涌现。

本章将对这些先进的调制解调方法中主要的、有实用价值和有实用前景的一些体制做介绍。

11.2　偏置正交相移键控及 π/4 正交差分相移键控

1. 偏置正交相移键控

在 6.7.3 节中介绍过 QPSK 体制。在这种体制中,有两种编码规则,如表 6.7.1 所示。对于这两种规则,它的相邻码元最大相位差可以达到 180°。这样的相位突跳在频带受限的系统中会引起信号包络的很大起伏,这是我们不希望的。所以,为了减小此相位差,将两个正交分量的两个比特 a 和 b 在时间上错开半个码元,使之不可能同时改变。由表 6.7.1 可见,这样安排后相邻码元相位差的最大值仅为 90°,从而减小了信号振幅的起伏。这种体制称为偏置正交相移键控(OQPSK, Offset QPSK)。在图 11.2.1 中给出了 OQPSK 信号与 QPSK 信号波形比较。

OQPSK 的抗噪声性能和 QPSK 完全一样。两者的唯一区别在于:对于 QPSK,表 6.7.1 中的两个比特 a 和 b 的持续时间原则上可以不同;而对于 OQPSK, a 和 b 的持续时间必须相同。

2. π/4 正交差分相移键控

π/4 正交差分相移键控(π/4 QDPSK)信号是由两个相差 π/4 的 QPSK 星座图(见图 11.2.2)交

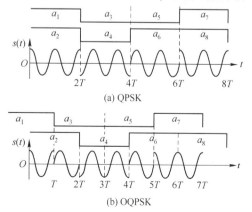

图 11.2.1　QPSK 信号和 OQPSK 信号波形比较

替产生的。它是一个四进制信号,每个码元含有 2 b。当前码元的相位相对于前一码元的相位改变±π/4 或±3π/4。例如,输入二进制数字"11"对应相移+π/4;"10"对应相移−π/4;"01"对应相移+3π/4;"00"对应相移−3π/4,见表 11.2.1。由于采用的是差分编码,故称为 π/4 正交差分相移键控。这种体制中相邻码元间总有相位改变,有利于在接收端提取码元同步。另外,由于其最大相移为±3π/4,比 QDPSK 的最大相移小,故在通过频带受限的系统传输后其振幅起伏也较小。在用相干解调时,π/4 QDPSK 信号的抗噪声性能和 QDPSK 信号的相同。π/4 QDPSK 体制已经用于北美第二代蜂窝网(IS-136)。

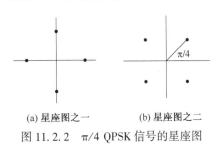
(a) 星座图之一　　　(b) 星座图之二
图 11.2.2　π/4 QPSK 信号的星座图

表 11.2.1　π/4 QDPSK 信号的相位变化

输入二进制数字	相位改变
1 1	π/4
0 1	3π/4
0 0	−3π/4
1 0	−π/4

最后指出,若用表 6.7.1 中方式 B 的规则代替表 6.7.3 中方式 A 的规则,则得到的就是 π/4 QDPSK体制。

11.3　最小频移键控及高斯最小频移键控

最小频移键控(MSK,Minimum Shift Keying)是 5.3 节中讨论的二进制频移键控(2FSK)的改进。2FSK 体制虽然性能优良、易于实现,并得到了广泛的应用,但是它也有一些不足之处。首先,它占用的频带宽度比 2PSK 体制的大,即频带利用率较低。其次,在 6.3.1 节中曾指出,若用开关法产生 2FSK 信号,则相邻码元波形的相位可能不连续,因此在通过带通特性的电路后由于通频带的限制,使得信号波形的包络产生较大起伏,这种起伏是我们不需要的。此外,一般来说,2FSK 信号的两种码元波形不是严格正交的。由第 8 章的分析可知,若二进制信号的两种码元互相正交,则其误码率性能将更好。

为了克服上述缺点,对于 2FSK 信号做了改进,得到下述的 MSK 信号。

11.3.1　MSK 信号的基本原理

MSK 信号是一种相位连续、包络恒定并且占用带宽最小的二进制正交 FSK 信号。它的第 k 个码元可以表示为:

$$s_k(t) = \cos\left(\omega_s t + \frac{a_k \pi}{2T} t + \varphi_k\right) \qquad (k-1)T < t \leqslant kT \qquad (11.3\text{-}1)$$

式中,$\omega_s = 2\pi f_s$ 为视在角载频;$a_k = \pm 1$(当输入码元为"1"时,$a_k = +1$;当输入码元为"0"时,$a_k = -1$);T 为码元持续时间;φ_k 为第 k 个码元确定的初始相位。

由上式可以看出,当 $a_k = +1$ 时,码元频率 f_1 等于 $f_s + 1/4T$;当 $a_k = -1$ 时,码元频率 f_0 等于 $f_s - 1/4T$。故 f_1 和 f_0 的距离等于 $1/2T$。由式(6.3-17)可知,这是 FSK 信号最小频率间隔。这样,式(11.3-1)可以改写为:

$$s_k(t) = \begin{cases} \cos(2\pi f_1 t + \varphi_k) & a_k = +1 \\ \cos(2\pi f_0 t + \varphi_k) & a_k = -1 \end{cases} \qquad (k-1)T < t \leqslant kT \qquad (11.3\text{-}2)$$

式中
$$f_1 = f_s + 1/4T \qquad f_0 = f_s - 1/4T \tag{11.3-3}$$

由于 MSK 信号是一个正交 FSK 信号,所以它应当满足式(6.3-10),即有:
$$\frac{\sin[(\omega_1+\omega_0)T+2\varphi_k]}{\omega_1+\omega_0} + \frac{\sin[(\omega_1-\omega_0)T]}{\omega_1-\omega_0} - \frac{\sin(2\varphi_k)}{\omega_1+\omega_0} - \frac{\sin 0}{\omega_1-\omega_0} = 0 \tag{11.3-4}$$

上式左端 4 项应分别等于 0,所以将第 3 项 $\sin(2\varphi_k)=0$ 的条件代入第 1 项,得到要求:
$$\sin(2\omega_s T) = 0 \tag{11.3-5}$$

即要求
$$4\pi f_s T = n\pi \qquad n=1,2,3,\cdots \tag{11.3-6}$$

或
$$T = n\frac{1}{4f_s} \qquad n=1,2,3,\cdots \tag{11.3-7}$$

上式表示,MSK 信号每个码元持续时间 T 内包含的载波周期数必须是 1/4 的整数倍,即式(11.3-7)可以改写为
$$f_s = \frac{n}{4T} = \left(N+\frac{m}{4}\right)\frac{1}{T} \tag{11.3-8}$$

式中,N 为正整数;$m=0,1,2,3\cdots$

以及有
$$f_1 = f_s + \frac{1}{4T} = \left(N+\frac{m+1}{4}\right)\frac{1}{T} \qquad f_0 = f_s - \frac{1}{4T} = \left(N+\frac{m-1}{4}\right)\frac{1}{T} \tag{11.3-9}$$

由上式可得:
$$T = \left(N+\frac{m+1}{4}\right)T_1 = \left(N+\frac{m-1}{4}\right)T_0 \tag{11.3-10}$$

式中,$T_1 = 1/f_1$,$T_0 = 1/f_0$。

式(11.3-10)给出一个码元持续时间 T 内包含的正弦波周期数。由此式看出,无论两个信号频率 f_1 和 f_0 等于何值,这两种码元包含的正弦波数均相差 1/2 个周期。例如,当 $N=1,m=3$ 时,对于比特"1"和"0",一个码元持续时间内分别有 2 个和1.5 个正弦波周期(见图 11.3.1)。

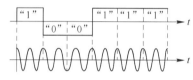

图 11.3.1　MSK 信号的波形

11.3.2　MSK 信号的相位连续性

在正式讨论相位连续性之前,我们先来考察一下码元相位的含义。设一个码元的表示式为:
$$s_k(t) = \cos(\omega_s t + \varphi_k) \qquad (k-1)T < t \le kT \tag{11.3-11}$$

式中,ω_s 为载波角频率;φ_k 为码元初始相位。仅当一个码元中包含整数个载波周期时,初始相位相同的相邻码元间相位才是连续的,即波形是连续的;否则,即使初始相位 φ_k 相同,波形也不连续。图 11.3.2 中画出了初始相位相同的两组码元:图(a)中的码元包含 5 个周期,其相位连续;图(b)中的码元包含 4.5 个周期,其相位不连续。

相位连续的一般条件是前一码元末尾的总相位等于后一码元开始时的总相位,即:
$$\omega_s kT + \varphi_k = \omega_s kT + \varphi_{k+1} \tag{11.3-12}$$

现在来讨论 MSK 信号的相位连续性问题。由式(11.3-1)和式(11.3-12)可知,相位连续就是要求:
$$\frac{a_k\pi}{2T}kT + \varphi_k = \frac{a_{k+1}\pi}{2T}kT + \varphi_{k+1} \tag{11.3-13}$$

由上式可以容易地写出下列递归条件:

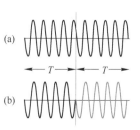

图 11.3.2　码元相位的连续性

$$\varphi_{k+1}=\varphi_{k}+\frac{k\pi}{2}(a_{k}-a_{k+1})=\begin{cases}\varphi_{k} & \text{当 } a_{k}=a_{k+1}\text{时}\\ \varphi_{k}\pm k\pi & \text{当 } a_{k}\neq a_{k+1}\text{时}\end{cases}\quad(\text{mod }2\pi)\qquad(11.3\text{-}14)$$

由式(11.3-14)可以看出,第$(k+1)$个码元的相位φ_{k+1}不仅和当前的输入a_{k+1}有关,而且和前一码元的相位φ_{k}及a_{k}有关。也就是说,MSK信号的前后码元之间存在相关性。在用相干法接收时,可以假设φ_{k}的初始参考值等于0。这时,由式(11.3-14)可得:

$$\varphi_{k+1}=0 \text{ 或 } \pi \qquad(\text{mod }2\pi)\qquad(11.3\text{-}15)$$

式(11.3-1)可以改写为: $\quad s_{k}(t)=\cos\left[\omega_{s}t+\theta_{k}(t)\right]\qquad(k-1)T<t\leqslant kT\qquad(11.3\text{-}16)$

式中 $$\theta_{k}(t)=\frac{a_{k}\pi}{2T}t+\varphi_{k}\qquad(11.3\text{-}17)$$

$\theta_{k}(t)$称作第k个码元信号的附加相位。由上式可知,在此码元持续时间内$\theta_{k}(t)$是t的直线方程;并且在一个码元持续时间T内,它变化$a_{k}\pi/2$,即变化$\pm\pi/2$。按照相位连续性的要求,在第k个码元的末尾,即当$t=kT$时,其附加相位$\theta_{k}(kT)$就应该是第$k+1$个码元的初始附加相位$\theta_{k+1}(kT)$。所以,每经过一个码元的持续时间,MSK信号码元的附加相位就改变$\pm\pi/2$:若$a_{k}=+1$,则第$k+1$个码元的附加相位增加$\pi/2$;若$a_{k}=-1$,则第$k+1$个码元的附加相位减小$\pi/2$。按照这一规律,可以画出MSK信号附加相位$\theta_{k}(t)$的轨迹,如图11.3.3(a)所示。图中给出的曲线所对应的输入数据序列a_{k}为:

$$+1,+1,+1,-1,-1,+1,+1,+1,-1,-1,-1,-1,-1$$

由图中也可以看出,附加相位在码元间是连续的。

由上述讨论可得,MSK信号的特点如下:① MSK信号是正交信号;② 其相位在码元间是连续的;③ 其包络是恒定不变的;④ 其附加相位在一个码元持续时间内线性地变化$\pm\pi/2$(见图11.3.3);⑤ 调制产生的频率偏移等于$\pm1/4T$Hz,见式(11.3-3);⑥ 在一个码元持续时间内含有的载波周期数等于1/4的整数倍,见式(11.3-7)。

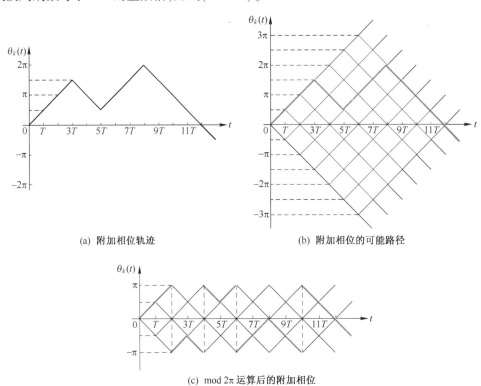

(a) 附加相位轨迹   (b) 附加相位的可能路径

(c) mod 2π 运算后的附加相位

图11.3.3 MSK信号附加相位图

11.3.3 MSK 信号的正交表示法

式(11.3-1)可以用频率为 f_s 的两个正交分量表示。将式(11.3-1)进行三角变换,并将式(11.3-15)代入,得到:

$$s_k(t) = p_k \cos\frac{\pi t}{2T}\cos\omega_s t - q_k \sin\frac{\pi t}{2T}\sin\omega_s t \qquad (k-1)T < t \leq kT \qquad (11.3\text{-}18)$$

式中

$$p_k = \cos\varphi_k = \pm 1 \qquad q_k = a_k\cos\varphi_k = \pm 1 \qquad (11.3\text{-}19)$$

上式可以证明如下:由式(11.3-1)可得:

$$s_k(t) = \cos\left(\frac{a_k\pi}{2T}t + \varphi_k\right)\cos\omega_s t - \sin\left(\frac{a_k\pi}{2T}t + \varphi_k\right)\sin\omega_s t$$

$$= \left(\cos\frac{a_k\pi t}{2T}\cos\varphi_k - \sin\frac{a_k\pi t}{2T}\sin\varphi_k\right)\cos\omega_s t - \left(\sin\frac{a_k\pi t}{2T}\cos\varphi_k + \cos\frac{a_k\pi t}{2T}\sin\varphi_k\right)\sin\omega_s t$$

考虑到式(11.3-15),有

$$\sin\varphi_k = 0, \cos\varphi_k = \pm 1$$

以及考虑到

$$a_k = \pm 1, \quad \cos\frac{a_k\pi}{2T}t = \cos\frac{\pi t}{2T}, \quad \sin\frac{a_k\pi}{2T}t = a_k\sin\frac{\pi t}{2T}$$

可得:

$$s_k(t) = \cos\varphi_k\cos\frac{\pi t}{2T}\cos\omega_s t - a_k\cos\varphi_k\sin\frac{\pi t}{2T}\sin\omega_s t$$

$$= p_k\cos\frac{\pi t}{2T}\cos\omega_s t - q_k\sin\frac{\pi t}{2T}\sin\omega_s t$$

式中, $p_k = \cos\varphi_k = \pm 1$; $q_k = a_k\cos\varphi_k = \pm 1$ 。

式(11.3-18)表示,此 MSK 信号可以分解为同相分量(I)和正交分量(Q)两部分。I 分量的载波为 $\cos\omega_s t$, p_k 中包含输入码元信息, $\cos(\pi t/2T)$ 是其正弦形加权函数;Q 分量的载波为 $\sin\omega_s t$, q_k 中包含输入码元信息, $\sin(\pi t/2T)$ 是其正弦形加权函数。虽然每个码元的持续时间为 T,似乎 p_k 和 q_k 每 T 秒可以改变一次,但是由式(11.3-14)可知,仅当 $a_k \neq a_{k-1}$,且 k 为奇数时, p_k 值改变;但是此时因 a_k 和 p_k 都改变,故 $q_k(= a_kp_k)$ 不变。所以 p_k 和 q_k 不能同时改变。因此,加权函数 $\cos(\pi t/2T)$ 和 $\sin(\pi t/2T)$ 都是一个个正负符号不同的半个正弦波周期。在表 11.3.1 和图 11.3.4 中给出了一个例子,其中的输入序列 a_k 为: $+1,-1,+1,-1,-1,+1,+1,-1,+1$。由此例也可以看出, p_k 仅当 k 等于偶数时才可能改变符号,而 q_k 仅当 k 等于奇数时才可能改变符号,即两者不可能同时改变符号。另外,由图可见,这种 MSK 信号波形相当于一种特殊的 OQPSK 波形,其正交的两路码元也是偏置的,特殊之处主要在于其包络是正弦形,而不是矩形。

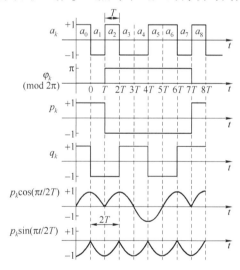

图 11.3.4　MSK 信号的两个正交分量

表 11.3.1　MSK 信号举例

k	0	1	2	3	4	5	6	7	8
t	$(-T,0)$	$(0,T)$	$(T,2T)$	$(2T,3T)$	$(3T,4T)$	$(4T,5T)$	$(5T,6T)$	$(6T,7T)$	$(7T,8T)$
a_k	+1	−1	+1	−1	−1	+1	+1	−1	+1
φ_k (mod 2π)	0	0	π	π	π	π	π	π	0
p_k	1	1	−1	−1	−1	−1	−1	−1	1
q_k	1	−1	−1	1	1	−1	−1	1	1

11.3.4 MSK 信号的产生和解调

由式(11.3-18)可知,MSK 信号可以用两个正交的分量表示。根据该式构成的 MSK 信号的产生方框图如图 11.3.5 所示。

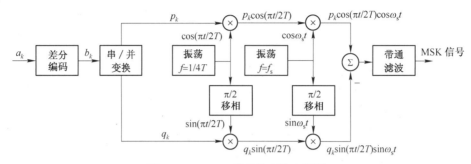

图 11.3.5 MSK 信号的产生方框图

图中输入数据序列为 a_k,它经过差分编码后变成序列 b_k。差分编码的原理见第 6 章中的图 6.5.2,它就是 DPSK 调制中采用的码变换器(双稳态触发器),但是令这时的双稳态触发器仅当输入数据为"-1"时才反转。在表 11.3.1 给出的例子中,输入序列 a_k 为:

$$+1,-1,+1,-1,-1,+1,+1,-1,+1$$

它经过此差分编码器后得到输出序列 b_k:

$$+1,-1,-1,+1,-1,-1,-1,+1,+1$$

序列 b_k 经过串/并变换,序列 b_k 中的第偶数个数据由上支路输出,即为序列 p_k:+1,-1,-1,-1,+1;第奇数个数据由下支路输出,即为序列 q_k:-1,+1,-1,+1。应当注意,经过串/并变换后码元持续时间为 $2T$ 了。这两路数据 p_k 和 q_k 再经过两次和正(余)弦波相乘,就能合成 MSK 信号了。

现在来讨论 MSK 信号的解调。由于 MSK 信号是一种 FSK 信号,所以它可以采用解调 FSK 信号的相干法或非相干法解调。在这里,我们将介绍另一种解调方法,其原理方框图示于图 11.3.6(a)中。在 11.3.3 节中提到过,MSK 信号相当于一种正交相移键控信号,所以它可以采用 QPSK 信号的解调原理进行解调。式(11.3-18)中给出的 MSK 信号的两个分量,若在接收时分别用提取的载波 $\cos\omega_s t$ 和 $-\sin\omega_s t$ 相乘,再进行低通滤波,则有:

$$s_k(t)\cos\omega_s t = [p_k\cos(\pi t/2T)\cos\omega_s t - q_k\sin(\pi t/2T)\sin\omega_s t]\cos\omega_s t = \frac{1}{2}p_k\cos(\pi t/2T) \tag{11.3-20}$$

$$s_k(t)(-\sin\omega_s t) = [p_k\cos(\pi t/2T)\cos\omega_s t - q_k\sin(\pi t/2T)\sin\omega_s t](-\sin\omega_s t)$$

$$= \frac{1}{2}q_k\sin(\pi t/2T) \tag{11.3-21}$$

上两式的右端,除了差一个常数因子 1/2,和原 MSK 信号的两个正交分量的振幅相同。

在图 11.3.6(a)中,采用了积分器代替低通滤波器,两个积分器的积分时间分别是 $[2iT,2(i+1)T]$ 和 $[(2i-1)T,(2i+1)T]$,即错开时间 T。因此,两个积分器都是对正的或负的半个正弦波积分。将积分结果抽样保持,并用+1 和-1 表示抽样值,则将两个积分结果模 2 相乘,就解调出原调制信号。若仍以表 11.3.1 中的 a_k 值为例,则两个抽样保持电路输出 p、q 和 $p \otimes q$ 的波形如图 11.3.6(b)所示。顺便指出,若将积分结果用二进制数"0"和"1"表示,则将图 11.3.6(a)中的模 2 乘电路改为模 2 加电路即可。

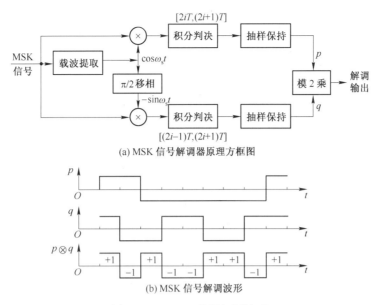

(a) MSK 信号解调器原理方框图

(b) MSK 信号解调波形

图 11.3.6　MSK 信号解调波形

11.3.5　MSK 信号的功率谱密度

MSK 信号的归一化功率谱密度 $P_s(f)$ 可以按照以前计算功率谱密度的方法计算出来。计算结果如下：

$$P_s(f) = \frac{32T}{\pi^2}\left[\frac{\cos 2\pi(f-f_s)T}{1-16(f-f_s)^2T^2}\right]^2 \tag{11.3-22}$$

式中，f_s 为信号载频；T 为码元持续时间。

按照上式画出的曲线如图 11.3.7 所示（仅示出正频率部分）。应当注意，图中横坐标是以载频为中心画的，即横坐标代表频率 $(f-f_s)$。图中还给出了其他几种调制信号的功率谱密度曲线作为比较。由图可知，与 QPSK 和 OQPSK 信号相比，MSK 信号的功率谱密度更为集中，即其旁瓣下降得更快。故它对相邻频道的干扰较小。

计算表明[57]，包含 90% 信号功率的带宽 B 的近似值如下：

对于 QPSK、OQPSK、MSK：　$B \approx 1/T$ Hz；

对于 BPSK：　$B \approx 2/T$ Hz；

而包含 99% 信号功率的带宽近似值为：

对于 MSK：　$B \approx 1.2/T$ Hz

对于 QPSK 及 OQPSK：　$B \approx 6/T$ Hz

对于 BPSK：　$B \approx 9/T$ Hz

由此可知，MSK 信号的带外功率下降得非常快。

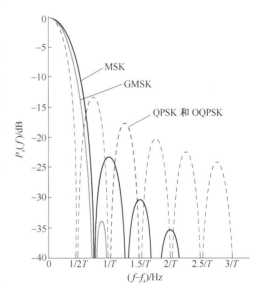

图 11.3.7　信号的功率谱密度曲线

11.3.6 MSK 信号的误码率性能

在第 5 章中我们曾经提到 2PSK 信号和 QPSK 信号的误比特率性能相同,因为可以把 QPSK 信号看作两路正交的 2PSK 信号,在进行相干接收时这两路信号是不相关的。OQPSK 信号只是将这两路信号偏置了,所以其误比特率也和前两种信号的相同。MSK 信号是用极性相反的半个正(余)弦波形去调制两个正交的载波,因此,当用匹配滤波器分别接收每个正交分量时,MSK 信号的误比特率性能和 2PSK、QPSK 及 OQPSK 等的性能一样。但是,若把它当作 FSK 信号用相干解调法在每个码元持续时间 T 内解调,则其性能将比 2PSK 信号的性能差 3 dB。[56]

11.3.7 高斯最小频移键控

上面讨论的 MSK 信号的主要优点是包络恒定,并且带外功率谱密度下降得快。为了进一步使信号的功率谱密度集中和减小对邻道的干扰,可以在进行 MSK 调制前将矩形信号脉冲先通过一个高斯型的低通滤波器。这样的体制称为高斯最小频移键控(GMSK,Gaussian MSK)。此高斯型低通滤波器的频率特性表示式为:

$$H(f) = \exp\left[-(\ln2/2)(f/B)^2 \right] \tag{11.3-23}$$

式中,B 为滤波器的 3 dB 带宽。

将式(11.3-23)做逆傅里叶变换,得到此滤波器的冲激响应:

$$h(t) = \frac{\sqrt{\pi}}{\alpha} \exp\left[-\left(\frac{\pi}{\alpha} t \right)^2 \right] \tag{11.3-24}$$

式中,$\alpha = \sqrt{\ln2/2}/B$。由于 $h(t)$ 为高斯型特性,故称为高斯型滤波器。

GMSK 信号的功率谱密度很难分析计算,用计算机仿真方法得到的结果[55]见图 11.3.7。仿真时采用的 $BT = 0.3$,即滤波器的 3 dB 带宽 B 等于码元速率的 0.3 倍。在 GSM 移动蜂窝网中就采用了 $BT = 0.3$ 的 GMSK 调制,以便得到更大的用户容量,因为在那里对带外辐射的要求非常严格。GMSK 体制的缺点是有码间串扰(ISI)。BT 的值越小,码间串扰越大。

11.4 正交频分复用

11.4.1 概述

我们已经讨论过的各种调制系统都是采用单一正弦形振荡作为载波的。随着要求的码元传输速率的不断提高,已调信号的带宽也越来越宽。但是信道在宽的频带上很难保持理想的传输特性,这就会造成信号的严重失真,特别是在具有多径衰落或有频率选择性衰落的信道上。为了克服短波信道上多径衰落对数字信号传输的影响,早在 1957 年就研制出了著名的 Kineplex 系统[58]。这种系统当时采用了 20 个正弦子载波并行传输低速率(150 波特)的码元,使系统总信息传输速率达到 3 kb/s,但是每路子载波已调信号占据的带宽很窄,在这样窄的带宽内,信道特性相对较好,从而克服了短波信道上严重多径效应对信号传输的影响。这种系统的性能虽好,但是用当时的技术实现,设备相当复杂,故应用领域受到限制。

随着技术的进步和人们对信息传输速率的要求日益提高,特别是多媒体技术和移动通信的发展,现今对 1 路信息的传输速率要求已达若干 Mb/s,并且传输信道可能是在大城市中的多径衰落严重的无线信道。为了解决这个问题,并行调制的体制再次受到重视。正交频分复用(OFDM,Orthogonal Frequency Division Multiplexing)就是在这种形势下得到发展的。OFDM 也是一类多载波并行调制的体制。它和 20 世纪 50 年代类似系统的区别主要有：① 为了提高频带利用率和增大传输速率,各路子载波的已调信号频谱有部分重叠;② 各路已调信号是严格正交的,以便接收端能完全分离出各路信号;③ 每路子载波的调制是多进制调制;④ 每路子载波的调制制度可以不同,并且可以为适应信道的变化而自适应地改变。目前,OFDM 已经较广泛地应用于非对称数字用户环路(ADSL)、高清晰度电视(HDTV)信号传输、数字视频广播(DVB)、无线局域网(WLAN)等领域,并且应用于无线广域网(WWAN)和蜂窝网中。IEEE 的 5GHz 无线局域网标准 802.11a 和 2GHz~11GHz 的标准 802.16a 均采用 OFDM 作为它的物理层标准。欧洲电信标准化组织(ETSI)的宽带射频接入网(BRAN)的局域网标准也把 OFDM 定为它的调制标准技术。

11.4.2　OFDM 的基本原理

设在一个 OFDM 系统中有 N 个子信道,每个子信道采用一个子载波:

$$x_k(t) = B_k\cos(2\pi f_k t + \varphi_k) \qquad k = 0,1,\cdots,N-1 \tag{11.4-1}$$

式中,B_k 为第 k 路子载波的振幅,其大小取决于输入码元的值;f_k 为第 k 路子信道的子载频,φ_k 为第 k 路子信道的载波初始相位。则在此系统中的 N 路子信号之和可以表示为:

$$s(t) = \sum_{k=0}^{N-1} B_k\cos(2\pi f_k t + \varphi_k) \tag{11.4-2}$$

式(11.4-2)还可以改写成复数形式如下:

$$s(t) = \sum_{k=0}^{N-1} \vec{B}_k e^{j2\pi f_k t + \varphi_k} \tag{11.4-3}$$

式中,$\vec{B}_k$ 为第 k 路子信道中的复输入数据。上式右端是一个复函数,但是物理信号 $s(t)$ 是实函数,所以若希望用上式的形式表示一个实函数,式中的复输入数据 $\vec{B}_k$ 应该使上式右端的虚部等于 0。如何做到这一点,将暂时搁置,放在后面讨论。

若各相邻子载波的频率间隔相等,并等于码元持续时间 T 的倒数,即:

$$\Delta f = 1/T \tag{11.4-4}$$

且子载频

$$f_k = \frac{k+m}{2T} \qquad m = 0,1,2,\cdots \tag{11.4-5}$$

则在码元持续时间 T 内任意两个子载波都是正交的,即有:

$$\int_0^T \cos(2\pi f_k t + \varphi_k)\cos(2\pi f_i t + \varphi_i)\,dt = 0 \tag{11.4-6}$$

式中

$$|f_k - f_i| = n/T \qquad n = 1,2,\cdots \tag{11.4-7}$$

并且正交条件式(11.4-6)的成立,和 φ_k 与 φ_i 的取值无关。故将这种多子载波系统称为正交频分复用(OFDM)。式(11.4-6)的证明见二维码 11.1。

现在来考察 OFDM 系统在频域中的特点。设在一个子信道中,子载波的频率为 f_k,码元持续时间为 T,则可以画出此码元的波形及频谱密度的模 m 如图 11.4.1 所示(频谱密度的模仅画出正频率部分)。

二维码 11.1

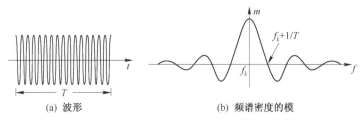

(a) 波形　　　　　　　　　　(b) 频谱密度的模

图 11.4.1　子载波码元波形和频谱密度的模

在 OFDM 中,由于各相邻子载波的频率间隔:
$$\Delta f = 1/T$$
故各路子载波合成后的频谱密度如图 11.4.2 所示。虽然由图上看,各路子载波的频谱密度是重叠的,但是实际上在一个码元持续时间内它们是正交的,见式(11.4-6)。故在接收端很容易利用此正交特性将各路子载波分离开。采用这样密集的子载波,并且也不需要子信道间的保护频带间隔,因此能够充分地利用频带。这是 OFDM 的一大优点。在子载波受调制后,若采用的是 BPSK、QPSK、4QAM、64QAM 等调制制度,则容易看出其各路频谱密度的位置和形状没有改变,仅幅度和相位有变化,故仍保持其正交性。各路子载波的调制制度可以不同,并且可以随信道特性或其他因素的变化而改变,具有很大的灵活性。这是 OFDM 体制的又一个重大优点。

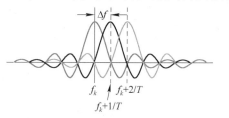

图 11.4.2 各路子载波合成后的频谱密度

现在来具体分析一下 OFDM 体制的频带利用率。设某 OFDM 系统中共有 N 路子载波,码元持续时间为 T,每路子载波采用 M 进制的调制,则它占用的频带宽度为:
$$B_{\text{OFDM}} = \frac{N+1}{T} \quad (\text{Hz}) \tag{11.4-8}$$

频带利用率为单位带宽传输的比特率:
$$\eta_{\text{BOFDM}} = \frac{N\log_2 M}{T} \cdot \frac{1}{B_{\text{OFDM}}} = \frac{N}{N+1}\log_2 M \quad [\text{b}/(\text{s} \cdot \text{Hz})] \tag{11.4-9}$$

当 N 很大时
$$\eta_{\text{BOFDM}} \approx \log_2 M \quad [\text{b}/(\text{s} \cdot \text{Hz})] \tag{11.4-10}$$

若用单个载波的 M 进制码元传输,为得到相同的传输速率,则码元持续时间应缩短为 T/N,占用带宽等于 $2N/T$,故频带利用率为:
$$\eta_{\text{BM}} = \frac{N\log_2 M}{T} \cdot \frac{T}{2N} = \frac{1}{2}\log_2 M \quad [\text{b}/(\text{s} \cdot \text{Hz})] \tag{11.4-11}$$

比较式(11.4-10)和式(11.4-11)可见,并行的 OFDM 体制和串行的单载波体制相比,频带利用率大约可以增至两倍。

11.4.3 OFDM 的实现

以 MQAM 调制为例,简要地讨论 OFDM 的实现方法。由于 OFDM 信号表示式的形式如同逆离散傅里叶变换(IDFT)式,所以可以用计算 IDFT 和 DFT 的方法进行 OFDM 调制和解调。下面首先来复习一下离散傅里叶变换(DFT)的公式。

设一个时间信号 $s(t)$ 的抽样函数为 $s(k)$,其中 $k = 0, 1, 2, \cdots, K-1$,则 $s(k)$ 的 DFT 定义为:
$$S(n) = \frac{1}{\sqrt{K}}\sum_{k=0}^{K-1} s(k)\mathrm{e}^{-\mathrm{j}(2\pi/K)nk} \qquad n = 0, 1, 2, \cdots, K-1 \tag{11.4-12}$$

并且 $S(n)$ 的 IDFT 为:
$$s(k) = \frac{1}{\sqrt{K}}\sum_{n=0}^{K-1} S(n)\mathrm{e}^{\mathrm{j}(2\pi/K)nk} \qquad k = 0, 1, 2, \cdots, K-1 \tag{11.4-13}$$

若信号的抽样函数 $s(k)$ 是实函数,则其 K 点 DFT 的值 $S(n)$ 一定满足对称性条件:
$$S(K-k) = S^*(k) \qquad k = 0, 1, 2, \cdots, K-1 \tag{11.4-14}$$
式中,$S^*(k)$ 是 $S(k)$ 的复共轭。

现在,令式(11.4-3)中的 $\varphi_k = 0$,则该式变为:

$$s(t) = \sum_{k=0}^{N-1} \vec{B}_k \mathrm{e}^{\mathrm{j}2\pi f_k t} \tag{11.4-15}$$

式(11.4-15)和式(11.4-13)非常相似。若暂时不考虑两式常数因子的差异,以及求和项数(K和N)的不同,则可以将式(11.4-13)中的K个离散值$S(n)$当作K路并行子信道中的信号码元取值$\vec{B}_k$,而式(11.4-13)的左端就相当于式(11.4-15)左端的OFDM信号$s(t)$。也就是说,可以用计算IDFT的方法来获得OFDM信号。下面就来讨论具体的计算问题。

设OFDM系统的输入信号为串行二进制码元,其码元持续时间为T_s,先将此输入码元序列分成帧,每帧中有F个码元,即有F比特。然后将此F比特分成N组,每组中的比特数可以不同,如图11.4.3所示。

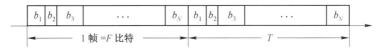

图 11.4.3　码元的分组

设第 i 组中包含的比特数为 b_i,则有:

$$F = \sum_{i=1}^{N} b_i \tag{11.4-16}$$

将每组中的 b_i 个比特看作一个 M_i 进制的码元 B_i,其中 $b_i = \log_2 M_i$,并且经过串/并变换将串行码元 B_i 变为 N 路并行码元 B_i。各路并行码元 B_i 持续时间相同,均为一帧时间:$T = FT_s$,但是各路并行码元 B_i 包含的比特数不同。这样得到的 N 路并行码元 B_i 用来对 N 个子载波进行不同的MQAM调制。应当注意的是,这时的码元 B_i 是 M_i 进制的,在MQAM调制中它可以用平面上的一个点表示。而平面上的一个点可以用一个矢量或复数表示。下面我们用复数 $\vec{B}_i$ 表示此点。将 M_i 进制的并行码元 B_i 变成一一对应的复数 $\vec{B}_i$ 的过程称为映射过程。

为了用IDFT实现OFDM,首先令OFDM的最低子载波频率等于0,以满足式(11.4-13)右端第一项(即 $n = 0$ 时)的指数因子等于1。为了得到所需的已调信号最终频率位置,可以用上变频的方法将所得OFDM信号的频谱向上搬移到指定的高频上。

其次,令 $K = 2N$,使IDFT的项数等于子信道数目 N 的两倍,并用式(11.4-14)的对称性条件,由 N 个并行复数码元序列 $\{\vec{B}_i\}$(其中 $i = 0,1,2,\cdots,N-1$),生成 $K = 2N$ 个等效的复数码元序列 $\{\vec{B}'_n\}$(其中 $n = 0,1,2,\cdots,2N-1$),即令 $\{\vec{B}'_n\}$ 中的元素:

$$\vec{B}'_{K-n-1} = \vec{B}_n^* \qquad n = 1,2,\cdots,N-1 \tag{11.4-17}$$

$$\vec{B}'_{K-n-1} = \vec{B}_n \qquad n = N, N+1, N+2, \cdots, 2N-2 \tag{11.4-18}$$

$$\vec{B}'_0 = \mathrm{Re}(\vec{B}_0) \tag{11.4-19}$$

$$\vec{B}'_{K-1} = \vec{B}'_{2N-1} = \mathrm{Im}(\vec{B}_0) \tag{11.4-20}$$

这样将生成的新码元序列 $\{\vec{B}'_n\}$ 作为 $S(n)$,代入IDFT的公式(11.4-13),得到:

$$s(k) = \frac{1}{\sqrt{K}} \sum_{n=0}^{K-1} \vec{B}'_n \mathrm{e}^{\mathrm{j}(2\pi/K)nk} \qquad k = 0,1,2,\cdots,K-1 \tag{11.4-21}$$

式中,$s(k) = s(kT/K)$,相当于对OFDM信号 $s(t)$ 的抽样值。故 $s(t)$ 可以表示为:

$$s(t) = \frac{1}{\sqrt{K}} \sum_{n=0}^{K-1} \vec{B}'_n \mathrm{e}^{\mathrm{j}(2\pi/T)nt} \qquad 0 \leqslant t \leqslant T \tag{11.4-22}$$

子载波频率 $f_k = n/T, n = 0, 1, 2, \cdots, N-1$。

式(11.4-21)中的离散抽样信号 $s(k)$ 经过 D/A 变换后就得到式(11.4-22)的 OFDM 信号 $s(t)$。

如前所述,OFDM 信号采用多进制、多载频、并行传输的主要优点是使传输码元的持续时间大为延长,从而提高了信号的抗多径传输能力。为了进一步克服码间串扰的影响,一般利用计算 IDFT 时添加一个循环前缀的方法,在 OFDM 的相邻码元之间增加一个保护间隔,使相邻码元分离。

按照上述原理画出的 OFDM 调制原理方框图如图 11.4.4 所示。在接收端 OFDM 信号的解调过程是其调制的逆过程,这里不再赘述。

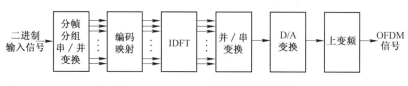

图 11.4.4　OFDM 调制原理方框图

11.5　网格编码调制

11.5.1　网格编码调制的基本概念

应用第 10 章中介绍的纠错编码可以在不增加功率的条件下降低误码率,但是付出的代价是占用的带宽增大了。如何才能同时节省功率和带宽,是人们长久追求的目标。将纠错编码和调制相结合的网格编码调制(TCM,Trellis Coded Modulation)就是解决这个问题的途径之一。TCM 是由 Ungerboeck 提出的[59~61]。这种调制在保持信息传输速率和带宽不变的条件下能够获得 3~6 dB 的功率增益,因此得到广泛的关注和应用。下面将利用一个实例给出 TCM 的基本概念。

首先来回忆 QPSK 系统。QPSK 是一个 4 相相移键控系统,它的每个码元传输 2b 信息。若在接收端判决时因干扰而将信号相位错判至相邻相位,则将出现错码。现在,将系统改成 8PSK,它的每个码元可以传输 3b 的信息,但是我们仍然令每个码元传输 2b 信息。第 3 比特用于纠错码,例如,采用码率为 2/3 的卷积码。这时接收端的解调和解码是作为一个步骤完成的,不像传统做法,先解调得到基带信号后再为纠错去解码。

在纠错编码理论中,码组间的最小汉明距离决定了这种编码的纠错能力。在 TCM 中,由于直接对已调信号(现在是 8PSK 信号)解码,码元之间的差别是载波相位之差,这个差别是欧氏距离(Euclidian Distance)。在图 11.5.1 中画出了 8PSK 信号星座图中的 8 个信号点。图中已假设信号振幅等于 1,相邻两个信号点的欧氏距离 d_0 等于 0.765。两个信号点的欧氏距离越大,即它们的差别越大,则因干扰造成互相混淆的可能性就越小。应当记住,图中的信号点代表某个确定相位的已调信号波形。为了利用卷积码维特比解码的优点,这时仍然需要用到网格图。但是,和第 10 章中卷积码维特比解码时的网格图相比,在 TCM 中是将这些波形映射为网格图,故 TCM 网格图中的各状态是波形的状态。

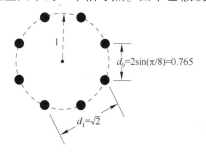

图 11.5.1　8PSK 信号的欧氏距离

11.5.2　TCM 信号的产生

TCM 的编码和调制方法是建立在 Ungerboeck 提出的集划分方法的基础上的。这种划分方法的基本原则是将信号星座图划分成若干子集,使子集中的信号点间的距离比原来的大。每划分一次,新的子集中信号点间的距离就增大一次。图 11.5.2 中给出了 8PSK 信号星座图的划分。图中 A_0 是 8PSK 信号的星座图,其中任意两个信号点间的距离为 d_0。这个星座被划分为 B_0 和 B_1 两个子集,在子集中相邻信号点间的距离为 d_1。在图 11.5.1 中已经标出 $d_1 > d_0$。将这两个子集再划分一次,得到 4 个子集:C_0,C_1,C_2,C_3,它们中相邻信号点间的距离为 $d_2 = 2$。显然,$d_2 > d_1 > d_0$。

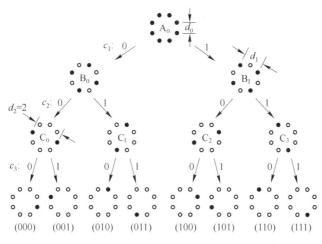

图 11.5.2　8PSK 信号星座图的划分

在这个 TCM 系统的例子中,需要根据已编码的 3 个比特来选择信号点,即选择波形的相位。这个系统中卷积码编码器的方框图如图 11.5.3 所示。由图可见,这个卷积码的约束度等于 3。编码器输出的前两个比特 c_1 和 c_2 用来选择星座图划分的路径,最后一个比特 c_3 用于选定星座图第 3 级(最低级)中的信号点。在图 11.5.2 中,c_1、c_2 和 c_3 表示已编码的 3 个码元,图中最下一行注明了 $c_1 c_2 c_3$ 的值。若 c_1 等于"0",则从 A_0 向左分支走向 B_0;若 c_1 等于"1",则从 A_0 向右分支走向 B_1。第 2 和第 3 个码元 c_2 和 c_3 也按照这一原则选择下一级的信号点。

一般来说,TCM 编码器结构如图 11.5.4 所示,它将 k 比特输入信息段分为 k_1 和 k_2 两段:前 k_1 比特通过一个 (n_1, k_1, m) 卷积码编码器,产生 n_1 比特输出,用于选择信号星座图中 2^{n_1} 个划分之一,后面的 k_2 比特用于选定星座图中的信号点。这表明星座图被划分为 2^{n_1} 个子集,每个子集中含有 2^{k_2} 个信号点。在图 11.5.3 中,$k_1 = k_2 = 1$。

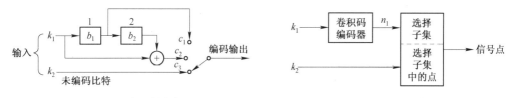

图 11.5.3　编码器方框图　　　　　　　图 11.5.4　TCM 编码器结构

TCM 系统中的网格图和第 10 章介绍卷积码时的网格图略有不同。在图 11.5.5 中给出了这个 8PSK 系统的网格图。由于未编码比特有两种取值,所以每个状态下有两根线。例如,设初始状态 $b_1 b_2 = 00$,$k_1 = k_2 = 0$。当输入信号序列 k_1 为"0110100"时,移存器状态和输出 c_1 与 c_2 之间的关系如表 11.5.1 所示。在第 1 个输入码元"1"到达后,输出码元 c_1 和 c_2 由"00"变成"01",但是这时的输入信息位 k_2 可能是"0"或"1",所以输出 $c_1 c_2 c_3$ 可能是"010"或"011",这就是图 11.5.5 中最高的两条平行虚线。在第 1 个输入码元"1"进入 b_1 后,$b_1 b_2$ 的状态由"00(a)"变到"10(b)",输出 $c_1 c_2$

c_3 可能是"110"或"111",$b_1 b_2$ 的状态由 b 变到 d,如图中虚线所示,以此类推。在此图中,用实线表示输入信息位 k_1 为"0",用虚线表示输入信息位 k_1 为"1"。

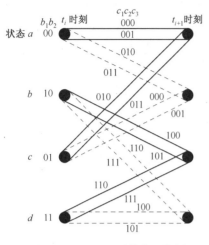

图 11.5.5　8PSK 系统的网格图

表 11.5.1　移存器状态和输出之间的关系

k_1	b_1	b_2	状　态	c_1	c_2
	0	0	a	0	0
0	0	0	a	0	0
1	0	0	a	0	1
1	1	0	b	1	1
0	1	1	d	1	1
1	0	1	c	0	0
0	1	0	b	1	0
0	0	1	c	0	1
0	0	0	a	0	0

为了得到最佳的纠错效果,Ungerboeck 通过研究得出上述网格图和星座图之间的对应关系应该符合下列直观规则:

① 每对平行转移必须对应最下一级划分同一子集中的两个信号点。例如,图 11.5.5 中的"000"和"001"同属于图 11.5.2 中的子集 C_0,"010"和"011"同属于子集 C_1,等等。这些对信号点具有最大的欧氏距离($d_2 = 2$)。

② 从某一状态出发的所有转移,或到达某一状态的所有转移,必须属于同一上级子集。例如,图 11.5.5 中从状态 a 出发的转移 000、001、010 和 011 都属于图 11.5.2 中的子集 B_0。或者说,此两对平行转移应具有最大可能的欧氏距离(例如,图 11.5.2 中的 $d_1 = \sqrt{2}$)。

11.5.3　TCM 信号的解调

TCM 信号的解调通常采用维特比算法,但是现在的网格图表示的状态是波形,而不是码组。解码器的任务是计算接收信号序列路径和各种可能的编码网格路径(简称可能路径)间的距离。若所有发送信号序列是等概率的,则判定与接收序列距离最小的可能路径(又称为最大似然路径)为发送序列。

因为卷积码是线性码,它具有封闭性(见 10.5 节),故要考察的路径距离与所用的测试序列无关。所以,不失一般性,可以选用全"0"序列作为测试序列,如图 11.5.6 中虚线路径 U 所示。图中还用实线给出另一许用波形序列路径 V:它从全"0"序列路径分开,又回到全"0"序列路径。若发送序列是全"0"序列,但是接收序列中有错误,使接收序列路径离开全"0"序列路径,然后又回到全"0"序列,且中间没有返回状态 a,则解码器需要比较此接收序列路径和 U 的距离与接收序列路径和 V 的距离之大小。若后者小,则将发生一次错误判决。这里的距离是指欧氏距离。

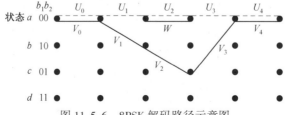

图 11.5.6　8PSK 解码路径示意图

这里,我们将引入自由欧氏距离(FED,Free Euclidean Distance)的概念。自由欧氏距离是指许用波形序列集合中各元素之间的最小距离,它决定了产生错误判决的概率。自由欧氏距离越大,错误判决的概率越小。在上例中,U 和 V 两条路径间的欧氏距离 d 由下式决定:

$$d^2 = d^2(U_1, V_1) + d^2(U_2, V_2) + d^2(U_3, V_3)$$
$$= d^2(000, 010) + d^2(000, 100) + d^2(000, 010) \tag{11.5-1}$$
$$= (\sqrt{2})^2 + (0.765)^2 + (\sqrt{2})^2 \approx 4.585$$

上式是按照在欧氏空间求矢量和的方法计算的。因此

$$d = \sqrt{4.585} \approx 2.14 \tag{11.5-2}$$

另外一种许用波形序列的路径是:$U_1 W U_3$(见图 11.5.6)。它和 V 序列相似,从状态 a 开始,离开 U(虚线路径),再回到状态 a。这个路径和 U 的距离为:

$$d^2 = d^2(U_1, U_1) + d^2(U_2, W) + d^2(U_3, U_3)$$
$$= d^2(000, 000) + d^2(000, 001) + d^2(000, 010) \tag{11.5-3}$$
$$= 0 + (2)^2 + 0 = 4$$

即

$$d = 2 \tag{11.5-4}$$

比较式(11.5-2)和式(11.5-4)可见,路径 $U_1 W U_3$ 和路径 V 相比,前者和路径 U 的距离更小。并且,可以逐个验证,这是和路径 U 距离最小的许用序列的路径。因此,按照上述定义,式(11.5-4)中的距离就是这种编码的自由欧氏距离。故可以将其写为:

$$d_{\text{FED}} = 2 \tag{11.5-5}$$

另一方面,未编码的 QPSK 信号的相继码元(波形)没有约束。若将其自由欧氏距离作为参考距离 d_{ref},则由图 11.5.1 可知:

$$d_{\text{ref}} = d_1 = \sqrt{2} \tag{11.5-6}$$

所以,可以证明[60,61],和未编码 QPSK 系统相比,8PSK 的 TCM 系统可以获得的渐近编码增益(编码增益的定义见10.3.4 节)为:

$$G_{\text{8PSK/QPSK}} = 20\lg(d_{\text{FED}}/d_{\text{ref}}) \approx 3.01 (\text{dB}) \tag{11.5-7}$$

在表 11.5.2 中列出了 Ungerboeck 通过大量仿真计算得出的部分 8PSK/TCM 系统的(渐近)编码增益。

表 11.5.2　8PSK/TCM 的编码增益

状态数目	k	$G_{\text{8PSK/QPSK}}$
4	1	3.01
8	2	3.60
16	2	4.13
32	2	4.59
64	2	5.01
128	2	5.17
256	2	5.75

11.6　扩展频谱技术[62,63]

11.6.1　概述

一般来说,扩展频谱(SS,Spread Spectrum)调制是指已调信号带宽远大于调制信号带宽的任何调制体制。在这类体制中已调信号的带宽基本上和调制信号带宽无关。虽然有一些书刊中把扩展频谱简称为"扩频",但是简称为"扩谱"似乎较为确切。本书下面将采用"扩谱"这一简称。

采用扩谱调制的目的主要有以下几点:

(1) 提高抗窄带干扰的能力,特别是对付有意的干扰,例如敌对电台的有意干扰。这些干扰信号的功率都集中在较窄的频带内,所以对于宽带的扩谱信号影响不大。

(2) 将发射信号掩藏在背景噪声中,以防止窃听。扩谱信号的发送功率虽然不是很小,但是其功率谱密度可以很小,使之低于噪声的功率谱密度,使侦听者很难发现。

(3) 提高抗多径传输效应的能力。由于扩谱调制采用的扩谱码可以用来分离多径信号,所

以有可能提高抗多径传输的能力。

（4）提供多个用户共用同一频带的可能。在一个很宽的频带中,可以容纳多个用户的扩谱信号,这些信号采用不同的扩谱码,因此可以用码分多址的原理,区分各个用户的信号。

（5）提供测距能力。测量扩谱信号的自相关特性的峰值出现时刻,可以从信号传输时间（延迟）的大小计算出传输距离。

扩谱技术有 3 种,即直接序列扩谱、跳频和线性调频（或称"鸟声（chirp）"调制）[64~66]。最常用的是前两种技术,下面将分别介绍。

11.6.2 直接序列扩谱

在直接序列扩谱（DSSS,Direct-Sequence Spread Spectrum）通信系统中,调制体制可以是前面讨论过的任何一种数字相干调制。最常用的是 BPSK、QPSK 和 MSK 等。图 11.6.1 中给出采用 BPSK 调制的一个 DSSS 通信系统的原理方框图。其中图 11.6.1(a) 是发送设备的原理方框图。频谱扩展是由扩谱码 $c(t)$ 与输入基带数字信号 $m(t)$ 相乘实现的。这里,$c(t)$ 和 $m(t)$ 都是不归零二进制信号,取值"+1"和"-1"。假设信号码元持续时间等于 T,扩谱码的码元（称为码片,chip）持续时间等于 T_c,并将其称为码片持续时间。

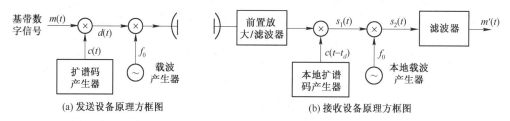

(a) 发送设备原理方框图　　　　　　　　(b) 接收设备原理方框图

图 11.6.1　DSSS 通信系统原理方框图

通常每个信号码元持续时间内包含许多码片,故 $T_c \ll T$。因此,已调信号的频谱宽度基本上取决于码片的持续时间。扩谱码通常采用 m 序列,但是有时为了保密也采用非线性序列。

在图 11.6.2 中给出了 DSSS 系统的几处关键波形举例。其中,图 11.6.2(a) 是发送端输入基带信号码元波形 $m(t)$;图 11.6.2(b) 是周期性扩谱码 $c(t)$,给出的是一个周期为 15 的 m 序列,它和基带信号的时钟是同步的;图 11.6.2(c) 是基带信号和扩谱码相乘后的波形 $d(t)$。在图中二进制码"1"用电压"-1"表示,二进制码"0"用电压"+1"表示。由于扩谱码的码片宽度比信号码元宽度小很多,所以调制后的信号带宽基本上取决于扩谱码的码片宽度。用图 11.6.2(c) 中的波形对载波进行 BPSK 调制后,发送端已调信号的相位如图 11.6.2(d) 所示。这时已假定"1"对应相位"π","0"对应相位"0"。

假设在接收端产生的本地扩谱码和发送端的同步,则其波形和图 11.6.2(b) 一样。此本地扩谱码和接收信号相乘后,其输出信号 $s_1(t)$ 的相位如图 11.6.2(e) 所示。它和接收端产生的本地载波相乘,进行相干解调后,恢复出的波形如图 11.6.2(f) 所示,即原发送信号码元波形。

在接收设备中,为了能够产生和发送端同步的扩谱码,需要有同步电路。同步过程分为两步,即捕获和跟踪,后面再对其详述。

由图 11.6.2 可以看出,在上述接收过程

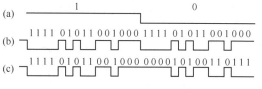

图 11.6.2　DSSS 波形图

中,接收信号是宽带 BPSK 信号,但是经过和本地扩谱码相乘后,就成为窄带 BPSK 信号了。当考虑接收信号上叠加的噪声和干扰信号时,接收机的输入信号功率谱密度如图 11.6.3(a) 所示,其中包括白噪声、窄带干扰,以及和有用信号功率谱相近的宽带干扰信号。这时有用信号的功率谱被淹没在噪声和干扰之下。将其与本地扩谱码相乘后,只有有用信号的功率谱宽度受到压缩而使谱密度增大,白噪声和宽带干扰信号的功率谱宽度基本未变,窄带干扰的功率谱则大大展宽而使其谱密度大大下降。因此,可以使原来淹没在噪声和干扰下的有用信号的功率谱得以增强,而噪声和干扰则相对受到抑制,如图 11.6.3(b) 所示。图 11.6.3 中,B_c 是一个扩谱码片持续时间 T_c 的倒数,即 $B_c = 1/T_c$。

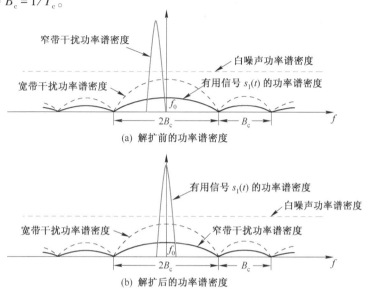

图 11.6.3 DSSS 系统中接收端扩谱信号的解扩原理示意图

由上述 DSSS 系统的基本原理可见,基带信号码元经过扩谱后,其频带可以大大展宽。例如,设基带码元速率为 5kBaud,则码元持续时间为 0.2ms,带宽约等于 5kHz。若选用的扩谱码片的持续时间为 0.2μs,则扩谱后的基带信号带宽约为 5MHz。这时,扩谱将使信号带宽增大至 1000 倍,故信号功率谱密度将降低至 1/1000。因此,在传输中有可能将信号隐藏在噪声和干扰下,很难被他人发现。由于这种信号的功率分布在很宽的频带中,若传输中有小部分的频谱分量受到衰落影响,将不会引起信号产生严重的失真,故具有抗频率选择性衰落的能力。此外,若为不同的扩谱通信系统适当地选择不同的扩谱码,使它们之间的互相关系数很小,就可以使各个系统的用户在同一频段上工作而互不干扰,实现码分复用和码分多址。

11.6.3 跳频扩谱

在跳频扩谱(FHSS,Frequency-Hopping SS)通信系统中,已调信号的载频在一组载频内以伪随机方式跳动。因此,潜在的窃听者将不知道应该在哪个频段来侦听,企图破坏通信的人也不知道应该在何处进行干扰。这样,对方必须在跳频的全频段侦听或干扰。FHSS 可以分为两类:快跳频和慢跳频。慢跳频在 1 跳内包含若干比特,快跳频则在 1 跳内仅包含 1 比特或不到 1 比特。图 11.6.4 给出一个 FHSS 通信系统的原理方框图,其中图 11.6.4(a) 是发送设备,图 11.6.4(b) 是接收设备。FHSS 系统中通常采用非相干调制,例如 FSK 或 DPSK,因为在跳频时频率合成器并不总是相干的。即使采用昂贵的相干频率合成器,信道也不能保证其相干性。在接收设备中产生的本地跳频码必须保持与接收信号的跳频样式同步,才能正确解扩。这里对 FHSS 通信系统不再做进一步介绍。同步方法将在 11.6.4 节中介绍。

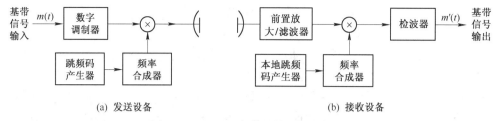

(a) 发送设备   (b) 接收设备

图 11.6.4 FHSS 通信系统原理方框图

由上述 DSSS 和 FHSS 系统的讨论可见,在抗加性高斯白噪声能力方面,扩谱体制并没有什么好处,而只会增加系统的复杂性。扩谱系统的优势在于抗多径传输和有意干扰,以及由于其功率谱密度低而能够被噪声掩盖,不易被他人截获。利用不同的扩谱码实现码分多址也是这种体制的一个重要优点。

关于如何利用 SS 抗多径传输问题,将在 11.6.5 节讨论。

11.6.4 扩谱码的同步

现在回过头来简要介绍如何使接收端的扩谱码和发送端的同步。

图 11.6.5(a)给出 DSSS 系统扩谱码串行搜索捕获电路的原理方框图。在接收设备中产生的本地扩谱伪随机码和输入扩谱信号相乘(为说明简单,这里暂不考虑载波)。虽然本地扩谱码和输入信号所用的扩谱码是相同的,但是两者的相对时间关系则是任意的。若两者在时间上相差±1/2 码片持续时间以内,则相乘器的输出为解扩后的基带信号,其频谱的宽度能够通过后接的带通滤波器。若两者时间差更大,则相乘器的输出仍是宽带的扩谱信号,将不能通过后接的带通滤波器。此带通滤波器的输出经过包络检波后和一个门限电压相比较。若它比门限电压低,说明两者不同步。这时搜索控制器将使本地伪码产生器的输出延迟一步(通常是半个码片),并继续搜索下去。若它高于门限电压,则表示本地码和输入码基本同步。这时同步指示电压将使搜索停止,并进入跟踪模式。由上述工作原理可知,这个同步搜索捕获过程需要较长时间才能达到锁定同步。另外一些搜索方法可以更快地捕获,但是需要更复杂的电路,或者要用特

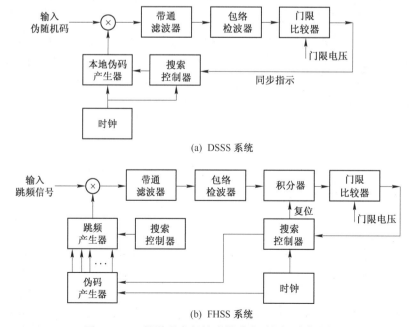

(a) DSSS 系统

(b) FHSS 系统

图 11.6.5 扩谱码串行搜索捕获电路原理方框图

殊的编码结构。

图 11.6.5(b)给出 FHSS 系统的扩谱码捕获电路原理方框图。其工作原理和 DSSS 系统的类似,只是需要搜索的是解扩所需的正确跳频模式。

关于扩谱码同步的详细分析可以参看文献[67]。

11.6.5 分离多径技术

在一些无线电信道中,例如短波电离层反射和对流层散射信道,以及微波在大城市中传播时,都存在多径传播现象。这时,发送端发射的电磁波可以经过多条传输路径到达接收端。由于经每条路径到达的信号相位不同,因此会造成接收信号的衰落。若在接收端能够将各条路径来的信号分离开,就有可能分别校正各条路径接收信号的相位,使之按同相相加,从而克服衰落现象。这种技术称为分离多径技术。采用 m 序列扩谱的多径信号,就有可能被分离开。下面将对此做具体介绍。

为了简明起见,仅考虑系统输入信号是一个基带码元的情况,此码元受 m 序列的一个周期 $M(t)$ 所调制。然后,用此基带信号调制一个余弦波,得到:

$$M(t)\cos(\omega t+\theta) \tag{11.6-1}$$

式中, $M(t)$ 为 m 序列的波形,取值 ± 1。

假设多径传输的各条路径时延之间均等间隔地相差 Δ 秒,则在经过多径传输后,接收机中频部分的输出是多条路径到达的不同时延信号之和:

$$\sum_{j=0}^{n-1} A_j M(t-j\Delta)\cos[\omega_i(t-j\Delta)+\varphi_i] \tag{11.6-2}$$

式中, n 为路径数目, A_j 为第 j 条路径信号的振幅, Δ 为各相邻路径的相对延迟时间, ω_i 为中频角频率, φ_i 为载波附加的随机相位。

在上式中已经忽略了各路径的基本时延,即假设最短路径的时延为 0。

为了使各条路径到达的信号相位相同,可以采用图 11.6.6 所示的自适应校相滤波器。设图中的输入信号 $s_j(t)$ 是式(11.6-2)中的第 j 条路径信号:

$$s_j(t)=A_j M(t-j\Delta)\cos[\omega_i(t-j\Delta)+\varphi_i] \tag{11.6-3}$$

本地振荡信号为:

$$c(t)=\cos(\omega_0 t+\varphi) \tag{11.6-4}$$

则乘积:

$$s_j(t)c(t)=A_j M(t-j\Delta)\cos[\omega_i(t-j\Delta)+\varphi_i]\cos(\omega_0 t+\varphi) \tag{11.6-5}$$

它经过窄带滤波器滤波,得到输出 $g(t)$。此窄带滤波器的通频带非常窄,只允许频率为 $(\omega_i-\omega_0)$ 的分量通过,信号的各边带分量均不能通过。所以,在忽略常数因子后,输出 $g(t)$ 为:

$$g(t)=A_j\cos[(\omega_i-\omega_0)t-j\Delta\omega_i+\varphi_i-\varphi] \tag{11.6-6}$$

将 $g(t)$ 和输入信号 $s_j(t)$ 相乘,并取出乘积中的差频项 $f(t)$:

$$f(t)=A_j^2 M(t-j\Delta)\cos(\omega_0 t+\varphi) \tag{11.6-7}$$

式中也忽略了常数因子。

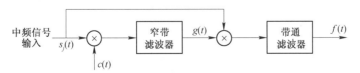

图 11.6.6 自适应校相滤波器原理方框图

由式(11.6-7)可见,自适应滤波器的输出信号中已经消除了载波的随机相位,使各条路径信号的相位一致,仅振幅 $A_j^2 M(t-j\Delta)$ 不同。故当将式(11.6-2)中的多径信号输入此自适应滤波器时,输出信号 $f(t)$ 变成:

$$f(t) = \sum_{j=0}^{n-1} A_j^2 M(t - j\Delta)\cos(\omega_0 t + \varphi) \tag{11.6-8}$$

这样,各路径信号的载波相位得到了校正,但是包络 $M(t-j\Delta)$ 仍然不同。为了校正各路径信号包络的相对延迟,可以采用图 11.6.7 中的电路。图中 AF 为自适应校相滤波器,抽头延迟线的抽头间隔时间为 Δ。为了讨论简明起见,设现在共有 4 条路径的信号,即 $n=4$,故延迟线共分 3 段,每段延迟时间均为 Δ。于是,相加器的 4 个输入信号包络为:

未经延迟的多径信号: $A_0^2 M(t)+A_1^2 M(t-\Delta)+A_2^2 M(t-2\Delta)+A_3^2 M(t-3\Delta)$

经延迟 Δ 的多径信号: $A_0^2 M(t-\Delta)+A_1^2 M(t-2\Delta)+A_2^2 M(t-3\Delta)+A_3^2 M(t-4\Delta)$

经延迟 2Δ 的多径信号: $A_0^2 M(t-2\Delta)+A_1^2 M(t-3\Delta)+A_2^2 M(t-4\Delta)+A_3^2 M(t-5\Delta)$

经延迟 3Δ 的多径信号: $A_0^2 M(t-3\Delta)+A_1^2 M(t-4\Delta)+A_2^2 M(t-5\Delta)+A_3^2 M(t-6\Delta)$

$$\tag{11.6-9}$$

相加器的输出信号载波仍为 $\cos(\omega_0 t+\varphi)$,包络则是式(11.6-9)中各项之和。若图 11.6.7 中的本地 m 序列产生器的输出为 $M(t-3\Delta)$,则它与 $c(t)$ 相乘之后,$M(t-3\Delta)$ 将成为乘积的包络。此乘积和相加器的输出相乘并积分后,就分离出 $(A_0^2+A_1^2+A_2^2+A_3^2)M(t-3\Delta)$ 的分量。换句话说,经过上述处理之后,由这 4 条路径来的信号的不同时延得到了校正并同相相加,同时抑制掉了其余各分量。

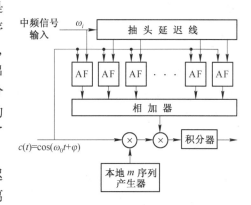

图 11.6.7　分离多径技术原理方框图

上面分析中,假设多径信号具有等间隔的相对延迟时间 Δ。实际情况多不完全符合此假设,但是这种分离多径的方法仍不失为一种实用的有效手段。

11.7　小　　结

本章讨论先进的数字带通调制体制。这些体制是在第 6 章基本调制体制基础上发展出来的,它们的抗干扰性能更好,适应信道变化能力更强,并且频带利用率更高。但是,两者之间并没有明确的界限。这些体制包括 OQPSK、π/4QPSK、π/4DQPSK、MSK、GMSK、OFDM、TCM、DSSS 和 FHSS。

OQPSK 和 π/4QPSK 都属于改进的 QPSK 体制。它们能够减小 QPSK 体制信号的振幅起伏。此外,后者还有利于提取位同步。

MSK 和 GMSK 都属于改进的 FSK 体制,它们能够消除 FSK 体制信号的相位不连续性,并且其信号是严格正交的。此外,GMSK 信号的功率谱密度比 MSK 信号的更为集中。

OFDM 信号是一种多频率的频分调制体制,具有优良的抗多径衰落能力,以及对信道变化的自适应能力,适用于衰落严重的无线信道中。

TCM 是一种将调制和纠错编码结合在一起的体制,能同时节省发送功率和带宽。

扩展频谱调制是一类宽带调制体制,其中包括 DSSS、FHSS 和线性调频。但是前两种是最常用的体制。扩谱调制有许多优点,最主要的是抗干扰能力强和信号隐蔽。目前,其应用日益广泛。

分离多径技术是专门适用于扩谱信号的抗多径技术,它可以将接收信号中从多径来的有害的信号分量变成有用的多径信号分量,从而增强接收信噪比。

思考题

11.1 何谓偏置正交相移键控？其英文缩写是什么？它和 QPSK 体制有什么区别？

11.2 何谓 π/4 相移正交差分相移键控？其英文缩写是什么？它有何优点？

11.3 何谓 MSK？其中文全称是什么？MSK 信号对每个码元持续时间 T 内包含的载波周期数有何约束？

11.4 试述 MSK 信号的 6 个特点。

11.5 何谓 GMSK？其中文全称是什么？GMSK 信号有何优缺点？

11.6 何谓 OFDM？其中文全称是什么？OFDM 信号的主要优点是什么？

11.7 试问在 OFDM 信号中，对各路子载频的间隔有何要求？

11.8 试问 OFDM 体制和串行单载波体制相比，其频带利用率可以提高多少？

11.9 何谓 TCM？其中文全称是什么？TCM 中的网格图和卷积码的网格图有何不同？为什么？

11.10 何谓自由欧氏距离？为什么需要引入这个概念？

11.11 何谓扩展频谱调制？采用它的目的有哪些？

11.12 试问扩展频谱技术可以分为哪几类？

11.13 试问为何扩谱技术在加性高斯白噪声信道中不能使性能得到改善？

11.14 何谓 DSSS 通信系统？试画出其原理方框图。

11.15 何谓 FHSS 通信系统？它又可以分为哪两类？

11.16 试问 FHSS 通信系统中通常采用相干调制还是非相干调制？为什么？

11.17 何谓分离多径技术？采用它的目的是什么？

11.18 试述自适应校相滤波器的功能。

习题

11.1 设发送数字序列为：+1,−1,−1,−1,−1,−1,+1。试画出用其调制后的 MSK 信号相位变化图。若码元速率为 1000 Baud，载频为 3000 Hz，试画出此 MSK 信号的波形。

11.2 设有一个 MSK 信号，其码元速率为 1000 Baud，分别用频率 f_1 和 f_0 表示码元"1"和"0"。若 f_1 等于 1250 Hz，试求 f_0 应等于多少？并画出三个码元"101"的波形。

11.3 试证明式(11.3-24)的傅里叶变换是式(11.3-23)。

11.4 试证明式(11.4-6)。

11.5 试证明式(11.4-14)。

11.6 设有一个 TCM 通信系统，其编码器如图 11.5.3 所示，且初始状态 $b_1 b_2$ 为"00"。若发送序列是等概率的，接收端收到的序列为：⋯111001101011⋯(前后其他码元皆为 0)，试用网格图寻找并确定译码出的前 6 个比特。

11.7 设有一个 DSSS 通信系统，采用 BPSK 调制，系统中共有 25 个同类发射机共用一个发送频段，每个发射机的发送信息速率是 10kb/s。若暂不考虑接收噪声的影响，试问扩谱码片的最低速率为多少才能保证解扩后的信号干扰比不小于 20 dB？这时的误比特率约为多少？

11.8 设有一个 DSSS 通信系统，采用 BPSK 调制，发送信息的基带带宽是 10 kHz，扩谱后的基带带宽为 10 MHz。在只有一个用户发送的情况下，接收信噪比 E_b/n_0 为 16 dB。若要求接收信号干扰(噪声加其他用户干扰)比最低为 10 dB，试问此系统可以容纳多少个用户(假设这时各用户的发送功率相等)？

11.9 在上题中，若系统中的噪声可以忽略不计，试问可以容纳多少个用户？

11.10 设在一个快跳频系统中，每个二进制输入信息码元以不同频率被发送 4 次，并采用码率为 1/2 的纠错编码，码片速率为 32 kb/s，跳频带宽为 1.2 MHz。试求系统输入信息码元速率。

第 12 章 信源压缩编码

在 1.3.3 节中已经提到,信源压缩编码的目的是减小信号的冗余度,提高信号的有效性。在第 4 章模拟信号的数字化中,差分脉冲编码调制和增量调制都对数字化后的信源信号做了压缩,它们主要是针对压缩语音信号讨论的,并且是早期研发出来的技术。随着通信技术的发展,针对各种信号的不同特性,研发出了多种压缩性能更好的新压缩技术。下面将分别予以介绍。

12.1 矢 量 量 化

在 4.3 节中讨论的抽样信号量化属于标量量化。在标量量化中,每个抽样值逐个被量化,然后对量化值进行编码。例如,在 4 电平标量量化器中,每个抽样值 x 在图 12.1.1 中的横坐标上表示为一个点。抽样值的取值范围被划分为 4 个区间,每个抽样量化后的值 (q_0, q_1, q_2, q_3) 可以用 2 比特表示。

若每次考察两个抽样值 (x_i, x_j),则可以把这两个抽样值看成 2 维空间(平面)中的一个点 (x_i, x_j),如图 12.1.2 所示。若仍将每个抽样值量化成 4 电平,则整个平面将被划分成 16 个量化区域。在每个量化区域中设定一个表示量化值的点 q_{ij},将所有落入这个量化区域中的抽样值点量化成 q_{ij} 的值。例如,在图 12.1.2 中,将 (x_{i1}, x_{j1}) 量化为 q_{22} 的值。这样,在 2 维空间中这些区间都是矩形的。由图 12.1.2 不难看出,当抽样值落在矩形四角附近[例如,图中点 (x_{i1}, x_{j1})]时,量化误差将达到最大值。

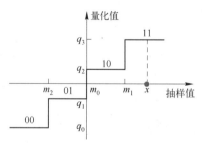

图 12.1.1 4 电平标量量化

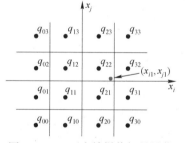

图 12.1.2 两个抽样值标量量化

在图 12.1.2 中,虽然我们每次考察两个抽样值,但是它们是独立量化的,只是把其中一个用横坐标值表示,另一个用纵坐标值表示而已,因此仍然是标量量化。所以,空间的划分为矩形的。

若空间的划分不限定必须为矩形,则有可能将此误差最大值降低,从而也降低了误差的统计平均值。这就是说,每次同时量化两个抽样值,量化成 4 比特,等效于每个抽样值仍量化成 2 比特,但是能够得到比每次量化一个抽样值更小的误差。例如,在 2 维空间中,若将空间的划分从正方形变成正六边形,如图 12.1.3 所示,则从图中可以直观地看出,最大量化误差将降低。

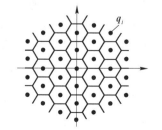

图 12.1.3 2 维矢量量化示意图

若每次取 3 个抽样值,每个抽样仍用 4 电平量化。将这 3 个抽样值看成 3 维空间中的一个点,则此 3 维空间需划分为 $4^3 = 64$ 个区间。若不限定将每个区间划分为立方体,则有可能得到更小的平均量化误差。矢量量化的概念就是由此产生的。

矢量量化是每次量化 n 个抽样值,形成在 n 维欧几里得(Euclidean)空间中的一个点,并设计量化器(的区域划分)使量化误差的统计平均值达到小于给定的数值。

现在假设将 n 维欧几里得空间 $\boldsymbol{R}^n$ 划分为 K 个量化区域 $\boldsymbol{R}_i$，$1 \leqslant i \leqslant K$，并将 n 个信源抽样值分为一组，构成一个 n 维输入信号矢量 $\boldsymbol{x}$，$\boldsymbol{x} \in \boldsymbol{R}^n$。$\boldsymbol{x}$ 的各分量为 $x_1, x_2, \cdots, x_n$，即它可以表示为 $\boldsymbol{x} = (x_1, x_2, \cdots, x_n)$。若 $x \in R_i$，则将其量化为量化矢量 $\boldsymbol{q}_i$，$\boldsymbol{q}_i = (q_{i1}, q_{i2}, \cdots, q_{in})$，$1 \leqslant i \leqslant K$。若对这些量化矢量 $\boldsymbol{q}_i$ 进行编号，则用 $\log_2 K$ 比特就足以表示这 K 个量化矢量的编号。在传输时，并不需要直接传输这些量化矢量，而只需要传输其编号。这就是说，传输 n 个抽样值需要 $\log_2 K$ 比特，故定义编码速率(码率)

$$R = (\log_2 K) / n \quad \text{比特/抽样值} \tag{12.1-1}$$

[例 12.1] 用一个矢量量化器对语音信号抽样值进行量化。语音信号的抽样速率 $f_s = 8\,\text{kb/s}$，量化器将量化空间划分为 256 个量化区域，用 8 维矢量对抽样值进行量化。求该矢量量化器的码率和编码信号的传输速率。

解：现在 $K = 256$，$n = 8$，由式(12.1-1)得出码率为

$$R = (\log_2 256) / 8 = 1 \quad \text{比特/抽样值}$$

传输速率为

$$f_s \cdot R = 8000 \times 1 = 8000 \quad \text{比特/秒}$$

上述 K 个量化矢量通常称为码字或码矢。全部量化矢量 $\boldsymbol{q}_i$ 的集合称为码书。在例 12.1 的量化器码书中共有 256 个码字。在采用矢量量化的通信系统中，发送端和接收端有相同的码书。发送端采用此码书编码并将码字的编号发送到接收端；接收端将收到的码字编号对照同一码书查出对应的码字。

最佳 n 维矢量量化器的设计，是按照使量化误差最小的原则，来划分区域 $\boldsymbol{R}_i$ 和选择量化值 $\boldsymbol{q}_i$ 的。因为信号抽样值的分布和其统计特性有关，一般都不是均匀分布的，若按照图 12.1.3 那样均匀划分区域，显然不是最佳的。若在抽样值密集的区域将量化区域划分得小些，而在抽样值稀疏的区域将量化区域划分得大些，则有利于减小量化误差统计平均值，如图 12.1.4 所示。

矢量量化器的量化误差通常用失真测度 d 的统计平均值 D 衡量：

$$D = E[d(\boldsymbol{x}, \boldsymbol{q}_i)] \tag{12.1-2}$$

式中：$E[\cdot]$ 表示求统计平均值；$d(\cdot)$ 表示失真测度。

失真测度有不同的衡量准则。常用的失真测度准则主要有：

● 平方失真测度：

$$d(\boldsymbol{x}, \boldsymbol{q}_i) = \sum_{j=1}^{n} (x_j - q_{ij})^2 \tag{12.1-3}$$

● 绝对误差失真测度：

$$d(\boldsymbol{x}, \boldsymbol{q}_i) = \sum_{j=1}^{n} |x_j - q_{ij}| \tag{12.1-4}$$

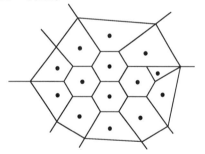

图 12.1.4　二维最佳矢量量化示意图

此外，还有加权平方失真测度、线性预测失真测度、板仓-斋藤失真测度等。

设计矢量量化器时，关键是设计使失真测度统计平均值 D 最小的码书。设计码书的具体方法，本书不再深入探讨了。

按照上述原理设计的矢量量化系统原理方框图如图 12.1.5 所示。在编码端，从信源输入的 n 维信号矢量 $\boldsymbol{x}$ 与码书中的各个码字比较，找到失真最小的码字 $\boldsymbol{q}_i$；然后将其编号 i(经过编码)传输到译码端。在译码端收到 i(的编码)后，经过译码得到 i 的值，再从码书中寻找到 $\boldsymbol{x}$ 的量化矢量 $\boldsymbol{q}_i$。不难看出，矢量量化的压缩性能比标量量化的性能好。

实际上，在标量量化中，非均匀量化原理与矢量量化原理有些类似，不过，它只是将信号抽样值比较密集的区域划分得小一些罢了，没有最佳化。另外，标量量化中，不是传输量化值的编号，

也没有码书。

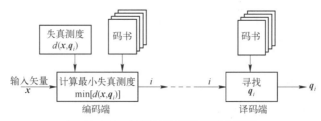

图 12.1.5　矢量量化系统原理方框图

12.2　语音压缩编码

语音压缩编码可以分为三类:波形编码、参量编码和混合编码。对波形编码的性能要求是保持语音波形不变,或使波形失真尽量小。对参量编码和混合编码的性能要求是保持语音的可懂度和清晰度尽量高。这些编码方法都对压缩前的数字信号有损伤,即或多或少地引入了失真,所以称之为有损压缩编码。

前几章中讨论的 PCM、DPCM 和 ΔM 都属于波形编码,这里不再赘述。下面仅就参量编码和混合编码做简要介绍。

12.2.1　语音参量编码

语音参量编码是将语音的主要参量提取出来进行编码。为了弄清语音参量及其提取方法,首先需要了解发音器官和发音原理。

发音器官包括次声门系统、声门和声道。次声门系统包括肺、支气管、气管,是产生语音的能量来源。声门即喉部两侧的声带及声带间的区域。声道包括咽腔、鼻腔、口腔及其附属器官(舌、唇、齿等)。

从次声门送来的气流,在经过声门时,若声带振动,则产生浊音;反之,则产生清音。图 12.2.1 示出了这两种语音的典型波形。浊音具有周期性,其如图 12.2.1(a)所示,其周期决定于声带的振动。声带振动的频谱中包含一系列频率,其中最低的频率成分称为基音,基音频率决定了声音的音调(或称音高),其他频率为基音的谐波,它与声音的音色有关。发清音时,声带不振动。清音仅是次声门产生的准平稳气流声,它的波形很像随机起伏的噪声,如图 12.2.1(b)所示。

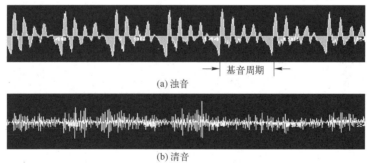

(a)浊音

(b)清音

图 12.2.1　典型语音波形

从声门来的气流,通过声道从口和鼻送出。声道相当于一个空腔,类似电路中的滤波器,它使声音通过时波形和强度都受到影响。人在发声时,声道在变化,所以声道相当于一个时变线性滤波器。

从上述发音原理可以得出如图 12.2.2 所示的语音产生模型。

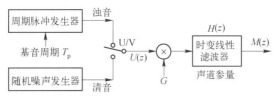

图 12.2.2　语音产生模型

在此模型中,当发浊音时,用周期性脉冲表示声带振动产生的声波。当发清音时,用随机噪声表示经过声门送出的准平稳气流。从声门输出的声波的强度 $U(z)$ 用 G 加权,G 表示语音强度(音量),然后送入一个时变线性滤波器,最后产生语音输出 $M(z)$。这个时变线性滤波器的参量(传输函数 $H(z)$)决定于声道(口、鼻、舌、唇、齿等)的形状。

由于人的说话速率不高,所以可以假设在很短的时间间隔(20 ms)内,此语音产生模型中的所有参量都是恒定的,即浊音或清音(U/V)判决、浊音的基音周期(T_p)、声门输出的声波的强度($U(z)$)、音量(G)和声道参量(滤波器传输函数 $H(z)$)这 5 个参量都是不变的。

因此,在发送端,在每一个短时间间隔(例如,20 ms)内,从语音中提取出上述 5 个参量加以编码,然后进行传输;在接收端,对接收信号解码后,用这 5 个参量就可以按照图 12.2.2 的模型恢复出原语音信号。按照这一原理对语音信号编码,由于利用了语音产生模型慢变化的特性,使编码速率可以大大降低。典型的编码速率可以达到 2.4 kb/s。这种参量编码器通常称为声码器。

综上所述,参量编码的基本原理是,首先分析语音的短时频谱特性,提取出语音的频谱参量,然后再用这些参量合成语音波形。所以这种压缩编码方法是一种合成/分析编码方法。这种合成语音频谱的振幅与原语音频谱的振幅有很大不同,并且丢失了语音频谱的相位信息。不过,因为人耳对于语音频谱中的相位信息不敏感,所以丢失相位信息不影响听懂合成语音信号。但是,合成语音频谱的振幅失真较大,使合成语音的质量很不理想。这种频谱失真是由于滤波器 $H(z)$ 的激励源只是简单地用周期性脉冲(对于浊音)和随机噪声(对于清音)代替产生的,它与声道的实际激励差别较大。

12.2.2　混合编码

参量编码给出的语音虽然能够听懂,但是语音质量还是较差,通常不能满足公用通信网的要求。影响语音质量的原因主要是送入时变线性滤波器的激励过于简单化:简单地将语音分为浊音、清音两类,忽略了浊音和清音之间的过渡音(图 12.2.3),以及浊音在 20 ms 内的激励脉冲波形和周期不变,清音的随机噪声也不变。所以,多年来合成/分析法改进的途径主要是改进线性滤波器的激励。

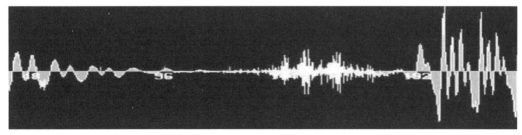

图 12.2.3　过渡音

混合编码除了采用时变线性滤波器作为其核心,还在激励源中加入了语音波形的某种信息,从而改进其合成语音的质量。由于既采用了语音参量又包括了部分语音波形信息,所以称为混合编码。

在多种混合编码方案中,已经被广泛采用的有:在海事卫星系统中采用的 9.6 kb/s 编码速率的多脉冲激励线性预测编码、在第二代蜂窝网 GSM 标准中采用的 13 kb/s 编码速率的规则脉冲激励–长时预测–线性预测编码、在美国联邦标准 FS1016 中采用的 4.8 kb/s 编码速率的码激励线性预测、在 ITU–T 标准 G.728 中采用的 16 kb/s 编码速率的低时延码激励线性预测、在 ITU–T 标准 G723.1 中和第三代移动通信系统 TD–SCDMA 中采用的代数码书激励线性预测,等等。

在上述这些方案中,都是从改进激励源入手,来设法提高语言质量的。其中不少方案采用了矢量量化编码的码激励。

12.3　图像压缩编码

在 12.2 节中讨论的语音压缩编码都是有损压缩编码,因为人耳对于语音信号的少许失真,特别是相位失真,是察觉不出的或不敏感的,故允许这种失真存在。图像则不然。有些图像是不允许失真的,例如某些医学照片和某些工程图纸。有些图像是允许少许失真的,例如自然(风景)照片。所以图像压缩可以分为有损压缩和无损压缩两类。另外,图像又可以分为静止图像(图片)和动态图像,所以,图像压缩又可以分为静止图像压缩和动态图像压缩两类。

12.3.1　静止图像压缩编码

静止数字图像信号是由 2 维的许多像素(pixel)构成的。在各邻近像素(上下左右)之间都有相关性。所以可以用差分编码(DPCM)或其他预测方法,仅传输预测误差从而压缩数据率。

在图像压缩编码中,还常在变换域中进行有损压缩,即对时域中的数字图像信号进行某种变换,然后在变换域中进行压缩。可以采用的变换有:离散傅里叶变换(DFT)、离散余弦变换(DCT)、沃尔什变换(WT)、小波变换等。为简明起见,现以沃尔什变换为例,说明在变换域压缩图像的基本原理(沃尔什变换在 9.4.2 节中介绍过)。

先将数字图像信号的像素分割为 4×4 的子块方阵,然后对其进行 2 维沃尔什变换:

$$S = \frac{1}{4^2} WsW \tag{12.3-1}$$

式中,S 为变换域变换系数矩阵;s 为像素矩阵;W 为沃尔什矩阵。

$$W = \begin{bmatrix} + & + & + & + \\ + & + & - & - \\ + & - & - & + \\ + & - & + & - \end{bmatrix} \tag{12.3-2}$$

其中符号"+"代表+1,"–"代表–1。

下面将以几个有代表性的像素矩阵为例来说明之。

- 若像素值恒定,均等于2,即 $s = \begin{bmatrix} 2 & 2 & 2 & 2 \\ 2 & 2 & 2 & 2 \\ 2 & 2 & 2 & 2 \\ 2 & 2 & 2 & 2 \end{bmatrix}$,则在变换域中

$$S = \frac{1}{16} \begin{bmatrix} + & + & + & + \\ + & + & - & - \\ + & - & - & + \\ + & - & + & - \end{bmatrix} \begin{bmatrix} 2 & 2 & 2 & 2 \\ 2 & 2 & 2 & 2 \\ 2 & 2 & 2 & 2 \\ 2 & 2 & 2 & 2 \end{bmatrix} \begin{bmatrix} + & + & + & + \\ + & + & - & - \\ + & - & - & + \\ + & - & + & - \end{bmatrix} = \frac{1}{16} \begin{bmatrix} 32 & 0 & 0 & 0 \\ 0 & 0 & 0 & 0 \\ 0 & 0 & 0 & 0 \\ 0 & 0 & 0 & 0 \end{bmatrix}$$

矩阵 S 仅左上角元素为非零,并且此左上角元素代表其直流分量。

- 若像素值矩阵 s 为纵条形图案,即 $s=\begin{bmatrix} 2 & 0 & 2 & 0 \\ 2 & 0 & 2 & 0 \\ 2 & 0 & 2 & 0 \\ 2 & 0 & 2 & 0 \end{bmatrix}$,则变换后得到

$$S=\frac{1}{16}\begin{bmatrix} + & + & + & + \\ + & + & - & - \\ + & - & - & + \\ + & - & + & - \end{bmatrix}\begin{bmatrix} 2 & 0 & 2 & 0 \\ 2 & 0 & 2 & 0 \\ 2 & 0 & 2 & 0 \\ 2 & 0 & 2 & 0 \end{bmatrix}\begin{bmatrix} + & + & + & + \\ + & + & - & - \\ + & - & - & + \\ + & - & + & - \end{bmatrix}=\frac{1}{16}\begin{bmatrix} 16 & 0 & 0 & 16 \\ 0 & 0 & 0 & 0 \\ 0 & 0 & 0 & 0 \\ 0 & 0 & 0 & 0 \end{bmatrix}$$

矩阵 S 中非零元素仅位于第一行。

- 若像素值矩阵 s 为横条形图案,即 $s=\begin{bmatrix} 2 & 2 & 2 & 2 \\ 0 & 0 & 0 & 0 \\ 2 & 2 & 2 & 2 \\ 0 & 0 & 0 & 0 \end{bmatrix}$,则变换后得到

$$S=\frac{1}{16}\begin{bmatrix} + & + & + & + \\ + & + & - & - \\ + & - & - & + \\ + & - & + & - \end{bmatrix}\begin{bmatrix} 2 & 2 & 2 & 2 \\ 0 & 0 & 0 & 0 \\ 2 & 2 & 2 & 2 \\ 0 & 0 & 0 & 0 \end{bmatrix}\begin{bmatrix} + & + & + & + \\ + & + & - & - \\ + & - & - & + \\ + & - & + & - \end{bmatrix}=\frac{1}{16}\begin{bmatrix} 16 & 0 & 0 & 0 \\ 0 & 0 & 0 & 0 \\ 0 & 0 & 0 & 0 \\ 16 & 0 & 0 & 0 \end{bmatrix}$$

矩阵 S 中非零元素仅位于第一列。

一般而言,变换后的矩阵 S 中非零元素主要集中于左上半区域,而右下半区域中元素值多为0(或很小,经量化后等于0)。在发送时,每个像素是串行一个一个发送的。像素可以按照图12.3.1中虚线所示的"Z"字形次序发送。这样,图中右下半区域的像素组成长串的0,从而可以用高效的编码压缩此长串0,使图像得到压缩。这就是为什么图像压缩常在变换域中进行的主要原因。

上面虽然是以沃尔什变换为例说明变换压缩的基本原理的,但是此原理也适用于其他一些变换。在实用中,大多采用离散余弦变换(DCT)。

最广泛应用的静止图像压缩标准是 ISO/JPEG 国际标准10918-1 或 ITU-T 建议 T.81,通常称其为 JPEG。在 JPEG 标准中,对彩色原始图像像素的亮度分量 Y 和色差分量(U 与 V)按照2:1抽样,使图像的数据量压缩为原来的一半。然后,进行2维8×8像素子块的 DCT。由于 DCT 的左上角元素(直流

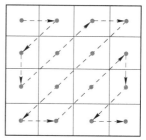

图12.3.1 像素发送次序

分量)值在相邻子块间通常差别不大,所以单独对其做 DPCM 编码。其他 DCT 系数另外进行量化,使之得到压缩。量化后的信号再进行编码,编码分两步。第一步是对0值像素进行游程长度编码(RLE)。RLE 采用两个字节的编码方法,第一个字节用于表示相同像素重复的次数,第二个字节是具体像素的值。在 JPEG 中,按照"Z"形次序发送,例如,若在8×8子块的 DCT 矩阵右下半区域中有8个连"0",则 RLE 的第一个字节表示"8",第二个字节表示"0"。第二步是进行无损哈夫曼编码(哈夫曼编码将在下一节讨论)

在 JPEG 标准基础上,ISO 又制定出改进的标准 JPEG2000,它采用小波变换代替 DCT。此新标准除了压缩特性有了改进,最重要的改进是提高了码流的灵活性。例如,为降低分辨率可以随意截短码流。

JPEG 标准目前广泛地用于各种数字照相机中,包括手机中拍照的存储和传输。

12.3.2　动态图像压缩编码

动态数字图像是由许多帧静止图像构成的,可以看成 3 维的图像,在邻近帧的像素之间也有相关性。所以,动态图像的压缩可以视为在静止图像压缩(例如,用 JPEG 压缩)基础上再设法减小邻近帧之间的相关性。

由 ISO 制定的动态图像压缩国际标准称为 MPEG。这是一系列标准,包括 MPEG-1,MPEG-2,MPEG-4,MPEG-7。由 ITU-T 制定的动态图像压缩标准称为 H.261,H.262,H.263 和 H.264。两个系列的压缩方案基本相同。下面将以 MPEG-2 为例,简要介绍其基本压缩原理。

MPEG-2 将若干帧动态图像分为一组,在每组中的帧分为 3 类:I 帧、P 帧和 B 帧。I 帧采用帧内编码,P 帧采用预测编码,B 帧采用双向预测编码。在一组中,P 帧和 B 帧的数目可多可少,也可以没有,但是不能只有 P 帧和 B 帧,没有 I 帧。P 帧和 B 帧位于两个 I 帧之间,例如,IBBPBBPBB(I),构成一个图片组(GOP),如图 12.3.2 所示。

I 帧的压缩采用标准的 JPEG 算法,它是被当成静止图像帧处理的,其压缩算法与前后邻帧无关。两个 I 帧的时间间隔是可以调节的,最小间隔为 1 帧,这时两个 I 帧是相邻的。最大间隔决定于存储器的容量。此外,动态图像的剪辑只能在 I 帧处进行。执行剪辑的时间通常不允许超过半秒钟,所以此时两个 I 帧的间隔限制在不超过 15 帧。

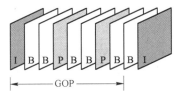

图 12.3.2　MPEG 的 3 类帧

P 帧利用和前一个 I 帧或 P 帧(作为参考帧)的相关性可以得到更大的压缩。将当前待压缩的 P 帧分为 16×16 像素的宏块。然后,对于每个宏块,在参考帧中寻找与其最匹配的宏块。将两者的偏移量编码为"动态矢量"。此偏移量常常为 0。但是,若此图片中的某些部分在活动中,则此偏移量可能是"向右 26 个像素和向上 8 个像素"。两个宏块的匹配常常不是理想的。为了校正其误差,对这两个宏块的所有对应像素之差进行编码,附于动态矢量之后。当找不到适当的匹配宏块时,则把此宏块当成一个 I 帧宏块处理。

B 帧的处理类似于对 P 帧的处理,不过 B 帧利用了前后两个图片作为参考帧。因此,B 帧通常可获得比 P 帧更大的压缩。B 帧不能作为参考帧。

I 帧仅利用了减小图像的空间相关性进行压缩,P 帧和 B 帧除利用图像的空间相关性外,还利用了图像的时间相关性进行压缩。

以上仅对动态图像压缩编码原理做了极为简要的介绍。目前数字电视信号传输,全都采用动态图像压缩。

12.4　数字数据压缩编码

12.4.1　基本原理

数据可以分为数字数据和模拟数据。例如,银行账目是数字数据,温度计给出的气温是模拟数据。本节仅限于讨论数字数据或数字化后的模拟数据,后面将其简称为数据。

数据与语音或图像不同,对其压缩时不允许有任何损失,因此只能采用无损压缩的方法。这样的压缩编码只能选用一种高效的编码来表示信源数据,以减小信源数据的冗余度,即减小其平均比特数。并且,这种高效编码必须易于实现和能逆变换回原信源编码。

一个有限离散信源可以用一组不同字符 $x_i (i=1,2,\cdots,N)$ 的集合 $X(N)$ 表示。$X(N)$ 称为信源字符表,表中的字符为 $x_1,x_2,\cdots,x_N$。信源字符表可以是二电平(二进制)的,例如,发报电键的开/合两种状态。它也可以是多字符的,例如计算机键盘上的字母和符号,这些非二进制字符可以通过一个字符编码表映射为二进制码字。标准的字符二进制码字是等长的,例如用 7 个比特表示计算机键盘上的一个字符。等长码中代表每个字符的码字长度(码长)是相同的,但是各字符所含有的信息量是不同的。含信息量小的字符的等长码字必然有更大的冗余度。所以,为了压缩,通常采用变长码。变长码中每个码字的长度是不等的。我们希望字符的码长反比于此字符出现的概率。仅当所有字符以等概率出现时,其编码才应当是等长的。

等长码可以用计数的方法确定字符的分界。变长码则不然。当接收端收到一长串变长码时,不一定能够确定每个字符的分界。例如,信源字符表中包含 3 个字符 a、b 和 c,为其设计出的 4 种变长码,如表 12.4.1 所示。其中按"码 1"编码产生的序列 10111,在接收端可以译码为 babc 或 babbb 或 bacb,不能确定。按"码 2"编码也有类似的结果。所以它们不是唯一可译码。可以验证,表 12.4.1 中"码 3"和"码 4"是唯一可译码。唯一可译码必须能够逆映射为原信源字符。

唯一可译码又可以按照是否需要参考后继码元译码,分为即时可译码和非即时可译码。非即时可译码需要参考后继码元译码。例如,此表中的"码 3"是非即时可译码,因为当发送"ab"时,收到"001"后,尚不能确定译为"ab",还必须等待下一个码元是"0"才能确定译为"ab";否则应译为"ac"。可以验证,表中的"码 4"是即时可译码。即时可译码又称无前缀码。无前缀码是指其中没有一个码字是任何其他码字的前缀。

表 12.4.1　4 种变长码

字符	码 1	码 2	码 3	码 4
A	0	1	0	0
B	1	01	01	10
C	11	11	011	110

当采用二进制码字表示信源中的字符时,若字符 x_i 的二进制码长等于 n_i,则信源字符表 $X(N)$ 的二进制码字的平均码长为

$$\bar{n} = \sum_{i=1}^{N} n_i P(x_i) \qquad 比特／字符 \tag{12.4-1}$$

式中,$P(x_i)$ 为 x_i 出现的概率。

当希望信道以平均码长的速率传输变长码时,编码器需要有容量足够大的缓冲器来调节码流速率,使送入信道的码流不致过快或中断。

综上所述,为了压缩数据,常采用变长码,以获得高的压缩效果。常见的这类编码方法有霍夫曼码、香农–费诺码等。这里以霍夫曼码为例做说明。

12.4.2　霍夫曼码

霍夫曼码是一种无前缀变长码。对于给定熵的信源,霍夫曼码能得到最小平均码长。故在最小码长意义上霍夫曼码是最佳码。因此,它也是效率最高的码。我们用有 8 个字符的信源字符表来说明霍夫曼码的编码方法。

图 12.4.1 示出了霍夫曼码的编码过程。设信源的输出字符为 $x_1,x_2,x_3,x_4,x_5,x_6,x_7,x_8$,其对应的出现概率也示于图 12.4.1 中。若采用等长码对信源字符编码,则码长将为 3.0。在采用霍夫曼码编码时,先把它们按照概率不增大的次序排列,然后将概率最小的两个信源字符 x_7 和 x_8 合并。

为上面的字符 x_7 分配二进制码"0"作为其码字的最后一个码元;并为下面的字符 x_8 分配二进制码"1"作为其码字的最后一个码元("0"和"1"的分配是任意的,也可以对调,即为 x_7 分配"1",为 x_8 分配"0",但是在同一个编码过程中应该是一致的。)。将 x_7 和 x_8 合并后看成一个复合字符,并令其概率等于 x_7 和 x_8 的概率之和,即 0.1250。然后,将此新得出的一组字符仍按概率不增大的次序排列。需要指出的是,因为新复合字符的概率与 x_3 和 x_4 的概率相同,所以它可以安排在 x_2 和 x_5 之间的任何位置。由于现在将它放在了 x_4 之后,故用它代替原 x_5。而原 x_5 和 x_6 顺序

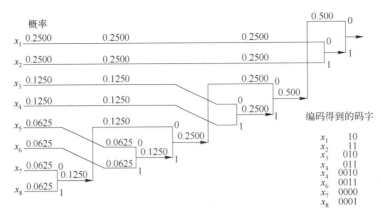

编码得到的码字
x_1 10
x_2 11
x_3 010
x_4 011
x_5 0010
x_6 0011
x_7 0000
x_8 0001

图 12.4.1 霍夫曼编码举例

下降为新的 x_6 和 x_7。按照上述步骤再进行一遍,将新 x_6 和 x_7 合并。将合并结果再和新 x_5 合并。如此进行到最后,这样就得到了一个树状结构。再从树的最右端向左追踪,就得到了编码输出码字。编码结果示于图 12.4.1 的右下角。在表 12.4.2 中给出了此码平均码长的计算结果,它等于 2.75。

现在,我们引入两个反映压缩编码性能的指标,即压缩比和编码效率。压缩比是压缩前(采用等长码)每个字符的平均码长与压缩后每个字符的平均码长之比。在上例中,压缩比等于 $3/2.75 = 1.09$。编码效率等于编码后的字符平均信息量与编码平均码长之比。在上例中,编码后的字符平均信息量等于

$$2\left(-\frac{1}{4}\log_2\frac{1}{4}\right)+2\left(-\frac{1}{8}\log_2\frac{1}{8}\right)+4\left(-\frac{1}{16}\log_2\frac{1}{16}\right)=2.75\,\text{b}$$

它和编码平均码长相等。所以得出编码效率等于 100%。

当字符出现概率有很大不同,并且在字符表中有足够多的字符时,才能获得很高的编码效率。当字符表中字符数目较少和出现概率差别不很大时,为了提高编码效果,需要使字符表中有足够多的字符。这时,我们可以从原信源字符表导出一组新的字符(称为扩展码),构成一个更大的字符表。下面举例说明这一扩展方法。

设信源字符表中仅有 3 个字符 x_1,x_2 和 x_3。按照上例的方法得出霍夫曼码的编码过程,如图 12.4.2 所示。平均码长的计算结果见表 12.4.3。计算得出,其压缩比等于 1.48,编码效率等于 91.6%。

表 12.4.2 平均码长的计算结果

	$P(x_i)$	码字	n_i	$n_i P(x_i)$
x_1	0.2500	10	2	0.5
x_2	0.2500	11	2	0.5
x_3	0.1250	010	3	0.375
x_4	0.1250	011	3	0.375
x_5	0.0625	0010	4	0.25
x_6	0.0625	0011	4	0.25
x_7	0.0625	0000	4	0.25
x_8	0.0625	0001	4	0.25
				$\bar{n}=2.75$

表 12.4.3 平均码长的计算结果

	$P(x_i)$	码字	n_i	$n_i P(x_i)$
x_1	0.65	0	1	0.65
x_2	0.25	10	2	0.50
x_3	0.10	11	2	0.20
				$\bar{n}=1.35$

字符
x_1 0.65 0.65 0
x_2 0.25 0 0.35 1
x_3 0.10 1

编码得到的码字
x_1 0
x_2 10
x_3 11

图 12.4.2 3 字符霍夫曼码编码过程

为了改进其编码性能,可以将此字符表按照表 12.4.4 进行扩展。扩展后的字符表如表 12.4.4 中左边第一列所示。扩展后的霍夫曼码编码过程示于图 12.4.3 中。扩展后的霍夫曼码的压缩比等于 $2/1.25125 \approx 1.6$,扩展后的新字符表的字符平均信息量为 2.471,效率为 $2.471/2.5025 = 98.7\%$。和前面的 3 字符信源相比,压缩比和效率均有较大提高。若想进一步提高,还可以用 3 个信源字符做二次扩展,即用 3 个信源字符 x_i, x_j, x_k 组成二次扩展信源字符表。自然,编码效率最高只能达到 100%,即平均码长不可能短于字符平均信息量。

表 12.4.4　一次扩展后平均码长的计算结果

	$P(x_i, x_j)$	码字	n_i	$n_i P(x_i, x_j)$
$A = x_1 x_1$	0.4225	1	1	0.4225
$B = x_1 x_2$	0.1625	000	3	0.4875
$C = x_1 x_3$	0.0650	0100	4	0.26
$D = x_2 x_1$	0.1625	001	3	0.4875
$E = x_2 x_2$	0.0625	0110	4	0.25
$F = x_2 x_3$	0.0250	01111	5	0.125
$G = x_3 x_1$	0.0650	0101	4	0.26
$H = x_3 x_2$	0.0250	011100	6	0.15
$I = x_3 x_3$	0.0100	011101	6	0.06
			$\bar{n} = 2.5025$ 比特/双字符	
			$\bar{n} = 1.25125$ 比特/字符	

在上面计算扩展码时,已经暗中假设信源字符表中的各字符 x_i 是独立的,因此有 $P(x_i, x_j) = P(x_i) P(x_j)$。若字符间有相关性,则扩展码中字符的出现概率有可能差别更大,会取得更好的压缩效果。

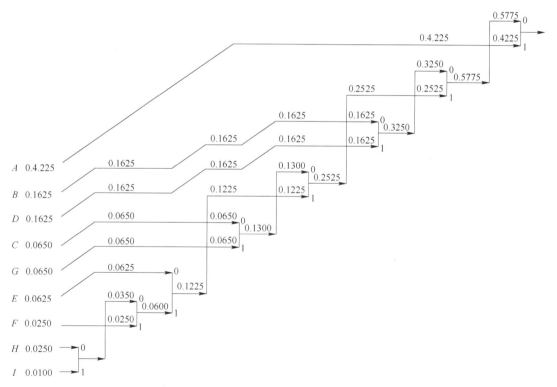

图 12.4.3　一次扩展后霍夫曼码编码过程

12.5　白色加性高斯噪声信道的容量

现在我们来考虑有噪声信道中的信道容量问题。著名的香农定理指出:给定一个容量为 C_c 的离散无记忆信道和一个正速率为 R 的信源,若 $R < C_c$,则必定有一种编码,当其足够长时,使信

源的输出能以任意小的错误概率通过此信道传输。上述无记忆信道是指符号受信道中噪声的干扰仍独立于所有其他符号。

因此，香农定理预言了在有噪声的信道中实际上可以做到无错误传输。遗憾的是，此定理仅告诉我们存在这样的编码，但是没有指出如何构造这样的编码。

对于白色加性高斯噪声的连续信道，它能够传输的最大信息速率由下式给出：

$$C_c = B\log_2(1+S/N) \quad \text{(b/s)} \tag{12.5-1}$$

式中，B 是信道带宽（Hz），S/N 是信噪比。这里容量 C_c 是信道能够传输的最大信息速率，其单位是 b/s。式（12.5-1）常称为香农-哈特莱（Shannon-Hartley）定理（此定理的证明见二维码 12.1）。

由式（12.5-1）可以看出，带宽和信噪比可以交换。例如，若增大带宽则可以减小信噪比而保持容量不变。对于信噪比为无穷大的情况，即无噪声情况，只要带宽不为 0，则容量 C_c 将为无穷大。但是，我们将证明，若有噪声存在，则用增大带宽的办法不能使容量达到任意大。从式（12.5-1）看出，当信道带宽 B 增大时，信道容量 C_c 也开始增大。C_c 增大到一定程度后，其增大变缓慢。当 $B \to \infty$ 时，C_c 趋向于如下极限值：

$$\lim_{B \to \infty} C_c = \lim_{B \to \infty} B\log_2(1+S/n_0B) \quad \text{(b/s)} \tag{12.5-2}$$

令 $x = S/n_0B$，代入上式得到：

$$\lim_{B \to \infty} C_c = \lim_{B \to \infty} \frac{S}{n_0} \frac{Bn_0}{S}\log_2\left(1+\frac{S}{n_0B}\right) = \lim_{B \to \infty} \frac{S}{n_0}\log_2(1+x)^{1/x} \tag{12.5-3}$$

因为当 $x \to 0$ 时，$\ln(1+x)^{1/x} \to 1$，所以上式变为：

$$\lim_{B \to \infty} C_c = S/n_0\ln 2 \approx 1.44S/n_0 \quad \text{(b/s)} \tag{12.5-4}$$

由上式看出，当信道带宽很大，或信号噪声功率比很小时，信道容量趋近于信号功率和噪声功率谱密度之比的 1.44 倍。按照式（12.5-1）画出的曲线如图 12.5.1 所示。

在式（12.5-4）中，信号功率 S 乘以每比特的持续时间 T_b 等于每比特的能量 E_b。而现在每比特的持续时间 $T_b = 1/C_c$，所以每比特的能量：

$$E_b = ST_b = S/C_c \tag{12.5-5}$$

将其代入式（12.5-4），则当 $B \to \infty$ 时，有

$$C_c = \frac{1}{\ln 2}\frac{S}{n_0} = \frac{1}{\ln 2}\frac{E_bC_c}{n_0}$$

或

$$E_b/n_0 = \ln 2 \approx -1.6(\text{dB}) \tag{12.5-6}$$

上式表明，对于 $R_b = C_c$ 的理想系统，当带宽无限增大时，E_b/n_0 趋近于极限值 -1.6 dB。根据式（12.5-3）画出的 E_b/n_0 和 C_c/B 关系曲线如图 12.5.2 所示。图中的横坐标为带宽因子 R_b/B。

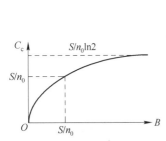

图 12.5.1　白色加性高斯噪声信道的容量

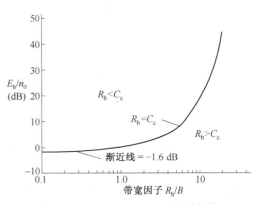

图 12.5.2　E_b/n_0 和 C_c/B 关系曲线

此曲线将第一象限划分为两个区域:在$R_b<C_c$区域,能够得到任意小的错误概率,显然这是我们希望工作的区域;在$R_b>C_c$区域,则不能使错误概率达到任意小。

从图中可以看出带宽和信噪比可以交换的重要关系。若带宽因子R_b/B很大,即比特率远大于带宽,则需要很大的E_b/n_0值才能保证工作在$R_b<C_c$区域。或者说,若信源比特率固定在R_b b/s,并且可用带宽足够大,使$B \gg R_b$,则仅需E_b/n_0略大于-1.6dB就可以工作在$R_b<C_c$区域。这时要求的信号功率为:

$$S \approx R_b n \ln 2 \quad (\text{W}) \tag{12.5-7}$$

这是工作在$R_b<C_c$区域时需要的最小功率。这种状态属于功率受限工作状态。

现在假设带宽受限制,使$R_b \gg B$,则由图可见,需要很大的E_b/n_0值才能工作在$R_b<C_c$区域。这种状态属于带宽受限工作状态。

上述表明,至少在白色加性高斯噪声信道中,香农-哈特莱定律适用,在功率和带宽之间存在交换关系。这种交换关系在通信系统设计中具有重要的指导意义。应当注意的是,这种交换不是自然实现的。它需要将信号经过调制或(和)编码,使其占用的带宽增大,再送入信道传输;在接收端进行相应的解调或(和)解码,恢复原始信号。

设原始信号的带宽为B_1,当以信噪比S_1/N_1传输时,其最大信息传输速率为:

$$R_1 = B_1 \log_2(1+S_1/N_1) \tag{12.5-8}$$

将此信号调制(或)编码后,若仍保持原来的信息传输速率R_1,但是带宽变成B_2,所需信噪比变成S_2/N_2,则应有:

$$R_1 = B_2 \log_2(1+S_2/N_2) \tag{12.5-9}$$

将上两式合并,得到:

$$B_1 \log_2(1+S_1/N_1) = B_2 \log_2(1+S_2/N_2)$$

或

$$\left(1+\frac{S_1}{N_1}\right) = \left(1+\frac{S_2}{N_2}\right)^{B_2/B_1} \tag{12.5-10}$$

当信噪比很大时,上式变为:

$$(S_1/N_1) = (S_2/N_2)^{B_2/B_1} \tag{12.5-11}$$

由式(12.5-11)可以看出,信噪比的改善和带宽比B_2/B_1成指数关系。例如,若信号带宽增至2倍($B_2/B_1=2$),则所需信噪比仅为原信噪比的平方根$[(S_1/N_1)^{1/2}]$,仍能保证以原信息速率做无错误传输。在第4章中已经证明,PCM系统的输出信号量噪比的确随系统的带宽B按指数规律增长(见式(4.4-2))。但是,用调制的方法展宽信号频带,并不能得到这种指数规律增长关系。也就是说,理论上指出的理想效果,还需要在实际中寻找可以实现的途径,它并不是可以自然获得的。

式(12.5-1)还可以改写成如下形式:

$$C_c = B \log_2(1+S/N) = B \log_2\left(1+\frac{E_b/T_b}{n_0 B}\right) = B \log_2\left(1+\frac{E_b}{n_0}\right) \tag{12.5-12}$$

上式推导中利用了关系$BT_b=1$。通常在实际通信系统中,由于噪声功率谱密度n_0可以被认为是常数,即认为n_0和B无关。所以从上式可直接看出,增大带宽B,可以换取E_b的减小,即带宽和比特能量之间也同样有交换关系。

[例12.2] 设1帧黑白电视图像由30万个像素(pix)组成,每个像素能取10个亮度电平,并且这10个亮度电平是等概率出现的。若每秒发送25帧图像,要求图像信噪比达到30dB,试求所需传输带宽。

解:因为每个像素以等概率取10个可能电平,所以每个像素的信息量:

$$I_p = \log_2 10 = 3.32 \quad (\text{b/pix}) \tag{12.5-13}$$

而每帧图像的信息量：

$$I_f = 300\,000 \times 3.32 = 996\,000 \quad （比特/帧） \tag{12.5-14}$$

因为每秒有 25 帧图像,故要求信息传输速率为：

$$996\,000 \times 25 = 24\,900\,000 = 24.9 \times 10^6 \quad （b/s）$$

信道容量 C_c 必须不小于此值。由于要求信噪比为 30 dB,故将这些数值代入式（12.5-1）后, 得出：

$$C_c = B\log_2(1 + S/N)$$

即 $\quad 24.9 \times 10^6 = B\log_2(1 + 1000) \approx B\log_2 1000 = 9.96B$

所以 $\quad B = (24.9 \times 10^6)/9.96 = 2.5 （MHz）$

12.6 小 结

信源压缩编码的目的是减小信号的冗余度,提高信号的有效性。

矢量量化是将 n 个抽样值构成的 n 维矢量,在 n 维欧几里得空间中进行量化,并设计量化器（的区域划分）使量化误差的统计平均值小于给定的数值。量化后的矢量称为码字,对全部码字进行编号并组成码书。传输时,仅传输码字的编号,在接收端将收到的码字编号对照同一码书查出对应的码字。矢量量化与标量量化相比,有可能得到更小的平均量化误差。

信源压缩编码分为两类,即有损压缩和无损压缩。语音和某些图像信号通常采用有损压缩方法编码,因为它们的少许失真不会被人的耳朵和眼睛察觉。数字数据信号不允许有任何损失,所以必须采用无损压缩。

语音压缩编码可以分为三类:波形编码、参量编码和混合编码。对波形编码的性能要求是保持语音波形不变,或使波形失真尽量小。对参量编码和混合编码的性能要求是保持语音的可懂度和清晰度尽量高。

语音参量编码是将语音的主要参量提取出来进行编码。语音的主要参量有浊音或清音（U/V）判决、浊音的基音周期（T_p）、声门输出的声波的强度 $U(z)$、音量（G）和声道参量 $H(z)$。改进参量编码性能的主要途径是采用混合编码。混合编码在激励源中加入了语音波形信息。目前实用的语音压缩方案大多采用各种改进的激励源,特别是采用了矢量量化的码激励。

图像压缩可以分为静止图像压缩和动态图像压缩两类。静止图像压缩利用了邻近像素之间的相关性,并且常常在变换域中进行有损压缩。最广泛应用的静止图像压缩国际标准是 JPEG。动态图像压缩利用了邻近帧的像素之间的相关性,在静止图像压缩的基础上再设法减小邻帧像素间的相关性。最广泛应用的动态图像压缩国际标准是 MPEG。

数据压缩不允许有任何损失,因此只能采用无损压缩方法。由于有限离散信源中各字符的信息含量不同,为了压缩,通常采用变长码。为了确定变长码每个字符的分界,需要采用唯一可译码。唯一可译码又可以按照是否需要参考后继码元译码,分为即时可译码和非即时可译码。即时可译码又称无前缀码。霍夫曼码是一种常用的无前缀变长码,它在最小码长意义上是最佳码。反映数据压缩编码性能的指标为压缩比和编码效率。压缩比是指压缩前（采用等长码）每个字符的平均码长与压缩后每个字符的平均码长之比。编码效率等于编码后的字符平均信息量与编码平均码长之比。当字符表中字符数目较少和出现概率差别不很大时,为了提高编码效果,可以采用扩展字符表的方法,提高编码效率。

信道容量是指信道能够以任意小的错误概率（无错误）传输的最大信息速率。香农-哈特莱定理给出了白色加性高斯噪声连续信道中能够传输的最大信息速率。当信道带宽无限增大时,信道容量不可能无限增大,而是趋近于信号功率和噪声功率谱密度之比的 1.44 倍。此时,每比特能量与噪声功率谱之比 E_b/n_0 趋近于极限值 $-1.6\,\mathrm{dB}$。

由香农-哈特莱定理还得知:信噪比的改善和带宽比成指数关系。

思考题

12.1 试述矢量量化和标量量化的区别。

12.2 试述码书和码字的关系。

12.3 语音压缩编码分为几类?最常用的是哪类?

12.4 语音参量编码中被编码的参量有哪些?

12.5 语音参量编码改进的主要途径是什么?

12.6 图像压缩编码分为哪几类?它们之间有什么关系?

12.7 为什么静止图像压缩常在变换域中进行?

12.8 何谓游程长度编码?

12.9 何谓唯一可译码?唯一可译码分为几类?

12.10 反映数据压缩编码性能的指标有哪两个?试述其定义。

12.11 试述霍夫曼码的优点。

12.12 试述香农定理。

12.13 试写出香农-哈特莱定理给出的信道容量 C_c 的公式,并给出 C_c 的单位。

习题

12.1 设信源的输出字符为 $x_1, x_2, x_3, x_4, x_5, x_6$,其对应的出现概率分别为 $0.4, 0.2, 0.1, 0.1, 0.1, 0.1$。试对此信源进行霍夫曼编码,求出其平均码长和编码效率。

12.2 设有 4 种可能的天气状态:晴、云、雨和雾,它们出现的概率分别是 $1/4, 1/8, 1/8, 1/2$。试对其进行霍夫曼编码。

12.3 设一个信源中包含 6 个消息符号,它们的出现概率分别为 $0.3, 0.2, 0.15, 0.15, 0.1, 0.1$。试对其进行霍夫曼编码,并求出编码的平均长度 L 和效率。

12.4 设一个信源中包含 8 个消息符号,它们的出现概率分别为 $0.1, 0.18, 0.4, 0.05, 0.06, 0.1, 0.07, 0.04$。试对其进行霍夫曼编码,并求出编码的平均长度 L 和效率。

12.5 设一幅图片约有 2.5×10^6 个像素,每个像素有 12 个以等概率出现的亮度电平。若要求用 3 分钟传输这张图片,并且信噪比不低于 $30\,\mathrm{dB}$,试求所需信道带宽。

12.6 设一幅黑白电视画面由 24 万个像素组成,每个像素有 12 个以等概率出现的亮度电平,每秒发送 25 帧画面。若要求接收信噪比为 $30\,\mathrm{dB}$,试求所需传输带宽。

12.7 设一幅彩色电视画面由 30 万个像素组成,每个像素有 64 种颜色和 16 个亮度电平,且所有颜色和亮度的组合均以等概率出现,并且各种组合的出现互相独立。若每秒发送 25 帧画面,试求所需的信道容量。若要求接收信噪比为 $30\,\mathrm{dB}$,试求所需的信道带宽。

12.8 在一个有噪声信中,若信噪比增大 $3\,\mathrm{dB}$,试问该信道容量 C_c 增大多少倍?

第 13 章　通 信 安 全

13.1　概　　述

通信保密的目的是保证信息传输的安全。为此,信息在传输之前需要进行加密,在图1.3.3的数字通信系统模型中"保密编码"方框的功能就是对信息加密。通信安全无论对于军事、政治、商务,还是个人私事,都是非常重要的。信息安全的理论基础是密码学(Cryptology)。密码学是保密通信的泛称,它包括密码编码学(Cryptography)和密码分析学(Cryptanalysis)两方面。为了达到信息传输安全的目的,首先要防止加密的信息被破译;其次还要防止信息被攻击,包括伪造和篡改。为了防止信息的伪造和被篡改,需要对其进行认证(Authenticity)。认证的目的是验证信息发送者的真伪,以及验证接收信息的完整性(Integrity)——是否被有意或无意篡改了?是否被重复接收了?是否被拖延了?认证技术包括消息认证、身份验证和数字签字3方面。本章仅限于简要介绍主要的密码编码理论。

密码编码学研究将消息加密(Encryption)的方法和将已加密的消息恢复成为原始消息的解密(Decryption)方法。待加密的消息一般称为明文(Plaintext),加密的结果则称为密文(Ciphertext)。用于加密变换的一组数据称为密码(Cipher)。通常加密变换的参数用一个或几个密钥(key)表示。

另一方面,密码分析学研究如何破译密文,或者伪造密文使之能被当作真的密文接收。

普通的保密通信系统使用一个密钥,这种密码称为单密钥密码(Single-key Cryptography)。使用这种密码的前提是发送者和接收者双方都知道此密钥,并且没有其他人知道。即假设,消息一旦加密后,不知道密钥的人不可能解密。

另有一种密码称为公共密钥密码(Public-key Cryptography),也称为双密钥密码(Two-Key Cryptography)。这种体制和前者的区别在于,收发两个用户不再共用一个密钥。这时,密钥被分成两部分:一个公共部分和一个秘密部分。公共部分类似公开电话号码簿中的电话号码,每个发送者可以从中查到不同接收者的密码的公共部分。发送者用它对原始发送的消息加密。每个接收者有自己密钥的秘密部分,此秘密部分必须保密,不为人知。

后面各节将对几种重要的密码分别给予介绍。

13.2　单密钥加密通信系统

在图13.2.1中画出一个单密钥加密通信系统的原理方框图。由图可见,在发送端,信源产生出的明文 X,用密钥 Z 加密成为密文 Y,然后通过一个"不安全"的信道,送给一个合法用户。另外,密钥还要通过一个安全信道传给接收者,使接收者能够应用此密钥对密文解密。例如,对于二进制通信系统,可以采用一个很长的 m 序列作为密钥 Z,并采用模2加法作为密钥对明文 X 加密的算法。将此 m 序列(或产生它的算法)通过安全信道送给接收者,使接收端能够用其对接收到的密文解密。解密算法仍是模2加法。这样,发送端的明文经过两次相同的模2加法运算后,在接收端就还原成明文 X。此时,收发两端的 m 序列必须同步。当此 m 序列非常长时,敌方为了破译,不但必须找到此 m 序列本身,而且还要知道其同步位置,这就需要花费大量的时间去搜索,例如若干天甚至若干年。若需要的平均搜索时间大于保密通信所要求的保密时间,我们就认为达到了对此保密通信系统预定的保密要求。目前实用的单密钥加密的保密通信系统中,所用的密钥和算法可能要比上述例子中的 m 序列和模 2 加法复杂很多。加密和解密算法可以用硬件也可以用软件实现,视具体情况而定。

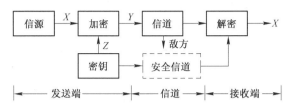

图 13.2.1　单密钥加密通信系统的原理方框图

从上面的例子看出,可以抽象地用如下的数学公式表示其加密和解密过程。令 F 为产生密文 Y 的可逆变换,即有:

$$Y = F(X, Z) = F_Z(X) \tag{13.2-1}$$

在接收端,密文 Y 用逆变换 F^{-1} 恢复成原来的明文 X,即:

$$X = F^{-1}(Y, Z) = F_Z^{-1}(Y) = F_Z^{-1}\left[F_Z(X)\right] \tag{13.2-2}$$

上述这种保密通信系统的安全性取决于密钥的安全性。密钥必须通过安全信道送到接收者,例如通过机要通信部门或专职机要信使等。这种系统能够防止敌人从发送的消息中提取真实信息,是解决安全问题的方法之一。另外,这种系统还能够防止敌方破译人员模仿消息发送者伪造消息,从而也是解决认证问题的方法之一。在后一种情况中,敌方破译人员发送一个"欺骗性"密文 Y' 给接收者(解密设备),接收端有可能在用正确的密钥 Y 解密时发现 Y' 是欺骗性密文,从而建议接收者拒绝此欺骗性密文 Y'。

13.3　分组密码和流密码

就像纠错码可分为分组码和卷积码两大类一样,密码也可分为两大类:分组密码(Block Cipher)和流密码(Stream Cipher)。分组密码对大分组的明文加密,而流密码则对小片明文(几个字符或比特)加密。

图 13.3.1 给出分组密码加密的原理方框图。由串行数据构成的明文被分成长度固定的大的分组。连续的分组用相同的密钥加密。加密后的分组最后再变成串行形式。因此,若有一个特定的分组明文和以前的一个分组相同,则加密后两者的密文也相同。故一个特定密文分组中的每个比特是其对应的明文分组的所有比特和密钥的函数。分组密码的目标是使明文的任意一个比特都不会直接出现在密文中。

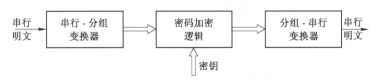

图 13.3.1　分组密码加密原理方框图

分组密码对明文的分组逐个进行固定的相同变换。与此相反,流密码对明文的逐个比特进行不同的变换,即进行时变的变换。最常见的流密码是二进制加性流密码(Binary Additive Stream Cipher),其一般形式如图 13.3.2 所示。在这种密码中,密钥用于控制一个密钥流产生器。此产生器发出一个二进制序列,称为密钥流(Keystream)。密钥流的长度远大于密钥的长度。令 x_n、y_n 和 z_n 分别表示在 n 时刻的明文比特、密文比特和密钥流比特。于是密文比特就简单地决定于明文比特和密钥流比特的模 2 加,即:

$$y_n = x_n \oplus z_n \qquad n = 1, 2, \cdots, N \tag{13.3-1}$$

式中,N 是密钥流长度。因为在模 2 运算中加法和减法是一样的,所以式(13.3-1)也可以写为:

$$x_n = y_n \oplus z_n \qquad n = 1, 2, \cdots, N \tag{13.3-2}$$

因此,在二进制加性流密码中,同样的装置既可以用于加密,也可以用于解密,如图 13.3.2 所示。密钥是按照某种概率分布选择的。为了得到安全的加密,密钥流应当尽可能近似为一个完全随机的序列。如前例提到,若此序列是一个 m 序列,则图 13.3.2 中的密钥流产生器就是一个 m 序列产生器,密钥可以是控制所产生的密钥流性能的 m 序列生成多项式,以及同步信息等。

图 13.3.2 二进制加性流密码工作原理图

分组密码的设计原则通常是使明文分组中很少几个比特的改变在密文输出中会产生很多比特的变化。分组密码的这种错误传播性质在认证中很有价值,因为它使敌方的破译人员不可能修改加密后的数据,除非知道密钥。另外,二进制加性流密码没有错误传播,在密文中的一个错误比特解密后只影响输出中的相应比特。

流密码通常较适用于通过易出错的通信信道传输数据,用于要求高数据率的应用中,例如视频保密通信;或者用于要求传输延迟很小的场合。

下面来考虑对通信安全的基本要求。

在密码编码学中,一个基本假设是,敌方破译人员知道所用加密法的全部机理,只是不知道密钥。我们确认敌方破译人员根据可用的附加资料,企图进行的下列形式的攻击:

- 仅对密文的攻击:这时敌方破译人员能够取得部分或全部密文。
- 对已知明文的攻击:这时敌方破译人员知道用实际密钥构成的某些密文和对应的明文,即知道某些密文–明文对。
- 对选定的明文的攻击:这时敌方破译人员能够发出任何选定的明文消息,并接收到用实际密钥加密的正确密文。
- 对选定的密文的攻击:这时敌方破译人员能够选定任意一段密文,并找出其解密后的正确结果。

上述这些攻击都是密码分析性的攻击。

在实际中经常发生的是仅对密文的攻击。在这种攻击中,敌方破译人员使用仅有的对所用语言的统计结构知识(例如,英文字母 e 的出现概率是 13%,以及字母 q 的后面总跟随着 u)和关于某些可能的字的知识(例如,一封信的开头中可能有"先生"或"女士"两字)进行破译。对已知明文的攻击,可能是利用了编程语言和数据产生中的标准计算机格式。在任何情况下,仅对密文的攻击被看作一个密码系统受到的最轻的威胁。因此,任何系统若不能战胜这种攻击,则被认为是完全不安全的系统。所以,对一个安全的密码系统而言,最低限度应该能够不受仅对密文的攻击的影响,最好还能不受对已知明文的攻击的影响。

13.4　用信息论研究密码的方法

香农[68]早在1949年就从信息论的观点研究密码编码了。在他当时建立的模型中,假定敌方破译人员具有无限的时间和无限的计算能力,且假定敌方仅限于对密文攻击。在此模型中,密码分析的定义是,给定密文以及各种明文和密钥的先验概率,搜寻密钥的过程。当敌方破译人员获得密文的唯一解时,就成功地解密了。这时系统的安全性就认为被破坏了。

令 $X=(X_1,X_2,\cdots,X_N)$ 表示一个 N 比特的明文消息,$Y=(Y_1,Y_2,\cdots,Y_N)$ 表示相应的 N 比特密文,即明文和密文的比特数相同。假定用于构造此密文的密钥 Z 服从某种概率分布。X 的不确定性用 $H(X)$ 表示,以及给定 Y 后 X 的不确定性用条件熵 $H(X/Y)$ 表示。X 和 Y 之间的互信息量定义为:

$$I(X;Y)=H(X)-H(X/Y) \tag{13.4-1}$$

互信息量 $I(X;Y)$ 在香农的模型中是安全性的基本度量。

13.4.1　完善安全性

假定敌方破译人员只能够看到密文 Y,则适于将一个保密系统的完善安全性定义为明文 X 和密文 Y 之间是统计独立的。即:

$$I(X;Y)=0 \tag{13.4-2}$$

将上式代入式(13.4-1),可得:

$$H(X/Y)=H(X) \tag{13.4-3}$$

式(13.4-3)表明,敌方破译人员最多只能按照所有可能消息的概率分布,从给定的密文 Y,去猜测明文消息 X。

给定密钥 Z 后,我们知道:

$$H(X/Y)\leqslant H(X,Z/Y)=H(Z/Y)+H(X/Y,Z) \tag{13.4-4}$$

当且仅当 Y 和 Z 共同唯一决定 X 时,条件熵 $H(X/Y,Z)$ 为0。当使用已知密钥 Z 解密时,这实在是一个很有价值的假定。因此,可以将式(13.4-4)简化如下:

$$H(X/Y)\leqslant H(Z/Y)\leqslant H(Z) \tag{13.4-5}$$

将式(13.4-5)代入式(13.4-3)可得,为使一个保密系统给出完善的安全性,必须满足条件:

$$H(Z)\geqslant H(X) \tag{13.4-6}$$

式中的不等式是为了达到完善安全性的香农基本界。它表明为了达到完善安全性,一个密钥 Z 的不确定性必须不小于被此密钥所隐蔽的明文 X 的不确定性。

对于明文和密钥的字符集大小一样的情况,使用香农界将给出如下结果:密钥必须至少和明文一样长。对于大多数实际应用情况,这样长的密钥可能是不实用的。然而,当可能的消息数很少,或者完善安全性最为重要的场合,完善安全性可能有用途。

有一个著名的完善安全密码,称为一次一密密码,有时也称为弗纳姆(Vernam)密码。它适用于一些特殊场合,例如要求高度保密的两个用户之间的热线。一次一密密码是一种流密码,其密钥和密钥流相同(见图13.4.1),并且密钥只使用一次,不重复使用。

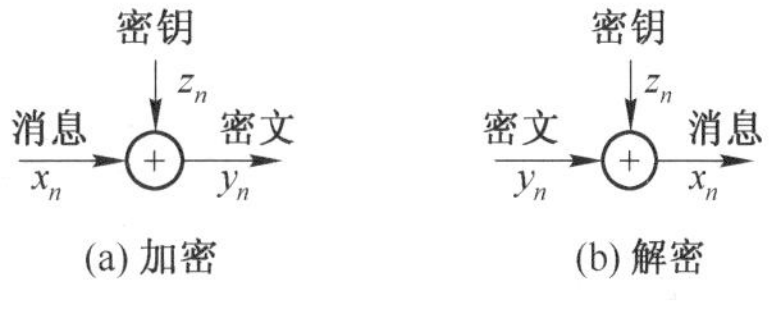

图 13.4.1　一次一密(Vernam)密码

在加密时,输入有两部分:一个是消息比特序列 $\{x_n/n=1,2,\cdots\}$,另一个是统计独立和均匀分布的密钥比特序列 $\{z_n/n=1,2,\cdots\}$。这两个输入序列的模2加给出密文 $\{y_n/n=1,2,\cdots\}$,即有:

$$y_n = x_n \oplus z_n \qquad n = 1, 2, \cdots$$

例如,有一个二进制消息序列 10011010,及一个二进制密钥序列 11100100。这两个序列的模 2 加可以写为:

$$
\begin{array}{ll}
消息: & 10011010 \\
密钥: & \underline{11100100} \\
密文: & 01111110
\end{array}
$$

这里的加密规则是:密钥比特"1"使消息序列中的"0"和"1"互换;密钥比特"0"不使消息序列中的比特改变。求此二进制密文序列和密钥序列的模 2 加,即可恢复消息序列,如下所示:

$$
\begin{array}{ll}
密文: & 01111110 \\
密钥: & \underline{11100100} \\
消息: & 10011010
\end{array}
$$

一次一密密码是完善安全的,因为消息和密文之间的互信息量为 0。所以它是完全不可解密的。

13.4.2 唯一解距离

现在考察一个非完善密码的实际情况并提出这样一个问题:一个敌方破译人员何时能破译此密文?由于截获的文件量随时间增加,所以我们预期,当它增加到某一点时,敌方破译人员用无限的时间和无限的计算能力,能够找到密钥并破译密文。在香农的模型中,这个临界点称为唯一解距离[69],其正式的定义是使条件熵 $H(Z/Y_1, Y_2, \cdots, Y_N)$ 近似为 0 的最小 N。对于一类特殊的"随机密文",唯一解距离近似由下式给出[68]:

$$N_0 \approx H(Z) / (r\log_2 L_y) \qquad (13.4\text{-}7)$$

式中,$H(Z)$ 为密钥 Z 的熵,L_y 为密文字符集的大小,r 为 N 比特密文中所含信息的冗余度百分比,即:

$$r = 1 - H(X) / (N\log_2 L_y) \qquad (13.4\text{-}8)$$

式中,$H(X)$ 为明文 X 的熵。在大多数保密系统中,密文字符集的大小 L_y 和明文字符集的大小 L_x 一样。在这种情况下,r 就是明文本身的冗余度百分比。虽然式(13.4-7)的推导中假定是"随机密文",但是它能够用于估计实际中的普通密文的唯一解距离。

令 K 是密钥 Z 中的数字数目,这些数字是从大小为 L_z 的字符集中选用的,则可以将密钥 Z 的熵表示如下:

$$H(Z) \leqslant \log_2(L_z^K) = K\log_2 L_z \qquad (13.4\text{-}9)$$

当且仅当密钥是完全随机的时,上式等号成立。令密钥字符集的大小 L_z 和密文字符集的大小 L_y 相同,并完全随机地选择密钥以使唯一解距离最大。然后,将式(13.4-9)中的等式代入式(13.4-7),得到如下简单结果:

$$N_0 \approx K / r \qquad (13.4\text{-}10)$$

为了说明式(13.4-10)的应用,让我们来考察一个 $L_x = L_y = L_z$ 的保密系统,它用于对英文文本加密。典型英文文本的冗余度百分比 r 约等于 75%。因此,按照式(13.4-10),一个敌方破译人员在仅截获约 $1.333K$ 比特的密文数据后,就能破译此密码,其中 K 是密钥长度。

然而,值得注意的是,非完善密码仍然有实用价值。当截获的密文包含足够满足式(13.4-7)的信息量时,不能保证敌方破译人员能够用有限计算资源实际破译此密码。特别是,在密码设计时,虽然知道能够以有限的计算量破译,但是破译分析任务之艰巨将耗尽世界上全部的实际计算资源。在这种情况下,非完善密码称为是计算安全的。

13.4.3　数据压缩在密码编码中的作用

无损数据压缩在密码编码中是一个很有用的工具。之所以这样说是因为数据压缩能去除冗余度,因此增大了式(13.4-7)中的唯一解距离。利用这一思路,可以在发送设备中加密之前进行数据压缩,并在接收设备中解密后重新加入其冗余信息。最终结果是,对接收设备输出端的合法用户没有区别,但是信息的传输更为安全了。虽然我们想进行完全的数据压缩以去除全部冗余度,使消息源变成一个完全随机的消息源,得到对任何长度的密钥都有 $N_0 = \infty$,但是没有一种装置能够对实际的消息源做完全的数据压缩,也不可能有这样一种装置。所以,想仅依靠数据压缩来达到数据安全的目的是徒劳的。然而,有限的数据压缩可以提高安全性,所以密码编码者将数据压缩当作一种有用的手段。

13.4.4　扩散与混淆

在香农的密码编码模型中,有两种方法可以作为指导实际密码设计的一般原则,这两种方法称为扩散(Diffusion)和混淆(Confusion),其目的是阻挠敌方对密文的统计分析,使密码极难破译。

在扩散方法中,将明文中一个比特的影响扩散到密文中很多比特,从而将明文的统计结构隐藏起来。这种扩散使敌方需要截获大量资料才能确定明文的统计结构,因为明文的结构只有在很多的分组中才能明显看出。在混淆方法中,数据变换的设计使密文的统计特性与明文的统计特性之间的关系更为复杂。因此,一个好的密码会将这两种方法结合起来使用。

然而,一个具有实用价值的密码,不仅要使敌方破译人员难以破译,还应当易于用密钥加密和解密。我们可以使用乘积密码(Product Cipher)满足这两方面要求。这种密码是建立在"分治(Divide and Conquer)"概念的基础上的。具体地说,一个保密性很强的密码可以由一些简单的密码分量相继加密构成,这些较简单的密码分量分别能使最终的密码有适度的扩散和混淆。乘积密码通常用替代密码(Substitution Cipher)和置换密码(TranspositioN Cipher)作为基本分量。下面将介绍这两种简单的密码。

1. 替代密码

在替代密码中,明文的每个字符用一种固定的替代所代替,代替的字符仍为同一字符表中的字符。特定的替代规则由密钥决定。于是,若明文为:

$$X = (x_1, x_2, x_3, x_4, \cdots)$$

式中,$x_1, x_2, x_3, x_4, \cdots$ 为相继的字符。变换后的密文为:

$$Y = (y_1, y_2, y_3, y_4, \cdots) = [f(x_1), f(x_2), f(x_3), f(x_4), \cdots] \tag{13.4-11}$$

式中,$f(\cdot)$ 是一个可逆函数。当此替代是字符时,密钥就是字符表的交换(permutation)。例如,图 13.4.2 中第一个字符 U 替代 A,第二个字符 H 替代 B,等等。使用替代密码可以得到混淆。

2. 置换密码

在置换密码中,明文被分为具有固定周期 d 的组,对每组做同样的交换。特定的交换规则是由密钥决定的。例如,在图 13.4.3 的交换规则中,周期 $d = 4$。按照此密码,明文中的字符 x_1 将从位置 1 移至密文中的位置 4。因此,明文

$$X = (x_1, x_2, x_3, x_4, x_5, x_6, x_7, x_8, \cdots)$$

将变换成密文　　　　$Y = (x_3, x_4, x_2, x_1, x_7, x_8, x_6, x_5, \cdots)$

虽然密文 Y 中单个字符的统计特性和明文 X 中的一样,但是高阶统计特性却改变了。使用置换密码可以得到扩散。

将简单的替代和置换做交织,并将交织过程重复多次,就能得到具有良好扩散和混淆性能的保密性极强的密码。

明文字符	ABCDEFGHIJKLMNOPQRSTUVWXYZ
密文字符	UHNACSVYDXEKQJRWGOZITPFMBL

图 13.4.2　替代密码

明文字符	x_1	x_2	x_3	x_4
密文字符	x_3	x_4	x_2	x_1

图 13.4.3　置换密码

例如,设明文消息为:　　　　THE APPLES ARE GOOD

使用图 13.4.2 中的交换字符表作为替代密码,则此明文将变换为如下密文:

IYC UWWKCZ UOC VRRA

假设下一步我们将图 13.4.3 中的交换规则用于置换密码,则从替代密码得到的密文将进一步变换成:

CUY IKCWWO CUZRARV

这样,上面的密文和原来的明文相比,毫无共同之处。

13.5　数据加密标准

本节将介绍一种应用扩散和混淆技术的标准加密算法(DES,Data Encryption Standard)。它是美国政府制定的一个标准算法,并得到了广泛的应用。按照这种算法制造的专用信号处理器早已在市场上可以买到[70]。这里的算法一词是指一系列的计算。基本的 DES 算法既可以用于数据加密,也可以用于数据认证。它适用于数据存储、邮政系统、电子转账和电子商务数据交换等。

DES 算法是按照香农的扩散和混淆方法计算的。DES 是一种保密性很强的密码,它对 64 b 长的明文数据进行分组运算,所用的密钥长度为 56 b。实质上,这一算法既用于加密,也用于解密。在 DES 算法中,总变换可以写为 $P^{-1}\{F[P(X)]\}$,其中 X 是明文,P 是某种交换,函数 F 包括替代和置换。函数 F 本身是由某些函数 f 的级联构成的,级联的每一级称为一轮(round)。

图 13.5.1 中的流程图给出 DES 加密算法的详细过程。经过一次初始交换之后,一个 64 b 的明文被分为左半部 L_0 和右半部 R_0,每半部长 32 b。然后,算法完成 16 轮交换,交换的算法决定于密钥,其中第 i 轮交换可以表示如下:

$$L_i = R_{i-1} \qquad i = 1,2,\cdots,16 \qquad (13.5\text{-}1)$$

$$R_i = L_{i-1} \oplus f(R_{i-1}, Z_i) \qquad i = 1,2,\cdots,16 \qquad (13.5\text{-}2)$$

在式(13.5-2)的右端,$\oplus$ 是模 2 加法运算,每个 Z_i 是在第 i 轮中使用的密钥,此密钥长度为 48 b,每轮的密钥 Z_i 均不同。函数 $f(\cdot,\cdot)$ 能给出 32 b 的输出。第 16 轮运算的结果,经过颠倒后,得到 $R_{16}L_{16}$。这个序列再经过最后一次交换 P^{-1},就产生出 64 b 的密文。这样做的目的是,在经过 16 轮决定于密钥的交换之后,原始明文的内容在密文中就变成为不可检测的了。从式(13.5-1)和式(13.5-2)可见,为了解密,函数 $f(\cdot,\cdot)$ 不必是可逆的,因为 (L_{i-1}, R_{i-1}) 能够从 (L_i, R_i) 直接恢复如下:

$$R_{i-1} = L_i \qquad i = 1,2,\cdots,16 \qquad (13.5\text{-}3)$$

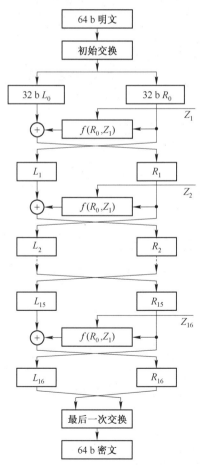

图 13.5.1　DES 算法流程图

$$L_{i-1}=R_i\oplus f(L_i,Z_i)\qquad i=1,2,\cdots,16\tag{13.5-4}$$

即使函数 $f(\cdot,\cdot)$ 是一个非单值函数,即它具有多个逆值,式(13.5-4)也成立。

图 13.5.2 给出计算 $f(\cdot,\cdot)$ 的流程图。32 b 的分组 R 首先扩展成一个新的 48 b 的分组 R';扩展的方法是重复每个相继的 4 b 的两端的比特(即,第 1,4,5,8,9,12,13,16,$\cdots$,28,29,32 比特)。这样,若给定 32 b 的分组 R 为:

$$R=\underbrace{r_1r_2r_3r_4}_{\text{第1个4 b的字}}\quad\underbrace{r_5r_6r_7r_8}_{\text{第2个4 b的字}}\quad\cdots\quad\underbrace{r_{29}r_{30}r_{31}r_{32}}_{\text{第8个4 b的字}}$$

则扩展后的 48 b 的分组 R' 为:

$$R'=\underbrace{r_{32}r_1r_2r_3r_4r_5}_{\text{第1个6 b的字}}\quad\underbrace{r_4r_5r_6r_7r_8r_9}_{\text{第2个6 b的字}}\quad\cdots\quad\underbrace{r_{28}r_{29}r_{30}r_{31}r_{32}r_1}_{\text{第8个6 b的字}}$$

48 b 的分组 R' 和 Z_i 进行模 2 相加,再将相加结果分成 8 个 6 b 的字。令 $B_1,B_2,\cdots,B_8$ 表示这些字。这样,我们可以写出:

$$B_1B_2\cdots B_8=R\oplus Z_i\tag{13.5-5}$$

每个 6 b 的字 B_i 输入到一个替代方框 S_i;后者用查表的方法产生出一个 4 b 的输出 $S_i(B_i)$。替代方框的每个输出比特 $S_i(B_i)$ 是 6 b 字 B_i 的布尔函数。8 个输出 $S_1(B_1),S_2(B_2),\cdots,S_8(B_8)$ 排成一个 32 b 的分组,然后输入到交换方框 $P[\cdot]$。交换所得输出就是所要求的 32 b 的函数 $f(R,Z_i)$:

$$f(R,Z_i)=P[S_1(B_1),S_2(B_2),\cdots,S_8(B_8)]\tag{13.5-6}$$

第 i 次迭代的 48 b 的分组 Z_i 使用 64 b 的密钥 Z_0 的不同子集。决定每个 Z_i 所用的过程称为密钥进程计算,其流程图如图 13.5.3 所示。密钥 Z_0 在位置 8,16,$\cdots$,64 上有 8 个监督比特,用于在对应的 8 b 字节中进行错误检测。错误可能发生在密钥 Z_0 的产生、分配和存储时。"交换选择 1"丢掉 Z_0 的监督比特,只交换剩下的56 b,并将它放入两个 28 b 的移存器中,每个移存器有 24 个抽头。两个移存器的 48 个抽头做 16 次迭代运算,每次迭代包括一次或两次循环左移,然后进行"交换选择 2",从这 16 次迭代得到的输出分别就是第 1 次至第 16 次迭代用的不同的 48 b 密钥分组 $Z_1,Z_2,\cdots,Z_{16}$。

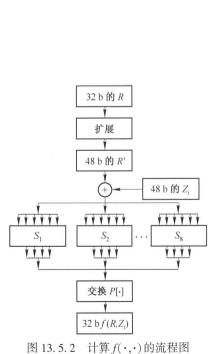

图 13.5.2　计算 $f(\cdot,\cdot)$ 的流程图

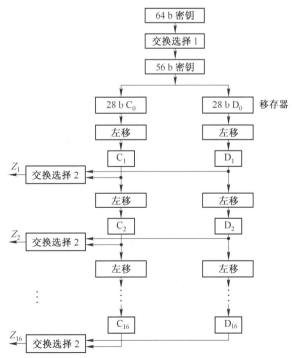

图 13.5.3　密钥进程计算的流程图

277

尽管有许多反对意见,但是似乎没有人能指出 DES 算法有重大弱点。虽然围绕其使用有许多争论,但是或许 DES 算法的最重要的贡献是提升了人们在保密计算机网中使用密码的兴趣。

13.6 公共密钥密码编码方法

1. 基本原理

若两个用户要在一条不安全的信道中进行保密通信,则在通信之前他们需要交换密钥信息。在合法用户之间安全地分配密钥,对于所有保密系统都是必需的,无论是何种类型的系统。在普通的密码编码系统中,用户使用一个安全信道(例如,快递或挂号信)分配密钥。然而,使用这样一个辅助信道使普通的保密通信受到很大限制。毋庸置疑,使用快递或挂号信分配密钥昂贵、不方便,太慢,并且不总是安全的。

密钥分配问题在大的通信网中特别突出,因为在那里可能的连接数目随 $(n^2-n)/2$ 增长,其中 n 是用户数目。当 n 很大时,密钥分配的代价变得非常昂贵。因此,在发展大的安全通信网时,我们不得不依靠不安全信道去交换密钥信息,然后再进行安全通信。这样就产生一个基本问题:如何能通过一个不安全信道安全地交换密钥信息? 在公共密钥密码编码方法中,这似乎是一个很困难的问题。用将部分密钥"公开"的方法,大大简化了密钥的管理工作,从而使问题得到解决。这种方法和普通的密码编码理论完全相反,在后者中密钥需要对敌方破译人员完全保密。

一个公共密钥密码编码系统中,有两种算法计算两个不可逆函数(变换)。令这两种算法用 $\{E_z\}$ 和 $\{D_z\}$ 表示。用这两种算法计算的不可逆变换可以写为:

$$E_z: f_z(x) = y \tag{13.6-1}$$
$$D_z: f_z^{-1}(y) = x \tag{13.6-2}$$

式中,x 是在某个函数 f_z 的域中的一个输入消息,y 是在 f_z 取值范围内相应的密文。对这个系统的基本要求是,函数 f_z 必须是一个单向函数。"单向"的意思是指,在知道算法 E_z 时,必须很容易从 x 中计算出 $f_z(x)$。但是,对于敌方破译人员,必须很难从 f_z 的取值范围内的某个密文 y 中计算出逆函数 $f_z^{-1}(y)$。同时,一个合法用户由于有相关的算法 D_z,所以很容易计算出逆函数 $f_z^{-1}(y)$。因此,秘密密钥(算法)D_z 提供一个"单向门",它使函数 f_z 求逆的问题,从破译人员的观点看,非常困难,但是对于算法 D_z 的唯一合法拥有者来说,却很容易。因为从密钥(算法)E_z 本身不可能算出 f_z 的逆函数 f_z^{-1},可以将它公开出来,所以将此密码称为"公共密钥密码"。

从上述公共密钥密码系统可以形成这样的概念,即一对公钥和私钥具有两个基本性质:(1)消息被这一对密钥之一加密后,能够用另一个密钥解密;(2)知道公钥后,不可能计算出私钥。

使用上述公共密钥密码解决安全问题的办法如下。将一个安全通信系统的用户姓名、地址和公钥列于一本"电话簿"中。当一个用户需要向另一个用户发送保密消息时,查此"电话簿",用对方的公钥对消息加密。加密的消息(即密文)只能由持有对应私钥的用户阅读。即使原始消息(明文)丢失了,其发送者也极难从此密文中恢复出明文。

公共密钥密码体制的密钥管理方法使它特别适用于大型的安全通信网络中。

2. Diffie-Hellman 公共密钥分配系统

Diffie-Hellman 公共密钥分配系统是一种简单但性能优良的系统[71]。这种系统利用的原理是离散指数很容易计算,但是离散对数却很难计算。下面具体分析。

令离散指数函数为:

$$Y = \alpha^X \bmod p \qquad 1 \leqslant X \leqslant p-1 \tag{13.6-3}$$

式中的运算是模 p 运算。α 是一个整数,并且是一个本原元(见附录 G)。因此,X 是 Y 的以 α 为

底的模 p 离散对数：

$$X = \log_\alpha Y \bmod p \qquad 1 \leqslant Y \leqslant p-1 \tag{13.6-4}$$

使用"平方的乘积"法，很容易从 X 计算 Y。例如，对于 $X=16$，有：

$$Y = \alpha^{16} = \left\{ \left[\left(\alpha^2 \right)^2 \right]^2 \right\}^2$$

但是，从 Y 计算 X 则难得多。

在 Diffie-Hellman 公共密钥分配系统中，假定所有用户都知道 α 和 p。若有一用户 i，从一组整数 $\{1,2,\cdots,p\}$ 中，均匀地选择一个独立随机数 X_i，作为私钥，并将离散指数：

$$Y_i = \alpha^{X_i} \bmod p \tag{13.6-5}$$

和用户姓名及地址一起放在"公共电话簿"中。此系统中的其他用户也都这样做。

现在，假设用户 i 和 j 希望进行保密通信。为此，用户 i 从"公共电话簿"中取出 Y_j，并用私钥 X_i 计算：

$$K_{ji} = (Y_j)^{X_i} \bmod p = (\alpha^{X_j})^{X_i} \bmod p = \alpha^{X_j X_i} \bmod p \tag{13.6-6}$$

用户 j 用同样方法计算 K_{ij}。因为：

$$K_{ji} = K_{ij} \tag{13.6-7}$$

所以，用户 i 和 j 可将 K_{ji} 看作普通保密系统中的密钥。敌方若想得到 K_{ji}，必须用从"公共电话簿"中得到的 Y_i 和 Y_j，按照下列公式计算 K_{ji}：

$$K_{ji} = (Y_j)^{\log_\alpha Y_i} \bmod p \tag{13.6-8}$$

由前面的讨论可知，式(13.6-8)中包含离散对数，故难于计算。式(13.6-6)只有离散指数，容易计算，故敌方很难计算出 K_{ji}。显然，敌方没有其他方法求出密钥 K_{ji}。但是这并没有得到证明。这种系统的安全性决定于计算一个离散对数时遇到的困难。

Diffie-Hellman 公共密钥分配系统是这类系统中最老的系统。然而，一般仍认为它是最安全的实用公共密钥分配系统之一。

13.7 RSA 算法

1. RSA 公共密钥密码系统

发明一种公共密钥密码系统不是一件容易的事。虽然在文献中提出过大量的这类系统，但是其中大多数已被证明是不安全的。到目前为止，最成功的公共密钥密码系统是 RSA（Rivest-Shamir-Adleman）系统[72]。它应用了经典数论的概念，被认为是目前最安全的保密系统，因为它曾经被许多专家企图破译而未成功。

RSA 算法是一种分组密码，其理论基础是，求出一个随机的大的（例如，有 100 位数字）素数不难，但是将两个这种数的乘积分解因子，目前被认为是不可能的。具体地说，对于 RSA 算法，其参数计算如下：

（1）随机地选择两个很大的素数 p 和 q，$p \neq q$。素数的选择必须很慎重，因为从有些素数得出的系统性能不好。

（2）将 p 和 q 相乘，得到乘积：

$$pq = n \tag{13.7-1}$$

使用下式求出欧拉函数 $\phi(n)$：

$$\phi(n) = (p-1)(q-1) \tag{13.7-2}$$

从欧拉函数 $\phi(n)$ 的定义可知，式(13.7-2)给出小于 n 的正整数 i 的数目。其中 i 和 n 的最大公因子等于 1，即 i 和 n 互为素数。

例如,设 $p=3$,$q=5$,则 $n=15$,$\phi(n)=(3-1)(5-1)=8$。它表示小于 15 且和 15 互素的正整数 i 共有 8 个,它们是:1,2,4,7,8,11,13,14。

(3) 令 e 是一个小于 $\phi(n)$ 的正整数,它使 e 和 $\phi(n)$ 的最大公因子等于 1。这样,求出一个小于 $\phi(n)$ 的正整数 d,使:

$$de=1 \bmod \phi(n) \tag{13.7-3}$$

于是,RSA 的单向函数由计算下式中的离散指数定义:

$$f_z(x)=x^e=y \bmod n \tag{13.7-4}$$

将 n 和 e 的值组成公共密钥。因此,公布计算函数 f_z 的算法 E_z(它很容易找到)就相当于公布 n 和 e 的值。

素数 p 和 q 组成秘密密钥。因为 d 和 p 及 q 有关,所以拥有计算逆函数 f_z^{-1}(当知道了单向函数 z 时)的算法 D_z,就相当于知道了 p 和 q。具体地说,此逆函数定义为:

$$f_z^{-1}(y)=y^d \bmod n \tag{13.7-5}$$

用式(13.7-3)能求出解密指数 d,这在普通整数算术中相当于:

$$de=\phi(n)Q+1 \tag{13.7-6}$$

式中,Q 是某个整数。应当注意,从式(13.7-2)可知,$\phi(n)$ 本身和 p 及 q 有关。因为 $y=x^e$,所以由式(13.7-3)和式(13.7-4)可得:

$$y^d=x^{de}=x^{\phi(n)Q+1}=\left[(x^{\phi(n)})^Q\right]x \tag{13.7-7}$$

现在利用欧拉的一个著名定理,即对于任何正整数 x 和 n,$x<n$,有:

$$x^{\phi(n)}=1 \bmod n \tag{13.7-8}$$

因此,将式(13.7-8)代入式(13.7-6),就得出所需的解密公式:

$$y^d=x \tag{13.7-9}$$

上述表明,知道素数 p 和 q 后,就容易求出逆函数 f_z^{-1}。

RSA 密码算法的安全性依赖于如下前提:求 f_z 的逆函数的任何方法等效于求分解 $n=pq$ 的方法。这样就产生了一个问题:用分解 n 的方法进行攻击可能吗? 答案是不可能的。若素数 p 和 q 分别由 100 位以上十进制数字组成,目前尚无分解因子的算法。

2. RSA 算法在数字签字中的应用

在商务工作中,用电子函件(Electronic Mail)[①]代替普通纸面函件时,必须使用户能够在一份电子消息上"签字"。使用数字签字能够保证此消息确实是从发送者发来的。为了满足这一要求,数字签字必须具有下列性质:

(1) 一个电子消息的接收设备必须能够验证发送者的签字。

(2) 签字不可能伪造。

(3) 已签字的电子消息的发送者不能否认它。

我们可以应用 RSA 算法实现数字签字,其实现方法如下。

一个拥有私钥 d 的用户可以对给定的消息分组 m 签字为:

$$s=m^d \bmod n \tag{13.7-10}$$

若不知道私钥 d,则很难计算出 s。因此由式(13.7-10)定义的签字很难伪造。此外,消息 m 的发送者不能否认此消息是他发送的,因为其他人不能造出此签字 s。接收设备使用公钥 e 进行如下计算:

$$s^e=(m^d)^e \bmod n=m^{de} \bmod n=m \bmod n \tag{13.7-11}$$

[①] Electronic mail 应当译为"电子函件",而不是常被误译的"电子邮件",因为"邮件"中包含有"包裹"。

式中,最后的等号利用了式(13.7-3)的关系。因此,接收设备计算 $s^e \bmod n$,若得到和解密的消息 m 相同的结果,就证明了发送者的签字是真的。所以,RSA 算法满足一个数字签字的所有必需的性质。

13.8 小 结

密码编码方法按照密钥的公开性可以分为两大类,即秘密密钥密码和公共密钥密码。前者加密和解密使用的密钥是完全保密的,而后者的则是部分公开的。也可以按照其实现方法,分为分组密码和流密码。分组密码存在错误传播现象,但是它在认证中很有价值。

在现有的各种密码中,DES 和 RSA 算法是最为成功的两种。这两种密码都是分组密码,但是前者的密钥是完全保密的,后者的密钥是部分公开的。在秘密密钥系统中,发送者和接收者共用同一密钥。而在公共密钥系统中,密钥分成两部分:公共密钥部分放在发送设备中,而秘密密钥部分放在接收设备中。在这种系统中,若不知道秘密密钥,就不可能用计算的方法从其密文中恢复出明文。

思考题

13.1 试述密码学包括哪两方面内容?

13.2 试述通信安全的目的有哪些?

13.3 何谓认证?

13.4 何谓单密钥密码? 它有什么主要缺点?

13.5 何谓公共密钥密码? 其主要优点是什么?

13.6 试述分组密码和流密码的主要区别和优缺点。

13.7 试问破译人员的攻击可以分为哪几类?

13.8 试述完善性的定义。

13.9 试述使一个保密系统给出完善安全性必须满足的条件。

13.10 何谓香农基本界?

13.11 试问一次一密密码属于何种密码?

13.12 何谓唯一解距离?

13.13 试问数据压缩和密码编码有什么关系?

13.14 何谓扩散? 何谓混淆? 它们和“替代密码”与“置换密码”的关系如何?

13.15 试问在 DES 密码中,密钥的总长度等于多少?

13.16 何谓公共密钥密码体制? 其主要优点有哪些? 它适用于何种通信网络?

13.17 试问公共密钥密码体制中的密钥如何管理?

13.18 试述 RSA 系统的理论基础。

13.19 试述 RSA 算法中参数的计算步骤。

习题

13.1 试画出单密钥加密通信系统的方框图。

13.2 试用数学公式描述单密钥加密和解密过程。

13.3 试画出二进制加性流密码加解密系统的方框图。

13.4 试问在 DES 算法中,密钥按照其总长度计算共有多少不同的组合?若破译人员每微秒能够试探 1 亿种密钥,则试探全部密钥需要花费多少时间?

13.5 在欧拉函数 $\phi(n)$ 中,若 $p=3,q=7$,试求此欧拉函数,并找出小于 21,并和 21 互素的全部正整数。

第 14 章　多输入多输出技术

14.1　概　　述

本书前面各章讨论的通信系统信道都仅有一对输入端和一对输出端,本章将讨论的多输入多输出(MIMO,Multiple-Input and Multiple-Output)技术则是用在信道两端分别有多对输入端和多对输出端的无线电信道。在本书第 1 章和第 5 章中分析过无线电信道中有多径传播和由其产生的码间串扰,因此使信号传输的质量和速率都受到有害影响。然而,在无线电通信系统中采用多个发射天线和多个接收天线,利用多径传播不仅能取得分集接收效果,而且还能利用多径传播发送和接收多路信号,大大提高信道传输能力。MIMO 和智能天线完全不同,后者研发的目的仅是改进单路信号的性能,例如波束形成和分集。MIMO 已经应用在多个通信标准中,例如IEEE802.11n(Wi-Fi)、IEEE802.11ac(Wi-Fi)、HSPA+(3G)、WiMAX(4G)和 4G(LTE)中。

一般说来,一条无线链路两端的收发天线组合共有 4 种,即单输入单输出(SISO),单输入多输出(SIMO),多输入单输出(MISO)和多输入多输出(MIMO)。SISO 无线通信系统在本书前面各章已经讨论了。现在讨论其他 3 种系统。

1. 单输入多输出(SIMO)无线通信系统

在 1.4.4 节中提到过,多径效应会使数字信号的码间串扰增大,影响接收信号的质量,因此一种传统的想法是设法利用多副接收天线系统,消除或减小多径效应的影响。这就是用分开一定距离的多副接收天线,接收同一发射天线发射来的信号(图 14.1.1)。两副天线间的距离越大,其接收信号之间的相关性越小或者不相关。由于各副天线的信号衰落时间不同,故将各副天线的信号合并起来或者选择质量好的信号接收,就可以改善接收信号的质量。这种接收方法称为分集接收法。若要得到分集效果,必须解决各路接收信号之间的同相相加问题。

2. 多输入单输出(MISO)无线通信系统

在上面讨论的单输入多输出(SIMO)系统中,在接收端采用了空间分集,即按照不同空间划分几条信号传播路径,达到改善接收信号质量的目的。这种分集方法需要在接收端设置几副接收天线。在移动通信中的移动接收端(例如,手机),若发射频率不是很高(即波长不是很短),可能由于移动设备太小而不适宜安装多副天线,但是在固定接收站则可以安装,例如用在 Wi-Fi 的路由器中。手机一类的小型终端若不适合采用多副接收天线,可以采用多输入单输出分集法,见图 14.1.2。

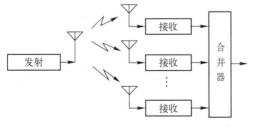

图 14.1.1　SIMO 通信系统

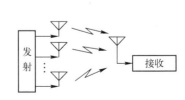

图 14.1.2　MISO 通信系统

在这种分集中,接收端只有一副天线,它接收来自不同发射天线的信号。由于每路信号的传播路径不同,信号同时受到严重衰落的概率很小,因而提高了接收信号的可靠性。因为几路接收信号最终要合并成一路接收信号,所以发送端的几个天线只能发送相同的信号。MISO 系统可以称为发射分集系统。

3. 多输入多输出(MIMO)无线通信系统

在 MIMO 通信系统(图 14.1.3)中,收发双方使用同时工作的多副天线进行通信,并且通常采用复杂的信号处理技术来显著提高可靠性、传输距离和通信容量。这里,一个信息可以用不同的发射天线重复发送,或者将几个不同来源的信息用不同的发射天线发送。

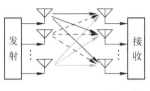

图 14.1.3　MIMO 通信系统

通常用 $m \times n$ MIMO 表示一个 MIMO 系统的天线数量,其中 m 为发射天线数目,n 为接收天线数目。例如,3×3 MIMO 系统有 3 副发射天线和 3 副接收天线($m = n = 3$)。

在 SISO 通信系统中,系统的容量由式(12.5-1)给出。在 MIMO 系统中,若几副天线发送相同的信号,则在接收端只能利用分集接收法改善接收信号的信噪比,从式(12.5-1)可见,当信噪比 S/N 增大时,系统容量 C_c 只能按照对数规律缓慢增加。然而当几副天线发送不同的信号,且天线之间互不相关时,相当于此 MIMO 系统有多个独立的信道,它们可以分别独立地同时传输不同的信息,因此系统容量随着收发天线数目(m 和 n)较小者的增大而按比例(线性地)增加。

例如,假设 $m = 2$,$n = 3$,当信道没有衰落时(即理想恒参信道),2 副发射天线同时发送 2 路不同的信息,3 副接收天线同时接收 2 路不同的信息,此 MIMO 系统的通信容量将为 SISO 系统的 2 倍。对于衰落信道,因为还可以利用多出的一副接收天线做分集接收,此 MIMO 系统的通信容量将略高于衰落信道 SISO 系统通信容量的 2 倍。

当 MIMO 系统 2 副天线发送不同的信息时,系统的信息传输速率可以成倍地增加,这称为 MIMO 的复用模式;当 2 副天线发送相同的信息时,系统的可靠性可以增大,这称为 MIMO 的分集模式。

前面讨论过的 SIMO、MISO 和 SISO 可以看作 MIMO 的特例。

在 MIMO 系统中有多副发射天线和接收天线,因此可以利用时间和空间两维来构造空时编码 STC(Space Time Code)。这样能有效抵消衰落,提高功率效率,并且能够在信道中实现并行多路传送,提高频谱效率。需要说明的是,空时编码因为利用了分集效应,所以需要在多径信道中应用。

空时编码主要有下列几种:空时分组码(STBC,Space Time Block Code)、贝尔分层空时结构(BLAST,Bell Layered Space Time Architecture)、空时格型编码(STTC,Space Time Trellis Code)、循环延迟分集(Cyclic Delay Diversity)等。应用这几类编码的接收机需要已知信道传输参数。另外,还有适用于不知道信道传输参数情况的差分空时编码(DSTC,Differential Space Time Code)等。

14.2　分集接收信号的合并方法

在 14.1 节中提到过分集接收,它将几个来自不同传播路径的同一信号合并,以求提高信号的可靠性。几个同一来源的接收信号的合并方法有下列 3 种:

（1）选择法

选择法又称开关法，其基本原理是选择每瞬间最强的一路接收信号输出。显然，这种方法得到的输出信号噪声比始终等于最强信号那一路的信号噪声比。这种方法的主要缺点是选择开关在快速衰落信号间挑选最强信号的过程中，必然存在开关瞬变及滞后效应，影响信号质量。当路数增多时这种影响更为显著。此外，未被选用的信号弃之不用，也不合算。

（2）直接合并法

在直接合并法中，接收机输出信号是由各路天线接收信号（包括噪声）以等增益相加合成的。各接收天线接收到的信号是同一发射机发射的，可以调整各路信号的相位使之相同，因此各路信号按电压相加。而各路信号中的噪声互相无关，在合并时是按功率相加的。结果是，在大多数情况下，信噪比得到改善。例如，当只有两路接收信号分集时，若此两路信号和噪声的功率均相等，则合并后的信噪比可以得到 3 dB 的改进；但是若其中一路信号很弱，例如第二路信号完全消失（但是接收电路的噪声仍然存在），则输出信噪比可能反而比输入信噪比坏 3 分贝。

（3）最佳比值合并法

在直接合并法中，输出信噪比可能低于收入信噪比的原因在于各路信号直接一比一相加，因此可以想到若各路信号按一定比例相加，使信号强的一路输出大一些，信号弱的一路输出小一些，甚至不输出就能克服这个缺点。若能够调整各路信号合并时的比例，使合并后的输出信噪比最大，就称为最佳比值合并（又称最大比值合并）。

现在研究最佳比值合并时，接收信号的最佳输出信噪比。

假设在最佳比值合并中（见图 14.2.1），对应一个发射信号有 N 副接收天线，这 N 路接收信号分别经过加权后相加（各路信号的相位经过调整后，同相相加）合并，得到合并后的接收信号 $s_{\mathrm{r}}(t)$。

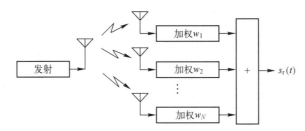

图 14.2.1　最佳比值合并分集接收

假设发射信号的（归一化）功率为 P_{s}，第 n 条支路接收信号的（归一化）功率为 $A_n^2 P_{\mathrm{s}}$，第 n 条支路接收信号的（归一化）幅度为 $A_n\sqrt{P_{\mathrm{s}}}$，其中 A_n 表示信号幅度经过传输受到的衰减；A_n 越大接收信号越强。在各路信号合并时，假设每条支路加权系数为 w_n，$n=1,2,\cdots,N$，则加权后第 n 条支路接收信号的幅度为 $w_n A_n\sqrt{P_{\mathrm{s}}}$。若各条支路接收信号被调整为同相后加权叠加，则合并后的信号幅度为

$$\sum_{n=1}^{N} w_n A_n\sqrt{P_{\mathrm{s}}}$$

假设接收机噪声主要为内部噪声，并且假设各支路中的噪声功率相同，都等于 N_0。第 n 条支路的噪声功率被加权 w_n^2。因为不同支路上的噪声是不相关的，合并时噪声按功率相加，而信号按幅度相加，所以合并后的信号信噪比为

$$r(w_1,w_2,\cdots,w_N)=\left(\sum_{n=1}^{N} w_n A_n\sqrt{P_{\mathrm{s}}}\right)^2 \bigg/ \sum_{n=1}^{N} w_n^2 N_0 = \left(\frac{P_{\mathrm{s}}}{N_0}\right)\left(\sum_{n=1}^{N} w_n A_n\right)^2 \bigg/ \sum_{n=1}^{N} w_n^2 \qquad (14.2\text{-}1)$$

显然合成信号的信噪比是各支路加权系数 w_n，$n=1,2,\cdots,N$，的函数。要使合成信号的信噪比取

最大值,就需要求上式对 w_n 的极值。显然,$\{w_n\}$,$n=1,2,\cdots,N$ 不全为零,因此需要对 $r(w_1,w_2,\cdots,w_N)$ 求偏导,即极值点必定满足

$$\frac{\partial \gamma(w_1,w_2,\cdots,w_n)}{\partial w_i}=0,\quad i=1,2,\cdots,N \tag{14.2-2}$$

即 $\left(\dfrac{P_s}{N_0}\right)\left[2A_i\displaystyle\sum_{n=1}^{N}w_nA_n\bigg/\sum_{n=1}^{N}w_n^2\right]-\left(\dfrac{P_s}{N_0}\right)\left[2w_i\left(\displaystyle\sum_{n=1}^{N}w_nA_n\right)^2\bigg/\left(\displaystyle\sum_{n=1}^{N}w_n^2\right)^2\right]=0,\quad i=1,2,\cdots,N$

$$\tag{14.2-3}$$

上式化简后,得到 $\qquad A_i\displaystyle\sum_{n=1}^{N}w_n^2-w_i\sum_{n=1}^{N}w_nA_n=0,\quad i=1,2,\cdots,N \tag{14.2-4}$

例如,当仅有两条接收支路(即仅有两个接收天线)时,得到

对于第 1 条支路,$i=1$,有 $\qquad A_1\displaystyle\sum_{n=1}^{N}w_n^2-w_1\sum_{n=1}^{N}w_nA_n=0 \tag{14.2-5}$

对于第 2 条支路,$i=2$,有 $\qquad A_2\displaystyle\sum_{n=1}^{N}w_n^2-w_2\sum_{n=1}^{N}w_nA_n=0 \tag{14.2-6}$

由 $w_2\times$式(14.2-5)$-w_1\times$式(14.2-6),可得

$$w_1A_2\sum_{n=1}^{N}w_n^2=w_2A_1\sum_{n=1}^{N}w_n^2 \tag{14.2-7}$$

显然 $$\sum_{n=1}^{N}w_n^2\neq 0 \tag{14.2-8}$$

故有 $$w_1A_2=w_2A_1 \tag{14.2-9}$$

同理可得 $$w_iA_j=w_jA_i \tag{14.2-10}$$

即 $$\frac{w_i}{w_j}=\frac{A_i}{A_j},\quad i,j=1,2,\cdots,N,\quad i\neq j \tag{14.2-11}$$

上式表明,当每条支路的加权系数 w_i 之比等于其支路上的信号幅度衰减 A_i 之比时,可以得到最佳的信号合并。换言之,接收信号幅度越大(即 A_i 越大),加权系数应该越大,该路信号在合并时占有的比重也越大。

[例14.1] 若分集接收路数 $N=2$,接收信号幅度衰减分别为 $A_1=10^{-6}$ 和 $A_2=10^{-7}$,试计算最佳比值合并时所能获得的增益。

当只有 1 路(A_1)时,按照式(14.2-1)计算接收信噪比为

$$r(w_1)=\frac{P_s}{N_0}\frac{(w_1A_1)^2}{w_1^2}=\frac{P_s}{N_0}(10^{-12}) \tag{14.2-12}$$

当 2 路信号分集时,$A_1=10^{-6}$ 和 $A_2=10^{-7}$,按照式(14.2-11),有

$$\frac{w_1}{w_2}=\frac{A_1}{A_2}=10$$

这时最佳比值合并分集接收信噪比按照式(14.2-1)计算,即

$$r(w_1,w_2)=\frac{P_s}{N_0}\frac{(w_1A_1+w_2A_2)^2}{w_1^2+w_2^2}=\frac{P_s}{N_0}(1.01\times10^{-12}) \tag{14.2-13}$$

当 2 路信号分集时,$A_1=A_2=10^{-6}$,则最佳比值合并分集接收信噪比为

$$r(w_1,w_2)=\frac{P_s}{N_0}\frac{(w_1A_1+w_2A_2)^2}{w_1^2+w_2^2}=\frac{P_s}{N_0}(4\times10^{-12}) \tag{14.2-14}$$

比较式(14.2-12)、式(14.2-13)和式(14.2-14)可见,即使第 2 路接收信号很弱(即信噪比很差),在最佳比值合并时对合并后信号的信噪比改善也是有帮助的,而随着第 2 路信号强度增

大,合并后信号的信噪比改善也随之大增。

上面介绍的是分集信号合并的方法,并且是空间分集法中的信号合并方法。除了空间分集法,还有频率分集法、极化分集法等,它们利用发送不同频率或不同极化的信号实现分集,这样的体制需要发送几个不同频率或极化的信号,因此发送设备相对要复杂些。

14.3 MIMO 的基本原理

为了简明,在图14.3.1中画出了只有两个输入和两个输出的 MIMO 通信系统,用2×2 MIMO 表示它。

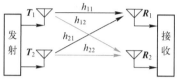

在 2×2 MIMO 通信系统中,因为有两副接收天线,所以可以同时接收两路不同的信号。在图14.3.1中,T_1、T_2 为两发射信号矢量(即振幅和相位),R_1、R_2 为接收信号矢量,h_{11}、h_{12}、h_{21} 和 h_{22} 分别表示4个传播路径上的信号衰减。于是,可以写出下面两个方程式

图 14.3.1　2×2 MIMO 通信系统

$$R_1 = h_{11}T_1 + h_{21}T_2 \tag{14.3-1}$$

$$R_2 = h_{12}T_1 + h_{22}T_2 \tag{14.3-2}$$

式(14.3-1)和式(14.3-2)可以写成如下矩阵式

$$\begin{bmatrix} R_1 \\ R_2 \end{bmatrix} = \begin{bmatrix} h_{11} & h_{21} \\ h_{12} & h_{22} \end{bmatrix} \begin{bmatrix} T_1 \\ T_2 \end{bmatrix} \tag{14.3-3}$$

式(14.3-3)可以改写为

$$\boldsymbol{R} = \boldsymbol{HT} \tag{14.3-4}$$

式中

$$\boldsymbol{R} = \begin{bmatrix} R_1 \\ R_2 \end{bmatrix}, \quad \boldsymbol{H} = \begin{bmatrix} h_{11} & h_{21} \\ h_{12} & h_{22} \end{bmatrix}, \quad \boldsymbol{T} = \begin{bmatrix} T_1 \\ T_2 \end{bmatrix}$$

MIMO 系统的性能和矩阵 $\boldsymbol{H}$ 有密切关系。当

$$\boldsymbol{H} = \begin{bmatrix} h_{11} & 0 \\ 0 & 0 \end{bmatrix} \quad 或 \quad \boldsymbol{H} = \begin{bmatrix} 0 & 0 \\ 0 & h_{22} \end{bmatrix} \tag{14.3-5}$$

时,MIMO 系统就退化成 SISO 系统了。当

$$\boldsymbol{H} = \begin{bmatrix} h_{11} & 0 \\ 0 & h_{22} \end{bmatrix} \tag{14.3-6}$$

时,MIMO 系统就变成了由两条独立的信道链路组成的系统,因此使系统的容量倍增,达到最大。此时若 h_{11} 和 h_{22} 为常量,则此两条独立信道为恒参信道。若 h_{11} 和 h_{22} 是随时间而变的变量,则是两条独立的衰落信道。若 $h_{11} = h_{22}$,则两条信道的衰减相等,系统容量是单条信道容量的两倍,可以把待发送的信息和发射功率平均分配到两条信道上发送;若 $h_{11} \neq h_{22}$,则两条信道的质量不同,MIMO 系统应该把较多的信息和功率用质量好的信道发送,而把较少的信息用质量较差的信道发送。

MIMO 系统在发送信息前若知道这两条信道的矩阵 $\boldsymbol{H}$ 的参量,就能够按照上述方法分配信息和功率。$\boldsymbol{H}$ 表示传播路径上的信号衰减,它又称为信道状态信息(CSI,Channel State Information)。在双向信道中,可以在接收端将实时测量得到的 CSI 发送给发送端,为此发送端需要发送导频或在每帧信号前插入训练序列。或者,在无法获得 CSI 的情况下,可以设定一组信道矩阵参量,例如设定各条信道的参量相同。

不难看出,若 MIMO 系统有 n 副发送天线和 n 副接收天线,则可以写出

$$H = \begin{bmatrix} h_{11} & 0 & \cdots & 0 \\ 0 & h_{22} & \cdots & 0 \\ \vdots & \vdots & \ddots & \vdots \\ 0 & 0 & \cdots & h_{nn} \end{bmatrix} \tag{14.3-7}$$

式(14.3-7)形式的信道衰减矩阵能使链路具有 n 个独立信道。这种形式的方阵 H，只在其主对角线上有非 0 元素，称为对角矩阵。信号传播衰减矩阵 H 若具有对角矩阵形式，就能够使 MIMO 系统的容量随天线数量线性增大，这正是我们寻求的目标。

实际的信道衰减矩阵 H 并不是对角矩阵，若能设法使 H 变成对角矩阵，这样就可以使 MIMO 系统的容量随天线数量线性地增大。此外，H 矩阵也不一定是方阵，它可以是 $m \times n$ 阶矩阵。这时同样需要对 H 做适当的变换，使之变成具有对角矩阵的形式。

H 的变换涉及线性代数中的奇异值分解(SVD，Singular Value Decomposition)理论。奇异值分解理论给出：假设 H 是一个 $m \times n$ 阶矩阵，其中的元素全为实数或复数，则存在下述分解

$$H = U\Sigma V^{\mathrm{T}} \tag{14.3-8}$$

式中　U 和 V 也决定于信道状态信息，U 和 V 均为单位正交矩阵，即 $UU^{\mathrm{T}} = I$ 和 $VV^{\mathrm{T}} = I$，Σ 为 $m \times n$ 阶对角矩阵，即它仅在主对角线上有非 0 元素。Σ 的一般形式为

$$\Sigma = \begin{bmatrix} \lambda_1 & 0 & \cdots & 0 \\ 0 & \lambda_2 & \cdots & 0 \\ \vdots & \vdots & \ddots & \vdots \\ 0 & 0 & \cdots & \lambda_n \end{bmatrix} \tag{14.3-9}$$

式中　λ_i 称为奇异值。

由式(14.3-4)可知，H 决定发射信号矢量 T 和接收信号矢量 R 之间的关系。为了使 MIMO 系统容量最大，希望 H 是像 Σ 那样的对角矩阵。为此，对系统做如下改变：

将式(14.3-8)代入式(14.3-4)，得到

$$R = (U\Sigma V^{\mathrm{T}})T \tag{14.3-10}$$

在发送端将发送信号 T 进行预编码，变成 VT 进行发射；在接收端将接收信号 $(U\Sigma V^{\mathrm{T}})VT$ 先进行预解码(即乘以 U^{T})，变成 $U^{\mathrm{T}}(U\Sigma V^{\mathrm{T}})VT$ 再送去解调。于是，得到接收信号

$$R = U^{\mathrm{T}}(U\Sigma V^{\mathrm{T}})VT \tag{14.3-11}$$

因为 U 和 V 均为单位正交矩阵，即 $UU^{\mathrm{T}} = I$ 和 $VV^{\mathrm{T}} = I$，所以有

$$R = |\Sigma|T \tag{14.3-12}$$

即

$$R = \Sigma T \tag{14.3-13}$$

式(14.3-13)表示发送信号和接收信号之间的信道衰减矩阵是一个对角矩阵，即系统容量能随天线数量成比例地线性增大。这个 MIMO 系统的简化框图可以用图 14.3.2 表示。

预编码将原数据流 T 的 n 个符号分为一组 $\{T_i\}$ $(i = 1,2,\ldots,n)$，用矩阵 V 变换成并行数据流 S，见式(14.3-14)，再用 n 个天线发射出去，其框图如图 14.3.3 所示。

$$\begin{bmatrix} s_1 \\ s_2 \\ \vdots \\ s_n \end{bmatrix} = \begin{bmatrix} v_{11} & v_{12} & \cdots & v_{1n} \\ v_{21} & v_{22} & \cdots & v_{2n} \\ \vdots & \vdots & \ddots & \vdots \\ v_{n1} & v_{n2} & \cdots & v_{nn} \end{bmatrix} \begin{bmatrix} T_1 \\ T_2 \\ \vdots \\ T_n \end{bmatrix} \tag{14.3-14}$$

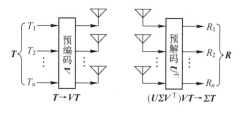

图 14.3.2　MIMO 系统简化框图

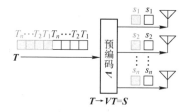

图 14.3.3　预编码框图

为了预编码和预解码,需要知道 $\boldsymbol{V}$ 和 $\boldsymbol{U}$,它们的计算方法如下:

由式(14.3-8)
$$\boldsymbol{H} = \boldsymbol{U}\boldsymbol{\Sigma}\boldsymbol{V}^{\mathrm{T}}$$

可以得到如下性质:
$$\boldsymbol{H}\boldsymbol{H}^{\mathrm{T}} = \boldsymbol{U}\boldsymbol{\Sigma}\boldsymbol{V}^{\mathrm{T}}\boldsymbol{V}\boldsymbol{\Sigma}^{\mathrm{T}}\boldsymbol{U}^{\mathrm{T}} = \boldsymbol{U}\boldsymbol{\Sigma}\boldsymbol{\Sigma}^{\mathrm{T}}\boldsymbol{U}^{\mathrm{T}} \tag{14.3-15}$$
$$\boldsymbol{H}^{\mathrm{T}}\boldsymbol{H} = \boldsymbol{V}\boldsymbol{\Sigma}^{\mathrm{T}}\boldsymbol{U}^{\mathrm{T}}\boldsymbol{U}\boldsymbol{\Sigma}\boldsymbol{V}^{\mathrm{T}} = \boldsymbol{V}\boldsymbol{\Sigma}^{\mathrm{T}}\boldsymbol{\Sigma}\boldsymbol{V}^{\mathrm{T}} \tag{14.3-16}$$

上式中 $\boldsymbol{\Sigma}\boldsymbol{\Sigma}^{\mathrm{T}}$ 与 $\boldsymbol{\Sigma}^{\mathrm{T}}\boldsymbol{\Sigma}$ 的阶数是不同的, $\boldsymbol{\Sigma}\boldsymbol{\Sigma}^{\mathrm{T}} = \boldsymbol{\Sigma}_m$ 是 m 阶方阵,而 $\boldsymbol{\Sigma}^{\mathrm{T}}\boldsymbol{\Sigma} = \boldsymbol{\Sigma}_n$ 是 n 阶方阵,但是它们的主对角线特征值相等,即

$$\boldsymbol{\Sigma}\boldsymbol{\Sigma}^{\mathrm{T}} = \boldsymbol{\Sigma}_m = \begin{bmatrix} \sigma_1^2 & 0 & 0 & \cdots & 0 \\ 0 & \sigma_2^2 & 0 & \cdots & 0 \\ \cdots & \cdots & \ddots & \cdots & \cdots \\ 0 & 0 & \cdots & \sigma_{m-1}^2 & 0 \\ 0 & 0 & \cdots & 0 & \sigma_m^2 \end{bmatrix} \tag{14.3-17}$$

$$\boldsymbol{\Sigma}^{\mathrm{T}}\boldsymbol{\Sigma} = \boldsymbol{\Sigma}_n = \begin{bmatrix} \sigma_1^2 & 0 & 0 & \cdots & 0 \\ 0 & \sigma_2^2 & 0 & \cdots & 0 \\ \cdots & \cdots & \ddots & \cdots & \cdots \\ 0 & 0 & \cdots & \sigma_{n-1}^2 & 0 \\ 0 & 0 & \cdots & 0 & \sigma_n^2 \end{bmatrix} \tag{14.3-18}$$

式中 σ_i^2 为 $\boldsymbol{\Sigma}_m$(和 $\boldsymbol{\Sigma}_n$)的特征值。

$\boldsymbol{H}\boldsymbol{H}^{\mathrm{T}}$ 和 $\boldsymbol{H}^{\mathrm{T}}\boldsymbol{H}$ 也是对称矩阵,可以利用式(14.3-15)做特征值分解,得到的特征矩阵即为 $\boldsymbol{U}$;利用式(14.3-16)做特征值分解,得到的特征矩阵即为 $\boldsymbol{V}$;对 $\boldsymbol{\Sigma}\boldsymbol{\Sigma}^{\mathrm{T}}$ 或 $\boldsymbol{\Sigma}^{\mathrm{T}}\boldsymbol{\Sigma}$ 中的特征值开方,可以得到所有的奇异值 λ_i。

[例 14.2]　已知信道衰减矩阵 $\boldsymbol{H}$,求其特征矩阵 $\boldsymbol{V}$ 和 $\boldsymbol{U}$。

$$\boldsymbol{H} = \begin{bmatrix} 4 & 1 \\ 3 & 2 \end{bmatrix} \tag{14.3-19}$$

解
$$\boldsymbol{H}^{\mathrm{T}} = \begin{bmatrix} 4 & 3 \\ 1 & 2 \end{bmatrix} \tag{14.3-20}$$

则
$$\boldsymbol{H}^{\mathrm{T}}\boldsymbol{H} = \begin{bmatrix} 4 & 3 \\ 1 & 2 \end{bmatrix}\begin{bmatrix} 4 & 1 \\ 3 & 2 \end{bmatrix} = \begin{bmatrix} 25 & 10 \\ 10 & 5 \end{bmatrix} \tag{14.3-21}$$

现在求 $\boldsymbol{H}^{\mathrm{T}}\boldsymbol{H}$ 的特征值 σ^2。

矩阵 $\boldsymbol{H}^{\mathrm{T}}\boldsymbol{H}$ 的特征方程为
$$\boldsymbol{H}^{\mathrm{T}}\boldsymbol{H}\boldsymbol{X} = \sigma^2\boldsymbol{I}\boldsymbol{X}$$

即
$$(\boldsymbol{H}^{\mathrm{T}}\boldsymbol{H} - \sigma^2\boldsymbol{I})\boldsymbol{X} = \boldsymbol{0} \tag{14.3-22}$$

式中,$\boldsymbol{I}$ 为单位矩阵,$\boldsymbol{X}$ 为一未知列矩阵。

求
$$\det(\boldsymbol{H}^{\mathrm{T}}\boldsymbol{H} - \sigma^2\boldsymbol{I}) = 0 \tag{14.3-23}$$

得到
$$\boldsymbol{H}^{\mathrm{T}}\boldsymbol{H} - \sigma^2\boldsymbol{I} = \begin{vmatrix} 25-\sigma^2 & 10 \\ 10 & 5-\sigma^2 \end{vmatrix} = (25-\sigma^2)(5-\sigma^2) - 10\times10 = 0 \tag{14.3-24}$$

故特征方程可以写为 $\qquad\qquad \sigma^4 - 30\sigma^2 + 25 = 0$

$$(\sigma^2 - 29.14213562)(\sigma^2 - 0.85786438) = 0 \qquad (14.3\text{-}25)$$

因此，特征值为 $\qquad\qquad \sigma_1^2 = 29.14213562, \quad \sigma_2^2 = 0.85786438 \qquad (14.3\text{-}26)$

则 $\qquad\qquad\qquad \sigma_1 = \sqrt{29.14213562} = 5.398345637 \qquad (14.3\text{-}27)$

$$\sigma_2 = \sqrt{0.85786438} = 0.926209684 \qquad (14.3\text{-}28)$$

（1）求对角矩阵 $\boldsymbol{\Sigma}$ 和 $\boldsymbol{\Sigma}^{-1}$：

$$\boldsymbol{\Sigma} = \begin{bmatrix} \sigma_1 & 0 \\ 0 & \sigma_2 \end{bmatrix} = \begin{bmatrix} 5.398345637 & 0 \\ 0 & 0.926209684 \end{bmatrix} \qquad (14.3\text{-}29)$$

$$\boldsymbol{\Sigma}^{-1} = \begin{bmatrix} 0.185241935 & 0 \\ 0 & 1.079669122 \end{bmatrix} \qquad (14.3\text{-}30)$$

验证上面的计算：

$$\boldsymbol{\Sigma}\boldsymbol{\Sigma}^{-1} = \begin{bmatrix} 5.398345637 & 0 \\ 0 & 0.926209684 \end{bmatrix} \begin{bmatrix} 0.185241935 & 0 \\ 0 & 1.079669122 \end{bmatrix}$$

$$= \begin{bmatrix} 0.999999991 & 0 \\ 0 & 0.999999996 \end{bmatrix} \approx \begin{bmatrix} 1 & \\ & 1 \end{bmatrix}$$

$$\boldsymbol{\Sigma}^2 = \boldsymbol{\Sigma}\boldsymbol{\Sigma}^{\mathrm{T}} = \begin{bmatrix} \sigma_1^2 & 0 \\ 0 & \sigma_2^2 \end{bmatrix} = \begin{bmatrix} 5.398345637 & 0 \\ 0 & 0.926209684 \end{bmatrix} \begin{bmatrix} 5.398345637 & 0 \\ 0 & 0.926209684 \end{bmatrix}$$

$$= \begin{bmatrix} 29.14213562 & 0 \\ 0 & 0.85786438 \end{bmatrix} \qquad (14.3\text{-}31)$$

所以 $\qquad\qquad\qquad \sigma_1^2 = 29.14213562, \quad \sigma_2^2 = 0.85786438$

（2）求 $\boldsymbol{X}_1$：将 $\sigma_1^2 = 29.14213562$ 代入式（14.3-22），得到

$$\begin{bmatrix} 25 - \sigma_1^2 & 10 \\ 10 & 5 - \sigma_1^2 \end{bmatrix} \begin{bmatrix} x_1 \\ x_2 \end{bmatrix} = \begin{bmatrix} -4.14213562 & 10 \\ 10 & -24.14213562 \end{bmatrix} \begin{bmatrix} x_1 \\ x_2 \end{bmatrix} = \begin{bmatrix} 0 \\ 0 \end{bmatrix} \qquad (14.3\text{-}32)$$

由式（14.3-32）得 $\qquad\qquad -4.14213562 x_1 + 10 x_2 = 0 \qquad (14.3\text{-}33)$

所以 $\qquad\qquad\qquad x_2 = 0.414213562 x_1 \qquad (14.3\text{-}34)$

将式（14.3-34）代入式（14.3-32），得到

$$\boldsymbol{X}_1 = \begin{bmatrix} x_1 \\ x_2 \end{bmatrix} = \begin{bmatrix} x_1 \\ 0.414213562 \boldsymbol{x}_1 \end{bmatrix} \qquad (14.3\text{-}35)$$

令 $\qquad\qquad \boldsymbol{X}_1^{\mathrm{T}}\boldsymbol{X}_1 = \begin{bmatrix} x_1 & 0.414213562 x_1 \end{bmatrix} \begin{bmatrix} x_1 \\ 0.414213562 x_1 \end{bmatrix} = 1 \qquad (14.3\text{-}36)$

$$\boldsymbol{X}_1^{\mathrm{T}}\boldsymbol{X}_1 = x_1^2 + (0.414213562 x_1)^2 = [1 + (0.414213562)^2] x_1^2 = 1.171572874 x_1^2 = 1 \qquad (14.3\text{-}37)$$

$$x_1^2 = 1/1.171572874 = 0.853553391$$

$$x_1 = 0.923879532 \qquad (14.3\text{-}38)$$

由式（14.3-34）得 $\quad x_2 = 0.414213562 x_1 = 0.414213562 \times 0.923879532 = 0.382683431 \qquad (14.3\text{-}39)$

将式（14.3-38）和式（14.3-39）代入式（14.3-32），得到

$$\boldsymbol{X}_1 = \begin{bmatrix} x_1 \\ x_2 \end{bmatrix} = \begin{bmatrix} 0.923879532 \\ 0.382683431 \end{bmatrix}$$

（3）求 X_2：将 $\sigma_2^2 = 0.85786438$ 代入式（14.3-22），得到

$$\begin{bmatrix} 25-\sigma_2^2 & 10 \\ 10 & 5-\sigma_2^2 \end{bmatrix}\begin{bmatrix} x_1 \\ x_2 \end{bmatrix} = \begin{bmatrix} 24.14213562 & 10 \\ 10 & 4.14213562 \end{bmatrix}\begin{bmatrix} x_1 \\ x_2 \end{bmatrix} = \begin{bmatrix} 0 \\ 0 \end{bmatrix} \tag{14.3-40}$$

所以
$$24.14213562x_1 + 10x_2 = 0 \tag{14.3-41}$$
$$x_2 = -2.414213562x_1 \tag{14.3-42}$$

将式（14.3-42）代入式（14.3-40），得到

$$X_2 = \begin{bmatrix} x_1 \\ x_2 \end{bmatrix} = \begin{bmatrix} x_1 \\ -2.414213562x_1 \end{bmatrix} \tag{14.3-43}$$

令
$$X_2^{\mathrm{T}}X_2 = \begin{bmatrix} x_1 & -2.414213562x_1 \end{bmatrix}\begin{bmatrix} x_1 \\ -2.414213562x_1 \end{bmatrix} = 1 \tag{14.3-44}$$

即
$$x_1^2 + (-2.414213562)^2 x_1^2 = x_1^2 \left[1+(-2.414213562)^2 \right] = 1$$
$$x_1^2(6.828427122) = 1, \quad x_1^2 = 0.146446609$$
$$x_1 = 0.382683431 \tag{14.3-45}$$

将式（14.3-45）代入式（14.3-42），得到

$$x_2 = -2.414213562 \times 0.382683431 = -0.923879529 \tag{14.3-46}$$

所以
$$X_2 = \begin{bmatrix} x_1 \\ x_2 \end{bmatrix} = \begin{bmatrix} 0.382683431 \\ -0.923879529 \end{bmatrix} \tag{14.3-47}$$

（4）求 V 和 V^{T}：
$$V = \begin{bmatrix} X_1 & X_2 \end{bmatrix} = \begin{bmatrix} 0.923879532 & 0.382683431 \\ 0.382683431 & -0.923879529 \end{bmatrix} \tag{14.3-48}$$

$$V^{\mathrm{T}} = \begin{bmatrix} 0.923879532 & 0.382683431 \\ 0.382683431 & -0.923879528 \end{bmatrix} \tag{14.3-49}$$

验证上面的计算：

$$VV^{\mathrm{T}} = \begin{bmatrix} 0.923879532 & 0.382683431 \\ 0.382683431 & -0.923879529 \end{bmatrix}\begin{bmatrix} 0.923879532 & 0.382683431 \\ 0.382683431 & -0.923879528 \end{bmatrix} = \begin{bmatrix} 1 & 0 \\ 0 & 1 \end{bmatrix} \tag{14.3-50}$$

（5）求 U：由式（14.3-8）
$$H = U\Sigma V^{\mathrm{T}}$$

得到
$$U = H V\Sigma^{-1}$$

$$= \begin{bmatrix} 4 & 1 \\ 3 & 2 \end{bmatrix}\begin{bmatrix} 0.923879532 & 0.382683431 \\ 0.382683431 & -0.923879529 \end{bmatrix}\begin{bmatrix} 0.185241935 & 0 \\ 0 & 1.079669122 \end{bmatrix}$$

$$= \begin{bmatrix} 4 & 1 \\ 3 & 2 \end{bmatrix}\begin{bmatrix} 0.171141232 & 0.413171483 \\ 0.070889019 & -0.997484199 \end{bmatrix} = \begin{bmatrix} 0.755453947 & 0.655201733 \\ 0.655201734 & -0.755453949 \end{bmatrix}$$

（6）验算 H：

$$H = U\Sigma V^{\mathrm{T}}$$

$$= \begin{bmatrix} 0.755453947 & 0.655201733 \\ 0.655201734 & -0.755453949 \end{bmatrix}\begin{bmatrix} 5.398345637 & 0 \\ 0 & 0.926209684 \end{bmatrix}\begin{bmatrix} 0.923879532 & 0.382683431 \\ 0.382683431 & -0.923879528 \end{bmatrix}$$

$$= \begin{bmatrix} 0.755453947 & 0.655201733 \\ 0.655201734 & -0.755453949 \end{bmatrix}\begin{bmatrix} 4.98742104 & 2.06585743 \\ 0.354445099 & -0.855706165 \end{bmatrix}$$

$$= \begin{bmatrix} 3.999999953 & 0.999999987 \\ 2.999999967 & 1.999999971 \end{bmatrix} \approx \begin{bmatrix} 4 & 1 \\ 3 & 2 \end{bmatrix}$$

由上述分析可知，发送信号 T 经过预编码后，将使信道衰减 Σ 具有对角矩阵形式，能使 MIMO 系统的容量随天线数量线性增大。这样就把信道中有害的多径现象变成有益的现象，可以利用它增大信道容量或提高可靠性。

14.4 MIMO 系统的工作模式

在 MIMO 系统中,有多个发射信号在空中同时传输,如图 14.1.4 所示。在发射端多个天线发射的多个信号可以携带相同的信息,也可以携带不同的信息。若多个信号携带不同的信息同时由多个天线发射出去,则信息传输速率增大,就提高了 MIMO 系统的传输速率,这称为 MIMO 系统的空间复用(Space Multiplexing)模式。若多个信号携带相同的信息同时由多个天线发射出去,使接收端能够提高接收信息的准确度,即提高了 MIMO 系统的信息传输可靠性,这称为 MIMO 系统的空间分集(Space Diversity)模式。

14.4.1 空间复用

空间复用是把一路高速数据流分为几路速率较低的数据流,进行编码、调制,然后分别用不同的天线发送出去。各天线间的距离应使发射信号之间相互独立。接收机接收各路信号,然后解调、解码,将几路数据流合并,恢复出原始信号。为了减小多径效应的影响,在空间复用系统中,通常还采用 OFDM(见 11.4 节),以增长码元持续时间。图 14.4.1 示出两路空间复用 MIMO 系统的框图。图中显示,不同的天线发射不同的信息,因此 MIMO 系统的容量得到倍增。

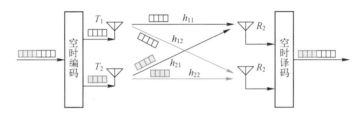

图 14.4.1 两路空间复用 MIMO 系统的框图

当然,空间复用时几副天线发送的数据流不必须是从一路高速数据流分成的几路较低速率数据流,也可以是独立的几路数据流分别送入各副天线。

14.4.2 空间分集

空间分集是对同一组发送数据分别进行编码、调制,用不同的天线进行发送,如图 14.4.2 所示。接收机分别接收信号,经过解调、解码,将接收信号合并,恢复出原始数据。发送端用多副天线发射同一信号而接收端用一副天线接收多副发射天线发射的信号,称为发射分集。发送端用一副天线发射的信号被接收端用多副天线接收,称为接收分集。

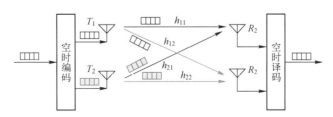

图 14.4.2 空间分集 MIMO 系统框图

14.5　空时编码技术

空时编码将待发送信号编码后用多副发射天线在不同时间发射,使发送信号在时域和空域具有相关性,从而在接收端获得多径带来的效益。无论是空时复用还是空时分集,都需要经过空时编码才能够得到多径的效益,否则只能因多径效应而带来损失。

空时编码器输入信号通常是已调码元,即一个包含特定振幅和相位的正弦波,它可以用一个矢量或复数表示。空时编码器对这个复数处理后,得到代表此码元的多个复数。由这些复数代表的这个码元分别在不同时间送到不同天线上发射。

常用的空时编码方法有:空时分组码(STBC,Space Time Block Code)、贝尔分层空时结构(BLAST,Bell Layered Space Time Architecture)、空时网格码(STTC,Space Time Trellis Code)、差分空时分组码(DSTBC,Differential Space Time Block Code)、循环延时分集(CDD,Cyclic Delay Diversity)、时间切换发射分集(TSTD,Time Switched Transmit Diversity)等。

下面将以空时分组码为例进行重点讨论,其他几种分集只分别做不同程度的介绍。

14.5.1　空时分组码

空时分组码是在空间和时间二维上安排数据分组的,即在多副天线上不同时刻发送不同信息,取得空间分集和时间分集的双重效果,从而降低误码率,提高传输能力。

阿拉莫提(Alamouti)码是空时分组码里最简单的一种,它使用两副发射天线,一副接收天线。在不同时隙发送两个已调码元 s_1, s_2,如图 14.5.1 所示。

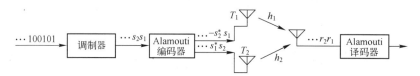

图 14.5.1　阿拉莫提空时分集

为了传输 s_1, s_2 两个码元,在两副天线上先分别发送 s_1 和 s_2,然后发送 $-s_2^*$ 和 s_1^*,如图 14.5.2 所示。

接收端天线每个时刻收到的都是两个码元 s_1 和 s_2 的混合信号。下面讨论在接收端如何将来自天线的此混合信号进行译码,恢复成原来发射的两个独立信号。

参照式(14.3-3)和图 14.5.1 可以写出接收天线先后收到 r_1 和 r_2:

$$r_1 = s_1 h_1 + s_2 h_2 \tag{14.5-1}$$

$$r_2 = -s_2^* h_1 + s_1^* h_2 \tag{14.5-2}$$

即接收端首先收到信号 $r_1 = s_1 h_1 + s_2 h_2$,然后收到信号 $r_2 = -s_2^* h_1 + s_1^* h_2$,它们可以用矩阵形式表示为

$$\begin{bmatrix} r_1 \\ r_2^* \end{bmatrix} = \begin{bmatrix} h_1 & h_2 \\ h_2^* & -h_1^* \end{bmatrix} \begin{bmatrix} s_1 \\ s_2 \end{bmatrix} \tag{14.5-3}$$

式中

$$\boldsymbol{H} = \begin{bmatrix} h_1 & h_2 \\ h_2^* & -h_1^* \end{bmatrix} \tag{14.5-4}$$

为信道衰减矩阵。

　　假设接收端能够获得信道衰减矩阵 $\boldsymbol{H}$ 的数值,并在式(14.5-3)两端乘以 $\boldsymbol{H}$ 的埃尔米特矩阵(Hermitian matrix) $\boldsymbol{H}^{\mathrm{H}}$:

$$\boldsymbol{H}^{\mathrm{H}} = \begin{bmatrix} h_1^* & h_2 \\ h_2^* & -h_1 \end{bmatrix} \tag{14.5-5}$$

$\boldsymbol{H}^{\mathrm{H}}$ 是把 $\boldsymbol{H}$ 矩阵转置后再把每个元素换成它的共轭复数得到的,这样矩阵中每个第 i 行第 j 列的元素都与第 j 行第 i 列的元素共轭相等。

于是得到

$$\begin{bmatrix} h_1^* & h_2 \\ h_2^* & -h_1 \end{bmatrix} \begin{bmatrix} r_1 \\ r_2^* \end{bmatrix} = \begin{bmatrix} h_1^* & h_2 \\ h_2^* & -h_1 \end{bmatrix} \begin{bmatrix} h_1 & h_2 \\ h_2^* & -h_1^* \end{bmatrix} \begin{bmatrix} s_1 \\ s_2 \end{bmatrix} \tag{14.5-6}$$

将其化简后,得到

$$\begin{bmatrix} \tilde{r}_1 \\ \tilde{r}_2^* \end{bmatrix} = (\,|\,h_1\,|^2 + |\,h_2\,|^2\,) \begin{bmatrix} s_1 \\ s_2 \end{bmatrix} \tag{14.5-7}$$

式中

$$\begin{bmatrix} \tilde{r}_1 \\ \tilde{r}_2^* \end{bmatrix} = \begin{bmatrix} h_1^* & h_2 \\ h_2^* & -h_1 \end{bmatrix} \begin{bmatrix} r_1 \\ r_2^* \end{bmatrix} = \boldsymbol{H}^{\mathrm{H}} \begin{bmatrix} r_1 \\ r_2^* \end{bmatrix} \tag{14.5-8}$$

　　式(14.5-7)右端的 $(\,|\,h_1\,|^2 + |\,h_2\,|^2\,)$ 是一个常量,表示信道对发射信号 $s_i\,(i=1,2)$ 的衰减。于是式(14.5-7)左端表示的信号是两个已经分离的 s_1 和 s_2。而原来接收端天线收到的信号 $r_i\,(i=1,2)$ 中,每个 r_i 都包含 s_1 和 s_2 成分。这就是阿拉莫提码的译码过程(见图14.5.3)。

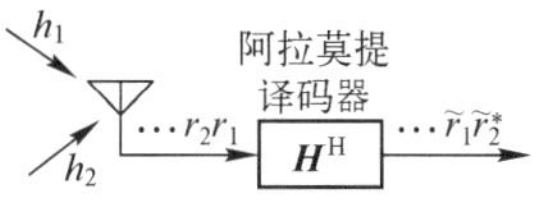

图 14.5.3　阿拉莫提码译码过程

　　阿拉莫提码是1998年提出的,它是空时分组码里最简单的一种,在发送端不需要信道状态信息,在接收端可以用线性处理算法译码,降低了译码的复杂度。阿拉莫提码发明时给出了一个两副发射天线的分集接收方案,后来由 V. Tarokh 等人于1999年推广到多副天线的情况。

14.5.2　贝尔分层空时结构

　　贝尔分层空时结构是 G. J. Foschini 于1996年提出的。它需要在发送端和接收端使用多副天线,接收天线数目不少于发射天线数目,并且接收端译码器需要知道精确的信道状态信息。

　　分层空时结构码的基本原理是,先将系统输入的数据流分成若干组子数据流,各子数据流经过信道编码器编码后,再对其进行分层编码。分层编码后的信号经过调制送至发射天线。

　　贝尔分层空时结构按照发送端分路方式不同分为:对角分层空时结构(DLST, Diagonal Layered Space Time)、垂直分层空时结构(VLST, Vertical Layered Space Time)和水平分层空时结构(HLST, Horizon Layered Space Time)。DLST 具有较好的空时特性及层次结构,使用较多。DLST 与另外两种的主要区别在于编码方法不同。DLST 的空时码,在 m 副天线发送的子数据之间存在分组编码关系,频谱利用率高;而另外两种则不存在子数据之间的编码。

　　下面以4副发射天线($m=4$)为例,介绍这3种编码方法。设4路分层编码器的输入为:

　　分层编码器1的输入——$\ldots s_{41}, s_{31}, s_{21}, s_{11}\, s_{01}$

　　分层编码器2的输入——$\ldots s_{42}, s_{32}, s_{22}, s_{12}\, s_{02}$

　　分层编码器3的输入——$\ldots s_{43}, s_{33}, s_{23}, s_{13}\, s_{03}$

　　分层编码器4的输入——$\ldots s_{44}, s_{34}, s_{24}, s_{14}\, s_{04}$

　　1. HLST:其各分层编码器的输出和输入相同,即

　　分层编码器1的输出——$\ldots s_{41}, s_{31}, s_{21}, s_{11}\, s_{01}$

　　分层编码器2的输出——$\ldots s_{42}, s_{32}, s_{22}, s_{12}\, s_{02}$

分层编码器 3 的输出——$\dots s_{43}, s_{33}, s_{23}, s_{13}\ s_{03}$

分层编码器 4 的输出——$\dots s_{44}, s_{34}, s_{24}, s_{14}\ s_{04}$

2. VLST:其各分层编码器的输出按照垂直方向送出,即

分层编码器 1 的输出——$\dots s_{44}, s_{43}, s_{42}, s_{41}, s_{04}, s_{03}, s_{02}, s_{01}$

分层编码器 2 的输出——$\dots s_{54}, s_{53}, s_{52}, s_{51}, s_{14}, s_{13}, s_{12}, s_{11}$

分层编码器 3 的输出——$\dots s_{64}, s_{63}, s_{62}, s_{61}, s_{24}, s_{23}, s_{22}, s_{21}$

分层编码器 4 的输出——$\dots s_{74}, s_{73}, s_{72}, s_{71}, s_{34}, s_{33}, s_{32}, s_{31}$

3. DLST:其各分层编码器的输出按照对角线送出,即

分层编码器 1 的输出——$\dots s_{44}, s_{43}, s_{42}, s_{41}, s_{04}, s_{03}, s_{02}\ s_{01}$

分层编码器 2 的输出——$\dots s_{53}, s_{52}, s_{51}, s_{14}, s_{13}, s_{12}, s_{11}, 0$

分层编码器 3 的输出——$\dots s_{62}, s_{61}, s_{24}, s_{23}, s_{22}, s_{21}, 0, 0$

分层编码器 4 的输出——$\dots s_{71}, s_{34}, s_{33}, s_{32}, s_{31}, 0, 0, 0$

从上述例子可以看出:HLST 将分层编码器的各路输入直接输出,并没有编码,所以性能最差;而 DLST 将输入在空间和时间上都分散更好,具有最好的分层编码特性,但是存在编码冗余度。

14.5.3 空时网格码

空时网格码是 1998 年由 V Tarokh 等人最早提出的。它是网格编码调制(见 11.5 节)的推广。在 11.5 节中给出了一个用卷积码作为信道编码的 8PSK 调制的 TCM 例子。空时网格码与 TCM 不同之处在于,它把 8PSK 调制的各个码元用不同的天线按空时编码的方法发射出去。

14.5.4 差分空时分组码

在 6.5 节中讲述 DPSK 时指出,由于信道参数不确定(或者说,接收端不知道信道参数),PSK 信号不适合远距离传输,因而改用 DPSK 信号,因为 DPSK 信号在接收时不受信道附加相移的影响。这就是说 DPSK 信号适用于没有信道状态信息的情况。6.5 节讨论的是在 SISO 信道情况下,差分空时码则适用于接收端不知信道状态信息的 MIMO 信道。在图 14.5.4 中,画出了基于 DPSK 调制,使用两副发射天线和阿拉莫提空时码的发射机框图。

图 14.5.4　发射机框图

14.5.5 循环延时分集

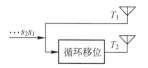

循环延时分集将一个信号经过不同延迟时间分别在几个天线上发送,这样就增大了信号经过信道的传输时间。对这样几路不同时延的信号,接收端相当于收到了几路人为的多径信号。循环延时分集常用在 OFDM 系统中,将经过不同的循环移位的 OFDM 信号,分别送到几副天线来发送,可以减小码间串扰。在图 14.5.5 中示出了两副天线循环延时分集发送端的框图。

图 14.5.5　循环延时分集发送端的框图

14.5.6 时间切换发射分集

时间切换发射分集是切换不同发射时间的分集,它将发射时隙编号后,根据时隙号的奇、偶,

在两个天线上交替发射信号。例如奇数时隙用第 1 副天线发射,偶数时隙用第 2 副天线发射。

14.6 小 结

本书前面各章论述的通信系统信道只有单输入端和单输出端。对于无线通信系统的一条链路而言,这意味着链路两端只有一副发射天线和一副接收天线。在这种无线链路中,多径传播(见 1.4.4 节)是有害的,它使接收信号产生衰落。然而,在 MIMO 系统中,却可以利用这种多径传播现象取得好处。

一般说来,一条无线链路两端的收发天线数量共有 4 种组合,即单输入单输出(SISO),单输入多输出(SIMO),多输入单输出(MISO)和多输入多输出(MIMO)。SISO 通信系统在本书前面各章已经讨论了。本章讨论其他 3 种系统。

SIMO 系统有一副发射天线和多副接收天线,这时可以利用多副接收天线作为分集接收。多个分集接收的信号合并为一路信号前,需要将各路信号的载波相位调整至相同,才适宜合并送到接收机去处理。多路分集信号合并有多种方法,其中最佳比值合并法的性能最好。

MISO 系统有多副发射天线和一副接收天线,这时可以利用一副接收天线接收来自多个发射天线发射的信号。由于只有一副接收天线和一部接收机,故几副发射天线必须发送同一信号。这称为发射分集。

因为 MIMO 系统有多副发射天线和多副接收天线,各发射天线可以发送同一信号,也可以发送携带不同信息的不同信号,在发送端和接收端之间形成多个独立的信道,所以 MIMO 系统既可以构成分集接收系统,也可以构成复用系统,使系统的传输能力比 SISO 系统的传输能力成倍增强。因此 MIMO 系统有两种工作模式,即空间分集模式和空间复用模式。

MIMO 系统采用空时编码使发送信号在时域和空域具有相关性。常用的空时编码方法有:空时分组码、贝尔分层空时结构、空时网格码、差分空时分组码、循环延时分集、时间切换发射分集等。

思考题

14.1 SIMO 系统能够以空间复用模式工作吗?为什么?

14.2 MISO 系统能够以空间复用模式工作吗?为什么?

14.3 分集接收信号有哪几种合并方法?分别叙述其优缺点。

14.4 试述 MIMO 系统的工作原理。

14.5 MIMO 系统有哪些工作模式?各有什么功能?

14.6 什么是空时编码技术?

14.7 什么是空时分组码?

14.8 阿拉莫提空间分集系统的发送端和接收端是否需要信道状态信息?

14.9 试述分层空时结构码的基本原理。

14.10 贝尔分层空时结构按照发送端分路方式不同分为几种结构?其中哪种结构性能最好?

习题

14.1 一个采用最佳比值合并的分集系统,若分集接收路数 $N=2$,接收信号幅度衰减分别为 $A_1=10^{-6}$ 和 $A_2=5\times10^{-7}$,试计算最佳比值合并时得到的信噪比。

14.2 假设一个 2 副发射天线和 2 副接收天线的 MIMO 系统,其信道衰减矩阵 $\boldsymbol{H}=\begin{bmatrix}1&2\\1&4\end{bmatrix}$,试求其特征矩阵 $\boldsymbol{V}$ 和 $\boldsymbol{U}$。

附录 A 巴塞伐尔(Parseval)定理

令 $x^*(t)$ 为 $x(t)$ 的共轭函数,则有:

$$\int_{-\infty}^{\infty} x^*(t)h(t+\tau)\,\mathrm{d}t = \int_{-\infty}^{\infty} x^*(t)\left[\int_{-\infty}^{\infty} H(f)\,\mathrm{e}^{j\omega(t+\tau)}\,\mathrm{d}f\right]\mathrm{d}t$$

$$= \int_{-\infty}^{\infty}\left[\int_{-\infty}^{\infty} x^*(t)\,\mathrm{e}^{j\omega t}\,\mathrm{d}t\right]H(f)\,\mathrm{e}^{j\omega\tau}\,\mathrm{d}f = \int_{-\infty}^{\infty} X^*(f)H(f)\,\mathrm{e}^{j\omega\tau}\,\mathrm{d}f \tag{A-1}$$

上式对于任何 τ 值都正确,所以可以令 $\tau=0$。这样,上式可以化简成:

$$\int_{-\infty}^{\infty} x^*(t)h(t)\,\mathrm{d}t = \int_{-\infty}^{\infty} X^*(f)H(f)\,\mathrm{d}f \tag{A-2}$$

若 $x(t)=h(t)$,则上式可以改写为:

$$\int_{-\infty}^{\infty} |x(t)|^2\,\mathrm{d}t = \int_{-\infty}^{\infty} |X(f)|^2\,\mathrm{d}f \tag{A-3}$$

若 $x(t)$ 为实函数,则上式可以写为:

$$\int_{-\infty}^{\infty} x^2(t)\,\mathrm{d}t = \int_{-\infty}^{\infty} |X(f)|^2\,\mathrm{d}f \tag{A-4}$$

上述就是巴塞沃伐定理。式(A-3)和式(A-4)表明,由于一个实信号平方的积分,或一个复信号振幅平方的积分,就等于信号的能量,所以信号频谱密度振幅平方 $|X(f)|^2$ 对 f 的积分也等于信号能量。故称 $|X(f)|^2$ 为信号的能量谱密度。

附录 B　误差函数值表

$$\text{erf}(x) = \frac{2}{\sqrt{\pi}} \int_0^x e^{-z^2}\,dz$$

x	0	1	2	3	4	5	6	7	8	9
1.00	0.84270	84312	84353	84394	84435	84477	84518	84559	84600	84640
1.01	0.84681	84722	84762	84803	84843	84883	84924	84964	85004	85044
1.02	0.85084	85124	85163	85203	85243	85282	85322	85361	85400	85439
1.03	0.85478	85517	85556	85595	85634	85673	85711	85750	85788	85827
1.04	0.85865	85903	85941	85979	86017	86055	86093	86131	86169	86206
1.05	0.86244	86281	86318	86356	86393	86430	86467	86504	86541	86578
1.06	0.86614	86651	86688	86724	86760	86797	86833	86869	86905	86941
1.07	0.86977	87013	87049	87085	87120	87156	87191	87227	87262	87297
1.08	0.87333	87368	87403	87438	87473	87507	87542	87577	87611	87646
1.09	0.87680	87715	87749	87783	87817	87851	87885	87919	87953	87987
1.10	0.88021	88054	88088	88121	88155	88188	88221	88254	88287	88320
1.11	0.88353	88386	88419	88452	88484	88517	88549	88582	88614	88647
1.12	0.88679	88711	88743	88775	88807	88839	88871	88902	88934	88966
1.13	0.88997	89029	89060	89091	89122	89154	89185	89216	89247	89277
1.14	0.89308	89339	89370	89400	89431	89461	89492	89522	89552	89582
1.15	0.89612	89642	89672	89702	89732	89762	89792	89821	89851	89880
1.16	0.89910	89939	89968	89997	90027	90056	90085	90114	90142	90171
1.17	0.90200	90229	90257	90286	90314	90343	90371	90399	90428	90456
1.18	0.90484	90512	90540	90568	90595	90623	90651	90678	90706	90733
1.19	0.90761	90788	90815	90843	90870	90897	90924	90951	90978	91005
1.20	0.91031	91058	91085	91111	91138	91164	91191	91217	91243	91269
1.21	0.91296	91322	91348	91374	91399	91425	91451	91477	91502	91528
1.22	0.91553	91579	91604	91630	91655	91680	91705	91730	91755	91780
1.23	0.91805	91830	91855	91879	91904	91929	91953	91978	92002	92026
1.24	0.92051	92075	92099	92123	92147	92171	92195	92219	92243	92266
1.25	0.92290	92314	92337	92361	92384	92408	92431	92454	92477	92500
1.26	0.92524	92547	92570	92593	92615	92638	92661	92684	92706	92729
1.27	0.92751	92774	92796	92819	92841	92863	92885	92907	92929	92951
1.28	0.92973	92995	93017	93039	93061	93082	93104	93126	93147	93168
1.29	0.93190	93211	93232	93254	93275	93296	93317	93338	93359	93380
1.30	0.93401	93422	93442	93463	93484	93504	93525	93545	93566	93586
1.31	0.93606	93627	93647	93667	93687	93707	93727	93747	93767	93787
1.32	0.93807	93826	93846	93866	93885	93905	93924	93944	93963	93982
1.33	0.94002	94021	94040	94059	94078	94097	94116	94135	94154	94173
1.34	0.94191	94210	94229	94247	94266	94284	94303	94321	94340	94358
1.35	0.94376	94394	94413	94431	94449	94467	94485	94503	94521	94538
1.36	0.94556	94574	94592	94609	94627	94644	94662	94679	94697	94714
1.37	0.94731	94748	94766	94783	94800	94817	94834	94851	94868	94885
1.38	0.94902	94918	94935	94952	94968	94985	95002	95018	95035	95051
1.39	0.95067	95084	95100	95116	95132	95148	95165	95181	95197	95213
1.40	0.95229	95244	95260	95276	95292	95307	95323	95339	95354	95370
1.41	0.95385	95401	95416	95431	95447	95462	95477	95492	95507	95523
1.42	0.95538	95553	95568	95582	95597	95612	95627	95642	95656	95671
1.43	0.95686	95700	95715	95729	95744	95758	95773	95787	95801	95815
1.44	0.95830	95844	95858	95872	95886	95900	95914	95928	95942	95956
1.45	0.95970	95983	95997	96011	96024	96038	96051	96065	96078	96092
1.46	0.96105	96119	96132	96145	96159	96172	96185	96198	96211	96224
1.47	0.96237	96250	96263	96276	96289	96302	96315	96327	96340	95353
1.48	0.96365	96378	96391	96403	96416	96428	96440	96453	96465	96478
1.49	0.96490	96502	96514	96526	96539	96551	96563	96575	96587	96599

x	0	2	4	6	8	x	0	2	4	6	8
1.50	0.96611	96634	96658	96681	96705	2.00	0.99532	99536	99540	99544	99548
1.51	0.96728	96751	96774	96796	96819	2.01	0.99552	99556	99560	99564	99568
1.52	0.96841	96864	96886	96908	96930	2.02	0.99572	99576	99580	99583	99587
1.53	0.96952	96973	96995	97016	97037	2.03	0.99591	99594	99598	99601	99605
1.54	0.97059	97080	97100	97121	97142	2.04	0.99609	99612	99616	99619	99622
1.55	0.97162	97183	97203	97223	97243	2.05	0.99626	99629	99633	99636	99639
1.56	0.97263	97283	97302	97322	97341	2.06	0.99642	99646	99649	99652	99655
1.57	0.97360	97379	97398	97417	97436	2.07	0.99658	99661	99664	99667	99670
1.58	0.97455	97473	97492	97510	97528	2.08	0.99673	99676	99679	99682	99685
1.59	0.97546	97564	97582	97600	97617	2.09	0.99688	99691	99694	99697	99699
1.60	0.97635	97652	97670	97687	97704	2.10	0.99702	99705	99707	99710	99713
1.61	0.97721	97738	97754	97771	97787	2.11	0.99715	99718	99721	99723	99726
1.62	0.97804	97820	97836	97852	97868	2.12	0.99728	99731	99733	99736	99738
1.63	0.97884	97900	97916	97931	97947	2.13	0.99741	99743	99745	99748	99750
1.64	0.97962	97977	97993	98008	98023	2.14	0.99753	99755	99757	99759	99762
1.65	0.98038	98052	98067	98082	98096	2.15	0.99764	99766	99768	99770	99773
1.66	0.98110	98125	98139	98153	98167	2.16	0.99775	99777	99779	99781	99783
1.67	0.98181	98195	98209	98222	98236	2.17	0.99785	99787	99789	99791	99793
1.68	0.98249	98263	98276	98289	98302	2.18	0.99795	99797	99799	99801	99803
1.69	0.98315	98328	98341	98354	98366	2.19	0.99805	99806	99808	99810	99812
1.70	0.98379	98392	98404	98416	98429	2.20	0.99814	99815	99817	99819	99821
1.71	0.98441	98453	98465	98477	98489	2.21	0.99822	99824	99826	99827	99829
1.72	0.98500	98512	98524	98535	98546	2.22	0.99831	99832	99834	99836	99837
1.73	0.98558	98569	98580	98591	98602	2.23	0.99839	99840	99842	99843	99845
1.74	0.98613	98624	98635	98646	98657	2.24	0.99846	99848	99849	99851	99852
1.75	0.98667	98678	98688	98699	98709	2.25	0.99854	99855	99857	99858	99859
1.76	0.98719	98729	98739	98749	98759	2.26	0.99861	99862	99863	99865	99866
1.77	0.98769	98779	98789	98798	98808	2.27	0.99867	99869	99870	99871	99873
1.78	0.98817	98827	98836	98846	98855	2.28	0.99874	99875	99876	99877	99879
1.79	0.98864	98873	98882	98891	98900	2.29	0.99880	99881	99882	99883	99885
1.80	0.98909	98918	98927	98935	98944	2.30	0.99886	99887	99888	99889	99890
1.81	0.98952	98961	98969	98978	98986	2.31	0.99891	99892	99893	99894	99896
1.82	0.98994	99003	99011	99019	99027	2.32	0.99897	99898	99899	99900	99901
1.83	0.99035	99043	99050	99058	99066	2.33	0.99902	99903	99904	99905	99906
1.84	0.99074	99081	99089	99096	99104	2.34	0.99906	99907	99908	99909	99910
1.85	0.99111	99118	99126	99133	99140	2.35	0.99911	99912	99913	99914	99915
1.86	0.99147	99154	99161	99168	99175	2.36	0.99915	99916	99917	99918	99919
1.87	0.99182	99189	99196	99202	99209	2.37	0.99920	99920	99921	99922	99923
1.88	0.99216	99222	99229	99235	99242	2.38	0.99924	99924	99925	99926	99927
1.89	0.99248	99254	99261	99267	99273	2.39	0.99928	99928	99929	99930	99930
1.90	0.99279	99285	99291	99297	99303	2.40	0.99931	99932	99933	99933	99934
1.91	0.99309	99315	99321	99326	99332	2.41	0.99935	99935	99936	99937	99937
1.92	0.99338	99343	99349	99355	99360	2.42	0.99938	99939	99939	99940	99940
1.93	0.99366	99371	99376	99382	99387	2.43	0.99941	99942	99942	99943	99943
1.94	0.99392	99397	99403	99408	99413	2.44	0.99944	99945	99945	99946	99946
1.95	0.99418	99423	99428	99433	99438	2.45	0.99947	99947	99948	99949	99949
1.96	0.99443	99447	99452	99457	99462	2.46	0.99950	99950	99951	99951	99952
1.97	0.99466	99471	99476	99480	99485	2.47	0.99952	99953	99953	99954	99954
1.98	0.99489	99494	99498	99502	99507	2.48	0.99955	99955	99956	99956	99957
1.99	0.99511	99515	99520	99524	99528	2.49	0.99957	99958	99958	99958	99959
2.00	0.99532	99536	99540	99544	99548	2.50	0.99959	99960	99960	99961	99961

x	0	1	2	3	4	5	6	7	8	9
2.5	0.99959	99961	99963	99965	99967	99969	99971	99972	99974	99975
2.6	0.99976	99978	99979	99980	99981	99982	99983	99984	99985	99986
2.7	0.99987	99987	99988	99989	99989	99990	99991	99991	99992	99992
2.8	0.99992	99993	99993	99994	99994	99994	99995	99995	99995	99996
2.9	0.99996	99996	99996	99997	99997	99997	99997	99997	99997	99998
3.0	0.99998	99998	99998	99998	99998	99998	99998	99998	99999	99999

附录 C　7 位美国标准信息交换码（ASCII）

Bits	5	0	1	0	1	0	1	0	1
	6	0	0	1	1	0	0	1	1
1234	7	0	0	0	0	1	1	1	1
0000		NUL	DLE	SP	0	@	P	'?	p
1000		SOH	DC1	!	1	A	Q	a	q
0100		STX	DC2	"	2	B	R	b	r
1100		ETX	DC3	#	3	C	S	c	s
0010		EOT	DC4	$	4	D	T	d	t
1010		ENQ	NAK	%	5	E	U	e	u
0110		ACK	SYN	&	6	F	V	f	v
1110		BEL	ETB	'	7	G	W	g	w
0001		BS	CAN	(	8	H	X	h	x
1001		HT	EM	)	9	I	Y	i	y
0101		LF	SUB	*	:	J	Z	j	z
1101		VT	ESC	+	;	K	[	k	{
0011		FF	FS	,	<	L	\	l	|
1011		CR	GS	–	=	M	]	m	}
0111		SO	RS	.	>	N	∧	n	~?
1111		SI	US	/	?	O	_	o	DEL

NUL	NULl, or all zeros	DC1	Device Control 1
SOH	Start Of Heading	DC2	Device Control 2
STX	STart of teXt	DC3	Device Control 3
ETX	End of TeXt	DC4	Device Control 4
EOT	End Of Transmission	NAK	Negative AcKnowledge
ENQ	ENQuiry	SYN	SYNnchronous idle
ACK	ACKnowledge	ETB	End of Transmission Block
BEL	BELl, or alarm	CAN	CANcel
BS	BackSpace	EM	End of Medium
HT	Horizontal Tabulation	SUB	SUBstitute
LF	Line Feed	ESC	ESCape
VT	Vertical Tabulation	FS	File Separator
FF	Form Feed	GS	Group Separator
CR	Carriage Return	RS	Record Separator
SO	Shift Out	US	Unit Separator
SI	Shift In	SP	SPace
DLE	Data Link Escape	DEL	DELete

附录 D   CCITT 5 号码

Bits	5	0	1	0	1	0	1	0	1
	6	0	0	1	1	0	0	1	1
1234	7	0	0	0	0	1	1	1	1
0000		NUL	TC_7 (DLE)	SP	0	@	P	`?	p
1000		TC_1 (SOH)	DC1	!	1	A	Q	a	q
0100		TC_2 (STX)	DC2	"	2	B	R	b	r
1100		TC_3 (ETX)	DC3	#	3	C	S	c	s
0010		TC_4 (EOT)	DC4	¤	4	D	T	d	t
1010		TC_5 (ENQ)	TC_8 (NAK)	%	5	E	U	e	u
0110		TC_6 (ACK)	TC_9 (SYN)	&	6	F	V	f	v
1110		BEL	TC_{10} (ETB)	'	7	G	W	g	w
0001		FE_0 (BS)	CAN	(	8	H	X	h	x
1001		FE_1 (HT)	EM	)	9	I	Y	i	y
0101		FE_2 (LF)	SUB	*	:	J	Z	j	z
1101		FE_3 (VT)	ESC	+	;	K	[	k	{
0011		FE_4 (FF)	IS4 (FS)	,	<	L	\	l		
1011		FE_5 (CR)	IS_3 (GS)	−	=	M	]	m	}
0111		SO	IS_2 (RS)	.	>	N	∧	n	~?
1111		SI	IS_1 (US)	/	?	O	_	o	DEL

附录 E　我国标准 7 位编码字符集

Bits	5	0	1	0	1	0	1	0	1
	6	0	0	1	1	0	0	1	1
1234	7	0	0	0	0	1	1	1	1
0000		NUL 空白	DLE 数据链转义	间隔	0	@	P	、	p
1000		SOH 标题开始	DC1 设备控制 1	!	1	A	Q	a	q
0100		STX 正文开始	DC2 设备控制 2	"	2	B	R	b	r
1100		ETX 正文结束	DC3 设备控制 3	#	3	C	S	c	s
0010		EOT 传输结束	DC4 设备控制 4	¥	4	D	T	d	t
1010		ENQ 询问	NAK 否认	%	5	E	U	e	u
0110		ACK 承认	SYN 同步空转	∧	6	F	V	f	v
1110		BEL 告警	ETB 组传输结束	·	7	G	W	g	w
0001		BS 退格	CAN 作废	(	8	H	X	h	x
1001		HT 横向制表	EM 媒体结束	)	9	I	Y	i	y
0101		LF 换行	SUB 取代	*	:	J	Z	j	z
1101		VT 纵向换行	ESC 转义	+	;	K	[	k	←
0011		FF 换页	FS 文卷分隔	,	<	L	∨	l	│
1011		CR 回车	GS 群分隔	–	=	M	]	m	→
0111		SO 移出	RS 记录分隔	·	>	N	↑	n	–
1111		SI 移入	US 单元分隔	/	?	O	–	o	删除

附录 F 贝塞尔函数值表

n\mf	0.5	1	2	3	4	5	6	7	7	9	10
0	0.938 5	0.765 2	0.223 9	−0.260 1	−0.397 1	−0.177 6	0.150 6	0.300 1	0.171 7	−0.090 33	−0.245 9
1	0.242 3	0.440 1	0.576 7	0.339 1	−0.066 04	−0.327 6	−0.276 7	−0.004 683	0.234 6	0.245 3	0.043 47
2	0.030 60	0.114 9	0.352 8	0.486 1	0.364 1	0.046 57	0.242 9	−0.301 4	−0.113 0	−0.144 8	0.254 6
3	0.002 564	0.019 56	0.128 9	0.309 1	0.430 2	0.364 8	0.114 8	−0.167 6	−0.291 1	−0.180 9	0.058 38
4		0.002 477	0.034 00	0.132 0	0.281 1	0.391 2	0.357 6	0.157 8	−0.105 4	−0.265 5	−0.219 6
5			0.007 040	0.043 03	0.132 1	0.261 1	0.362 1	0.347 9	0.185 8	−0.055 04	−0.234 1
6			0.001 202	0.011 39	0.049 09	0.131 0	0.245 8	0.339 2	0.337 6	0.204 3	−0.014 46
7				0.002 547	0.015 18	0.053 38	0.129 6	0.233 6	0.320 6	0.327 5	0.216 7
8					0.004 029	0.018 41	0.056 53	0.128 0	0.223 5	0.305 1	0.317 9
9					0.005 520	0.021 17	0.058 92	0.126 3	0.214 9	0.291 9
10					0.001 468	0.006 964	0.023 54	0.060 77	0.124 7	0.207 5

附录 G 伽罗华域 GF(2^m)

若有有限个符号,其数目是一个素数的幂,并且定义有加法和乘法,则称这个有限符号的域为有限域。若有限域中的符号数目为 2^m,则称此有限域为伽罗华域,记为 GF(2^m)。例如,若仅有两个符号"0"和"1",以及如下的加法和乘法定义:

加法:$0+0=0,0+1=1,1+0=1,1+1=0$(即模 2 加法)

乘法:$0×0=0,0×1=0,1×0=0,1×1=1$(即模 2 乘法)

则称其为 GF(2),又称二元域。

下面,从二元域和一个 m 次多项式 $p(x)$ 开始。设 α 是方程式 $p(x)=0$ 的根,即设 $p(\alpha)=0$。若适当地选择 $p(x)$,使得 α 的各次幂,直到 2^m-2 次幂,都不相同,并且 $\alpha^{2^{m-1}}=1$。这样,$0,1,\alpha,\alpha^2,\cdots,\alpha^{2^{m-1}}$ 就构成 GF(2^m) 的所有元素,域中的每个元素还可以用元素 $1,\alpha,\alpha^2,\cdots,\alpha^{m-1}$ 的和来表示。例如,$m=4$ 和 $p(x)=x^4+x+1$,则可以得到 GF(2^4) 中的所有元素,如表 10.6.4 所示。

表 10.6.4

0	$\alpha^7=\alpha(\alpha^3+\alpha^2)=\alpha^4+\alpha^3=\alpha^3+\alpha+1$
1	$\alpha^8=\alpha(\alpha^3+\alpha+1)=\alpha^4+\alpha^2+\alpha=\alpha^2+1$
α	$\alpha^9=\alpha(\alpha^2+1)=\alpha^3+\alpha$
α^2	$\alpha^{10}=\alpha(\alpha^3+\alpha)=\alpha^4+\alpha^2=\alpha^2+\alpha+1$
α^3	$\alpha^{11}=\alpha(\alpha^2+\alpha+1)=\alpha^3+\alpha^2+\alpha$
$\alpha^4=\alpha+1$	$\alpha^{12}=\alpha(\alpha^3+\alpha^2+\alpha)=\alpha^4+\alpha^3+\alpha^2=\alpha^3+\alpha^2+\alpha+1$
$\alpha^5=\alpha(\alpha+1)$	$\alpha^{13}=\alpha(\alpha^3+\alpha^2+\alpha+1)=\alpha^4+\alpha^3+\alpha^2+\alpha=\alpha^3+\alpha^2+1$
$\alpha^6=\alpha(\alpha^2+\alpha)=\alpha^3+\alpha^2$	$\alpha^{14}=\alpha^4+\alpha^3+\alpha=\alpha^3+1$

这时,$p(\alpha)=\alpha^4+\alpha+1=0$,或 $\alpha^4=\alpha+1$。表中的 $2^4=16$ 个元素都不相同,而且有 $\alpha^{15}=\alpha(\alpha^3+1)=\alpha^4+\alpha=1$。GF($2^m$) 中的元素 α 称为本原元。一般来说,若 GF(2^m) 中任意一个元素的幂能够生成 GF(2^m) 的全部非 0 元素,则称它为本原元。例如,α^4 是 GF(2^4) 的本原元。

附录 H　三角函数公式

$$e^{\pm j\theta} = \cos\theta \pm j\sin\theta$$

$$\cos A = \frac{e^{jA} + e^{-jA}}{2}$$

$$\sin A = \frac{e^{jA} - e^{-jA}}{2j}$$

$$\cos A = \sin(A + 90°)$$

$$\sin A = \cos(A - 90°)$$

$$\cos^2 A + \sin^2 A = 1$$

$$\cos^2 A - \sin^2 A = \cos(2A)$$

$$2\cos^2 A = 1 + \cos(2A)$$

$$2\sin^2 A = 1 - \cos(2A)$$

$$\sin(2A) = 2\sin A\cos A$$

$$4\cos^3 A = 3\cos A + \cos(3A)$$

$$4\sin^3 A = 3\sin A - \sin(3A)$$

$$2\cos A\cos B = \cos(A+B) + \cos(A-B)$$

$$2\sin A\sin B = \cos(A-B) - \cos(A+B)$$

$$2\sin A\cos B = \sin(A-B) + \sin(A+B)$$

$$\sin A\sin B + \cos A\cos B = \cos(A-B)$$

$$\sin A\cos B + \cos A\sin B = \sin(A+B)$$

$$\tan\left[\frac{A+B}{2}\right] = \frac{\sin A + \sin B}{\cos A + \cos B}$$

$$\tan(A\pm B) = \frac{\tan A \pm \tan B}{1 \mp \tan A\tan B}$$

$$\sin(nA) = \text{Im}\{(\cos A + j\sin A)^n\}$$

$$\cos(nA) = \text{Re}\{(\cos A + j\sin A)^n\}$$

$$e = 2.718281828$$

$$\lg e = 0.434294481$$

$$\ln 10 = 2.302585092$$

本书中的文字符号及其说明

a	平均值	L	平均码字长度
a_i	预测系数	m	调幅度
A	安培,地址字段	M	量化电平数
A	振幅,流入话务量	$m(t)$	调制信号
A_0	成功话务量	m_f	调制指数
b	比特	n	整数,正整数
B	带宽,呼损率	n_0	白噪声单边功率谱密度
B	字节	N	正整数,噪声功率
c	常数	N_0	唯一解距离
C	控制字段	N_q	量化噪声功率的平均值
C	信道容量	p	预测阶数,整数
$C(f)$	信道的传输函数(特性)	P	功率,信号平均功率,概率
$C(jn\omega)$	周期性功率信号的频谱	$P(f)$	信号功率谱密度
E	能量	$p_X(x)$	X 的概率密度
Erl	爱尔兰	$P(X \leq x)$	$X \leq x$ 的概率
e_k	预测误差	$P(X,Y)$	联合概率
erf(x)	误差函数	$P(X/Y)$	条件概率
erfc(x)	补误差函数	$P(y_j/x_i)$	转移概率
F	标志字段,帧	pix	像素
f_m	调制信号频率	pkt	分组
f_0	载波频率	q_k	量化误差
f_s	抽样频率	r	信号噪声功率比,信息的冗余
$F(\omega)$	频谱密度		度百分比
$F_X(x)$	X 的概率分布函数	R	电阻
FCS	帧校验序列	R_b	信息速率
$G(f)$	信号能量谱密度	R_B	码元速率
$G_T(f)$	发送滤波器的传输函数(特性)	r_k	量化预测误差
$G_R(f)$	接收滤波器的传输函数(特性)	$R(j)$	数字信号的自相关函数
H	熵	$R(\tau)$	自相关函数
$H(f)$	传输函数(特性)	$R_{12}(\tau)$	互相关函数
Hz	赫兹	REJ	拒绝
I	信息帧	RNR	未准备好接收
I	电流,信息量	RR	准备好接收
J	焦耳	s	秒
k	整数	S	信号电压或电流,信号功率
K	整数,密钥长度	S	监督帧
l	码字长度	s_k	信号抽样值

s_q	量化信号值	Y	密文
SREJ	选择性拒绝	$y(t)$	信号加噪声电压
$S(f)$	能量信号的频谱密度,即 $s(t)$ 的傅里叶变换	Z	密钥
		$\delta(t)$	单位冲激函数
$s(t)$	信号时间波形	$\delta_T(t)$	周期性单位冲激函数(脉冲)
Sa(t)	抽样函数	Δ	量化台阶
T	码元持续时间	Δf	频带宽度;调制频移
T_b	每比特的持续时间	$\Delta(f)$	单位冲激函数的频谱密度
U	无编号帧	Δv	量化间隔
$u(t)$	单位阶跃函数	α	本原元
V	伏特	σ	标准偏差
V	电压	σ^2	方差
W	瓦特	$\phi(x)$	概率积分函数
x	随机变量的取值	φ_0	初始相位
X	随机变量,信源,明文	ω_0	载波角频率
$X(t)$	随机过程	Ω	欧姆
$X_i(t)$	随机过程的一个实现		

英文缩略词英汉对照表

AAL	ATM adaptation layer	ATM 适配层
ADPCM	Adaptive DPCM	自适应差分脉(冲编)码调制
ADSL	Asymmetric Digital Subscribers Loop	非对称数字用户环路
AMI	Alternative Mark Inverse	传号交替反转
ARQ	Automatic Repeat reQuest	自动要求重发
ASCII	American Standard Code for Information Interchange	
		美国标准信息交换码
ASK	Amplitude Shift Keying	振幅键控
ATM	Asynchronous Transfer Mode	异步传递方式
B-ISDN	Broadband ISDN	宽带综合业务数字网
BLAST	Bell Layered Space Time Architecture	贝尔分层空时结构
BRI	Basic Rate Interface	基本速率接口
CAS	Channel Associated Signaling	随路信令
CCS	Common Channel Signaling	共路信令
CDD	Cyclic Delay Diversity	循环延迟分集
CDM	Code Division Multiplexing	码分复用
CDMA	Code Division Multiple Access	码分多址
CLP	Cell Lose Priority	信元丢失优先等级
CMI	Coded Mark Inversion	传号反转
CRC	Cyclic Redundancy Check	循环冗余校验
CSI	Channel State Information	信道状态信息
CSMA/CD	Carrier Sense Multiple Access/Collision Detection	
		载波侦听/冲突检测
DAMA	Demand Assignment Multiple Address	按需分配多址
DES	Data Encryption Standard	数据加密标准
DFT	Discrete Fourier Transform	离散傅里叶变换
DLST	Diagonal Layered Space Time	对角分层空时结构
DM	Delta Modulation	增量调制
DPCM	Differential PCM	差分脉(冲编)码调制
DPSK	Differential PSK	差分相移键控
DSB	Double Side Band	双边带
DSTBC	Differential Space Time Block Code	差分空时分组码
DSSS	Direct-Sequence Spread Spectrum	直接序列扩谱
DTMF	Dual Tone MultipleFrequency	双音多频
DVB	Digital Video Broadcasting	数字视频广播
EDGE	Enhanced Data Rates for GSM Evolution	GSM 改进的增强数据速率
EDI	Electronic Data Interchange	电子数据交换

Erl	Erlang	爱尔兰
F	Frame	帧
FDD	Frequency Division Duplex	频分双工
FDM	Frequency Division Multiplexing	频分复用
FDMA	Frequency Division Multiple Access	频分多址
FEC	Forward Error Correction	前向纠错
Fed	Free Euclidean Distance	自由欧氏距离
FHSS	Frequency-Hopping Spread Spectrum	跳频扩谱
FIFO	First-In First-Out	先进先出
FSK	Frequency Shift Keying	频移键控
GFC	Generic Flow Control	一般流量控制
GPRS	General Packet Radio Services	通用分组无线业务
GMSK	Gaussian MSK	高斯最小频移键控
GSM	Global System for Mobile Communications	全球移动通信系统
HDB_3	3rd Order High Density Bipolar	3 阶高密度双极性
HDLC	High-level Data Link Control	高级数据链路控制
HDTV	High Definition Television	高清晰度电视
HEC	Header Error Control	信元头差错控制
HLST	Horizon Layered Space Time	水平分层空时结构
HSCSD	High Speed Circuit Switched Data	
IDFT	Inverse Discrete Fourier Transform	逆离散傅里叶变换
ISDN	Integrated Services Digital Network	综合业务数字网
ISO	International Standards Organization	国际标准化组织
ITM	Information Transfer Mode	信息传递方式
ITU	International Telecommunications Union	国际电信联盟
LAN	Local Area Network	局域网
LCM	Lowest Common Multiple	最小公倍数
LTE	Long Term Evolution	长期演进
MAN	Metropolitan Area Network	城域网
MCPC	Multiple Channel Per Carrier	每载波多路
MIMO	Multiple-Input and Multiple-Output	多输入多输出
MISO	Multiple-Input and Single-Output	多输入单输出
MSK	Minimum Shift Keying	最小频移键控
N-ISDN	Narrowband ISDN	窄带综合业务数字网
NNI	Network Node Interface	网络节点接口
NRZ	NonReturn-to-zero	不归零
NT	Network Termination	网络终端
OFDM	Orthogonal Frequency Division Multiplexing	正交频分复用
OQPSK	Offset QPSK	偏置正交相移键控
OSI	Open Systems Interconnection	开放系统互连
PCM	Pulse Code Modulation	脉(冲编)码调制
PAM	Pulse Amplitude Modulation	脉冲振幅调制

PAN	Personal Area Network	个(人区)域网
PDH	Plesiochronous Digital Hierarchy	准同步数字体系
PDM	Pulse Duration Modulation	脉冲宽度调制
PDN	Public Data Network	公共数据网
PDU	Protocol Data Unit	协议数据单元
PIX	Pixel	像素
PPM	Pulse Position Modulation	脉冲位置调制
PRI	Primary Rate Interface	基群速率接口
PSK	Phase Shift Keying	相移键控
PSTN	Public Switch Telephone Network	公共交换电话网
PT	Payload Type	有用负荷类型
QAM	Quadrature Amplitude Modulation	正交振幅调制
QDPSK	Quadrature DPSK	正交差分相移键控
RLAN	Radio LAN	无线局域网
RPE-LTP	Regular Pulse Excitation with Long-Term Prediction	
		规则脉冲激励长时预测
RSCC	Recursive Systematic Convolution Code	递归系统卷积码
RZ	Return-to-zero	归零
SDH	Synchronous Digital Hierarchy	同步数字体系
SIMO	Single-Input and Multiple -Output	单输入多输出
SISO	Single-Input and Single-Output	单输入单输出
S/N	Signal to Noise ratio	信号噪声比
SOH	Section OverHead	段开销
SPADE	Single-channel-per-carrier PCM multiple	每载波单路 PCM 多
	Access Demand assignment Equipment	址按需分配设备
SSB	Single Side Band	单边带
STC	Space Time Code	空时编码
STBC	Space Time Block Code	空时分组码
STM	Synchronous Transport Module	同步传送模块
STM	Synchronous Transfer Mode	同步传递方式
TCM	Trellis Coded Modulation	网格编码调制
TDM	Time Division Multiplexing	时分复用
TDMA	Time Division Multiple Access	时分多址
TE	Terminal Equipment	用户终端设备
TSTD	Time Switched Transmit Diversity	时间切换发射分集
UNI	User-Network Interface	用户-网络接口
VAN	Value-added Network	增值网
VC	Virtual Channel	虚信道
VCC	Virtual Channel Connection	虚信道连接
VCI	Virtual Channel Identifier	虚信道标识符
VLST	Vertical Layered Space Time	垂直分层空时结构
VP	Virtual Path	虚路径

VPC	Virtual Path Connection	虚路径连接
VPI	Virtual Path Identifier	虚路径标识符
VPN	Virtual Private Network	虚拟专用网
VSB	Vestigial Side Band	残留边带
WAN	Wide Area Network	广域网
WDM	Wave Division Multiplexing	波分复用
WLAN	Wireless Local Area Network	无线局域网
WPAN	Wireless Personal Area Network	无线个域网
WRC	World Radiocommunication Conference	世界无线电通信大会
WWAN	Wireless Wide Area Network	无线广域网

参 考 文 献

1　William R.Bennett,James R.Davey.Data Transmission.New York：McGraw-Hill Book Company,1965,5

2　Rodger E.Ziemer,William H.Tranter.Principles of Communications,Fifth Edition.New York：John Wiley
　　& Sons,Inc.,2002,3

3　H.M.Boettinger.The Telephone Book.New York：Riverwood Publishers,1977

4　Matthew M.Radmanesh.Radio Frequency and Microwave Electronics Illustrated,Pearson Education,Inc.,
　　2001,Chap.5

5　HAPS-High Altitude Platform Stations
　　http://www.bakom.ch/imperia/md/content/english/funk/forschungundentwicklung/studien/HAPS.pdf

6　J.Thornton et al："Broadband Communications from a High-altitude Platform：the European HeliNet Pro-
　　gramme," Electronics & Communication Engineering Journal,June 2001,138~144

7　李进良.移动通信 100 年.移动通信(在线期刊),移动通信国家工程研究中心,2000 年 2 月

8　ITU S1.66A

9　浙江大学数学系高等数学教研组.概率论与数理统计.北京:高等教育出版社,1984

10　樊昌信.通信原理(第 5 版).北京:国防工业出版社,2001

11　王梓坤.概率论基础及其应用.北京:科学出版社,1976

12　Wayne Tomasi.Electronic Communications Systems,Fundamentals Through Advanced.Fourth Edition.
　　Beijing：Publishing House of Electronics Industry,2002,Chapter 6,238~241

13　H.Nyquist.Certain Topics in Telegraph Transmission Theory.Trans.AIEE,1928,Vol.47：617~644

14　W.R.Bennett.Spectra of Quantized Signals.BSTJ,1948,27(3)：446~472

15　C.E.Shannon.Communication in the Presence of Noise.PIRE,1949,37(1)：10~21

16　C.B.Feldman,W.R.Bennett.Band Width and Transmission Performance.BSTJ,1949,28(3)：490~595

17　H.S.Black.Modulation Theory.1953,Chap.4

18　ITU-T Recommendation G.722

19　Bernard Sklar.Digital Communications Fundamentals and Applications,Second Edition.Beijing：Publish-
　　ing House of Electronics Industry,2002

20　H.Nyquist.Certain topics in telegraph transmission theory.AIEE Trans.1928,47(2)：617~644

21　Adam Lender.Correlative Digital Communication Techniques.IEEE Transactions on Communication
　　Technology,1946,12(4)：128~135

22　J.I.Marcum.A Statistical Theory of Target Detection by Pulsed Radar.IRE Trans.PGIT,IT-6,1960,
　　earlier Rand Corp,Report RM-753,1948

23　M.Schwartz,W.R.Bennett and S.Stein.Communication Systems and Techniques.New York：McGraw-Hill
　　Book Company,1966,Appendix A

24　J.Jay Jones.Modern Communication Principles.New York：McGraw-Hill Book Company,1967

25　A.J.Viterbi.On Coded Phase Coherent Communication.Jet Propulsion Lab.Technical Report No.32~35,
　　Pasadena,California：JPL,August 15,1960

26　W.C.Lindsey and M.K.Simon.Telecommunication Systems Engineering.Englewood Cliffs,N.J.：Prentice-
　　Hall,Inc.,1973

27　P.A.Wintz,and E.J.Luecke.Performance of Optimum and Suboptimum Synchronizers.IEEE Trans.on

Communication Technology, 1969, 17(6): 380~389

28 R. H. Barker. Group Synchronization of Binary Digital Systems. In: W. Jackson, ed., Communication Theory. New York: Academic Press, Inc., 1953

29 M. W. Willard. Optimum Code Patterns for PCM Synchronization. Proc. Natl. Telecom. Conf., 1962, 5-5.

30 J. J. Jr. Spilker. Digital Communications by Satellite. Englewood Cliffs, N.J.: Prentice-Hall, Inc., 1977

31 F. Newman and L. Hofman. New Pulse Sequences with Desirable Correlation Properties. Proc. Natl. Telecom. Conf., 1971, 272~282

32 W. W. Wu. Elements of Digital Satellite Communications. Vol.1, Rockville, MD: Computer Science Press, Inc., 1984

33 ITU-T Recommendation G.702

34 ITU-T Recommendation G.742

35 ITU-T Recommendation G.830 series

36 林可祥. 伪随机码的原理与应用. 北京: 人民邮电出版社, 1978, 4.4 节

37 林可祥. 伪随机码的原理与应用. 北京: 人民邮电出版社, 1978, 4.5 节

38 J. G. Puente and A. M. Werth. Demand-Assigned Service for the INTELSAT Global Network. IEEE Spectrum, 1971, 8(1): 59~69

39 N. Abramson. The ALOHA System - Another Alternative for Computer Communications. Proc. Fall Joint Comput. Conf. AFIPS, 1970, 37: 281~285

40 J. F. Hayes. Local Distribution in Computer Communications. IEEE Commun. Mag., 1981, 19(3): 6~14

41 N. Abramson. The ALOHA System. In Abramson and F. F. Kuo eds., Computer Communication Networks, Englewood Cliffs, N.J.: Prentice-Hall, Inc., 1973

42 N. Abramson. Packet Switching with Satellites. AFIPS Conf. Proc., 1973, 42(6): 695~702

43 R. D. Rosner. Packet Switching. Belmont, Calif. USA: Lifelong Learing Publications, Wadsworth Publishing Company, Inc., 1982

44 W. Crowther, R. Rettberg, D. Walden, S. Ornstein and F. Heart. A System for Broadcast Communication: Reservation ALOHA. Proc. Sixth Hawaii Int. Conf. Syst. Sci., 1973: 371~374

45 S. Campanella and D. Schaefer. Time Division Multiple Access Systems (TDMA). In K. Fecher. Digital Communications. Satellite/Earth Station Engineering, Englewood Cliffs, N.J: Prentice-Hall, Inc., 1983

46 W. Stallings. Local Network Performance. IEEE Commun. Mag., 1984 22(2): 27~36

47 W. Bux. Local-Area Subnetworks: A Performance Comparison. IEEE Trans. on Commun., 1981, 29(10): 1465~1473

48 R. C. Dixon, N. C. Strole, and J. D. Markov. A Token-Ring Network for Local Data Communications. IBM Syst. J., 1983, 22(1-2): 47~62

49 J. P. Stenbit. Table of Generators for BCH Codes. IEEE Trans. on Inf. Theory, 1964, 10(4): 390~391

50 P. Elias. Coding for noisy channels. IRE Convention Record, Pt.4, 1955: 37~46

51 A. J. Viterbi. Error Bounds for Convolutional Codes and an Asymptotically Optimum Decoding Algorithm. IEEE Trans. on Information Theory, 1967, 13(4): 260~269

52 J. M. Wozencraft. Sequential Decoding for Reliable Communication. IRE Natl. Comm. Rec., 5(pt.2): 11~25

53 R. M. Fano. A Heuristic Discussion of Probabilistic Decoding. IEEE Trans. on Inf. Theory, 1963, 9(4): 64~74

54 C. Berrou, A. Glavieux, and P. Thitimajshima. Near Shannon Limit Error Correcting Coding and Decoding: Turbo Codes. Proc. IEEE Int. Conf. Commun., 1993: 1064~1070

55　K.Muroto.GMSK Modulation for Digital Mobile Radio Telephony.IEEE Trans.on Communications,1981,29(7)：1044~1050

56　S.Pasupathy.Minimum Shift Keying：A Specially Efficient Modulation.IEEE Communications Magazine,1979,17(7):14~22

57　Rodger E.Ziemer,William H.Tranter.Principles of Communications,Fifth Edition,New York：John Wiley & Sons,Inc.,2002,424

58　M.L.Doelz,E.T.Heald and D.L.Martin.Binary Data Transmission Techniques for Linear Systems.Proc IRE,1957,45(5)：656~661

59　G.Ungerboeck.Channel Coding with Multilevel/Phase Signals.IEEE Trans.on Inf.Theory,1982,28(1)：55~66

60　G.Ungerboeck.Trellis Coded Modulation with Redundant Signal Sets Part I：Introduction.IEEE Communications Magazine,1987,25(2)：5~11

61　G.Ungerboeck.Trellis Coded Modulation with Redundant Pignal Sets Part II：State of the Art.IEEE Communications Magazine,1987,25(2)：12~21

62　R.C.Dixon.Spread Spectrum Techniques.New York：IEEE Press,1976：1~14

63　R.L.Pickholtz,D.L.Schilling,and L.B.Milstein.Theory of Spread-spectrum Communications - a tutorial.IEEE Trans.on Commu.,1982,30(5)：855~884

64　M.R.Winkler.Chirp signals for Communications.WESCON Convention Record,1962,Paper 13.2

65　S.Hengstler,D.P.Kasilingam,and A.H.Costa." A Novel Chirp Modulation Spread Spectrum Technique for Multiple Access.ISSSTA,2002,Dept.of ECE,University of Massachusetts Dartmouth

66　Roger Allen.Chirp Modulation Propels Micropower 2.4-GHz ISM Wireless Transceiver.Electronic Design Online ID #1762,December 9,2002

67　S.S.Rappaport and D.M.Grieco.Spread-Spectrum Signal Acquisition：Methods and Technology.IEEE Communications Magazine,1984,22(6)：6~21

68　C.E.Shannon.Communication theory of secrecy systems.Bell System Technical Journal,1949,28：656~715

69　王育民,何大可.保密学——基础与应用.西安:西安电子科技大学出版社,1990

70　Juergen Stelbrink and Al Sussman.Data Ciphering Processors Am9518,Am9568,AmZ8086 Technical Manual.USA：Advanced Micro Devices,Inc.,1985

71　W.Diffie and M.E.Hellman.New Directions in Cryptography.IEEE Trans.on IT,1976,22(6)：644~654

72　R.L.Rivest,A.Shamir,and L.Adleman.A method for obtaining digital signatures and public key cryptosystems.Communications of the ACM,1978,21：120~126

反侵权盗版声明

电子工业出版社依法对本作品享有专有出版权。任何未经权利人书面许可，复制、销售或通过信息网络传播本作品的行为；歪曲、篡改、剽窃本作品的行为，均违反《中华人民共和国著作权法》，其行为人应承担相应的民事责任和行政责任，构成犯罪的，将被依法追究刑事责任。

为了维护市场秩序，保护权利人的合法权益，我社将依法查处和打击侵权盗版的单位和个人。欢迎社会各界人士积极举报侵权盗版行为，本社将奖励举报有功人员，并保证举报人的信息不被泄露。

举报电话：（010）88254396；（010）88258888
传　　真：（010）88254397
E-mail：　dbqq@phei.com.cn
通信地址：北京市万寿路 173 信箱
　　　　　电子工业出版社总编办公室
邮　　编：100036